普通高等院校土建类专业"十四五"创新规划教材

特种混凝土和新型混凝土

主　　编　王继娜　　徐开东

副主编　　李　维　李志新
　　　　　包　云　杨　欢

中国建材工业出版社

图书在版编目(CIP)数据

特种混凝土和新型混凝土/王继娜,徐开东主编.
--北京:中国建材工业出版社,2022.3

普通高等院校土建类专业"十四五"创新规划教材

ISBN 978-7-5160-3377-7

Ⅰ.①特… Ⅱ.①王… ②徐… Ⅲ.①特种混凝土-
高等学校-教材 ②混凝土-高等学校-教材 Ⅳ.
①TU528

中国版本图书馆 CIP 数据核字(2021)第 241608 号

特种混凝土和新型混凝土

Tezhong Hunningtu he Xinxing Hunningtu

主 编 王继娜 徐开东

副主编 李 维 李志新 包 云 杨 欢

出版发行:中国建材工业出版社

地 址:北京市海淀区三里河路 1 号

邮 编:100044

经 销:全国各地新华书店

印 刷:北京印刷集团有限责任公司

开 本:787mm×1092mm 1/16

印 张:19.25

字 数:440 千字

版 次:2022 年 3 月第 1 版

印 次:2022 年 3 月第 1 次

定 价:59.80 元

前　言

目前我国经济社会发展已经进入新时代，各种基础设施建设也由规模发展阶段转入提质增效阶段。混凝土结构是我国建筑的主要结构形式，同时，混凝土也是交通工程、地下工程、核工业工程、海洋工程、海港码头工程、巷道支护工程、水下工程等建设领域应用最广泛、最大宗的建筑材料。在生态文明建设战略及碳达峰碳中和目标背景下，混凝土产业的可持续发展关系到资源和能源的科学合理利用，更是对我国节能减排、固碳减碳、生态环境保护具有重大意义和深远影响。

随着混凝土的应用工程领域、建筑物结构和服役环境的变化，对混凝土及其制品的性能及专业化程度要求越来越高，为适应各种应用场景和需求，研发出了高性能混凝土、纤维增强混凝土、自密实混凝土、轻混凝土、流态混凝土、干硬性混凝土、防水混凝土、聚合物混凝土、沥青混凝土、补偿收缩混凝土、喷射混凝土、水下不分散混凝土等具有特种性能的混凝土。遗憾的是，在土木工程、无机非金属材料等学科专业教材中尚缺少该类教材，在此背景下，本教材系统介绍了上述特种混凝土与新型混凝土的新技术、新知识，旨在使学生毕业后能尽快适应现代工程建设的需要，并为现代混凝土新技术的应用和推广做出贡献。

本教材编写符合新时代应用技术型人才培养要求，属校企合编教材，旨在培养学生分析与解决实际问题的能力，突出理论与实践相结合，强化混凝土与工程实际相结合，每章嵌入课程思政模块，充分发挥课程育人功能。

本教材由河南城建学院王继娜、徐开东担任主编，平顶山市建设工程检测技术中心教授级高级工程师李维和河南城建学院李志新、包云、杨欢担任副主编，由河南建筑材料研究设计院有限公司娄广辉教授级高级工程师担任主审，并对本教材提出了许多中肯的意见和建议。本教材编写也吸收了许多国内外专家学者的研究成果，在此一并表示感谢。

由于近年来混凝土理论和技术发展迅速，新观点、新技术不断涌现，标准、规范繁多，加之编者水平所限，书中难免存在不足之处，恳请读者批评指正（E-mail：30010907@hncj.edu.cn）。

编　者

2021 年 11 月

目　录

第一章

绪 论

第一节 混凝土的定义和分类

一、混凝土的定义

混凝土是指由胶凝材料（胶结料），粗、细骨料（或称集料），水及其他材料，按适当比例配制并硬化而成的具有所需的形状、强度和耐久性的人造石材。

二、混凝土的分类

混凝土是由多种性能不同的材料组合而成的复合材料。其品种很多，如沥青混凝土、聚合物混凝土就是有机材料与无机材料的复合材料；钢筋混凝土、钢纤维混凝土就是金属材料与无机非金属材料的复合材料；使用最多的普通水泥混凝土是由水泥、砂、石、水及外加剂等多种材料组成的水泥基复合材料。

（一）按表观密度分类

1. 重混凝土

其表观密度大于 $2800kg/m^3$，是采用密度很大的重晶石、铁矿石、钢屑等重骨料和钡水泥、锶水泥等重水泥配制而成的。重混凝土具有防辐射的性能，又称防辐射混凝土，主要用作核能工程的屏蔽结构材料。

2. 普通混凝土

其表观密度为 $2000\sim2800kg/m^3$，是用普通的天然砂石为骨料配制而成的，为建筑工程中常用的混凝土，主要用作各种建筑的承重结构材料。

3. 轻混凝土

其表观密度小于 $1950kg/m^3$，是采用陶粒等轻质多孔骨料配制的混凝土以及无砂的大孔混凝土，或者不采用骨料而掺入加气剂或泡沫剂，形成多孔结构的混凝土，主要用作轻质结构材料和隔热保温材料。

（二）按用途分类

按用途不同，混凝土可分为结构混凝土、装饰混凝土、防水混凝土、道路混凝土、防辐射混凝土、耐热混凝土、耐酸混凝土、大体积混凝土和膨胀混凝土等。

（三）按强度等级分类

1. 普通混凝土

其强度等级一般在 C60 以下。其中抗压强度小于 30MPa 的混凝土为低强度混凝土，抗压强度为 30～60MPa（C30～C60）的混凝土为中强度混凝土。

2. 高强混凝土

其抗压强度大于或等于 60MPa。

3. 超高强混凝土

其抗压强度在 100MPa 以上。

（四）按生产和施工方法分类

按生产和施工方法不同，混凝土可分为泵送混凝土、喷射混凝土、碾压混凝土、真空脱水混凝土、离心混凝土、压力灌浆混凝土及预拌混凝土（商品混凝土）等。

第二节 混凝土的发展及特种混凝土的提出

混凝土，这种以水泥为主要胶结材料，砂、石为主要骨料配制而成的人造石材，是一种既古老又新型，而且还是不断发展的材料。说其古老，可以追溯到 5000 年前，我国甘肃省秦安县大地湾地区，就曾经用类似于当今水泥混凝土的材料修筑过建筑物的地面。古罗马在 2000 年前也曾用具有较强水硬性的胶凝材料建造过地下水道。遗憾的是，这些古代的混凝土材料没有得到延续。

1824 年，英国建筑工人约瑟夫·阿斯普丁首次烧制出了可以制成与波特兰岛岩石颜色类似并十分坚硬耐水的胶凝材料。他将其称之为"波特兰水泥"，并在 1824 年 10 月 21 日获得了专利。这就是现今硅酸盐水泥的原型。这种水泥的发明，开创了胶凝物质材料和混凝土科学的新纪元，使混凝土这种人造石材很快成了建筑工程材料中无可争议的最主要的材料。对水泥及混凝土的研究也成了材料科学与工程研究领域中的一个重要组成部分。

随着经济和科技的发展，水泥和混凝土技术也随之发展。特别是"二战"结束后，全球经济开始复苏，科技和工业发展日益加快，对水泥及混凝土的数量要求越来越多，性能要求越来越高。为适应这种要求，陆续研制出了如早强混凝土、大坝混凝土、膨胀混凝土、纤维增强混凝土、聚合物混凝土等与普通混凝土不同的混凝土，我们称之为"特种混凝土"。

进入 20 世纪 70 年代后，科技和现代工业开始突飞猛进，尤其是到 20 世纪 90 年代后，城市化的发展及产业技术的进步，都进一步促使混凝土技术更快发展。例如，由于城市建设用地日益短缺，建筑用地的价格成倍甚至十几倍、几十倍地增长，促使房屋建筑要"上天入地下水"，即建造高层或超高层的建筑和建造多层的地下建筑甚至水中建筑。这就要求用于这些建筑的混凝土具有更高的强度以缩小结构的截面积，降低建筑物的自重；要求混凝土具有更高的耐久性和抗渗性以适应建造更深的地下工程甚至水中工程。为此研制出了高强混凝土、高性能混凝土、防水混凝土及水下浇筑混凝土。

随着生活水平的提高，要求建筑物具有更强的隔声能力和隔热保温能力，这就需要一些用于墙体、屋面的混凝土材料具有较好的隔声、保温、隔热能力，因此，还制成了具有良好保温隔热性能和隔声性能的轻混凝土。一些化工工业要求混凝土具有抗各种腐蚀介质（酸、碱、盐）的耐蚀性；冶金建材工业要求混凝土具备耐热性；核工业的发展要求混凝土具有防辐射性；高等级公路要求混凝土具有高耐磨性和抗冻性；城市步行道为促使道路的排水和城市绿化要求混凝土具有透水性；一些特殊工业级试验场所要求混凝土具有抗静电性；对建筑物美化要求混凝土具有装饰性等。经广大科研工作者努力，已经或正在研制能适应这些特殊要求的新型混凝土。同时，建筑施工技术的发展也要求与之相适应的混凝土，如混凝土泵送技术的发展要求被泵送混凝土的可泵性，为降低施工噪声，要求混凝土免振且具备自流平性，即在保证不离析前提下的大流动性等，为此研制出了流态混凝土等。

2020 年全面建成小康社会，是我党确定的"两个一百年"奋斗目标的第一个百年奋斗目标。这是我国第一个百年梦想实现的时间节点，又正好是"十三五"规划的收官之年，更是固废资源化利用等相关政策发布实施后的阶段性工作总结之年。在建筑垃圾资源化处置方面，我国在大力推进建设"无废城市"，推进固体废物源头减量化和资源化利用，探索建立相关指标体系，系统总结试点经验，形成可复制、可推广的建设模式；经济发达城市及地区也在大力推进建筑垃圾的安全处置和综合利用，逐步推广建筑垃圾资源化再生产品的利用，同时通过新技术加强建筑垃圾处置，实现全过程监管。对于混凝土配套政策方面，我国力促绿色消费发展，努力推广使用绿色建材和环保装修材料；部分城市也在着力推进混凝土行业的绿色化、环保化，有针对性地解决当前存在的高污染、低效能等问题。

总之，现代经济和工业的发展促进了混凝土技术的发展，而混凝土技术的发展又反过来促进了现代经济和工业及科技的更大进步。可以说，没有混凝土的发展，就没有经济和科技的发展，也没有人类文明的进步。新型的混凝土技术已经成为当代文明世界的物质支柱。我们相信，随着科技的发展和广大混凝土科技工作者的努力，一些更高性能、更多功能的混凝土必将继续涌现。混凝土这一古老而又新型的材料，必将为经济的发展和人类的物质文明作出更大的贡献。

第三节　本课程的任务和学习方法

本课程是土建类专业的个性拓展课，学习目的是在前期建筑材料、土木工程材料学习的基础上，深入了解目前生产中常用的混凝土，为今后从事技术工作提供合理选择和使用混凝土的基本理论、基本技能。

课程的任务是使学生获得有关混凝土技术及应用的基础知识和必要的基础理论。

本课程所涉及的混凝土种类繁多，内容庞杂，对于初学者来说，常常抓不住重点，不好掌握。针对本课程的内容特点，要想系统掌握，必须抓住重点，即混凝土的性能与应用。不同种类的混凝土，由于原材料、配合比等不同，性能不同，性能不同导致施工方法不同。所以，在学习时必须注意区分把握不同种类混凝土之间所具有的共性和个性，了解决定混凝土性能的内在因素和影响混凝土性能的外部环境条件，把握变化规律，有效采取应对措施；还要学习和掌握混凝土性能评定的方法；最后要结合当前形势把习近平新时代中国特色社会主义思想融入课堂。从混凝土的原材料、配合比设计、生产、检测到工程应用，各个环节都力求降低资源和能源消耗，尽量利用固体废弃物，使混凝土的生产和使用对环境和人体无害，而且可以循环利用。

课程思政：研发绿色混凝土，建设美丽中国

习近平总书记指出，绿水青山就是金山银山。建设生态文明是关系人民福祉、关乎民族未来的长远大计，是实现中华民族伟大复兴的重要战略任务。党的十八大提出了中国特色社会主义"五位一体"总体布局，以习近平同志为核心的党中央把生态文明建设摆在改革发展和现代化建设全局位置，坚定贯彻新发展理念，不断深化生态文明体制改革，推进生态文明建设的决心之大、力度之大、成效之大前所未有，开创了生态文明建设和环境保护新局面。党的十九大明确了到本世纪中叶把我国建设成为富强民主文明和谐美丽的社会主义现代化强国的目标，十三届全国人大一次会议通过的《中华人民共和国宪法》修正案，将这一目标载入国家根本法，进一步凸显了建设美丽中国的重大现实意义和深远历史意义，进一步深化了我们党对社会主义建设规律的认识，为建设美丽中国、实现中华民族永续发展提供了根本遵循和保障。

混凝土是建筑材料中应用最多的产品之一，在建设美丽中国的过程中，路桥的修建、城镇化建设都不可避免地要大量用到混凝土。如何去提供满足施工条件的混凝土，同时还要保证对人体、环境无危害，并且能够形成闭环循环利用，是青年学子从现在就需要考虑的问题，从原材料的选择，到配制、养护、施工、循环利用全程实现"0废物、全利用、纯绿色"。

思考题：

1. 简述水泥的发展历史。
2. 简述混凝土的发展趋势。

参考文献

［1］朱宏军，程海丽，姜德民．特种混凝土和新型混凝土［M］．北京：化学工业出版社，2004.
［2］王春阳，朱凯，王仪，等．土木工程材料［M］．2版．北京：北京大学出版社，2013.
［3］张锋．聚焦需求，转型升级为混凝土行业跨越发展而努力［J］．混凝土世界，2021（8）：24-27.
［4］把握混凝土技术及标准化发展的根本要求：混凝土工程质量及标准化分会2020年度行业发展报告［J］．混凝土世界，2021（9）：25-26.
［5］中共中央宣传部．习近平新时代中国特色社会主义思想三十讲［M］．北京：学习出版社，2018.

第二章

高性能混凝土

第一节 概　　述

一、高性能混凝土的提出

针对混凝土的过早劣化，发达国家在 20 世纪 80 年代中期掀起了一个以改善混凝土材料耐久性为主要目标的"高性能混凝土"开发研究热潮，并得到了各国政府的重视，各国混凝土结构设计规范中逐渐突出了耐久性设计的理念，从只重视强度设计向强度和耐久性设计并重。

挪威在北海油田钻井平台建设中，为了提高混凝土的耐久性，在其中掺入了硅粉，结果不但耐久性、强度提高，而且工作性还有明显的改善。这种混凝土的性能仅从某一个方面是概括不了的；他们把这种混凝土称为高性能混凝土（HPC），并于 1987 年在挪威的 Stavanger 召开了第一次高强高性能混凝土（HS/HPC）的国际会议。

美国国家标准与技术研究所（NIST）与美国混凝土协会（ACI）于 1990 年在美国马里兰州召开的讨论会上也提出了高性能混凝土的概念：高性能混凝土是具有所要求性能和均质性的混凝土，必须采用严格的施工工艺、优质材料配制，便于施工，不离析，力学性能稳定，早期强度高，具有较好韧性和体积稳定性的耐久混凝土，特别适用于高层建筑、桥梁以及暴露在严酷环境中的建筑结构。

进入 20 世纪 90 年代以后，混凝土结构耐久性设计方法成为土木工程领域中的研究重点，高性能混凝土改变了人们一直将注意力集中在不断提高混凝土强度上面的观念，强调了混凝土建筑应具备优越耐久性，以满足建筑物长期使用的需求。

目前，人们对"高性能混凝土"的理解和认识还不太统一，但是逐步发展的。相较于 1990 年美国 ACI 提出的高性能混凝土的概念，1998 年美国 ACI 又发表了一个定义："高性能混凝土是符合特殊性能组合和匀质性要求的混凝土，如果采用传统的原材料组分和一般的拌和、浇筑与养护方法，未必总能大量地生产出这种混凝土"。ACI 对该定义所做的解释是："当混凝土的某些特性是为某一特定的用途和环境而制定时，这就是高性能混凝土。例如，下面所举的这些特性对某一用途来说可能是非常关键的：易于浇筑，压送时不离析，早强，长期的力学性能，抗渗性，密实性，水化热，韧性，体积稳定性，恶劣环境下的较长寿命。由于高性能混凝土的许多特性是相互联系的，改变其中之一常会使其他的特性发生变化，当混凝土为某一用途生产而必须考虑若干特性时，则每一个特性都必须清楚地规定在合同文件中"。1998 年 ACI 定义与 1990 年 ACI、NIST

定义的区别是：后者特殊性能组合中列入了"抗渗性、密实性、水化热"等内容。

在我国，对高性能混凝土的理解也有一个发展的过程。在20世纪90年代中期，许多学者认为：高性能混凝土必须是高强度的，因为一般情况下高强度对耐久性有利，同时他认为高性能混凝土发展的物质基础是现在有了好的掺和料和减水剂，因此高性能混凝土必须掺加掺和料。这些观点代表了当时我国大多数混凝土学者对高性能混凝土的认识。国内学术界认为"三高"混凝土就是高性能混凝土。据此观点，高性能混凝土应该是高强度、高工作性、高耐久性的，或者说，高强混凝土才可能是高性能混凝土；高性能混凝土必须是流动性好的、可泵性好的混凝土，以保证施工的密实性；耐久性是高性能混凝土的重要指标，但混凝土达到高强度性后，自然会有较高的耐久性。

针对当时科研界过度追求高强度的趋向，我国著名的混凝土科学家吴中伟院士在1996年提出"有人认为高强度必然高耐久性，这是不全面的，因为高强混凝土会带来不利于耐久性的因素……。高性能混凝土还应包括中等强度混凝土，如C30混凝土。"吴中伟院士高度重视耐久性，并在1986年就提出"高强未必一定高耐久，低强也不一定就不耐久"的观点，非常有前瞻性，时至今天他的这个观点也是正确的。吴中伟院士定义高性能混凝土为一种新型高技术混凝土，是在大幅度提高普通混凝土性能的基础上采用现代混凝土技术制作的混凝土，它以耐久性作为设计的首要指标，针对不同用途要求，对下列性能有重点地予以保证：耐久性、工作性、适用性、强度、体积稳定性以及经济合理性。为此，高性能混凝土在配制上的特点是低水胶比，选用优质原材料，除水泥、骨料外，必须掺加足够数量的矿物掺和料和高效外加剂。1997年3月，吴中伟院士在高强高性能混凝土会议上又指出，高性能混凝土应更多地掺加以工业废渣为主的掺和料，更多地节约水泥熟料，提出了绿色高性能混凝土（GHPC）的概念。

高性能混凝土的内涵丰富，目前的共识至少有以下几个方面：

（1）高性能混凝土强调应以工程所需性能为目标，根据工程类别、结构部位和服役环境的不同，提供"个性化"和"最优化"的混凝土。

（2）高性能混凝土可采用常规材料和工艺生产，保证混凝土结构所要求的各项力学性能，并具有高耐久性、良好的工作性和体积稳定性。"性能"是一个综合的概念，而不仅仅是单一的某项性能指标。

（3）高性能混凝土是不排斥具体场合对强度要求不高，而对其他性能要求极高的混凝土。

（4）高性能混凝土强调原材料优选、配合比优化、严格生产施工措施、强化质量检验等全过程质量控制的理念。

（5）高性能混凝土强调绿色生产方式和资源的合理利用（如粉煤灰、矿渣粉、尾矿等的利用），最大限度地减少水泥熟料用量，实现节能减排和环境保护的可持续发展目标。

随着科技的进步，经济社会的发展，高性能混凝土在建筑工程中的应用越来越广泛，人们对高性能混凝土的认识也在不断深化，其定义和内涵也在不断发展完善。高性能混凝土概念反映了现阶段对现代混凝土技术发展方向的认识，代表着混凝土技术发展的方向和趋势，我们应重视高性能混凝土的研究和应用，使高性能混凝土的技术获得更快的发展。

二、研制高性能混凝土的主要技术途径和措施

大量研究表明，影响混凝土性能（尤其是强度和耐久性）的主要因素有两个：一是混凝土中硬化水泥浆体的孔隙率、孔分布和孔特征；二是混凝土硬化水泥浆体与骨料界面的结合情况。要想提高混凝土的强度和耐久性，必须降低混凝土中水泥石的孔隙率，改善孔分布（即尽可能降低有害大孔），减少开口孔。为改善混凝土中硬化水泥浆体与骨料界面的结合情况，应设法减小在骨料浆体界面上主要由 $Ca(OH)_2$ 晶体定向排列组成的过渡带的厚度，从而增强界面物理连接或化学连接的强度。

针对以上问题，主要采用从以下几方面的技术措施进行改善。

（1）选用优质的、同时符合一定要求的水泥和粗细骨料。这是配制高质量混凝土的基本条件，更是配制高性能混凝土的必要条件。

（2）选用高效减水剂。在满足新拌混凝土大流动度的同时，降低水灰比（W/C），使混凝土中水泥石孔隙率降低。

（3）选用具有一定潜水硬性的活性超细粉。

（4）优化配合比，采用较低水胶比。

（5）采用严格的施工措施，精心施工，严格管理。

第二节 高性能混凝土的原料选择

一、水泥

（一）水泥的品种和强度等级

原则上说，配制高性能混凝土应尽可能采用 C_3A 含量低、强度等级高的水泥。但考虑生产成本等因素，不同强度和性能要求的高性能混凝土可选用不同强度等级及不同品种的水泥。另外，水泥强度等级的选择还与所采用的减水剂和活性超细粉的种类、品质及施工工艺有一定关系。

一般来说，如果采用较先进的施工工艺和选用减水率较大的减水剂及比表面积较高的活性超细粉，就可以适当选用强度低一些的水泥，但水泥的强度等级最低不得低于42.5。品种则应优先考虑采用硅酸盐水泥或普通硅酸盐水泥。对于一些体积较大的混凝土工程，仍应注意因水化热温升过大引起的破坏，应选用中低热水泥。

据有关资料，为了进一步提高高性能混凝土的性能，水泥品质的高性能化也已成一个潮流。从 20 世纪 90 年代中期开始，我国一些学者从高性能混凝土的角度出发，提出了对水泥的质量要求。2006 年 5 月举办的国际 Nanocem 研讨会，提出了关于高性能水泥的粗略定义："高性能水泥是由一定配比组成的由水泥熟料、石膏和矿物外加剂粉磨获得的水泥，由这种水泥配制的混凝土应具有更好的工作性、力学性能和耐久性能。"

综合近年来国内外的研究成果，绿色高性能水泥应具有如下特点：合理的颗粒组成和形貌，较好的和易性与较低的需水量，很好的外加剂相容性，适宜的石膏种类与最佳的掺入量。

（二）水泥的用量

和配制普通混凝土一样，水泥用量不仅影响新拌混凝土的和易性，而且影响混凝土的强度、耐久性及收缩变形等一系列性能。水泥用量低，混凝土的强度降低，但水泥用量过高，又会出现水化热释放过高并引起混凝土化学收缩、干湿变形和蠕变性增大。大量资料表明，水泥用量一般应控制在 $500\sim620\text{kg/m}^3$ 为宜，具体用量视混凝土要求的强度等级及活性超细粉的性能、掺量而定。

CECS 207：2006《高性能混凝土应用技术规程》中规定：在一般情况下，高性能混凝土不得采用立窑水泥。高性能混凝土采用的水泥必须符合现行国家标准的规定。

二、骨料

高性能混凝土强度和耐久性提高的主要原因之一是骨料与硬化水泥浆体界面得到了改善和强化。因此，骨料的强度和表面性能及骨料的级配对高性能混凝土性能的影响比对普通混凝土的更大。高性能混凝土所用骨料要满足 JGJ 52—2006《普通混凝土用砂、石质量及检验方法标准》要求。

（一）粗骨料（石子）

最好选用质量致密坚硬、强度高的花岗石、大理岩、石灰岩、辉绿岩、硬质砂岩等品种的粗骨料，并优先考虑采用碎石以改善与硬化水泥浆体的界面物理结合（如配制泵送或大流动度的高性能混凝土，也可考虑采用卵石）。

配制 C60 以上强度等级高性能混凝土的粗骨料，应选用级配良好的碎石或碎卵石。岩石的抗压强度与混凝土的抗压强度之比不宜低于 1.5，或其压碎值宜小于 10%。

粗骨料的最大粒径应比普通混凝土的小一些。最大粒径的减小，一方面能够减少骨料与硬化水泥浆体界面应力集中对界面强度的不利影响，另一方面可以增加浆体与骨料界面黏结。同时，由于减小粗骨料的最大粒径增加了单位体积混凝土中粗骨料的比表面积，也就增加了硬化水泥浆体与粗骨料的界面面积，使混凝土承受载荷时受力更为均匀，有利于混凝土强度的提高。但粗骨料最大粒径过小又会影响新拌混凝土的和易性。

因此，CECS 207：2006《高性能混凝土应用技术规程》中规定，粗骨料的最大粒径不宜大于 25mm。宜采用 15～25mm 和 5～15mm 两级粗骨料配合。

粗骨料中针片状颗粒含量应小于 10%，且不得混入风化颗粒。一般情况下，不宜采用碱活性骨料。当骨料中含有潜在的碱活性成分时，必须按要求检验骨料的碱活性，并采取预防危害的措施。

（二）细骨料（砂）

高性能混凝土采用的细骨料应选择质地坚硬、级配良好的中、粗河砂或人工砂。

砂的细度模数应控制在 2.6～3.7，对于要求混凝土强度等级在 C50～C60 的高性能混凝土，可以在 2.2～2.6。有研究指出，配制的高性能混凝土强度要求越高，砂的细度模数应尽量采取上限。但如采用一些特殊的配比和工艺措施，也可以用小于 2.2 细度模数的砂配制强度等级 C60～C80 的高性能混凝土。

三、矿物微细粉

矿物微细粉宜采用硅灰、粉煤灰、磨细矿渣粉、天然沸石粉、偏高岭土粉以及其复合微细粉等。所选用的矿物微细粉必须对混凝土和钢材无害。矿物微细粉的种类（火山灰活性）和细度是影响高性能混凝土的关键因素之一。矿物微细粉的火山灰活性越高，细度越高，对高性能混凝土的强度及耐久性提高越是有利。

（一）硅灰

硅灰是硅铁或金属硅生产过程中的副产品。它由高纯石英、焦炭和木屑在电弧炉中于高温（1750～2160℃）发生石英与碳的还原反应，形成不稳定的一氧化硅（SiO），并在气化后随烟气逸出。当温度下降到 1100℃时，气态的 SiO 与氧气（O_2）迅速发生氧化反应而转化为颗粒极细的非晶二氧化硅（SiO_2）。

由于硅灰主要成分为高细度非晶态 SiO_2，因此硅灰具有很高的火山灰活性，掺入混凝土后，能迅速与水泥水化产物氢氧化钙［$Ca(OH)_2$］反应生成低碱度的 C—S—H 凝胶。掺入硅灰可提高混凝土强度、抗渗性和耐化学腐蚀性，也具有抑制碱骨料反应的作用。但是硅灰会增加混凝土水化热，增大低水胶比混凝土自收缩，增大结构混凝土的收缩开裂风险。使用硅灰时，要注意以下要点：

（1）硅灰的比表面积和 SiO_2 含量是硅灰应用中需要关注的重要指标，应尽量选择比表面积大，SiO_2 含量高的硅灰。

（2）硅灰用于高性能混凝土中能够显著提高混凝土的强度，强度等级不低于 C80 的高强高性能混凝土一般会掺用适量硅灰。

（3）硅灰用于高性能混凝土能够显著提高混凝土的抗渗透性能和耐腐蚀性能。在海洋环境中，需要显著提高混凝土的抗氯离子渗透性能，当掺用矿渣粉不能达到抗氯离子渗透性能指标要求时，掺用适量硅灰即可奏效；掺入硅灰的高性能混凝土性用于盐渍土等环境，具有显著的抗化学侵蚀作用，并且在降低电通量方面也较掺入矿渣粉成效显著。

（4）硅灰用于高性能混凝土能够显著提高混凝土的耐磨性能，尤其适用于桥面混凝土等耐磨混凝土工程。

（5）由于硅灰比表面积大，应配合高效减水剂等外加剂共同使用。

（6）掺加硅灰会增加混凝土产生收缩开裂的风险，因此，硅灰在高性能混凝土中的掺量一般控制在胶凝材料的 10％以内。

（7）高性能混凝土应尽量考虑与其他掺和料结合使用，充分发挥多种掺和料的叠加效应。

（8）硅灰价格较高，使用时应考虑经济性。

（二）粉煤灰

用于高性能混凝土的粉煤灰包括直接从电厂煤粉炉烟道气体中收集和分选的粉煤灰以及在其基础上进行磨细的粉煤灰。粉煤灰中含有大量球状玻璃珠、莫来石、石英和少量方解石、钙长石、β-C_2S、赤铁矿和磁铁矿等矿物结晶体。

粉煤灰按煤种分为 F 类和 C 类；F 类粉煤灰是由于无烟煤或烟煤燃烧收集的粉煤灰；C 类粉煤灰是由褐煤或次烟煤燃烧收集的粉煤灰，氧化钙含量高于 F 类粉煤灰，一般大于10%。C类粉煤灰一般具有需水量比低、活性高等特点，其氧化钙有一部分是以游离态存在，应注意安定性问题。

制备高性能混凝土，需水量比是衡量粉煤灰品质的关键指标，粉煤灰需水量比越低，其辅助减水效果就越好，拌和物流动性相同，混凝土的水胶比会相应降低，混凝土的性能就会提升。

在高性能混凝土中合理掺加优质粉煤灰，可以显著改善混凝土拌和物的和易性，降低混凝土水化热，提高硬化混凝土的后期强度增长率，也有利于改善混凝土的某些耐久性能，例如，改善抑制碱骨料反应性能和抗硫酸盐腐蚀性能。因此，粉煤灰是制备高性能混凝土的良好原材料。使用粉煤灰时，要注意以下要点：

（1）粉煤灰的主要控制项目应包括细度、需水量比、烧失量和三氧化硫含量，C类粉煤灰的主要控制项目还应包括游离氧化钙的含量和安定性。

（2）尽量采用需水量比小、烧失量小的粉煤灰。

（3）使用C类粉煤灰应注意其安定性，掺量不宜超过胶凝材料总量的25%。

（4）掺用粉煤灰有利于改善拌和物的工作性，尤其对于改善混凝土泵送性能非常重要。

（5）掺加粉煤灰有利于提高混凝土抗渗透性能，也有利于混凝土抗化学侵蚀性能的提高。

（6）应尽量与矿渣粉等其他掺和料复合使用，充分发挥多种掺和料的叠加效应，最大程度上实现混凝土的高性能。

（7）掺用粉煤灰会对混凝土早期强度产生影响。对混凝土早期强度及其增长率要求不降低的情况，应控制粉煤灰掺量或采用矿渣粉部分取代，必要时可采用早强剂，预应力混凝土除外。

（8）粉煤灰掺量较大时，会对混凝土抗冻、抗碳化、耐磨等性能产生影响，可采用适当降低水胶比，掺加引气剂等专用外加剂等技术措施。

（三）矿渣粉

矿渣粉是粒化高炉矿渣粉的简称。粒化高炉矿渣从炼铁高炉中排出，以硅酸盐和铝酸盐为主要成分的熔融物，经淬冷成粒。矿渣在水淬时除了形成大量玻璃体外，还形成含有钙镁铝黄长石和很少的硅酸一钙或硅酸二钙结晶体，主要化学成分是CaO、SiO_2、Al_2O_3和Fe_2O_3等，是一种优质的矿物掺和料。

掺加矿渣粉会改善和提高混凝土的综合性能：一般会减少混凝土需水量，改善胶凝材料与外加剂的适应性，降低混凝土水化热（矿渣粉比表面积不大于$600m^2/kg$，掺量超过30%），提高硬化混凝土的后期强度增长率和耐腐蚀性能，改善抑制碱骨料反应的性能；重要的是，掺加矿渣粉对混凝土强度的影响明显小于除硅灰以外其他矿物掺和料，非常适用于必须采用大掺量矿物掺和料的场合，如海洋工程中的耐侵蚀混凝土等。使用矿渣粉时，要注意以下要点：

（1）矿渣粉的比表面积、活性指数和流动度比是矿渣粉应用中重要的技术指标；应尽量采用活性指数大、流动度比大的矿渣粉。

（2）矿渣粉作为矿物掺和料，活性高于除硅粉外的一般矿物掺和料，在大掺量范围内，仍有良好的强度性能，这是矿渣粉的重要特点。

（3）掺加矿渣粉有利于提高混凝土抗渗性能和抗化学侵蚀性能，矿渣粉还具有较小的电通量，加之具有良好的强度性能，因此，适用于海洋环境、盐渍土环境等工程。

（4）低水胶比时，矿渣粉掺量较大时，混凝土黏度较大，会影响混凝土施工性能，因此，与粉煤灰复合使用，可以发挥各自的特点，并且可以充分发挥其叠加效应，最大程度上实现混凝土的高性能化。

（5）高性能混凝土使用矿渣时应注意比表面积大的矿渣粉会增大混凝土水化放热的问题。

（6）应注意避免采用掺加石粉的矿渣粉，可采用检验玻璃体含量或者烧失量的手段进行预防。

（7）掺加较多矿渣粉时，应注意混凝土的泌水问题。

除此之外，高性能混凝土中还可以掺加钢渣粉、磷渣粉、石灰石粉、天然火山灰质材料等。

（四）复合掺和料

为了充分发挥各种掺和料的技术优势，弥补单一矿物掺和料自身固有的某些缺陷，利用两种或两种以上矿物掺和料材料复合产生的超叠加效应可取得比单掺某一种矿物掺和料更好的效果。复合掺和料的超叠加效应能够显著改善混凝土的工作性能、力学性能和耐久性能，同时取代部分水泥用量，也可一定程度上降低高性能混凝土成本。使用复合掺和料时，要注意以下要点：

（1）比表面积、流动度比和活性指数是复合掺和料的重要指标。一般情况下，优先选用比表面积大、流动度比大、活性指数高的复合掺和料。

（2）使用复合掺和料时，应结合高性能混凝土工程的使用目的、使用环境、使用时间等因素，科学制定复合掺和料使用配比。

（3）使用复合掺和料的高性能混凝土应注意外加剂和胶凝材料的相容性问题。

（4）使用复合掺和料的高性能混凝土宜选用硅酸盐水泥或普通硅酸盐水泥，当使用其他种类水泥时应适当降低复合掺和料掺量。

（5）应考虑复合掺和料的均匀性和稳定性，避免使用受潮和混入杂物的复合掺和料。

（6）高性能混凝土采用的复合掺和料及其掺量应通过试验确定。

CECS 207：2006《高性能混凝土应用技术规程》中规定：

高性能混凝土中，矿物微细粉等量取代水泥的最大用量宜符合下列要求：①硅粉不大于10%；粉煤灰不大于30%；磨细矿渣粉不大于40%；天然沸石粉不大于10%；偏高岭土粉不大于15%；复合微细粉不大于40%。②当粉煤灰超量取代水泥时，超量值不宜大于25%。

四、化学外加剂

（一）高效减水剂

高效减水剂是一种新型的化学外加剂，其化学性能有别于普通减水剂，在正常掺量时具有比普通减水剂更高的减水率，要求减水率不小于14%，没有严重的缓凝及引气过量的问题。混凝土工程也可采用由缓凝剂与高效减水剂复合而成的缓凝型高效减水剂。

目前，我国高性能混凝土采用的高效减水剂主要有以下几类：萘和萘的同系磺化物与甲醛缩合的盐类、氨基磺酸盐等多环芳香族磺酸盐类；磺化三聚氰胺树脂等水溶性树脂磺酸盐类；脂肪族羟烷基磺酸盐高缩聚物等脂肪族类。

（二）高性能减水剂

高性能减水剂是一种新型的外加剂，要求减水率不小于 25％，具有较好的坍落度保持性能，并具有一定的引气性和较小的混凝土收缩。目前，我国开发的高性能减水剂以聚羧酸系减水剂为主。

配制高性能混凝土所选用的高效或高性能减水剂的品种与掺量，应该用工程所选用的水泥和辅助胶凝材料，通过减水剂对水泥加辅助胶凝材料或减水剂对混凝土拌和物适应性试验来选择确定。水胶比≤0.30 或强度等级≥C60 的高强高性能混凝土宜选用收缩比小的高性能减水剂。

除此之外，根据工程需要，还可加入泵送剂、引气剂、缓凝剂、膨胀剂等。

第三节　高性能混凝土的性能

一、力学性能

（一）抗压强度

对高性能混凝土的强度要求，目前尚存在不同的看法，有学者认为至少达到高强度混凝土的强度指标，即 28d 抗压强度≥50MPa。但也有学者认为，从实际出发，只要有好的工作性和耐久性，28d 抗压强度≥30MPa 的混凝土也可称之为高性能混凝土。目前，工程实例中强度大多在 40～80MPa，即强度等级为 C40～C80，还有不少工程已成功使用 C100 以上的高性能混凝土。

只要技术措施得当，高性能混凝土不仅有较高的 3d 抗压强度、28d 抗压强度，而且有更高的长期强度。国内外的一些工程实例表明，高性能混凝土 90d 抗压强度比 28d 抗压强度还可提高 20％～30％。

（二）抗折强度

高性能混凝土抗折强度一般为抗压强度的 1/7～1/10，与普通混凝土的折压比类似。值得注意的是，在其他条件相同时，掺硅灰的高性能混凝土比掺其他活性微细粉的高性能混凝土的折压比高。

（三）弹性模量

高性能混凝土的弹性模量比普通混凝土高，一般在 $4×10^4$ MPa 左右，且随着抗压强度的提高而略有提高。

二、耐久性

高耐久性是高性能混凝土必备的性能，主要表现在以下几个方面。

（一）抗渗性

影响混凝土抗渗性的主要因素是混凝土的孔隙率、孔分布和孔特征。由于高性能混凝土孔隙率低（一般为普通混凝土的 40％～60％），有害的大孔和开口孔少，所以抗渗性和抗冻性比普通混凝土明显提高。清华大学研究发现，水胶比低于 0.4 并掺入微细粉的高性能混凝土的渗透系数能达到 10^{-12}（cm/s）数量级，还有不少资料表明，高性能混凝土的抗渗等级可达到或超过 P30。

（二）抗冻性

混凝土的抗冻性除与混凝土的孔隙率、孔分布、孔特征有关外，还与混凝土本身的强度密切相关。由于高性能混凝土结构致密，大孔少，开口孔也少，水向内部渗透速率低，孔中的水处于非饱和状态，这就减少了混凝土内部可冻水的数量。另一方面，高性能混凝土的高强度使其能承受水结冰膨胀时的破坏力，因此，高性能混凝土有较高的抗冻性。

冯乃谦教授指出，对于长期处于严寒环境的水中或相对湿度为 100％ 的环境中的高性能混凝土，仍有必要引进一定量的气泡以进一步增强高性能混凝土的抗冻性。因为在这样的环境下，混凝土内部迟早会达到水饱和的状态。长期的冻融循环，仍然会使其受到严重的冻害。另外，高性能混凝土在盐冻（海水环境和除冰盐浸渍等）作用下，表面仍然会产生冻害剥蚀，即使这种剥蚀比普通混凝土低，但仍会影响其性能。

（三）抗腐蚀性能

高性能混凝土的高致密性也是其具有很强的抗腐蚀性能的重要原因。因为结构的致密降低了腐蚀介质（酸、碱、盐）在混凝土内部扩散的速度和数量。另外，由于高性能混凝土制作过程中掺入较多的活性微细粉，这些活性微细粉与水泥水化产生的 $Ca(OH)_2$ 发生二次水化反应，形成了低碱性的水化硅酸钙，降低了混凝土内 $Ca(OH)_2$ 的浓度，从而提高了混凝土的抗硫酸盐侵蚀和抗氯盐侵蚀的能力。这一点，对于一些与海水接触的混凝土工程具有特别重要的意义。

（四）抗碳化性能

高性能混凝土中由于掺入活性微细粉降低了混凝土的碱度，但大量的研究表明，混凝土的抗碳化能力并没有因此而降低，甚至有所提高。其原因仍然是由于其内部结构的高致密性，使碳酸离子向内部扩散的速度变慢。一些研究者认为，如果混凝土强度等级大于 C60，就可以不考虑其碳化的问题，也是因为混凝土的强度是与其结构的致密性密切相关的。C60 以上强度等级的混凝土，其结构的致密性有可能足以抵抗碳化作用。因此，这些研究者建议等级强度达 C60 以上的混凝土可以不测定碳化性。

三、收缩性

混凝土的收缩包括化学收缩、干燥收缩和温度变化引起的收缩。其中化学收缩是由于水泥水化反应后水化产物的总体积小于水化前水泥和水的总体积而引起的，因此也称混凝土的自收缩。很明显，水泥用量越大的混凝土其自收缩将越大。高性能混凝土与普通混凝土相比水泥用量较高，特别是在配制强度等级较高（如 C80 以上）的混凝土，而所用的水泥的强度相对又不是很高的情况下，水泥用量往往达到 $600kg/m^3$ 以上。因此，高性能混凝土自收缩将大于普通混凝土。还有人认为，高性能混凝土由于水灰比较低，水泥水化所需要的水如果不能从外部得到补充，而只能从内部孔隙中吸水导致毛细孔内水面下降，使毛细孔收缩压力加大，也可能使高性能混凝土自收缩增大。

但有研究者认为，高性能混凝土的收缩率与普通混凝土类似甚至低于普通混凝土，其主要原因是高性能混凝土十分致密，孔隙率很低。因此干燥收缩和温度引起的收缩应远低于普通混凝土，从而抵消了高性能混凝土自收缩较大的缺陷。但也应考虑到自收缩、干燥收缩及温度收缩不一定在同一时期和同一条件下发生。因此应防止自收缩过大对混凝土的结构造成的不良影响。预防的措施可以通过在配合比设计时尽量选用较高强度等级的水泥，而使水泥用量降低，也可以选择更适宜的砂率，掺用更适宜的活性微细粉。曾有人用硅灰和超细渣粉复合作掺和料，可以使高性能混凝土的自收缩率降低 30％。

第四节　高性能混凝土的配合比设计

高性能混凝土的配合比设计应根据混凝土结构工程的要求，确保其施工要求的工作性，以及结构混凝土的强度和耐久性。耐久性设计应针对混凝土结构所处外部环境中裂化因素的作用，使结构在设计使用年限内不超过容许裂化状态。

一、配制强度 $f_{cu,0}$ 的确定

高性能混凝土的试配强度按公式（2-1）确定。

$$f_{cu,0} \geqslant f_{cu,k} + 1.645\sigma \qquad (2-1)$$

式中，$f_{cu,0}$ 为混凝土试配强度（MPa）；$f_{cu,k}$ 为混凝土强度标准值（MPa）；σ 为混凝土强度标准差，当无统计数据时，对商品混凝土可取 4.5MPa。

二、初步配合比的确定

（一）水灰比（W/C）的初步确定

一些研究发现，当要求配制的高性能混凝土强度达到一定值时，W/C 与混凝土的强度 f_{cu} 的关系就开始偏离鲍罗米直线方程 $f_{cu} = A \cdot f_{ce}\left(\dfrac{C}{W} - B\right)$。并且发现，当掺入较多的矿物微细粉后还存在"有效灰水比"和"实际灰水比"的区别。所谓"实际灰水比"是指水泥掺量与矿物微细粉的总和与拌和水掺量的比值。"有效灰水比"是指矿物微细粉的活性指数 $\varphi \geqslant 1$ 时矿物微细粉在混凝土中对强度的贡献将达到或超过水泥，因此有效灰水比 $\dfrac{C'}{W}$ 应为

$$\frac{C'}{W} = \frac{C + \varphi \cdot S_p}{W} \qquad (2-2)$$

式中，C 为水泥掺量（kg）；S_p 为微细粉掺量（kg）。

由此推导出掺矿物微细粉的高性能混凝土的强度公式为

$$f_{cu,28} = a \cdot f_{ce}\left(\frac{C + \varphi \cdot S_p}{W}\right)^b \qquad (2-3)$$

式中，a，b 为掺加某特定微细粉时通过试验并经数学归纳得到的经验常数。

例如，对于比表面积为 800m²/kg 的矿物微细粉，$a = 0.3423$，$b = 1.0900$。

但在实际工程中，通过大量试验求得 φ、a、b 3 个值是一件很繁杂的工作。有人归

纳研究了大量实验室研究及工程实例，推荐表 2-1 作为 W/C 选取时的参考数值。

表 2-1　配制高性能混凝土时 W/C 推荐选取范围

选用水泥 强度等级	混凝土强度等级					
	C50～C60	C60～C70	C70～C80	C80～C90	C90～C100	≥C100
42.5	0.30～0.33	0.26～0.30	—	—	—	—
52.5	0.33～0.38	0.30～0.35	0.27～0.30	0.24～0.27	0.21～0.25	≤0.21
62.5	0.38～0.41	0.35～0.38	0.30～0.35	0.27～0.30	0.25～0.27	≤0.25

注：1. 本表 W/C 中，C 为水泥用量和微细粉的总量。当用硅灰、微细沸石粉时取高限；用微细矿渣粉或微细磷渣粉时取下限。

2. 混凝土强度等级高时，W/C 取下限；反之取上限。

（二）初步用水量的确定

普通水泥混凝土配合比设计时，一般可以先由混凝土要求的坍落度、粗骨料的种类和粗骨料的最大粒径查表确定。如前所述，配制高性能混凝土时，粗骨料的最大粒径一般在 10～20mm 之间。参照普通混凝土，当坍落度要求在 10～90mm 之间时，碎石最大粒径为 16～20mm 时混凝土用水量为 185～215kg/m³。如按此用水量的选取范围，经验证明至多能配制出 C55 强度等级的混凝土，而且抗渗性、抗冻性都达不到高性能混凝土的要求。

考虑到配制高性能混凝土必须掺入高效减水剂和微细粉这一事实，有研究者发现，如果固定粗骨料最大粒径对用水量的影响，混凝土的坍落度由高效减水剂来调节，则混凝土的强度及抗渗性和抗冻性与用水量和掺微细粉种类有如表 2-2 所示的关系。

表 2-2　高性能混凝土用水量选取范围（kg/m³）

胶料	混凝土强度等级					
	C50～C60	C60～C70	C70～C80	C80～C90	C90～C100	＞C100
水泥＋10％硅灰或微细沸石	195～185	185～175	175～165	160～150	155～145	＜145
水泥＋10％微细粉煤灰	185～175	175～165	165～155	155～145	145～135	＜135
水泥＋10％微细矿渣或微细磷渣	180～170	170～160	160～150	150～140	140～135	＜130

注：微细粉的掺入量为等量取代水泥量。

在具体选用时，如果微细粉的用量增加，用水量也应适当增加。但如果微细矿渣粉或微细磷渣与硅灰微细粉煤灰中的一种复合使用，在用同样高效减水剂的情况下，用水量可以不变，而可减少水泥用量。

（三）水泥用量 m_c 及微细粉用量 m_f 的确定

水与总灰量（水泥＋微细粉总量）之比及拌和水量确定后，很容易求得水泥和微细粉总量。但具体的水泥用量与微细粉用量仍需进一步确定。

在配置以粉煤灰为外掺和料的普通混凝土时，可以首先按不掺粉煤灰时计算出基准混凝土中水泥、水、砂、石的配比，然后根据粉煤灰取代水泥的量（等量取代或超量取代）分别求得水泥的总量和粉煤灰的用量。如果是等量取代，可用绝对体积法求得砂石的总体积 V_G。

$$V_G = 100（1-V_a）-V_p \qquad (2-4)$$

式中，V_a 为混凝土中的含气量，取 0.01～0.02；V_p 为水泥和粉煤灰与水调制的浆体的体积。

$$V_p = V_C + V_F + V_W$$

$$= \frac{m_C}{\rho_C} + \frac{m_F}{\rho_F} + \frac{m_W}{\rho_W} \tag{2-5}$$

式中，m_C、m_F、m_W 及 ρ_C、ρ_F、ρ_W 分别为水泥、粉煤灰、水的配比质量和相对密度。

然后再由砂率 S_p 即可分别计算出掺粉煤灰后砂、石的质量 m'_S 和 m'_G

$$m'_S = V_A \cdot S_p \cdot \rho_S$$

$$m'_G = V_A \cdot (1 - S_p) \cdot \rho_G \tag{2-6}$$

式中，ρ_S、ρ_G 分别为砂、石的堆积密度。

如果为超量取代，超量部分的粉煤灰一般是用于替代砂的。因此，只要在计算得到的砂的体积中扣除超量取代的粉煤灰体积，即可得到砂的体积。

对于配制高性能混凝土，也可以按上述配制方法进行计算。但配制高性能混凝土时，微细粉一般都是按等量取代水泥来掺加的。如果水灰比选择和用水量的选择已经考虑了水泥和微细粉的总量，则只要确定了取代百分比就可以把水泥和微细粉作为一种掺有微细粉的水泥看待，就完全可以按普通混凝土的配制方法来进行计算。即由确定的水灰比 W/C 和用水量 m_W 求得总用灰量 m_{cf}

$$m_{cf} = m_W \cdot \frac{1}{W/C}$$

如果水泥掺量为 m_C，则微细粉掺量 m_f 为

$$m_f = k \cdot m_C$$

式中，k 为取代率（%）。

由

$$m_{cf} = m_C + m_f = m_C + m_C \cdot k$$

$$= m_C \cdot (1 + k)$$

$$m_C = \frac{m_{cf}}{1 + k}$$

$$m_f = k \cdot m_C \tag{2-7}$$

取代率 k 与混凝土的强度等级和微细粉的种类有关。微细粉的火山灰活性越高，k 也可以取较高的值；但同时还应考虑微细粉对新拌混凝土和易性的影响及混凝土的成本的影响。一般情况下，推荐 k 值如表 2-3。

表 2-3 高性能混凝土中活性微细粉取代率 k 值选取

微细粉种类及掺加方法	k 值选取范围
单掺硅灰（A）	10%～12%
单掺微细粉煤灰（B）	15%～20%
单掺微细矿渣粉（C）	15%～25%
单掺微细沸石粉（D）	10%～15%
复掺 A＋B	A（8%～10%）＋B（10%～15%）
复掺 A＋C	A（8%～10%）＋C（5%）

微细粉种类及掺加方法	k 值选取范围
复掺 A+D	A（8%～10%）+D（5%～10%）
复掺 B+C	B（10%）+C（10%～15%）
复掺 B+D	B（10%）+D（5%～10%）

在有条件的情况下应尽量采用复掺，不仅可以改善新拌混凝土的和易性，而且可以提高混凝土的强度和耐久性。

需要注意的是，通过上述方法计算及选取得到的水泥用量和用灰总量比普通混凝土要大一些，但对水泥用量和用灰总量要进行控制，因为通过上述方法求得的水泥用量和用灰总量主要考虑了混凝土的强度、耐久性及新拌混凝土的和易性，并没有考虑混凝土的变形性能。众所周知，混凝土的很多变形性能（如化学收缩、蠕变等）都与混凝土中水泥浆体的含量有关。浆体含量越高，相应混凝土的变形也越大，以目前研究的情况，混凝土用灰总量应控制在 620kg/m³ 以下，其中水泥用量不宜超过 550kg/m³，由此也说明，当配制强度等级大于 C70 的混凝土时，应尽量选用强度等级高的水泥。

（四）骨料掺量的初步确定

1. 确定合理砂率

与普通混凝土配置一样，在骨料品种确定的前提下，选用合理的砂率是很重要的。普通混凝土砂率选取的依据是 W/C 和粗骨料的最大粒径 d_{max}，对于高性能混凝土而言，还要考虑胶结料（水泥+活性微细粉）的量和砂的细度模数。一般说，胶结料用量越多，砂率应适当减小；砂的细度模数越大，砂率则应相应增大。砂率的选用可参考表 2-4。

表 2-4 高性能混凝土合理砂率

砂的细度模数（M_x）	混凝土中胶结料用量（kg/m³）			
	420～470	470～520	520～570	570～620
3.7～3.1	42～40	40～38	38～36	36～34
3.0～2.3	40～38	38～36	36～34	34～33
2.2～1.6	38～36	36～34	34～33	32～31

实际上，影响合理砂率的因素还很多，如果条件许可，最好通过试验确定合理砂率，即以坍落度、强度、胶结料用量作为试验因素，经过正交试验得出合理砂率。

如果已知粗骨料（石子）的空隙率 P，石子的表观密度 ρ'_G，石子的堆积密度 ρ'_{oG} 和砂子的堆积密度 ρ'_{oS}，也可以用式（2-8）进行计算来选定。

$$S_p = \frac{\rho'_{oS} \cdot P}{\rho'_{oS} \cdot P + \rho'_{oG}} \cdot \delta_S \qquad (2-8)$$

式中，δ_S 为砂子的剩余系数，其含义为在混凝土中砂的实际用量与正好填满石子之间空隙的砂的用量的比值。δ_S 一般取 1.2～1.4。

2. 砂石用量的计算

砂石用量的选取仍用配制普通混凝土砂石用量的计算方法，即绝对体积法或假定重量法。

1) 绝对体积法

通过下列二元一次方程组求每立方米混凝土中砂石的用量 m_S、m_G

$$V_C + V_f + V_G + V_S + V_w + a = 1$$

$$\frac{m_S}{m_G + m_S} = S_p$$

式中，V_C、V_f、V_G、V_S、V_w 为 1m³ 混凝土中水泥、微细粉、石子、砂子、水的体积。其中

$$V_C = \frac{m_C}{\rho_C}$$

$$V_F = \frac{m_f}{\rho_f}$$

$$V_G = \frac{m_G}{\rho_G}$$

$$V_S = \frac{m_S}{\rho_S}$$

$$V_w = \frac{m_w}{\rho_w}$$

$$V_r = \frac{m_r}{\rho_r}$$

式中，ρ_C、ρ_f、ρ_G、ρ_S、ρ_w、ρ_r 分别为水泥、微细粉、石子、砂子、水、外加剂的密度；a 为 1m³ 混凝土中的空气含量，一般取 $0.01\text{m}^3/\text{m}^3$；$S_p$ 为已选取的砂率。

2) 假定重量法

按下列二元一次方程组求出 1m³ 混凝土中砂石的用量。

$$m_C + m_f + m_G + m_S + m_w + m_r = 1 \times \rho'_c$$

$$\frac{m_S}{m_G + m_S} = S_p$$

式中，ρ'_c 为新拌混凝土假定的表观密度。对于高性能混凝土，一般取 $2450 \sim 2500\text{kg/m}^3$，混凝土强度等级高者取高值。

三、配比的验证与调整

通过上述步骤求得的 1m³ 混凝土中水泥、活性微细粉、石子、砂、水的用量 m_C、m_f、m_G、m_S、m_w 是在一些经验数据的基础上选取或计算求得的。由于原料的差异及其他条件的差异，所求的掺量不一定能符合设计混凝土要求的性能，所以必须进行验证和调整。

验证和调整可按下列步骤进行（其他各种混凝土的试配调整都可参照此进行）。

（一）把求得的 1m³ 混凝土所需的水泥、微细粉、砂、石、外加剂量及用水量折合成百分比。

$$\frac{m_C}{m_{ch}} \times 100\% : \frac{m_f}{m_{ch}} \times 100\% : \frac{m_G}{m_{ch}} \times 100\% : \frac{m_S}{m_{ch}} \times 100\% : \frac{m_w}{m_{ch}} \times 100\% : \frac{m_r}{m_{ch}} \times 100\%$$

$$= a\% : b\% : c\% : d\% : e\% : f\%$$

m_{ch} 为 1m³ 湿混凝土质量。

（二）根据上述百分比，按 10kg 质量的混凝土量计算出胶结料（水泥＋微细粉）、砂、石、水的用量，并根据外加剂与胶结料的配比数求出 10kg 混凝土所需的外加剂量。

（三）新拌混凝土坍落度的验证与调整。

按照由（二）计算的各种原料量将各组分搅拌成新拌混凝土，测定其坍落度 S_L。当 S_L 值偏离设计坍落度值超过 ±30mm 时，应通过增加或减少胶结料（水泥＋微细粉＋水）浆量，来进行调整（W/C 不变）。

直至调整到坍落度与设计要求值偏差不超过 ±10mm 时，即可得到符合坍落度要求时 1m³ 混凝土中胶结料、砂、石、水的用量 m_{Cf-1}、m_{G-1}、m_{S-1}、m_{W-1}。

（四）混凝土强度的校核

在上述求得的 m_{Cf-1}、m_{G-1}、m_{S-1}、m_{W-1} 的基础上，同时配制 3 组 100mm×100mm×100mm 立方体混凝土试块，每组试块配 10kg 湿混凝土，每组原料用量分别为

$$A 组：水泥掺量＝10×\frac{m_{C-1}}{1000}×100\%$$

$$石子掺量＝10×\frac{m_{G-1}}{1000}×100\%$$

$$砂子掺量＝10×\frac{m_{S-1}}{1000}×100\%$$

$$水用量＝10×\frac{m_{W-1}}{1000}×100\%$$

$$外加剂用量＝\left[10×\frac{m_{C-1}}{1000}×100\%\right]×\varepsilon$$

ε 为外加剂在胶结料中的百分含量。

B 组：胶结料、石子、砂、外加剂掺量与 A 组相同，水用量比 m_{W-1} 增加 10%；

C 组：胶结料、石子、砂、外加剂掺量与 A 组相同，水用量比 m_{W-1} 减少 10%。

制得的试块养护 7 天后，分别测 A、B、C 3 组试样的强度，得到 $f_{cu,7}^A$，$f_{cu,7}^B$，$f_{cu,7}^C$，必然会出现

$$f_{cu,7}^B < f_{cu,7}^A < f_{cu,7}^C$$

此时，用经验公式 $f_{cu,28}＝f_{cu,7}+n\sqrt{f_{cu,7}}$ 可推算 28d 抗压强度。

式中 n 为经验常数，与所用水泥的强度等级有关，具体见表 2-5。

表 2-5　由 7d 强度推算 28d 强度的 n 值表

水泥强度等级	32.5	42.5	52.5	62.5
n	5.0	5.5	6.5	7.5

（五）其他性能的复核

如果对所配制的混凝土的其他性能（如抗渗、抗冻、变形等）进行验证和复核，则在配制 A、B、C 3 组混凝土试件时，应多配制若干混凝土，用于其他性能的测定，如与设计要求有偏差，可再作一定调整。

高性能混凝土的单方用水量不宜大于 175kg/m³；胶凝材料总量宜采用 450～600kg/m³，其中矿物微细粉用量不宜大于胶凝材料总量的 40%；宜采用较低的水胶比；砂率宜采用 37%～44%；高效减水剂掺量应根据坍落度要求确定。

四、抗碳化耐久性设计

高性能混凝土的水胶比宜按下式确定：

$$\frac{W}{B} \leqslant \frac{5.83c}{\alpha \times \sqrt{t}} + 38.3 \tag{2-9}$$

式中，$\frac{W}{B}$ 为水胶比（%）；c 为钢筋的混凝土保护层厚度（cm）；α 为碳化区分系数，室外取 1.0，室内取 1.7；t 为设计使用年限（年）。

五、抗冻害耐久性设计

冻害地区可分为微冻地区、寒冷地区、严寒地区。应根据冻害设计外部裂化因素的强弱，按表 2-6 的规定确定水胶比的最大值。

表 2-6 不同冻害地区或盐冻地区混凝土水胶比最大值

外部裂化因素	水胶比（W/B）最大值
微冻地区	0.50
寒冷地区	0.45
严寒地区	0.40

高性能混凝土的抗冻性（冻融循环次数）可采用现行国家标准 GB/T 50082—2009《普通混凝土长期性能和耐久性能试验方法标准》规定的快冻法测定。应根据混凝土的冻融循环次数按下式确定混凝土的抗冻耐久性指数，并符合表 2-7 的要求：

$$K_{\mathrm{m}} = \frac{PN}{300} \tag{2-10}$$

式中，K_{m} 为混凝土的抗冻耐久性指数；N 为混凝土试件冻融试验进行至相对弹性模量等于 60% 时的冻融循环次数；P 为参数，取 0.6。

表 2-7 高性能混凝土的抗冻耐久性指数要求

混凝土结构所处环境条件	冻融循环次数	抗冻耐久性指数 K_{m}
严寒地区	≥300	≥0.8
寒冷地区	≥300	0.60～0.79
微冻地区	所要求的冻融循环次数	<0.60

高性能混凝土抗冻性也可按现行国家标准 GB/T 50082—2009《普通混凝土长期性能和耐久性能试验方法标准》规定的慢冻法测定。

受海水作用的海港工程混凝土的抗冻性测定时，应以工程所在地的海水代替普通水制作混凝土试件。当无海水时，可用 3.5% 的氯化钠溶液代替海水，并按现行国家标准 GB/T 50082—2009《普通混凝土长期性能和耐久性能试验方法标准》规定的快冻法测定。抗冻耐久性指数可按式（2-9）确定，并应符合表 2-7 的要求。

受除冰盐冻融作用、抗盐害耐久性设计、抗硫酸盐腐蚀耐久性设计、抑制碱-骨料反应有害膨胀等设计参照 CECS 207：2006《高性能混凝土应用技术规程》进行。

第五节　高性能混凝土的施工

高性能混凝土的施工要注意如下几个方面：

（1）准确计量是生产高性能混凝土的基本要求，高性能混凝土原材料计量的关键是水和外加剂的计量精准。由于高性能混凝土的水胶比较低，混凝土性能对水和外加剂的变化比较敏感，因此计量精准对高性能混凝土水胶比控制和混凝土性能保证至关重要。

（2）高性能混凝土的搅拌与一般混凝土比较，特点就是搅拌时间要长一些，主要是由于掺加高性能外加剂（分散要求高）和较多矿物掺和料（粉体较细），水胶比也较低，以及部分高性能混凝土中胶凝材料用量较大等原因，搅拌时间充分才能保证搅拌质量，从而减少混凝土质量问题。

（3）高性能混凝土运输过程中，最重要的是缩短时间和严禁加水，缩短时间可以减少混凝土拌和物性能的损失，无论出现何种情况，都严禁加水调整拌和物稠度，不得已时，可掺加适量减水剂快挡搅拌，但须有预案。高性能混凝土运输应处理好装料前排空积水，装料后严禁加水，控制运输时间，以及运输和施工之间衔接等技术环节。

（4）高性能混凝土浇筑包括模板支撑、泵管设置、振捣方式选择、振捣时间控制、不同等级混凝土的现浇对接和抹面等内容。高性能混凝土入模温度不宜大于35℃，混凝土振捣宜采用机械振捣，振捣时间宜控制在10～30s内。

（5）养护过程要注意更严格的保温和保湿。因为高性能混凝土水泥用量较大，且水泥中 C_3S 含量较高，因此水化热相对较高。如果混凝土构件较大且环境温度较低，很容易使混凝土构件内外温差过大，导致内外变形不均匀而引起应力破坏作用。因此，采用适当的保温措施使内外温差降低是十分必要的。另外，如构件体积很大，还应采用中热水泥或加入缓凝剂。由于高性能混凝土水灰比较小，为保证在水化硬化时有充分的水，应尽量保证环境的湿度（$RH \geqslant 90\%$），或采取有效措施防止混凝土水分的蒸发（如薄膜保湿或表面喷洒养护剂等）。

第六节　高性能混凝土的应用

高性能混凝土自问世以来，应用范围越来越广泛，应用量越来越大。目前，HPC以其性能优势在应用方面几乎已渗透到建筑工程中的各个领域，如工用民用建筑工程（尤其是高层、超高层建筑及大跨度梁、板构件）、地下建筑工程，水下工程及道桥，隧道工程等。下面介绍其中一些工程实例。

一、掺超细矿渣粉的 HPC 在首都国际机场停车楼工程中的应用

首都国际机场停车楼总建筑面积为 $16.7 \times 10^4 m^2$，为地下四层，地上一层的全预应力框架结构。主体梁、板、墙、柱均采用C60～C65的高性能混凝土，共约12万 m^3。

（一）原材料

1. 水泥：邯郸水泥厂生产的 52.5 号普通硅酸盐水泥。28d 实际抗压强度为 61.4MPa，抗折强度为 9.7MPa。

2. 骨料：粗骨料采用北京潮白河系卵石，公称粒径 5～25mm，表观密度 2700kg/m³，含泥量小于 1%。

细骨料为潮白河系，中砂 M_x＝2.3～2.7，含泥量小于 2%。

3. 外加剂

1）高效减水剂采用 YGU-F₃ 复合型高效减水剂，减水率 20%～25%，抗压强度比：3d 抗压强度＞185%，28d 抗压强度＞25%，符合高效减水剂一等品标准。

2）膨胀剂采用低碱度 UEA-M 复合膨胀剂，掺量 10%～15% 时，减水率可达 25%。

4. 活性超细粉：采用超细磨矿渣粉，矿渣为首钢水淬高炉矿渣，比表面积为 600m²/kg。

（二）配合比设计

1m³ HPC 原材料用量：

原料	用量	原料	用量
水泥	350kg	砂	654kg
水	173kg	高效减水剂	9kg
矿渣粉	150kg	UEA-M 膨胀剂	50kg
石子	1023kg	湿混凝土密度	2409kg/m³

施工采用 S·E·C 法搅拌，高频振捣器振实。

（三）混凝土性能

1. 拌和物坍落度：235mm。

2. 力学性能

1）28d 抗压强度：67.9MPa。

2）抗折强度：6.2MPa。

3）弹性模量：4.12×10⁴MPa。

3. 抗渗性：抗渗标号为 S30。

4. 抗冻性：—20℃转正温冻容循环 200 次，强度损失为 0，质量损失 0.54%。

5. 抗碳化性能：试件在 CO_2 浓度为（20±3）%，温度为（20±5）℃，湿度为（70±5）%，碳化箱中放置 28d 时，碳化深度为 0。

二、掺超细粉煤灰的 HPC 在亚洲大酒店超高层建筑中的应用

（一）原材料

1. 水泥：鲁南水泥厂生产强度等级为 42.5MPa 的硅酸盐水泥，28d 抗压强度 57.0MPa。

2. 骨料：粗骨料为济南南部山区碎石，公称粒径 10～25mm；砂为泰安产河砂，M_x＝2.62。

3. 活性超细粉：济宁粉煤灰，比表面积≥580m²/kg。

4. 外加剂：湛江 FDN 系列高效减水剂，减水率≥20％。

（二）配合比设计

水泥：523kg/m³；粉煤灰：52.3kg/m³（占水泥质量的 10％）；FDN：62.3kg/m³（占水泥质量的 1.2％）；W/C：0.29；S_p：30％。

（三）混凝土性能

1. 混凝土拌和物坍落度为 190mm。

2. 力学性能（抗压强度）

$$f_{cu,3d}=56.0MPa$$
$$f_{cu,7d}=61.3MPa$$
$$f_{cu,28d}=68.5MPa$$

3. 抗渗性、抗冻性合格。

三、HPC 在其他工程中的应用

（一）乌鲁木齐奥体中心

乌鲁木齐奥林匹克体育中心位于喀什路东延以南、会展大道二期（北延）以东，占地面积约 480 亩，"个头"比占地 450 亩的人民公园还大，总建筑面积约 30.5 万 m²，总投资 38 亿元。规划有体育场（3 万座位）、体育馆（1.2 万座位）、游泳馆（3000 座位）、综合田径馆（2000 座位）、全民健身馆、运动员公寓、体育公园、丝路平台等设施。中心兼具公园、商务、居住等功能。

该场馆大部分由高性能混凝土建造而成，因此具有比普通混凝土更高的抗冻性、抗渗性以及耐久性，同时可以大大降低后期维护成本。

图 2-1　乌鲁木齐奥体中心

（二）大坪英利商业中心

大坪英利商业中心项目位于渝中区大坪七牌坊（大坪转盘电信傍），是重庆轨道交通 1 号线和重庆轨道交通 2 号线大坪站的换乘中心，交通十分便利。英利国际广场项目总建筑面积逾 40 万 m²，由 5A 级写字楼、购物中心、高档公寓及住宅组成。

该中心大部分由高强高性能混凝土建造而成，强度等级 C70，泵送高度达 219m。

图 2-2　重庆大坪英利商业中心

课程思政：贯彻新发展理念，为人民的幸福生活保驾护航

党的十八大以来，以习近平同志为核心的党中央在深刻洞悉发展新阶段的基本特征、科学把握中国特色社会主义的本质要求和发展方向、不断深化对经济社会发展规律认识的基础上，鲜明提出创新、协调、绿色、开放、共享的发展理念。新发展理念集中体现了我们党对新的发展阶段基本特征的深刻洞察和科学把握，标志着我们党对经济社会发展规律的认识达到了新的高度，是我国经济社会发展必须长期坚持的重要理念。

2020 年将全面建成小康社会，实现第一个百年奋斗目标，2020 年既是"十三五"的收官之年，也是第一百年梦想实现的时间节点，2020 年也是混凝土行业特殊又艰难的一年，疫情影响、产能过剩，可谓困难重重。2021 年，挑战和机遇并存，虽然疫情防控仍十分严峻，但"十四五"期间国家对于基建的持续较大投入，鼓励内经济循环，加大乡村建设、加快绿能转换，给混凝土行业带来新的生机。混凝土行业的发展要紧跟国家建设步伐，除了保证安全以外，还要根据工程的具体要求，尽量使用高性能混凝土，提高混凝土的耐久性。在混凝土行业的发展过程中，我们也要深入贯彻新发展理念，遵循对立统一规律、质量互变规律，坚持继承和创新相统一，既求真务实、稳扎稳打，又与时俱进、敢闯敢拼，坚持具体问题具体分析，早日实现产业的转型升级。

思考题：

1. 高强混凝土就是高性能混凝土，对吗？为什么？
2. 配置高性能混凝土的技术途径有哪些？
3. 硅灰的掺入对混凝土性能有什么影响？粉煤灰的掺入呢？
4. 高性能混凝土中的"有效灰水比"和"实际灰水比"有什么区别？
5. 高性能混凝土的施工与普通混凝土的施工有什么区别？

参考文献

［1］朱宏军，程海丽，姜德民．特种混凝土和新型混凝土［M］．北京：化学工业出版社，2004.

［2］冯乃谦．高性能与超高性能混凝土［M］．北京：中国建筑工业出版社，2015.

［3］住房和城乡建设部标准定额司，工业和信息化部原材料工业司．高性能混凝土应用技术指南［M］．北京：中国建筑工业出版社，2014.

［4］刘娟红，宋少民．绿色高性能混凝土技术与工程应用［M］．北京：中国电力出版社，2010.

［5］朱效荣，赵志强．智能＋绿色高性能混凝土［M］．北京：中国建材工业出版社，2018.

［6］中共中央宣传部．习近平新时代中国特色社会主义思想三十讲［M］．北京：学习出版社，2018.

［7］张锋．聚焦需求，转型升级为混凝土行业跨越发展而努力［J］．混凝土世界，2021（8）：24-27.

第三章

纤维增强混凝土

第一节 概 述

纤维增强混凝土也称纤维混凝土，是在混凝土基体中均匀分散一定比例的特定纤维，使混凝土的韧性得到改善，抗弯性和折压比得到提高的一种特种混凝土。

纤维增强混凝土虽然开发研究较早（20世纪初美国就开始研究），但真正开始在工程中应用是20世纪60年代。1966年，美国混凝土协会成立了纤维混凝土委员会（当时的纤维材料主要是钢纤维）。20世纪70年代，在钢纤维增强混凝土的基础上又研究开发了玻璃纤维增强混凝土、碳纤维增强混凝土等一系列新的纤维增强混凝土。随着研究的深入，纤维增强混凝土在工程中的应用也越来越广泛，特别是应用在强度要求较高的大体积混凝土工程，抗折、抗拉强度要求较高及韧性要求较好的楼面混凝土柱、梁等结构混凝土工程及桩用混凝土，重要的设备底座，飞机场跑道等。

纤维增强混凝土一般按纤维种类分类，按纤维种类命名为"某纤维增强混凝土"或"某纤维混凝土"。目前，应用比较广泛的有以下几种。

（1）钢纤维增强混凝土（steel fiber reinforced concrete，SFRC）；

（2）玻璃纤维增强混凝土（glass fiber reinforced concrete，GFRC）；

（3）碳纤维增强混凝土（carbor fiber reinforced concrete，CFRC）；

（4）陶纤维增强混凝土（ceramic fiber reinforced concrete，CFRC）；

（5）聚丙烯纤维增强水泥基材料（polypropylene fiber reinforced cement or concrete，PFRC）；

（6）芳纶纤维增强水泥基材料（kevlar fiber reinforced cement or concrete，KFRC）；

（7）尼龙纤维增强水泥基材料（nylon fiber reinforced cement or concrete ，NFRC）；

（8）聚乙烯纤维增强水泥基材料（polyethylene fiber reinforced cement or concrete，PFRC）；

（9）丙烯酸纤维增强水泥基材料（acrylic fiber reinforced cement or concrete，AFRC）；

（10）木纤维增强水泥基材料（wood fiber reinforced cement or concrete，WFRC）；

（11）竹纤维增强水泥基材料（bamboo fiber reinforced cement or concrete，BFRC）。

上述各种纤维增强混凝土中，钢纤维增强混凝土（SFRC）和玻璃纤维增强混凝土（GFRC）也称普通纤维增强水泥基材料；碳纤维增强混凝土（CFRC）、芳纶纤维增强混凝土（KFRC）等其他一些高强有机纤维增强混凝土又称为高性能纤维增强水泥基材料。如果在纤维增强技术的基础上，利用其他一些特殊技术措施（如加压养护/掺加聚合物等），使水泥基材料达到十分致密甚至基本上无有害孔（孔径＞0.01mm 的孔）的程度，通常把这类材料称为纤维增强高致密水泥基均匀体系（fiber reinforced densified system containing homogeneous arranged ultrafine particles，FRDSP）及纤维增强宏观无缺陷水泥（fiber reinforced macro defect free cement，FRMDF）。这两类材料的性能已接近水泥基材料的理论强度（抗压强度达 600MPa，抗折强度可达 70MPa）。但由于各种原因，尚未能在工程中得到实质性的广泛应用。

目前，纤维增强混凝土在应用中仍存在两方面的问题：一是生产过程中纤维不易在混凝土中均匀分散而易缠绕成团，不仅影响混凝土的性能，而且还影响新拌混凝土的和易性；二是具有较好增强效果的一些纤维（如钢纤维、碳纤维等）价格较高，增加了混凝土的成本。这些都是限制纤维增强混凝土进一步推广应用的重要因素。但随着研究的深入和相关技术（如纤维材料制造技术）的发展，纤维增强混凝土的优势将得到进一步发挥，应用也会更广泛。

第二节　钢纤维增强混凝土

钢纤维混凝土是指掺加适量均匀分布钢纤维的混凝土。钢纤维混凝土强度等级按立方体抗压强度标准值确定，采用符号 CF 与立方体抗压强度标准值（以 MPa 计）表示。立方体抗压强度标准值应为按照标准方法制作和养护的边长为 150mm 的立方体试件，用标准试验方法在 28d 龄期测得的具有 95％保证率的抗压强度。钢纤维混凝土强度等级划分为 CF20、CF25、CF30、CF35、CF40、CF45、CF50、CF55、CF60、CF65、CF70、CF75、CF80、CF85、CF90、CF95、CF100。

一、钢纤维增强混凝土的组成材料

（一）钢纤维

钢纤维是指钢材料经一定工艺制成的、能随机地分布于混凝土中的短而细的纤维，它的材质一般为低碳钢，在一些特殊要求的工程也可用不锈钢。钢纤维直径一般为 0.15～0.75mm，钢纤维的分类有以下几种不同的方法。按原材料分类，分为碳素结构钢（CA）、合金结构钢（AL）、不锈钢（ST）和其他钢（OT）。按生产工艺分类，分为Ⅰ类钢丝冷拉型、Ⅱ类钢板剪切型、Ⅲ类钢锭铣削型、Ⅳ类钢丝削刮型和Ⅴ类熔抽型，其中Ⅰ类和Ⅳ类为线材型纤维，其他为非线材型纤维。按成型方式分类，分成黏结成排型（G）和单根散状型（L）。按镀层方式分类，分为带镀层型（C）和无镀层型（B）。按公称抗拉强度分为 5 个等级，具体见表 3-1。按形状和表面分类，具体见表 3-2。

表 3-1　钢纤维公称抗拉强度和等级

等级	400 级	700 级	1000 级	1300 级	1700 级
公称抗拉强度 R_m/MPa	≥400，<700	≥700，<1000	≥1000，<1300	≥1300，<1700	≥1700

表 3-2　钢纤维按形状和表面的分类

分类	代号	形状	表面特征
平直型	01	纵向为平直形	光滑
	02		粗糙或有细密压痕
异型	03	纵向为平直形且两端带钩或带锚尾	光滑
	04		粗糙或有细密压痕
	05	纵向为扭曲形且两端带钩或带锚尾	光滑
	06		粗糙或有细密压痕
	07	纵向为波纹形	光滑
	08		粗糙或有细密压痕

在上述不同的分类方法中，钢纤维的外形是十分重要的。因为大量试验和有关纤维增强理论都证明，对于纤维增强混凝土，纤维与混凝土基体之间的黏结力是影响混凝土力学性能的关键因素之一。对于直线形钢纤维增强混凝土，在破坏时大量的钢纤维不是被拉断而是被拔出，从而严重影响了钢纤维的增强效果。为此，近几年来研制出了各种外形的钢纤维，以增加钢纤维与基体间的咬合力。

钢纤维的标记方式按顺序为：原材料工艺分类、生产工艺分类、形状和表面分类、镀层方式和成型方式分类、尺寸和抗拉强度公差级别分类、公称长度、公称直径、公称抗拉强度、本标准编号。

示例 1：碳素结构钢，钢丝冷拉型纤维，外形为纵向平直且两端带钩，表面光滑，黏结成排型，无镀层，尺寸和强度公差级别 A，公称长度 60mm，公称直径 0.9mm，公称抗拉强度 1115MPa，其标记：CA Ⅰ 03-BG-A-60-0.9-1115-GB/T 39147—2020。

示例 2：合金结构钢，钢板剪切型纤维，外观为纵向平直且两端带锚尾，表面有细密压痕，单根散装型，无镀层。尺寸和强度公差级别 B，公称长度 50mm，公称直径 1.0mm，公称抗拉强度 550MPa。其标记为：AL Ⅱ 04-BL-B-50-1.0-550-GB/T 39147—2020。

钢纤维出厂时应有明显标志，内容包括产品名称与商标、规格、数量、执行标准、生产厂家、生产日期等，供货方应提供出厂检验报告等质量证明文件；当用户有特别要求时，还应提供钢纤维材质的化学成分或母材钢种。当钢纤维生产厂家在产品说明书中表明钢纤维对混凝土的增强与增韧效果时，应同时提供钢纤维混凝土试验配合比和性能检测报告。

（二）混凝土基体

任何品种的纤维增强混凝土都应采用强度高、密实性好的混凝土基体。因为只有采用这样的混凝土才能保证纤维与基体有较高的界面黏结强度，从而充分发挥纤维的增强作用。

配制钢纤维增强混凝土对混凝土基体的原料还有其他一些特殊的要求。

1. 水泥

应尽量选用强度等级较高的普通硅酸盐水泥或硅酸盐水泥。如配制体积较大的混凝土构件，也可采用水化热较低的矿渣水泥或粉煤灰水泥。考虑到配制混凝土一般要掺加高效减水剂，为减少新拌混凝土的坍落度损失，应控制水泥中的 C_3A 含量（C_3A ≤6%）。

2. 骨料

粗骨料要求选用硬度高、强度大的碎石，较好的品种有花岗岩、辉绿岩、正长岩及硬度较高的致密石灰岩等，进场时要进行检验。

对粗骨料的最大粒径也应予以控制，其最大公称粒径不宜大于 25mm 或钢纤维长度的 3/4，原因一是配制高强混凝土基体的需要；二是如果粗骨料粒径过大，不利于钢纤维在混凝土基体中的均匀分散。钢纤维混凝土应采用连续级配粗骨料，当粗骨料公称粒径大于 25mm 时，应选用适宜的钢纤维，通过试验检验达到设计要求的增强、增韧指标后，方可使用；喷射钢纤维混凝土的粗骨料最大公称粒径不宜大于 10mm。

细骨料一般可选用河砂、山砂和碎石砂。质量符合混凝土用砂标准即可。砂的细度不宜太细，细度模数 M_x 控制在 2.5～3.2。钢纤维混凝土不宜采用海砂。

3. 掺和料

为了提高混凝土基体的强度，在配制钢纤维增强混凝土时，一般应掺加掺和料。这一点与配制高性能混凝土类同。用于钢纤维增强混凝土的掺和料可以是二级以上的粉煤灰、硅灰、磨细高炉矿渣、磨细沸石粉等。粉煤灰、磨细矿渣、磨细沸石粉的比表面积应控制在 450m²/kg 以上。

也可以掺入一定量的聚合物，使混凝土基体成为聚合物混凝土。以聚合物混凝土为基体的钢纤维增强混凝土能进一步发挥钢纤维的增强作用。

4. 外加剂

（1）减水剂：对于钢纤维增强混凝土，应用减水率高、引气性低的高效减水剂。

（2）缓凝剂：在配制一些体积较大的钢纤维增强混凝土而使用一些水化热较高的水泥（如硅酸盐水泥）时，可掺加适量的缓凝剂减缓水化热的放热速率，避免水化热引起的混凝土结构破坏。

二、钢纤维增强混凝土的性能

（一）拌和物性能

钢纤维混凝土拌和物性能应满足钢纤维在混凝土拌和物中的均匀性要求，不应出现钢纤维结团现象。钢纤维混凝土拌和物中水溶性氯离子含量应符合表 3-3 的规定，试验用钢纤维混凝土拌和物砂浆试样应去除粗骨料及钢纤维。

表 3-3 钢纤维混凝土拌和物中水溶性氯离子含量允许值

结构型式	环境条件	水溶性氯离子含量[a]/%
钢筋钢纤维混凝土结构	干燥或有防潮措施的环境	≤0.3
	潮湿但不含氯离子的环境	≤0.1
	潮湿且含有氯离子的环境	≤0.06
	除冰盐等腐蚀环境	≤0.06
预应力钢筋钢纤维混凝土结构	—	≤0.06

注：[a] 是指水溶性氯离子占水泥材料用量的质量百分比。

（二）力学性能

（1）钢纤维混凝土的强度、模量、弯曲韧性等力学性能应满足工程设计要求。

（2）钢纤维混凝土轴心抗压强度标准值 $f_{f\,tk}$ 应取用同强度等级普通混凝土轴心抗压强度标准值，可按照表3-4采用。

表 3-4　混凝土轴心抗压强度标准值（N/mm²）

混凝土强度等级													
C15	C20	C25	C30	C35	C40	C45	C50	C55	C60	C65	C70	C75	C80
10.0	13.4	16.7	20.1	23.4	26.8	29.6	32.4	35.5	38.5	41.5	44.5	47.4	50.2

（3）钢纤维混凝土抗拉强度标准值可按式（3-1）和式（3-2）计算确定：

$$f_{f_{tk}} = f_{tk}\,(1 + \alpha_t \lambda_f) \tag{3-1}$$

$$\lambda_f = \rho_f l_f / d_f \tag{3-2}$$

式中，$f_{f_{tk}}$ 为钢纤维混凝土抗拉强度标准值（MPa）；f_{tk} 为混凝土抗拉强度标准值（MPa），根据钢纤维混凝土强度等级，取用同强度等级的普通混凝土抗拉强度标准值；l_f 为钢纤维长度或等效长度（mm）；d_f 为钢纤维长度或等效直径（mm）；ρ_f 为钢纤维体积率；λ_f 为钢纤维含量特征值；α_t 为钢纤维对混凝土抗拉强度的影响系数，宜通过试验确定，当缺乏试验资料时，对于强度等级为 CF20～CF80 的钢纤维混凝土，可按照表3-5采用。

表 3-5　钢纤维对混凝土抗拉强度和弯拉强度的影响系数

钢纤维品种	钢纤维形状	强度等级	α_t	α_{tm}
冷拉钢丝切断形	端钩形	CF20～CF45 CF50～CF80	0.76 1.03	1.13 1.25
薄板剪切型	平直形	CF20～CF45 CF50～CF80	0.42 0.46	0.68 0.75
	异形	CF20～CF45 CF50～CF80	0.55 0.63	0.79 0.93
钢锭铣削型	异形	CF20～CF45 CF50～CF80	0.70 0.84	0.92 1.10
低合金钢熔抽型	大头形	CF20～CF45 CF50～CF80	0.52 0.62	0.73 0.91

（4）钢纤维混凝土弯拉强度标准值按照式（3-3）计算确定：

$$f_{f_{tmk}} = f_{tmk}\,(1 + \alpha_{tm} \lambda_f) \tag{3-3}$$

式中，$f_{f_{tmk}}$ 为钢纤维混凝土弯拉强度标准值（MPa）；f_{tmk} 为混凝土弯拉强度标准值（MPa），根据钢纤维混凝土强度等级，取用同强度等级的普通混凝土抗拉强度标准值；α_{tm} 为钢纤维对混凝土弯拉强度的影响系数，宜通过试验确定，当缺乏试验资料时，对于强度等级为 CF20～CF80 的钢纤维混凝土，可按表3-5采用。

（5）钢纤维混凝土受压和受拉弹性模量以及剪切变形模量，可根据与钢纤维混凝土强度等级相同的普通混凝土强度等级，混凝土受压和受拉的弹性模量 E_c 宜按表3-6采用。混凝土的剪切变形模量 G_c 可按相应弹性模量值的 40% 采用。钢纤维混凝土弯拉弹性模量宜通过试验确定。

表 3-6　混凝土的弹性模量（$\times 10^4 \mathrm{N/mm^2}$）

强度等级	C15	C20	C25	C30	C35	C40	C45	C50	C55	C60	C65	C70	C75	C80
E_c	2.20	2.55	2.80	3.00	3.15	3.25	3.35	3.45	3.55	3.60	3.65	3.70	3.75	3.80

注：①当有可靠试验依据时，弹性模量可根据实测数据确定；
　　②当混凝土中掺有大量矿物掺和料时，弹性模量可按规定龄期根据实测数据确定。

（6）钢纤维混凝土泊松比和线膨胀系数可取与普通混凝土相同值，泊松比 V_c 可按 0.2 采用。当温度在 0~100℃ 范围内时，混凝土的线膨胀系数 α_c 为 $1 \times 10^{-5}/℃$。

（7）钢纤维混凝土弯拉疲劳强度设计值可根据结构设计使用年限内设计的累积重复作用次数按式（3-4）计算确定：

$$f_{\mathrm{f_{tm}}}^{\mathrm{f}} = f_{\mathrm{f_{tm}}}(0.885 - 0.063\lg N_e + 0.12\lambda_f) \tag{3-4}$$

式中，$f_{\mathrm{f_{tm}}}^{\mathrm{f}}$ 为钢纤维混凝土弯拉疲劳强度设计值（MPa）；$f_{\mathrm{f_{tm}}}$ 为钢纤维混凝土弯拉强度设计值（MPa）；N_e 为设计使用年限内，钢纤维混凝土结构所经历的累计重复作用次数。

（8）强度等级为 CF30~CF55 的喷射钢纤维混凝土弯拉强度标准值应不低于表 3-7 的规定。

表 3-7　喷射钢纤维混凝土弯拉强度标准值（MPa）

强度等级	CF30	CF35	CF40	CF45	CF50	CF55
弯拉强度	3.8	4.2	4.4	4.6	4.8	5.0

（9）用于结构修复加固的钢纤维混凝土与既有混凝土黏结强度应满足设计要求。用于支护结构或结构加固的喷射钢纤维混凝土与既有混凝土的黏结强度应不低于 1.0MPa，用于非结构性防护的喷射钢纤维混凝土与既有混凝土的黏结强度应不低于 0.5MPa。

三、钢纤维增强混凝土的配合比设计

钢纤维掺入混凝土后，对新拌混凝土的和易性和硬化混凝土的诸多性能都有不同程度的影响。近年来，我国混凝土研究人员对配合比设计的方法进行很多研究，提出了不少的配合比设计方法，目前应用较多的有下列几种方法。

（一）钢纤维等体积代替骨料法

该方法的思路是把钢纤维看作一种骨料。对已经配好的基体混凝土中的骨料进行等体积替代。根据替代骨料的种类，可分为两种方法。

1. 等体积替代细骨料法

该方法是掺入的钢纤维只替代细骨料即砂。设已配制成功的 $1m^3$ 基体混凝土中砂的用量为 S_0（kg），拟掺入钢纤维的体积率为 V_f，钢纤维对砂等体积替代，则钢纤维增强混凝土中砂的用量应为：

$$S_f = S_0 - \rho'_s \cdot V_f \tag{3-5}$$

式中，S_f 为 $1m^3$ 倕钢纤维增强混凝土中砂的掺量（kg）；ρ'_s 为砂的堆积密度（kg/m^3）；V_f 为钢纤维体积率（%）。

2. 钢纤维等体积同时替代粗细骨料法

该方法是在保持基体混凝土砂率不变的情况下，钢纤维同时替代粗细骨料，如基体混凝土的砂率为 S_p，则：

$$S_p = \frac{S_0}{G_0 + S_0} \tag{3-6}$$

式中，S_0、G_0 分别为 $1m^3$ 基体混凝土中的砂、石用量（kg）。

设砂与石的比例为 k，则由式（3-6）可得：

$$G_0 = \frac{S_0 \ (1 - S_p)}{S_p} \tag{3-7}$$

则：

$$k = \frac{S_0}{G_0} = \frac{S_p}{1 - S_p} \tag{3-8}$$

钢纤维增强混凝土中的钢纤维体积率为 V_f，其中替代砂子的用量 ΔS_0，替代石子的用量为 ΔG_0，则有：

$$\begin{cases} \dfrac{\Delta S_0}{\rho_s} + \dfrac{\Delta G_0}{\rho_G} = V_f \\ \dfrac{\Delta S_0}{\Delta G_0} = K \end{cases} \tag{3-9}$$

解式（3-9）组成的二元一次方程，即可求得 ΔG_0 和 ΔS_0，由此可计算得钢纤维增强混凝土中的石子和砂子用量为 $G_f = G_0 - \Delta G_0$ 和 $S_f = S_0 - \Delta S_0$。

钢纤维等体积代替骨料法的优点是配合比设计沿用了普通混凝土配合比设计的基础（如基准混凝土要求高强混凝土或高性能混凝土，则按高强或高性能混凝土进行配合比设计），仅仅是对骨料的用量进行变动，相对比较简单。缺点是不能预知钢纤维增强混凝土的有关性能（包括新拌混凝土的工作性），通过对大量资料的研究，发现有以下规律可以在用此法进行配合比设计时参考。

（1）掺加钢纤维后，新拌混凝土的坍落度会不同程度减少（流动性下降），而且 V_f 越大，坍落度值下降越多，下降值可用经验式（3-10）计算。

$$SL_f = SL_0 \ (1 - \psi V_f) \tag{3-10}$$

式中，SL_f 为掺加钢纤维后的混凝土坍落度（cm）；SL_0 为未掺钢纤维的基体混凝土坍落度（cm）；V_f 为钢纤维体积率（%）；ψ 为经验系数，当等体积替代细骨料时 $\psi = 2.0 \sim 2.5$；当等体积同时替代粗细骨料时 $\psi = 1.5 \sim 2.0$。纤维用直形时取低值，用异形时取高值。

（2）钢纤维增强混凝土的抗压强度可按式（3-11）计算，即

$$f_{f_{cu}} = f_{cu} \ (1 + 0.06 V_f) \tag{3-11}$$

但在实际进行配合比设计时，仍应在计算配合比基础上进行试配，然后进行调整，调整方法同普通混凝土或高性能混凝土。

（二）以抗压强度为主要控制参数的配合比设计方法

该方法以抗压强度为主要控制参数，首先近似地按不掺加钢纤维的"空白"混凝土进行配合比设计，然后用一定的图表予以简化计算。

1. 基于普通混凝土设计的方法

（1）钢纤维混凝土配合比除应满足强度、拌和物性能和施工要求外，还应满足韧性和耐久性的设计要求。

（2）钢纤维形状及强度等级的选用宜根据钢纤维混凝土抗拉强度或弯拉强度的设计要求经试验确定，钢纤维长度宜为 20～60mm，直径或等效直径为 0.3～1.2mm，长径比宜为 30～100。

（3）用于喷射钢纤维混凝土时，钢纤维的抗拉强度等级不应低于 600 级，长度不宜大于输料软管级喷嘴内径的 0.7 倍，长径比宜为 30～80。

（4）对有耐腐蚀或耐高温要求的钢纤维混凝土结构，宜选用耐热不锈钢钢纤维。

（5）钢纤维体积率应根据设计要求确定，且应不小于 0.35%；当采用 1000 级及以上抗拉强度等级的异形钢纤维时，应不小于 0.25%；当采用的钢纤维用于有特殊要求的结构时，若钢纤维体积率小于以上规定，应经试验验证。

（6）钢纤维混凝土配合比设计的试配抗压强度同普通混凝土。当采用抗压强度与抗拉强度双控时，钢纤维混凝土试配抗拉强度的确定应采用与抗压强度相同的变异系数。钢纤维混凝土试配弯拉强度，可根据工程的重要性，按弯拉强度设计值的 1.10～1.15 倍确定。

（7）钢纤维混凝土配合比设计应符合下列规定：

根据试配抗压强度，水胶比的计算、单位体积用水量和砂率的选取同普通混凝土，其中砂率宜选取同等条件下普通混凝土砂率的上限值；根据试配抗拉强度、弯拉强度或韧性与耐久性的要求，经计算或根据已有资料确定钢纤维体积率；按假定质量法或体积法计算材料用量，确定初步配合比。

（8）按假定质量法确定钢纤维混凝土配合比材料用量时，按式（3-12）、式（3-13）和式（3-14）计算：

$$m_{c0} + m_{a0} + m_{w0} + m_{s0} + m_{g0} = (1 - \rho_f) m_{cp} \tag{3-12}$$

$$\beta_s = \frac{m_{s0}}{m_{s0} + m_{g0} + m_{f0}} \tag{3-13}$$

$$m_{f0} = 7850 \rho_f \tag{3-14}$$

式中，m_{c0}、m_{a0}、m_{w0}、m_{s0}、m_{g0}、m_{f0} 分别为 1m³ 钢纤维混凝土中所用水泥、矿物掺和料、水、砂、石和钢纤维的质量（kg）；m_{cp} 为 1m³ 新拌钢纤维混凝土的假定质量（kg）；β_s 为新拌钢纤维混凝土的砂率；ρ_f 为钢纤维体积率。

（9）按体积法确定钢纤维混凝土配合比材料用量时，按式（3-15）计算：

$$\frac{m_{c0}}{\rho_c} + \frac{m_{a0}}{\rho_a} + \frac{m_{w0}}{\rho_w} + \frac{m_{s0}}{\rho_s} + \frac{m_{g0}}{\rho_g} + \rho_f + 0.01\alpha = 1 \tag{3-15}$$

式中，ρ_c、ρ_a、ρ_w、ρ_s、ρ_g、m_{f0} 分别为水泥密度、矿物掺和料密度、水密度、砂的表观密度和石的表观密度（kg/m³）；α 为钢纤维混凝土的含气量百分数。

（10）钢纤维混凝土配合比试配应采用工程实际使用的原材料，进行钢纤维混凝土拌和物性能、力学性能和耐久性能试验，配合比的调整同普通混凝土。满足设计和施工要求的配合比可确定为设计配合比。应根据工程要求对设计配合比进行调整以确定钢纤维混凝土施工配合比。

2. 基于高性能混凝土设计的方法

设计步骤如下：

（1）根据混凝土的设计强度 $f_{cu,k}$ 确定配制强度 $f_{cu,0}$：

$$f_{cu,0} = f_{cu,k} + 1.645\sigma \tag{3-16}$$

（2）确定水灰比 W/C：

$$W/C = \frac{\alpha \cdot f_{ce}}{\alpha\beta \cdot f_{ce} + f_{cu,0}} \tag{3-17}$$

上面式中的符号同普通混凝土。

（3）钢纤维增强混凝土单位体积用水量 W_0 的确定。

在水灰比保持一定的条件下，单位体积用水量和钢纤维体积率是控制拌和料和易性的主要因素，用水量的确定应使拌和料达到要求的和易性、便于施工为准。钢纤维混凝土的和易性，按维勃稠度控制，一般以 15～30s 为宜。

由于影响单位体积用水量的因素较多，选用的原材料差异，因而用水量也有不同。在实际应用中，可通过试验或根据已有经验确定。也可根据材料品种规格、钢纤维体积率、水灰比和稠度参照表 3-8 和表 3-9 选用。

表 3-8　半干硬性钢纤维混凝土单位体积用水量选用表

拌和料条件	维勃稠度/s	单位体积用水量/kg
$V_f = 1.0\%$ 碎石最大粒径为 10～15mm $W/C = 0.4～0.5$ 中砂	10	195
	15	182
	20	175
	25	170
	30	166

表 3-9　塑性钢纤维混凝土单位体积用水量选用表

拌和料条件	骨料品种	骨料最大粒径/mm	单位体积用水量/kg
$L/D = 50$、$V_f = 0.5\%$ 坍落度为 20mm W/C 为 0.50～0.60 中砂	碎石	10～15	235
		20	220
	卵石	10～15	225
		20	205

表 3-8 中，若碎石的最大粒径为 20mm，则单位体积用水量可相应减少 5kg；当粗骨料为卵石时，则单位体积用水量可相应减少 10kg；当钢纤维体积率每增减 0.5%，单位体积用水量相应增减 8kg。

表 3-9 中，坍落度变化范围为 10～50mm 时，每增减 10mm，单位体积用水量相应增减 7kg；钢纤维体积率每增减 0.5%，单位体积用水量相应增减 8kg；当钢纤维长径比每增减 10，则单位体积用水量相应增减 10kg。

当拌和料中掺入外加剂或掺和料时，其掺量或单位体积用水量应通过试验确定。

钢纤维增强混凝土坍落度选取可参考表 3-10 及表 3-11。

表 3-10　水工钢纤维混凝土浇筑地点坍落度选取参考

建筑性质	钢纤维混凝土标准锥坍落度（使用振捣器捣实）/（h/mm）
水工素混凝土或少筋混凝土	10～30
配筋率不超过 1% 的钢筋混凝土	30～50
配筋率超过 1% 的钢筋混凝土	50～70

表 3-11　普通建筑工程钢纤维混凝土浇筑地点坍落度选取参考

结构种类	坍落度/（h/mm）	
	振捣器捣实	人工捣实
基础或地面垫层	0～10	10～20
无配筋的厚大结构（挡土墙、基础）或厚大的块体	0～10	10～30
板、梁的大、中、小型截面的柱子	10～30	30～50
配筋较密的结构（薄壁、斗仓、筒仓、细柱等）	0～50	50～70
配筋特密的结构	50～70	70～100

（4）水泥用量确定：

$$C_0 = W_0 \times \frac{1}{W/C} \tag{3-18}$$

（5）砂率的选取：可参考表 3-12 选取砂率。

表 3-12　钢纤维增强混凝土砂率选取参考

掺和料条件	最大粒径 20mm 的碎石	最大粒径 20mm 的卵石
$L_f/d_f=50$，$V_f=1.0\%$ $W/C=0.5$，砂细度模数 $M_x=3$	50	45
L_f/d_f 增减 10%	±5	±3
V_f 增减 0.5%	±3	±3
W/C 增减 0.1	±2	±2
砂的细度模数增减 0.1	±1	±1

（6）钢纤维体积率 V_f 选取可参考表 3-13 选取钢纤维增强混凝土中的钢纤维体积率 V_f。

表 3-13　钢纤维体积率选用参考表

钢纤维混凝土结构类别	钢纤维体积率/%
一般浇筑成型结构	0.5～2.0
局部受压构件、桥面、预制桩桩尖	1.0～1.5
铁路轨枕、刚性防水屋面	0.8～1.2
喷射钢纤维混凝土	1.0～1.5

（7）粗细骨料用量 G_0 和 S_0 的计算。

用不掺钢纤维的普通混凝土配合比中计算粗细骨料用量的绝对体积法，求得 G_0 和 S_0。其中钢纤维也作为一个组分占用混凝土的一部分体积。即：

$$\begin{cases} \dfrac{G_0}{\rho_G} + \dfrac{S_0}{\rho_S} + \dfrac{C_0}{\rho_C} + \dfrac{W_0}{\rho_W} + V_f + 0.01\alpha = 1 \\ S_p = \dfrac{S_0}{S_0 + G_0} \end{cases} \tag{3-19}$$

解上述方程组，即可求得 G_0、S_0。

（8）试拌与调整同高性能混凝土的试配与调整方法。

（三）以抗折强度为主要控制参数的配合比设计方法

该方法由张元昌提出，钢纤维混凝土配合比设计中，首先应按抗折强度要求，确定钢纤维混凝土配制抗折强度，然后分别确定钢纤维体积率、水灰比、单位用水量、单位水泥用量及砂率等有关参数。当有抗压强度或耐久性要求时，应按抗压强度或耐久性要求校核上述有关参数，校核不符时，应调整有关参数，直至满足要求。

设计步骤如下：

1. 钢纤维混凝土配制抗折强度的确定

以强度均方差作为控制指标时：

$$f_{f_{tm配}} = f_{f_{tm设}} + Z\sigma \tag{3-20}$$

以强度离散系数作为控制指标时：

$$f_{f_{tm配}} = \frac{f_{f_{tm设}}}{1 - ZC_v} \tag{3-21}$$

式中，$f_{f_{tm配}}$ 为钢纤维混凝土配制抗折强度（MPa）；$f_{f_{tm}}$ 为钢纤维混凝土设计抗折强度（MPa）；Z 为保证率系数；σ 为钢纤维混凝土抗折强度的均方差；C_v 为钢纤维混凝土抗折强度的离散系数。

2. 钢纤维混凝土配制抗折强度的确定

钢纤维体积率和水灰比是钢纤维混凝土抗折强度主要影响因素，水灰比、钢纤维的类型、长径比、体积率及水泥的抗折强度的关系式：

$$f_{f_{tm配}} = R_{tm}\left(\frac{0.12C}{W} + \frac{\beta_{tm}\rho_f l_f}{d_f} + 0.31\right) \tag{3-22}$$

式中，$f_{f_{tm配}}$ 为钢纤维混凝土抗折强度（MPa）；R_{tm} 为水泥实测 28d 的抗折强度，如无实测强度时，可以水泥抗折标号乘富余系数 1.13 计（MPa）；C/W 为钢纤维混凝土的灰水比；β_{tm} 为钢纤维对抗折强度的影响系数，圆直型、熔抽型和剪切型钢纤维的 β_{tm} 值分别为 0.30、0.32 和 0.62；ρ_f 为钢纤维的体积率（%）；l_f 为钢纤维长度（mm）；d_f 为钢纤维直径或等效直径（mm）。

钢纤维体积率和水灰比根据式（3-22）确定。当选定使用的钢纤维后，则其长径比 l_f/d_f 和 β_{tm} 系数即为已知，钢纤维体积率在考虑经济性和便于施工的原则下，可从 1.0%～2.0% 的常用体积率范围内，选一适当的体积率，然后代入式（3-22）计算，可得灰水比，如果此灰水比不合适，再另选一体积率进行计算，可得新的灰水比。

若对钢纤维混凝土抗压强度有特别要求时，可按式（3-23）计算水灰比：

$$f_{fc} = \alpha R_c\left(\frac{C}{W} - \beta\right) \tag{3-23}$$

式中，f_{fc} 为钢纤维混凝土抗压强度（MPa）；R_c 为水泥实测 28d 的抗压强度（MPa）；α、β 为经验系数，粗骨料为碎石时，$\alpha=0.46$、$\beta=0.52$，砾石时，$\alpha=0.48$、$\beta=0.61$。

根据已知的 R_c、α、β 及要求的抗压强度 f_{fc} 代入式（3-23）计算，即可得按抗压强度要求所需水灰比，如果由此计算所得水灰比大于按抗折强度要求计算的水灰比，则以后者水灰比为计算水灰比；如果小于后者的水灰比，则以前者为计算水灰比并代入式（3-22），求得新的钢纤维体积率。

通常，钢纤维混凝土的抗折强度能满足要求时，则其抗压强度和耐久性一般也能满足，但对于严寒冰冻地区，其最大水灰比、最小水泥用量等应按有关规范执行。在最后确定水灰比时，应将按强度或耐久性要求的水灰比做比较，选定较小者为设计水灰比。

3. 单位用水量的确定

在水灰比保持不变的条件下，单位用水量和钢纤维体积率，是控制钢纤维混凝土混合料和易性的主要因素。用水量的确定应按其混合料达到要求的和易性，便于施工为准。由于影响单位用水量的因素较多，如骨料的品质、级配和水泥性质等，因此原材料不同，单位用水量有所区别。在实际应用中，可选几组不同单位用水量试拌混合料，以求得较好和易性的单位用水量。钢纤维混凝土和易性可用维勃稠度控制，一般维勃稠度应控制在 $15\sim30\text{s}$ 为宜。根据有关文献，单位用水量与钢纤维混凝土的工作度、钢纤维用量有如下关系：

$$W=\frac{722.28}{\ln T-Ln0.191-44.36\rho_f} \tag{3-24}$$

式中，T 为工作度（s）；W 为单位用水量（kg/m^3）。

可按式（3-24）计算单位用水量，视工程性质和施工机具可作必要调整。

4. 单位水泥用量的确定

根据已知水灰比和用水量，即可求得水泥用量。钢纤维混凝土中，由于包裹钢纤维和粗细骨料表面的水泥浆用量比普通混凝土要多，因而单位用水量也较大。目前，关于钢纤维混凝土的单位最小水泥用量尚待进一步研究，据机场道面和公路路面工程实践表明，钢纤维混凝土的单位水泥用量一般应在 360kg/m^3 以上。

5. 砂率的确定

试验表明，当使用中砂时，钢纤维混凝土的砂率通常在 $40\%\sim50\%$，砂的细度模数较小取较低值，反之取较高值。砂率在此范围的变动，对强度影响不大，对和易性有一定影响。砂率可按式（3-25）计算。

$$S=\frac{G_s}{G_s+G_g}\times100\% \tag{3-25}$$

式中，S 为砂率；G_s 为砂的用量（kg/m^3）；G_g 为石子的用量（kg/m^3）。

6. 配合比的计算方法

（1）绝对体积法

该法把钢纤维混凝土的体积视为各组成材料的绝对体积之总和为 1m^3，即：

$$\frac{G_w}{\gamma_w}+\frac{G_c}{\gamma_c}+\frac{G_g}{\gamma_g}+\frac{G_s}{\gamma_s}+\frac{G_f}{\gamma_f}=1000 \tag{3-26}$$

式中，G_w、G_c、G_s、G_g、G_f 分别为 1m^3 钢纤维混凝土中水、水泥、砂、石和钢纤维的质量（kg）；γ_w、γ_c、γ_s、γ_g、γ_f 分别为水、水泥、砂、石和钢纤维的密度（比重）（g/cm^3）。

在 G_w、G_c、G_f 确定后可由式（3-25）和（3-26）计算砂和石的用量。

至此，钢纤维混凝土各组成材料用量已确定。即可得到其计算配合比，在 1m^3 钢纤维混凝土中水、水泥、砂、石和钢纤维所占质量（kg），通常写成：

$$水泥：水：砂：石＝1：\frac{G_w}{G_c}：\frac{G_s}{G_c}：\frac{G_g}{G_c}，\rho_f$$

（2）假定容重法

假定钢纤维混凝土的容重为 ρ_{fc}，则在 $1m^3$ 混凝土中各组成材料为：

$$\rho_{fc}＝（G_w＋G_c＋G_s＋G_g＋G_f）/m^3 \tag{3-27}$$

试验表明：钢纤维混凝土的容重约为 $2450kg/m^3$。

根据假定容重和已确定的参数，由式（3-25）和（3-27）求得砂和石子质量。至此，各材料质量也可确定。此法计算较简单，便于应用。通过上述计算所定配合比，还应通过试拌混合料，测其工作度及经标准养护28d试件的抗折强度、抗压强度是否符合要求，若有不符，应及时调整有关参数，以满足要求为止。

（四）二次合成法

该方法是林小松等人于1996年提出的。其思路将钢纤维增强混凝土看作是由钢纤维水泥浆和基准混凝土两种组分组成的。配合比设计时，先计算出 $1m^3$ 钢纤维混凝土中两种组分各自材料的用量，然后合二为一成为钢纤维增强混凝土的配合比。

具体步骤如下：

（1）根据设计强度 $f_{f_{cu,k}}$ 计算钢纤维增强混凝土的配制强度 $f_{f_{cu,0}}$：

$$f_{f_{cu,0}}＝f_{f_{cu,k}}＋1.645\sigma \tag{3-28}$$

（2）选择钢纤维体积率 V_f（取 $3\%\sim5\%$）。

（3）由 $f_{f_{cu,0}}$ 和 V_f 确定基准混凝土的强度 $f_{cu,0}$

$$f_{cu,0}＝k\cdot f_{f_{cu,0}} \tag{3-29}$$

$k＝0.70\sim0.85$。当 V_f 低时取高值，V_f 高时取低值。

（4）按 $f_{cu,0}$ 用普通水泥混凝土配合比设计方法求出 $1m^3$ 基体混凝土的原料配合比。

（5）通过试验确定单位重量钢纤维所需水泥浆量，试验方法如下：

①按基准混凝土的胶结料的各种原料（水泥、掺和料）的相对比例及 W/C 配制成水泥料浆；②在单位重量的钢纤维中由少到多逐步加入水泥料浆，直至流动性最好而又不发生离析，此时所用的水泥浆量即为单位质量（如 1kg）钢纤维所需的水泥浆量。

（6）计算 $1m^3$ 钢纤维混凝土所需的钢纤维水泥浆用量 V_{fc}（m^3）。

（7）$1m^3$ 钢纤维混凝土中基准混凝土材料用量的确定：

在 $1m^3$ 钢纤维混凝土中，基准混凝土的实际体积 V_c 应为：

$$V_c＝1－V_{fc} \tag{3-30}$$

式中，V_{fc} 为钢纤维水泥浆体积。

因此，$1m^3$ 钢纤维中基准混凝土各种材料的用量只要用 $1m^3$ 基准维混凝土中的用量乘以 V_c 即可。

（8）合成钢纤维混凝土配合比。

将所得的钢纤维水泥浆与基准混凝土用量相加，即得 $1m^3$ 钢纤维混凝土的各种材料用量。

（五）配合比设计实例

实例1：某工程需配制强度等级为C85的混凝土梁，拟采用钢纤维增强混凝土，施工单位混凝土施工标准偏差 $\sigma＝3.0$。

1. 原料选用

(1) 水泥：强度等级为 52.5MPa，普通硅酸盐水泥。

(2) 钢纤维：方形截面钢纤维。

(3) 粗骨料：破碎花岗石，$d_{max}=20mm$。

(4) 细骨料：洁净河砂。

(5) 掺和料：增密硅灰，堆积密度 640kg/m³；Ⅱ级粉煤灰。

(6) 外加剂：高效减水剂。

2. 配合比设计

(1) 计算钢纤维增强混凝土配制强度 $f_{f_{cu,0}}$：

$$f_{f_{cu,0}}=85+1.645\times3=90（MPa）$$

(2) 确定基准混凝土配合比及钢纤维体积率。

基准混凝土的配制强度由 $f_{cu}=kf_{f_{cu}}$，$k=0.70\sim0.84$，拟定钢纤维体积率为 3.8%，故 k 值可取 0.70。故：

$$f_{cu}=0.70\times90=63（MPa）$$

(3) 林小松在以往的实验中曾获得一种立方体抗压强度 62.6MPa 的普通高强混凝土，选择此种混凝土为基准混凝土，见表 3-14。

表 3-14 基准混凝土原料配比

水灰比 (W/C)	减水剂 (A)/%	材料用量/（kg/m³）					7d强度 /MPa	28d强度 /MPa
		水泥	粉煤灰	水	砂	石子		
0.32	1.0	500	60	178	650	1048	50.0	62.6

3. 1m³ 钢纤维混凝土中钢纤维水泥浆量及各种材料的确定

由表 3-14 知水泥浆（胶合料）的配合比为水泥:粉煤灰:水=500:60:178=1:0.12:0.32，$W/C=0.32$。

(1) 按上述配合比配制 3kg 水泥浆，取 1kg 钢纤维置于一容器中，逐步加入配制好的水泥浆，直至流动性较好而不离析时称量得此时加入钢纤维的水泥浆质量为 1.41kg。故钢纤维与胶合料用量比为 1:1.41。

(2) 钢纤维体积率选为 3.74%，钢纤维的密度为 7800kg/m³，则 1m³ 钢纤维增强混凝土中钢纤维用量为 7800kg/m³×3.74%=292kg，对应的胶合料用量应为 292×1.41=412kg。

(3) 为更有效地提高混凝土强度，对胶合料作一定调整，W/C 由 0.32 降至 0.28，减水剂由 1.0% 增至 1.5%。

在水泥与粉煤灰掺加比例不变的情况下，掺入水泥量 20% 的硅灰，得到钢纤维水泥浆的配合比（即 1m³ 混凝土中钢纤维水泥浆材料用量），见表 3-15。

表 3-15 钢纤维水泥砂浆配合比（每立方米钢纤维混凝土材料用量）

水灰比 (W/C)	减水剂 (A) /%	材料用量/（kg/m³）				
		水泥	粉煤灰	硅灰	水	钢纤维
0.28	1.5	313	37	63	115	292

同样，表 3-14 所列的基准混凝土原配比也应调整到如表 3-16 所示。

表 3-16　调整后的基准混凝土配合比

水灰比 (W/C)	减水剂（A）/%	材料用量/（kg/m³）					
		水泥	粉煤灰	硅灰	水	砂	石子
0.28	1.5	426	50	85	157	650	1048

（4）1m³ 钢纤维增强混凝土中基准混凝土材料用量计算。

钢纤维体积率为 3.74%，用容重法求得 1m³ 钢纤维增强混凝土质量 $G_1 = 2610\text{kg/m}^3$。

由表 3-14 和表 3-15 可求得：基准混凝土的材料用量 G_0 和 1m³ 钢纤维增强混凝土中钢纤维水泥浆材料用量 G_f 分别为：

$$G_0 = 2436\text{kg/m}^3 \qquad G_f = 820\text{kg/m}^3$$

可求得折减系数 $k = \dfrac{G_1 - G_f}{G_0} = \dfrac{2610 - 820}{2436} = 0.735$

将表 3-16 中各项材料用量乘以 0.735 即得到 1m³ 钢纤维混凝土中的基准混凝土各部分材料用量。见表 3-17。

表 3-17　每立方米合成的钢纤维混凝土中基准混凝土的材料用量

水灰比 (W/C)	减水剂（A）/%	材料用量/（kg/m³）					
		水泥	粉煤灰	硅灰	水	砂	石子
0.28	1.5	313	37	63	116	478	770

将表 3-15 与表 3-17 各项材料相加即得到 1m³ 合成的钢纤维增强混凝土中各种材料用量。见表 3-18，测得的 7d 抗压强度和 28d 抗压强度也列入表中。

表 3-18　合成的钢纤维混凝土配合比（每立方米混凝土材料用量）及强度

水灰比 (W/C)	减水剂（A）/%	材料用量/（kg/m³）							7d 强度 /MPa	28d 强度 /MPa
		水泥	粉煤灰	硅灰	水	钢纤维	砂	石子		
0.28	1.5	626	74	126	231	292	478	770	69.6	98.9

上述方法虽稍复杂，但具有如下优点：①便于确定胶结料用量，这一点对充分利用钢纤维的增强作用具有重要意义；②能较好地达到预定的配制强度；③能获得较理想的新拌混凝土工作性。

因此，该方法在工程中有较好的实用价值。

实例 2：某机场道面工程，要求钢纤维混凝土抗折强度为 7.0MPa，已知剪切型钢纤维长径比为 60；用 42.5 号普通硅酸盐水泥，水泥实测 28d 抗折强度 7.31MPa，其密度 3.1g/cm³；砂为中砂，密度 2.65g/cm³；碎石粒径 5～20mm，密度 2.66g/cm³；饮用水并掺入水泥质量 0.0075% 的 J-2 型减水剂。试设计该道面工程的钢纤维混凝土配合比。

配合比设计如下：

（1）求钢纤维混凝土的配制抗折强度

根据机场道面工程要求，强度保证率 85%，保证系数 1.04，施工强度控制水平良好，σ 取 0.6，则：

$$f_{f_{tm配}}=f_{f_{tm设}}+1.04\sigma=7.0+1.04\times0.6=7.62（MPa）$$

（2）确定钢纤维体积率和水灰比

初定钢纤维掺入量每 $1m^3$ 中 100kg，即体积率为 1.28%，可得：

$$\frac{C}{W}=\frac{\dfrac{f_{f_{tm配}}}{R_{tm}}-\dfrac{0.62\rho_fl_f}{d_f}-0.31}{0.12}=\frac{\dfrac{7.62}{7.31}-0.62\times0.0128\times60-0.31}{0.12}=2.14$$

所以 $W/C=0.47$。

（3）确定单位用水量

按施工要求工作度（VB）16s，代入公式，可得单位用水量 W（G_w）：

$$W=\frac{722.28}{\ln T-\ln0.191-44.36\rho_f}=\frac{722.28}{\ln16-(-1.655)-0.568}=187（kg）$$

（4）确定单位水泥用量 C（即 G_c）

$$C=\frac{C}{W}\times W=2.14\times187=400.2kg$$

取用 400kg。

（5）根据砂的状况，确定砂率 46%。

（6）求砂石用量

① 按绝对体积法计算，根据公式可得砂石绝对体积：

$$\frac{G_s}{\gamma_s}+\frac{G_g}{\gamma_g}=1000-\frac{G_w}{\gamma_w}-\frac{G_c}{\gamma_c}-\frac{G_f}{\gamma_f}=1000-\frac{187}{1.0}-\frac{400}{3.1}-\frac{100}{7.8}=671$$

则 $1m^3$ 钢纤维混凝土中用砂量为：

$$\left(\frac{G_s}{\gamma_s}+\frac{G_g}{\gamma_g}\right)S\gamma_s=671\times0.46\times2.65=818（kg）$$

$1m^3$ 钢纤维混凝土中用石量为：

$$\left(\frac{G_s}{\gamma_s}+\frac{G_g}{\gamma_g}\right)\times（1-0.46）\times2.66=960（kg）$$

由此可得 $1m^3$ 钢纤维混凝土中材料用量：水泥 400kg、水 187kg、砂 818kg、石 960kg，其重量配合比为：水泥∶水∶砂∶石 $=1∶0.47∶2.05∶2.40$，$\rho_f=1.28\%$。

② 按假定容重法，假定钢纤维混凝土的容重为 $2450kg/m^3$，则在 $1m^3$ 钢纤维混凝土中砂石总量应为：

$$（G_s+G_g）=2450-G_w-G_c-G_f=2450-（187+400+100）=1763（kg）$$

砂量：

$$G_s=（G_s+G_g）S=1763\times0.46=811（kg）$$

石量：

$$G_g=（G_s+G_g）-G_s=1763-811=952（kg）$$

由此可得 $1m^3$ 钢纤维混凝土中材料用量：水泥 400kg、水 187kg、砂 811kg、石 952kg、钢纤维 100kg。其重量配合比为：水泥∶水∶砂∶石 $=1∶0.47∶2.03∶2.38$，$\rho_f=1.28\%$。

以上两种配合比基本一致，均可作计算配合比。

四、钢纤维增强混凝土的施工

由于钢纤维的加入，对混凝土施工中某些工序如搅拌、振捣密实等产生了不同程度的影响。经过大量研究，钢纤维混凝土的施工工艺已取得了较大进展。目前，钢纤维混凝土的施工主要有如下几种方法。

（一）全掺入法施工工艺

所谓全掺入法，是在混凝土搅拌过程中即将钢纤维掺入。根据掺入的顺序，又可分为以下几种方法。

（1）将按配合比计量后的水泥、砂、石、掺和料等一次倒入搅拌机中开拌 1～2min，然后将钢纤维用人工或机械方法缓慢均匀地撒入干拌料中，边撒边搅拌，2min左右时加水和外加剂，再搅拌 3～4min，然后注模成型。用振动器振捣密实，养护至一定龄期脱膜。

（2）先投入配合比50％的砂和50％石料及全部钢纤维干拌 2min，然后投入水泥掺和料和其余骨料及水，搅拌 4～5min 后注模，振捣密实成型，养护至一定龄期脱模。

（3）先将水泥、掺和料投入搅拌机干拌 1～2min，再投入石子、砂干拌 2min 后加水搅拌 3min，将钢纤维用人工或机械方法均匀撒入搅拌机中，继续搅拌 3～4min 后注模振捣密实成型，养护至一定龄期脱模。

（4）先将石、钢纤维投入搅拌机干拌 1min，其中钢纤维在拌和时分 3 次加入拌和机中，边拌边加入钢纤维，再投入砂、水泥干拌 1min。待全部料投入后重拌 2～3min，最后加足水湿拌 1min。注模振捣密实成型，养护至一定龄期脱模。

需要说明的是，方法（1）可用自落式搅拌机也可用强制性搅拌机，而方法（2）只宜用自落式搅拌机，方法（3）则必须用强制式搅拌机，方法（4）宜用自落式搅拌机。如钢纤维的 V_f＞2.0％，最好采用方法（3）。

（二）流动砂浆渗浇法施工工艺

用流动砂浆渗浇法工艺浇制的钢纤维混凝土也称 SIFCON（slurry infiltrated fiber concrete），具体施工程序如下。

（1）将钢纤维用手工或专用设备铺放在模板或模具底部形成一定厚度"钢纤维垫"；

（2）将由砂子和水泥，掺和料水配制成的流动性较好的砂浆（坍落度 10～15cm）均匀浇筑在"钢纤维垫"上，并借助振动使砂浆渗入"钢纤维垫"，并尽量填满钢纤维之间的空隙；

（3）渗浇到规定厚度后，表面抹平收光，而后进行养护，至一定龄期脱模。

与上述施工工艺类似的还有一种由美国汉克曼（Hackman）等研究的钢纤维混凝土施工工艺。该工艺与上述方法不同之处是将乱向分布的钢纤维垫层改为钢纤维网。这种网是将熔融的铁水用熔抽法成型后冷却成 13～50mm 厚的无编织钢纤维网，单根纤维长径比可达 500，网宽可达 1.2m，用其制备钢纤维混凝土 V_f 可达 4％～6％。用此法制成的钢纤维混凝土也称 SIMCON（slurry infiltrated mat concrete），其增强率和增韧率可分别为 SIFCON 的 2.9～4.1 倍和 2.5～6.3 倍。

五、钢纤维增强混凝土的应用

由于钢纤维混凝土优良的力学性能，特别是较高的抗拉强度、抗冲击强度及良好的耐磨性，钢纤维已广泛应用于各种建筑工程。目前，应用最多的有如下几方面。

（1）高速公路和机场跑道；

（2）桥梁工程（结构和桥面）；

（3）大跨度梁、板；

（4）隧道及巷道等工程的支护；

（5）对抗冲击和耐磨性要求较高的建筑物地面工程（如一些工厂厂房地面，堆场地面等）；

（6）水工结构工程及刚性防水工程；

（7）桩基及铁路轨枕。

国家速滑馆工程建筑面积约 97000m²，主场馆外廓线投影大致呈椭圆形，南北长约 240m、东西宽约 174m，地下 2 层，地上 3 层，建筑高度为 33.8m，建成后可实现速度滑冰、短道速滑、大道速滑、花样滑冰、冰球等所有冰上运动的全覆盖。在低温环境下，冻融破坏会造成混凝土开裂、剥落，是影响混凝土耐久性的主要因素。在混凝土中掺入适量钢纤维，可提高混凝土的抗裂能力，达到改善冻融性能的效果。因此，在速滑馆冰下地面建造过程中使用了特种 CF50P8F250 钢纤维抗冻混凝土。图 3-1 为国家速滑馆五方验收照片。

图 3-1　国家速滑馆五方验收

第三节　玻璃纤维增强混凝土

采用玻璃纤维掺入混凝土被称为玻璃纤维增强混凝土（glass fiber reinforced concrete，GRC 或 GFRC），常简称为"玻纤混凝土"。从 20 世纪 50 年代起，人们就开始应用和研究玻璃纤维这种增强材料。玻璃纤维用于增强或改善材料尤其是混凝土最早 1957 年由苏联学者比龙科维奇（Biryukovich）提出，并在 1964 年也出版了关于玻璃纤维增强混凝土的专著。苏联、中国、德国、英国等几个国家开发研究比较早。掺入玻璃纤维的混凝土应用的最大障碍是玻璃纤维在硅酸盐水泥石的环境中，在水泥水化时产生大量 Ca（OH）$_2$，使混凝土呈较强的碱性，纤维很快就被碱性腐蚀，失去与混凝土基体的黏结强度，因此，生产出来的水泥混凝土制品的耐久性很差。因为当时纤维的耐碱性能还没有找到解决的方案，所以玻璃纤维的研究开发工作不得不终止。

玻璃纤维一般分为以下几类：

E-玻璃纤维（无碱玻璃纤维）是目前应用最广泛的一种玻璃纤维。广泛用作生产电绝缘材料、增强塑料以及橡胶制品的增强材料等。

C-玻璃纤维（中碱玻璃纤维）也称为耐化学玻璃纤维耐酸过滤材料，制成表面毡等，被用于耐化学侵蚀的纤维增强塑料制品中。

中碱玻璃纤维用作酸性过滤布、窗纱基材等，也可以作为对电性能和强度要求不高的纤维增强塑料制品。由于其耐酸性不低于C-玻璃纤维，在我的产品也纳入C-玻璃纤维。

S-玻璃纤维又称为高强玻璃纤维。单根强度通常较无碱纤维高30%以上。S-玻璃纤维主要用在对强度要求比较高的玻璃纤维增强塑料材料以及国防科学和行业等方面。由于价格比较高，目前在普通民用建筑领域还不能得到推广。

D-玻璃纤维（低介电玻璃纤维）主要用于制造电子元件及雷达罩等。

M-玻璃纤维（高弹性模量玻璃纤维）主要用于对弹性模量的要求比较高的玻璃纤维增强制品以及国防科学与行业方面。

A-玻璃纤维的耐水性和机械强度没有无碱和中碱玻璃纤维好，但其耐酸性好。

AR玻璃纤维（耐碱玻璃纤维）是能耐碱溶液侵蚀，尤其是能耐游离 $Ca(OH)_2$ 饱和溶液侵蚀的一种玻璃纤维。主要用作水泥、混凝土制品的增强材料。

根据混凝土的配合比和水泥的种类，混凝土具有不同的高碱度和水分，pH 一般在 10.5 至 13.5，这个具有高碱性的环境会令玻璃纤维的韧性和强度都受到不利影响，也会使得玻璃纤维的脆性降低。损害纤维的两种组合因素：（1）在高碱度环境中受到了化学侵蚀；（2）在水化过程中产生的化学成分。

为了解决玻璃纤维增强混凝土的质量问题，解决玻璃纤维在水泥基材中的耐久性问题，国内外进行了大量的探索试验。虽然人们对玻璃纤维在水泥中质变的机理有着不同的见解，但对提高复合材料玻璃纤维混凝土的耐久性的技术路线却有较一致的认识，即一方面从水泥基料着手，设法降低水泥基料液相的碱度和减少水泥产物中 $Ca(OH)_2$ 晶体的含量；另一方面进一步增加含锆耐碱玻璃纤维的耐碱能力。

一、玻璃纤维增强混凝土的原料组成及配合比设计

（一）原料组成

1. 水泥

（1）低碱硫铝酸盐水泥

它是目前在玻璃纤维增强混凝土中应用最多的一种水泥。该水泥在 20 世纪 60 年代由中国建材研究院研制成功，其主要原料是石灰石、矾土、石膏。经配料粉磨成生料后在 1280～1350℃的煅烧成以硫铝酸钙（$C_4A_3\bar{S}$）为主要矿物成分的熟料，最后掺以石膏磨细而成。

低碱硫铝酸盐水泥中不含 C_3S 而含有少量 C_2S，水化后产生的 $Ca(OH)_2$ 比硅酸盐水泥要少得多，因此碱性较低。而 $C_4A_3\bar{S}$ 是一种水化速度较快、早期强度较高的矿物，其水化反应过程如下：

$$\overline{C}_4A_3S+8CS+6CH+90H_2O \longrightarrow 3\overline{C}_6AS_2H_3$$

$$\overline{C}_4A_3S+8CH+xH_2O \longrightarrow \overline{C}_3ASH_{12}+2C_4AH_x$$

该反应不仅不产生 $Ca(OH)_2$，而且消耗体系中由 C_2S 水化产生的 $Ca(OH)_2$，使混凝土的碱度进一步降低。且此反应产生的化学收缩很小，可以在一定程度上抵消混凝土干缩对强度的不利影响。

（2）混合型低碱水泥

它是一种以硫铝酸钙熟料为基本原料掺加其他原料组成的一种低碱水泥。根据掺加原料的不同，目前有如下几种：

① 由中国建筑科学研究院研制的低碱度水泥，其原料组成为硫铝酸钙熟料、硅酸盐水泥熟料或水泥、明矾石、石膏。

② 由日本秩父水泥公司研制的秩父玻纤增强混凝土用水泥（GFRC Cement，简称 Chichibo），其原料组成为硫铝酸钙熟料、硅酸盐水泥、水淬高炉矿渣、石膏。

③ 由英国兰圈（Blue Circle）公司研制的 Calcrete 水泥，其原料组成为硫铝酸钙熟料、硅酸盐水泥、偏高岭土、石膏。

（3）改性硅酸盐水泥

该水泥是通过在硅酸盐水泥中掺加可降低碱性而对水泥强度影响不大或对水泥强度产生有利影响的物质制成的低碱水泥。目前，主要有以下几种：

① 荷兰 Intron-Forton 公司研制的聚合物低碱水泥，即在硅酸盐水泥中掺加聚合物乳液，如氯丁胶乳液等。

② 法国 St. Goban 公司研制的低碱度水泥，该水泥除在硅酸盐水泥中掺加聚合物乳液外，还掺加一些高活性火山灰材料。

③ 我国建材研究院研制的矿渣-硅灰硅酸盐水泥，该水泥是在矿渣硅酸盐水泥中掺加 $10\%\sim20\%$ 的硅灰。

④ 德国 Heidebery 公司研制的低碱矿渣水泥。该水泥是在矿渣掺量达 70% 的矿渣硅酸盐水泥中掺加硅灰或偏高岭土。据有关资料显示，该水泥的水化产物中基本没有 $Ca(OH)_2$。因此对玻璃纤维的碱蚀作用很小。

2. 耐碱玻璃纤维

耐碱玻璃纤维是指有良好耐碱蚀能力的玻璃纤维。关于碱［主要为 $Ca(OH)_2$］对玻璃纤维的侵蚀性机理，目前尚未有统一的解释。第一种观点认为是高碱度的液相与玻璃纤维中的一些成分发生化学反应，生成胶状水化硅酸钙而造成了化学腐蚀；第二种观点认为是大量的 $Ca(OH)_2$ 晶体沉积在玻璃纤维原丝孔隙中或在单丝周围生长，由于这些晶体紧紧裹持着单丝，当玻璃纤维增强混凝土受弯或受拉时，原丝失去松动调节的余地，从而使玻璃纤维的增强作用丧失，降低了混凝土的韧性；第三种观点认为上述两种作用（即化学侵蚀作用和物理破坏作用）同时存在，并且能互相激发，加速了混凝土的破坏。

制造具有耐碱性保护的玻璃纤维采取两种方法，一种是在玻璃纤维表面上涂一层耐碱的涂料，另一种是增加玻璃纤维中的锆含量，从而提高玻璃纤维的耐碱蚀能力。

通过采用纤维保护层来抵抗混凝土对纤维的侵蚀并不是最佳的方案。玻璃纤维本身不具有耐碱性，在表面涂抹一层抗碱腐蚀的涂料，这种涂料不仅有使纤维表面与混凝土基体避免直接接触的作用，还有减小玻璃纤维表面水化产物结晶体应力破坏的功效，因此就能改善玻璃纤维的耐碱、耐水等性能，同时也能提高纤维与复合材料之间界面结合力，改善耐碱玻璃纤维混凝土制品的施工性能。但是这种方法不能长久保证玻璃纤维的质量，因为当表面的抗腐蚀涂料被完全腐蚀后，里面的玻璃纤维也被迅速地侵蚀。用于玻璃纤维表面的涂料的物质有多种，如根据化学属性可分为有机、无机以及有机无机复合 3 种。

1970 年，英国人发明了含氧化锆（ZrO_2）的耐碱玻璃纤维，后来世界范围就开始广泛应用塞姆菲尔（Cem-Fil）耐碱玻璃纤维，玻璃纤维混凝土才进入实际应用。中国、日本和美国是继英国发明耐碱玻璃纤维之后并实现工业化生产的国家。耐碱玻璃纤维的发明，使玻璃纤维混凝土产品发展迅速。人们开始对玻璃纤维混凝土的力学性能、耐久性、延性、增强、增韧机理等产品性能做深入的研究，并取得了一系列科研成果，并被广泛地用在土木工程、水利工程等各种领域。在玻璃纤维化学组成中加入 ZrO_2 和 TiO_2，主要作用是 Zr、Ti 等元素的加入使玻纤中的硅氧结构更为完善，活性更小，从而降低了玻璃纤维与碱液发生化学反应的可能性，提高了玻璃纤维的抗碱能力。

我国生产的耐碱玻璃纤维有关技术性能见表 3-19 和表 3-20。

表 3-19　耐碱玻璃纤维的力学性能

单丝直径/μm	密度/（g/cm³）	抗拉强度/MPa	弹性模量/（×10⁴MPa）	极限延伸率/%
12～4	2.7～2.78	2000～2100	6.3～7.0	4.0

表 3-20　耐碱玻璃纤维的抗碱蚀性能

100℃饱和 Ca（OH）₂浓溶液浸泡 4h	80℃合成水泥滤液浸泡 24h
66.2～88.1	54.3～84.3

注：合成水泥滤液成分：Ca（OH）₂为 0.48g/L，NaOH 为 0.08g/L，KOH 为 3.45g/L。

3．骨料

玻璃纤维增强混凝土一般只用细骨料——砂，具体技术要求如下：

（1）最大粒径 d_{max}≤2.0mm；

（2）细度模数 M_x=1.4～1.8；

（3）含泥量 Q_c≤0.3%。

4．增黏剂

为有利于纤维的分散，往往在配比中加入少量增黏剂，一般为甲基纤维素或聚乙烯醇的水溶液。

5．其他材料

用于玻璃纤维混凝土中的聚合物通常是丙烯酸酯共聚乳液。添加外加剂时应注意，当制品中含有钢质增强材料或钢质预埋件时，不得使用氯化钙基的外加剂。另外，在混合料中加入硅灰和粉煤灰有助于提高玻璃纤维混凝土的性能。

（二）耐碱玻璃纤维混凝土的配合比设计

1．传统配合比设计

玻璃纤维增强混凝土的原料配合比因成型工艺不同而不同，其原料配合比可参考表 3-21。

表 3-21 玻璃纤维增强混凝土参考配合比

序号	施工方法	配合比				
		水泥	砂	水	玻璃纤维（体积分数/%）	增黏剂
1	预拌法	1	1～1.2	0.32～0.38	3～4	0.01～0.015
2	压制成型法	1	1.2～1.5	0.7～0.8	3～4	0.01～0.015
3	注模成型法	1	1.1～1.2	0.50～0.60	3～5	0.03～0.05
4	直接喷涂法	1	0.3～0.5	0.32～0.40	3～5	—
5	铺网-喷浆法	1	1.2～1.5	0.40～0.45	4～6	—
6	缠绕法	1	0.4～0.6	0.6～0.7	12～15	—

注：1. 序号 1～4 所使用的玻璃纤维为 0.25～0.45 的短切无捻纱，序号 5 用玻纤网格布，序号 6 用连续无捻纱。

2. 水泥用低碱硫铝酸盐水泥或混合型低碱水泥。

3. 增黏剂用聚乙烯醇或甲基纤维素。

2. 基于最紧密堆积理论的混凝土配合比设计

玻璃纤维与混凝土材料复合存在的化学相容性，制约了玻璃纤维混凝土的应用。对于玻璃纤维混凝土中玻璃纤维的防腐，添加活性混合料是最常应用的手段，这不仅可避免纤维腐蚀，还可以加强水泥石与纤维的界面结合以及混凝土的耐久性。已有研究表明：当粉煤灰的掺量达到 30%～40% 时，可以保证耐碱玻璃纤维在混凝土中的防腐要求，但是这样高的粉煤灰掺量，应用传统的混凝土配合比设计理论根本无法满足混凝土对早期强度的设计要求。一般认为，应用最紧密堆积配合比设计方法，可以保证骨料处在最紧密堆积的状态下，同时减少了水泥用量，解决了因粉煤灰用量过大引起的混凝土早期强度降低的问题。传统设计方法是以水泥浆为设计中心，当水灰比固定，改变水泥浆量时，所有材料用量均改变；而最紧密堆积法是以骨料为主骨架，随着水泥浆量增加（富余系数 n 值提高），骨料用量减少，但砂和骨料用量比例不变，维持骨料紧密比例。当固定水泥浆量，改变水胶比时，水泥浆产生"质"的变化，低水胶比仍对应低水灰比的结果，这与传统的混凝土完全一致，而唯一不变的仍是骨料的砂与石子紧密比例。此结果与传统配比法不一样，显示"最紧密堆积"以大量坚硬的骨料为骨架，因此，产品安全性会优于以水泥浆为主构件的传统配比设计法。

为解决耐碱玻璃纤维防腐蚀问题，赵晶等人基于最紧密堆积理论，提出了混凝土配合比设计的新方法[9]。

（1）设计路线

该配合比设计的核心思想：首先是粉煤灰与砂子的堆积因子 a 和粉煤灰与砂子填充石子的堆积因子 b 的确定；通过调整富余系数 n 和水胶比 W/B 获得抗压强度与水胶比的关系曲线；最后根据该曲线和工作性确定所需强度的配比，即确定 n 和 W/B。纤维混凝土配合比设计流程如图 3-2 所示。

（2）堆积因子 a 的确定

以不同比例的粉煤灰加入砂子中，确定堆积因子 a（粉煤灰取代砂的比率）的最大值，得到图 3-3 中的结果。由图 3-3 可知：随着 a 的逐渐增加，混合料的堆积密度逐渐增加，混合料向着最紧密堆积的方向发展，当 a 增大到 0.15～0.17 时，混合料的堆积密度已经达到了最大，粉煤灰已经最大量地填充了砂子的空隙，为了确保水泥用量，使混凝土的强度偏于安全，取 0.15 作为最紧密堆积因子。

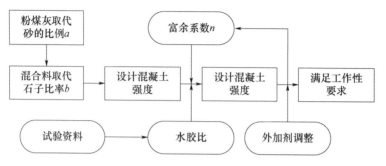

图 3-2　纤维混凝土配合比设计流程图

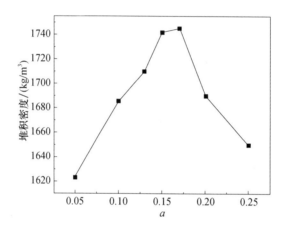

图 3-3　堆积因子 a 和堆积密度关系

（3）堆积因子 a 的确定

由图 3-4 可以看出，随着混合料的加入，石子的空隙被逐渐填充，当 b 到达 0.42 时，堆积密度的趋势逐渐变缓，当 b 到达 0.51 时，粉煤灰、砂子、石子的堆积最为紧密，空隙率最小，这样的骨架结构能够最大限度地发挥其作用，取 b 为 0.51 进行计算。

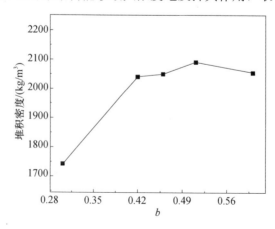

图 3-4　堆积因子 b 和堆积密度关系

（4）富余系数 n 和水胶比 W/B 的确定

根据富余系数 n 和水胶比 W/B 这两个参数的不同组合可以计算出如表 3-22 中的纤维混凝土试拌配合比，从而得到不同 n 所对应的水胶比与抗压强度曲线，见图 3-5、3-6。由图 3-5、3-6 可以看出，对于本文所用材料，当 n 值取 1.2 比取 1.3 更为合理，因为在 n 值取 1.3、水胶比为 0.28 时，坍落度过小，工作性差，成型不好，结果抗压强度反而不好。而如果 n 值取 1.2，水泥的包裹层厚度相应地减小，骨料更加接近于最紧密堆积状态，骨料的嵌挤结构可以更好地发挥；此外，由于水泥包裹层的减少，水泥用量减少，配制纤维混凝土更为经济。

表 3-22　基于最大堆积密度法的混凝土试拌配合比

n	W/B	胶结料/（kg/m³）		骨料/（kg/m³）		水/（kg/m³）	外加剂/（kg/m³）	纤维/（kg/m³）
		水泥	粉煤灰	石子	砂			
1.2	0.28	347	151	965	854	139	4.0	20
	0.34	301	151	965	854	154	2.0	20
	0.40	264	151	965	854	166	1.0	20
	0.50	213	151	965	854	182	0.0	20
1.3	0.28	383	147	938	830	148	5.8	20
	0.34	316	147	938	830	157	3.2	20
	0.40	295	147	938	830	177	0.8	20
	0.50	241	147	938	830	194	0.0	20

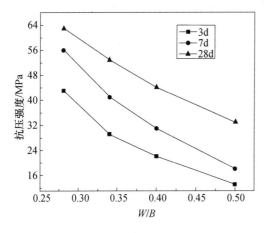

图 3-5　n 为 1.2 水胶比与抗压强度曲线

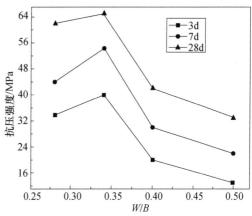

图 3-6　n 为 1.3 水胶比与抗压强度曲线

由最紧密堆积理论设计思想配制了强度等级为 C40 的纤维混凝土，并应用同样的原材料采用传统的配合比设计方法设计了同强度等级的纤维混凝土，得到表 3-23 中的试验结果，可以看出：应用最紧密堆积配合比方法设计 C40 纤维混凝土时，水泥的用量仅为 301kg/m³，比传统配合比的水泥用量减小 30%。应用最紧密堆积配合比设计方法，当粉煤灰的掺加量在 33% 时，纤维混凝土的早期抗压强度仍然可以达到 28.9MPa，与普通配合比设计方法的早期强度基本相当；而且后期强度的发展优于普通配合比设计方法。对于耐碱玻璃纤维混凝土，最紧密堆积配合比设计方法可保证各个龄期强度是其主要优点，关键的是它可满足耐碱玻璃防腐要求。因为水泥用量减少，水泥水化所产生OH^-数量降低，而且大量粉煤灰的加入，二次水化作用还可以消耗水泥水化所产生的OH^-，二者的叠加作用可显著降低耐碱玻璃纤维周围的碱度，减轻纤维的腐蚀。

表 3-23 C40 纤维混凝土不同配合比设计结果表

类别	水泥 / (kg/m³)	石子 / (kg/m³)	砂 / (kg/m³)	水 / (kg/m³)	粉煤灰 / (kg/m³)	纤维 / (kg/m³)	劈拉强度/MPa		抗压强度/MPa	
							3d	28d	3d	28d
传统方法	429	1107	678	185	0	0	2.92	4.58	28.5	49.8
	429	1107	678	185	0	2	3.07	5.38	29.3	51.4
最紧密堆积法	301	965	854	154	151	0	4.99	5.74	28.3	51.0
	301	965	854	154	151	2	5.34	6.47	28.9	52.1

二、玻璃纤维增强混凝土的施工

玻璃纤维增强混凝土施工技术的关键是使玻璃纤维均匀地分布在混凝土中，因此其施工技术与传统的混凝土施工技术有较大的不同。目前，国内外所用的施工技术主要有预拌成型法、压制成型法、注模成型法、直接喷涂法及喷射抽吸法、铺网-喷浆法及缠绕法几种。

（1）预拌成型法。此方法是先将水泥、砂在搅拌机（最好用强制式搅拌机）中干拌均匀，增黏剂溶于少量拌和水中（占总拌和水的1％左右），然后将短切玻璃纤维分散到有增黏剂的水中，再与拌和水同时加入水泥-砂的混合物中，边加边搅拌，直至均匀。

拌好的混凝土料分层入模并分层捣实，每层厚度不超过 25mm。捣实应采用平板式振动器。表面经抹光覆盖薄膜后养护 24h（养护温度大于或等于 10℃），脱模。脱模后再在相对湿度≥95％、温度≥10℃的条件下养护 7～8d 即可使用。

（2）压制成型法。压制成型法是在预拌成型法的基础上，浇筑成型后在模板的一面或两面采用滤膜（如纤维毯、纸毡等）进行真空脱水过滤，以减少已成型混凝土中的水分，而使混凝土的强度提高，而且可以缩短脱模时间。由于真空脱水，因此在搅拌时为增加拌和物的流动性可以适当增加水灰比。

（3）注模成型法。在预拌时适当加大水灰比以提高拌和物的流动度，然后用泵送的方法，浇筑到密闭的模具内成型。此法特别适用于生产一些外形复杂的混凝土构件。

（4）直接喷涂法及喷射抽吸法。直接喷射法是利用专门的喷射机进行施工的方法。施工时用两个喷嘴，一个喷射短切玻璃纤维，一个喷射拌制好的水泥砂浆，并使喷出的短切纤维与雾化的水泥砂浆在空间混合后溅落到模具内成型。到达一定厚度后，用压辊或振动抹刀压实，再覆盖塑料薄膜，经 20h 以上的自然养护（养护温度大于或等于 10℃）后脱模。然后在相对湿度 $RH \geqslant 95$％的条件下养护 7d 左右。如用蒸汽养护，可先带模养护 4～6h 后连模置于 50℃左右的蒸汽中养护 6～8h，脱模后在相对湿度 $RH \geqslant 95$％的环境下养护 3～4d 即可使用。其施工工艺流程如图 3-7 所示。

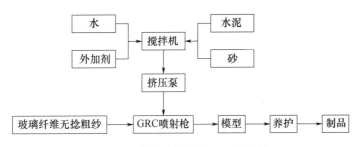

图 3-7　直接喷射法施工工艺流程

直接喷射法所采用的主要机具见表 3-24。

表 3-24　直接喷射法施工主要设备表

机具名称	作用	型式	主要技术参数
切割喷射机	将玻璃纤维无捻粗纱切成一定长度后喷出，水泥砂浆雾化喷出，并使两者混合	按纤维与水泥砂浆喷射方式可分为双枪式或同心式；按动力类型可分为气动式或电动式	纤维切割长度：22～66mm 纤维喷射量：100～1000g/min 砂浆喷射量：2～22kg
砂浆搅拌机	制备水泥砂浆	强制式	容积：0.1～0.2m³
砂浆输送泵	使已制备的水泥砂浆送至切割喷射机的砂浆喷枪内	挤压式或螺旋式	输送能力：1～25L/min
空气压缩机	喷吹纤维与水泥砂浆，控制切割喷射机的电动机	气冷式	送气量：9～1.2m³/min 气压：0.6～0.7MPa

用直接喷射法时，应使纤维喷枪与砂浆喷枪喷射方向的夹角保持在 28°～32°，纤维喷枪的喷嘴与受喷面的距离应为 300～400mm。

喷射抽吸法是在用直接喷射法成型时，采用可抽真空的模具（模具表面开有许多小孔，并覆以可滤水的毡布）。当喷射到规定厚度后，通过真空抽吸（真空度约 8000Pa）抽出部分水以降低混凝土的水灰比，达到降低孔隙率、提高强度的目的。真空吸水后，可使拌和料成为具有一定形状的湿坯，用真空吸盘将湿坯吸至另一模具内，再进行模塑成型。此法不仅可提高混凝土的强度，而且可以生产形状较复杂的制品。所用机具除模具与直接喷浆法有区别外，需增加一套真空抽吸装置。

（5）铺网-喷浆法。铺网-喷浆法是将一定数量，一定规格的玻璃纤维网格布置于砂浆中制得一定厚度的玻璃纤维增强混凝土制品。具体施工方法为：先用砂浆喷枪在模具内喷一层砂浆，然后铺一层玻璃纤维网格布；再铺一层砂浆，接着铺第二层玻璃纤维网格布。如此反复喷铺至规定厚度。振压抹平收光（也可采用真空抽吸）。每层砂浆的厚度根据需要在 10～25mm，养护条件及时间同直接喷射法。

具体施工工艺流程如图 3-8 所示。

（6）缠绕法。缠绕法一般用于生玻璃纤维增强混凝土管材制品（如输水管道和空心柱材）。

连续的玻璃纤维无捻纱在配制好的水泥浆浆槽中浸渍，然后按预定的角度和螺距绕在卷筒上，在缠绕过程中将水泥砂浆及短纤维喷在沾满水泥浆的连续玻璃纤维无捻纱上，然后用辊压机碾压。并利用抽吸法除去多余的水泥浆和水。因为缠绕法的纤维体积率很高，可以超过 15%，因此混凝土强度很高。另外，此法很容易实现生产过程自动化。

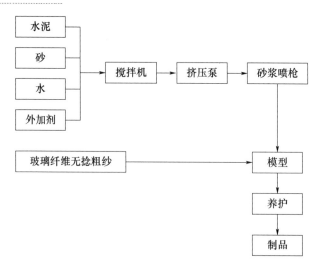

图 3-8　铺网-喷浆法施工工艺流程

如果生产出的管材在未硬化时延管边纵向切开，也可以生产出板材制品。

三、玻璃纤维增强混凝土的性能及其影响因素

玻璃纤维增强混凝土的性能由于诸多因素的影响，差别很大。这些影响因素主要有以下几方面。

（一）纤维含量（体积率）及空间分布

纤维含量及空间分布主要影响纤维混凝土的抗拉强度和抗弯曲强度及密实性能。在玻璃纤维混凝土生产过程中，往往通过袋式试验、桶式试验和洗出试验控制玻璃纤维二维随机取向的分布，否则纤维会平行一个方向排列，导致两个相互垂直方向上复合材料性能的差异。如使用短切纤维，体积率在 10% 以内时，随着体积率的增加，混凝土的抗弯强度及抗冲击强度都增加；体积率超过 10%，强度增加不明显甚至不增加。但对于用铺网-铺浆法及缠绕法生产时，连续纤维的体积率即使达 20%，抗弯强度及抗冲击强度仍然随体积率增加而增加。考虑生产成本及成型的难易，短切纤维体积率一般控制在 3%～6%，网格布及连续纤维体积率一般在 13%～17%。

（二）成型方法及养护制度

从实际应用效果，一般制品以喷射抽吸法成型的效果较好。主要因为纤维以两个方向喷出，增强效果好，加上真空吸水，使混凝土基体更为致密，强度也更高。适宜的养护条件有利于水泥的充分水化和强度的形成，更易达到期望的纤维与基材的黏结性能。养护主要包括主要养护、后养护和加速养护。其中，加速养护包括低压蒸汽养护与运用化学早强剂养护。主要养护阶段是使脱模后的玻璃纤维混凝土制品继续得到维护，免受日光、风与空气低湿度的影响，一般用塑料薄膜包住玻璃纤维混凝土制品，以免遭到阳光的直接照射。另外，也可以通过喷湿雾保持湿度。加速养护主要应用在冰冷条件下，可使制品较早地脱模。

（三）纤维品种和质量

目前，用于生产玻璃纤维增强混凝土的玻璃纤维根据抗碱性不同，一般可分为耐碱

玻璃纤维、中碱玻璃纤维及无碱玻璃纤维，其抗碱蚀性差别较大。因此，所生产的玻璃纤维增强混凝土的耐久性差别也较大。由于生产条件等各种因素，即使同一品种，玻璃纤维的抗碱性及力学性能也有较大的差别，这些差别将直接影响玻璃纤维增强混凝土的耐久性和力学性能。

（四）混合料组分

水泥、外加剂和外掺料的质量不同，混合料物理力学性能也不同。改变混合材料的配比、组分，玻璃纤维混凝土的物理力学性能也不同。不同品种的水泥，力学性能及水化后的质量不同，将直接影响玻璃纤维增强混凝土制品的性能。如前所述，用于玻璃纤维增强混凝土的水泥可以有不同的水泥品种。由于不同品种的水泥力学性能及水化后的含碱量 $[Ca(OH)_2$ 的质量$]$ 不同，将直接影响玻璃纤维增强混凝土制品的性能。

一般来说，目前我国所使用的水泥中，低碱硫铝酸盐水泥较好，其次为聚合物水泥，再其次是低碱混合水泥。工业化生产中常采用的灰砂比为 $1:1\sim3:1$。

玻璃纤维增强混凝土有关物理力学性能的一般范围见表 3-25。

表 3-25　玻璃纤维增强混凝土性能一般范围

性能	密度 /（kg/cm³）	冲击强度 /（kJ/m²）	抗压强度 /MPa	抗弯初裂强度/MPa	抗弯极限强度/MPa	弯曲弹性模量/GPa	抗拉初裂强度/MPa	抗拉初裂极限/MPa	抗拉破坏应变/%	热膨胀系数 /×10⁻⁶K⁻¹
28d	1900～2250	9.5～24.5	48～83	6～10	17～28	10～20	4.8～70	7～11	0.6～1.2	11～16

（五）密实性及厚度

由于玻璃纤维混凝土厚度相对较薄，即使微小的厚度变化也会对其应力有显著影响，当密实度不够时，玻璃纤维混凝土面板的渗透性、强度和弹性模量将随着密度的变化而变化。玻璃纤维混凝土层的目标厚度常常大于设计厚度 3.2mm。玻璃纤维混凝土装饰构件也较薄，一般在 12～20mm，如是玻璃纤维混凝土墙板，则在 60～200mm，其他的异形构件则根据设计的造型和厚度来确定。

四、玻璃纤维增强混凝土的应用

玻璃纤维混凝土的优点决定了它在建筑工程、农业工程、市政工程等领域应用广泛，既可以用于古典风格建筑的装饰，如园林公园、雕塑等，又可以用于现代风格建筑的项目，如酒店、住宅等。近年来，玻璃纤维混凝土在水利水电工程中更得以大量使用。

（1）渠道防渗。对于使用混凝土板防渗的渠道，当施工现场水源不足时，玻璃纤维混凝土板便于机械化操作，可加快施工进度。

（2）对于年代久远的水工混凝土建筑工程，玻璃纤维混凝土可进一步应用于其结构加固、修补工程。

（3）支护水工结构边坡及斜坡。工程实践表明：用玻璃纤维混凝土材料代替加筋钢丝网喷混凝土临时支护，可以减小混凝土厚度，加快施工进度，并具有一定的经济性。

（4）地下工程。与钢纤维混凝土相比，玻璃纤维混凝土造价低，在地下工程中的应用越来越多。

（5）水利水电工程相关的交通工程。由于玻璃纤维混凝土具有抗折性好、耐磨性好、收缩小等优点，使其成为一种良好的路面材料。

第四节 其他纤维增强混凝土

随着科技及经济的发展，钢纤维增强混凝土和玻璃纤维增强混凝土的应用越来越广泛，还有其他纤维增强混凝土也逐步在工程中得到更多应用，下面介绍其中的几种。

一、碳纤维增强混凝土

碳纤维是一种将一些有机纤维在高温下碳化成石墨晶体，然后使石墨晶体通过"热张法"定向而得到的一种纤维材料。碳纤维是一种高强度、高弹性模量的材料，目前主要有两大系列：一种是以聚丙烯腈为主要原料的碳纤维，称聚丙烯腈基碳纤维；另一种是以沥青为主要原料的碳纤维，称沥青基碳纤维。

碳纤维不仅有很高的抗拉强度和弹性模量，而且与大多数物质不起化学反应，因此碳纤维增强混凝土具有高抗拉性、高抗弯性、高抗断裂性、高抗蚀性等性能。同时，由于其热膨胀系数小、熔点高，纤维表面具有类似石棉纤维的"纤化结构"，因此碳纤维增强混凝土具有较强的耐热性和较小的温度变形性。近几年来，一些研究者利用碳纤维混凝土与金属接触，发现其具有较低的电阻及良好的电磁屏蔽效应的特点，拟通过研究将碳纤维增强混凝土开发成某种智能材料。虽然碳纤维的造价相对较高，但鉴于碳纤维增强混凝土的种种优点，目前仍然应用较多，因而具有较好的发展前景。

碳纤维增强混凝土的基体材料与普通水泥混凝土类似。但水泥强度等级应不低于42.5，并要求有较高的早期强度。为此，水泥应有较大的比表面积和较小的平均颗粒尺寸，也即比表面积应在 $3500cm^2/g$ 以上，平均颗粒尺寸应小于或等于 $15\mu m$。

为增加碳纤维在水泥基体中分散的均匀性，增强碳纤维与水泥硬化浆体界面黏结力，在配制碳纤维混凝土时还需加入少量的减水剂、表面活性剂及适量的超细混合材料，如超细矿渣粉、超细沸石粉、硅灰。骨料的选择可参照钢纤维混凝土。

碳纤维根据工程要求不同，可以用长度为 5～15mm 的短纤维，也可用纤维组成的连续长纤维。混凝土中短纤维的纤维体积率一般为 3%～6%，但连续长纤维的纤维体积率最高可达 15%。

碳纤维增强混凝土的施工方法与玻璃纤维增强混凝土类似，但最常用的是直接喷涂法和喷射抽吸法。主要工程应用为一些要求高强度、高韧性、收缩变形小、有一定耐热性的混凝土板材、管材及截面尺寸不大的构件。

二、聚合物纤维增强混凝土

聚合物纤维是以合成高分子聚合物为原料制成的化学纤维，聚合物纤维的标记方式按顺序为：分类代号、形状代号、公称长度/直径或当量直径、抗拉强度/断裂延伸率、执行标准号。

示例1：

聚丙烯纤维（单丝），长度为18mm，直径 $30\mu m$，抗拉强度大于450MPa，断裂延伸率小于20%，标记为：PP-M-18/30-450/20-JT/T 524—2019。

示例 2：

聚丙烯纤维（网状），长度为 20mm，当量直径 100μm，抗拉强度大于 400MPa，断裂延伸率小于 20％，标记为：PP-S-20/100-400/20-JT/T 524—2019。

示例 3：

聚丙烯纤维（粗），长度为 30mm，直径 0.8mm，抗拉强度大于 350MPa，断裂延伸率小于 15％，标记为：PP-T-30/0.8-350/15-JT/T 524—2019。

示例 4：

聚丙烯腈纤维，长度为 30mm，直径 20μm，抗拉强度大于 600MPa，断裂延伸率小于 15％，标记为：PAN-T-30/20-600/15-JT/T 524—2019。

示例 5：

聚乙烯醇纤维，长度为 15mm，直径 12μm，抗拉强度大于 800MPa，断裂延伸率小于 8％，标记为：PVA-15/12-800/8-JT/T 524—2019。

示例 6：

聚酰胺纤维，长度为 15mm，直径 22μm，抗拉强度大于 1000MPa，断裂延伸率小于 3％，标记为：PA-15/22-1000/3-JT/T 524—2019。

目前，用于增强混凝土的聚合物纤维有尼龙纤维、聚氨酯纤维（贝纶纤维）、芳纶纤维（Kevlar 纤维）及聚丙烯纤维。

（一）尼龙纤维

尼龙纤维是最早用于纤维增强混凝土的聚合物纤维之一，但因价格较高，用量不大。

学者李俊毅测得尼龙纤维对提高混凝土的抗冲击性能及抗冻性能具有明显作用，而且尼龙纤维能大大减少砂浆的塑性收缩裂缝，因此尼龙纤维增强混凝土具有良好的耐久性，在水工混凝土建筑物的修复工程中尼龙纤维增强混凝土将有广泛的应用前景。学者顾恒太在混凝土中加入尼龙纤维可以明显改善混凝土的抗压强度、抗折强度和劈裂强度，具体见表 3-26。学者彭小芹认为尼龙纤维可以改善混凝土的力学性能、抗渗性能以及抗冲击性能，且随掺量的增加，增强效果越明显，但增长幅度趋缓；短纤维有利于改善混凝土的抗压强度，而长纤维有利于改善混凝土的抗折强度。由此可知，尼龙纤维增强混凝土具有很强的抗冲击能力、很高的抗折强度、抗压强度和劈裂强度，但用于混凝土增强的尼龙纤维长度不宜过短，一般应大于或等于 5mm。

尼龙纤维具有很强耐蚀能力，可以用包括硅酸盐系列水泥在内的所有水泥作胶结料。但水泥的强度等级应大于或等于 42.5MPa。

表 3-26　纤维混凝土试验结果

样品编号	配合比（质量比）水：水泥：砂：石：纤维	抗压强度/MPa	抗折强度/MPa	劈裂强度/MPa
A	0.63：1：2.98：3.80：0	22.2	3.2	1.8
B	0.63：1：2.98：3.80：0.002	25.4	3.5	1.9
C	0.63：1：2.98：3.80：0.004	27.3	3.8	2.1

注：水泥为日本"东方龙"牌 525 号硅酸盐水泥。

（二）聚氨酯纤维和芳纶纤维

聚氨酯纤维和芳纶纤维是聚合物纤维中抗拉强度和弹性模量都较高的纤维，而且韧性还高于玻璃纤维和碳纤维。这两种纤维本身都是由直径 $10\sim15\mu m$ 的原丝组成的纤维束，与尼龙纤维相比，它们具有更好的耐温性（可以达 200℃），而其耐碱蚀能力则比尼龙纤维差，但高于玻璃纤维和碳纤维。

这两种纤维的长径比以及在混凝土中的掺量（体积率 V_f）对混凝土的性能（特别是强度）有很大的影响。例如，当 V_f 由 0％增加到 4％，L_f 由 5mm 增加到 25mm 时，芳纶纤维增强混凝土的抗弯强度可提高近 2 倍。另外，如果对纤维表面进行适当的处理（如环氧树脂浸渍），以改善纤维与水泥硬化浆体界面的黏结，可以进一步提高它们的增强效应，同时还可以改善纤维的耐蚀能力。试验数据表明，未经处理的芳纶纤维在 pH 为 12.5 的碱溶液中浸泡 2 年后，剩余强度仅达 6％，而经环氧树脂处理后，在同样的碱溶液中浸泡 2 年后，剩余强度仍可在 85％以上。

聚氨酯纤维和芳纶纤维增强混凝土主要用于薄壳结构和一些板材，纤维体积率一般为 3％～5％，水泥选用强度等级大于或等于 42.5 的普通硅酸盐水泥或其他硅酸盐系列的水泥，也可掺适量的减水剂及超细混合材。

（三）聚丙烯纤维

与其他聚合物纤维相比，聚丙烯纤维的价格相对较低，而其性能却类似于尼龙纤维、聚氨酯纤维和芳纶纤维，因此应用已日益广泛。聚丙烯纤维明显的优点之一是具有很高的抗碱能力，在碱性很强的硅酸盐系列水泥混凝土基体中可以保持强度不受影响，而且当长时间浸没在水中时，聚丙烯纤维增强混凝土的强度也无显著下降。其缺点是耐温性较差（与尼龙纤维类似而差于聚氨酯纤维和芳纶纤维）。

聚丙烯纤维是一种经特殊工艺进行纺丝、切断、亲水处理后生产的高强度束状单丝纤维，它主要通过改变混凝土的物理力学性能来达到改变混凝土内部结构的效果。聚丙烯纤维并不改变混凝土中各种材料的化学性能和构成，且与混凝土有良好的亲和性，可以很好地与混凝土材料混合，而且能够在混凝土中均匀分布。由于聚丙烯纤维同混凝土中水泥基体有紧密的结合力，能在混凝土中形成一种均匀的乱向支持体系，所以它掺入混凝土能产生有效的三维加强效果，就像在混凝土中加入了大量的微小细筋从而提高了混凝土的整体性。聚丙烯纤维掺加在混凝土中，以阻止混凝土裂缝的产生和发展为主要表征，实际上由于低弹性模量的纤维掺加在相对高弹性模量的混凝土中，作用的实质是最大可能地降低了混凝土的脆性，从而解决了混凝土因脆性引起的容易开裂的先天不足。聚丙烯纤维本身具有一定的抗拉强度和拉伸率，其在混凝土中的乱向分布有助于减弱混凝土的塑性收缩；它使收缩能量被分散到混凝土中具有高强度低弹性模量的纤维上，使纤维吸收部分能量，从而极大地提高了混凝土的韧性，抑制了微细裂缝的产生和发展。同时，由无数根纤维在混凝土内部形成的支撑体系，可以有效地防止混凝土骨料的离析，降低混凝土早期的泌水性，也促使混凝土的级配更加均匀稳定，既可减少或防止混凝土在浇筑后早期硬化阶段，因泌水和水分散失而引起塑性收缩和微裂纹；也可以减少和防止混凝土硬化后期产生干缩裂缝及温度变化引起的微裂纹，从而改善混凝土的防渗、抗裂、抗冲击及耐磨等性能。

利用聚丙烯纤维制备的混凝土具有以下优势：

（1）聚丙烯纤维混凝土有较好的抗冲击性。在一定范围内，聚丙烯纤维能够提高混凝土的抗冲击性。根据学者李光伟、杨元慧的研究结果，在掺量为 $0.1\%\sim0.2\%$ 的情况下，聚丙烯纤维能使混凝土的抗冲击能力提高 $4\sim6$ 倍；掺 $0.6kg/m^3$ 的聚丙烯纤维能使混凝土的抗冲击强度提高 $31\%\sim37\%$。

（2）聚丙烯纤维混凝土有较好的耐磨损性。在普通混凝土中，掺入一定量聚丙烯纤维，能够有效地提高混凝土的抗耐磨性能。有专家通过试验表明，在一定范围内，混凝土内掺入聚丙烯纤维量越大，混凝土的抗磨性能越好，磨耗量越低，见表 3-27。

表 3-27　聚丙烯纤维混凝土磨耗量计算结果

纤维掺量/（kg/m³）	耐磨量/（kg/m²）
0	3.20
0.6	1.48
0.9	1.32

（3）聚丙烯纤维混凝土有较好的抗裂性。在混凝土掺入少量的聚丙烯纤维，混凝土的抗裂性有明显的提升。其原因是混凝土产生裂纹源后，聚丙烯纤维在混凝土中起到次级加强筋的作用。研究结果都表明，聚丙烯纤维对混凝土中的裂缝具有细化作用，能够降低裂缝的宽度和长度。

（4）聚丙烯纤维混凝土施工较为方便。聚丙烯纤维混凝土生产、浇筑工艺相对简单。将适量的聚丙烯纤维加入料斗中，同骨料一起送入搅拌机加水搅拌即可，不用改变原配合比，在浇筑过程中和普通混凝土施工工艺一样，易操作。

（5）聚丙烯纤维混凝土有较好的价格优势。对聚丙烯纤维混凝土、硅粉混凝土、HF 混凝土 3 种材料比较分析，结果见表 3-28。现浇 C20 聚丙烯纤维混凝土每公里投资为 141.40 万元，现浇 20cm 厚 C40 硅粉混凝土达到了 202.30 万元，现浇 20cm 厚 C40HF 混凝土也要 175.51 万元，现浇 C20 聚丙烯纤维混凝土方案投资优势明显。

表 3-28　3 种混凝土投资比较表

项目名称	数量（1kg 长度）		
	聚丙烯纤维混凝土	硅粉混凝土	HF 混凝土
M10 砂浆找平层/m³	50.98	50.98	50.98
模板/m²	536.81	536.81	536.81
C20 聚丙烯纤维混凝土/m³	2829.84	0.00	0.00
C20 混凝土/m³	0.00	1280.00	1280.00
C40 硅粉混凝土/m³	0.00	1600.00	0.00
C40HF 混凝土/m³	0.00	0.00	1600.00
土工膜铺设/m²	1689.35	1689.35	1689.35
其他细部结构/m³	2880.82	2880.82	2880.82
工程直接投资/万元	141.40	202.30	175.51

在我国采用聚丙烯纤维混凝土的大型工程越来越多，也越来越成熟。其中典型工程如：

（1）上海耀皮玻璃迁建工程熔化地坑，占地面积 4080m²，长 85m、宽 43m，不设伸缩缝；地下水为地面下 0.5m，混凝土的环境温度最高为 150℃。熔化地坑深 10.5m，底板厚 1.4m，壁板厚 0.6m，壁板间距 4m，设有 1m×2.4m 的扶壁柱。为了克服地坑底板因混凝土浇筑长度较长、体积较大所引起的收缩变形和温度变形而产生的裂缝问题，并为能提高混凝土的抗渗性能，设计中比较并最终选用了聚丙烯纤维混凝土的方案。底板混凝土中掺加 0.9kg/m³ 的聚丙烯纤维，壁板混凝土中掺加 0.6kg/m³ 的聚丙烯纤维。工程实际情况表明，整个大面积的底板及壁板未发现明显的裂缝、效果良好。

（2）浙玻成品库超长楼面，楼面面积 12420m²，楼长 172.5m，宽 72m，楼面活载 30kN/m，考虑走 5t 叉车。楼面纵向柱距 7.5m，框架梁截面 400mm×1250mm；横向柱距 9m，框架梁截面 400mm×1350mm；楼板厚 140mm。为满足实际使用的要求，超长结构未采取设伸缩缝的方案，而采取了聚丙烯纤维混凝土并辅助间距 40m 左右设置 2m 宽的膨胀加强带的方案，同时也解决了楼面走叉车而需要耐磨的要求。此工程取得了良好的使用效果。

（3）太仓新天地商业广场地下室基坑支护的面层采用了喷射聚丙烯纤维混凝土，比较类似工程采用喷射普通混凝土的方案，用普通混凝土经常会出现裂缝、渗水，甚至出现面层破裂脱落等不利情况，给施工带来很大的不便和损失。而采用喷射聚丙烯纤维混凝土在施工中未发生不利的情况，效果非常好。

（4）陕西法门寺合十舍利塔工程中 ϕ18m 球冠状穹顶结构采用聚丙烯纤维混凝土，取消上层模板，不仅显著降低了施工难度，而且整个壳体结构也未见异常裂缝，取得了良好的经济效果。

（5）广州新中国大厦的钢管混凝土柱和地下室底板工程中，将聚丙烯纤维掺入高强混凝土中，提高了高强混凝土的抗裂性及延性。

（6）重庆世界贸易中心地下停车场地坪中，在混凝土中掺加聚丙烯纤维，混凝土地坪与楼板黏结牢固叠合成整体，提高了楼板的承载能力，增强了地坪的抗冲击能力和耐磨蚀性能。

（7）广州名汇商业大厦工程中，成功配制出高流动性、高抗渗、高抗裂、早期强度高、后期强度不倒缩、体积稳定性和黏聚性良好的聚丙烯纤维高性能混凝土。

（8）重庆金厦苑大厦的转换层结构混凝土中掺加聚丙烯纤维，使高强混凝土的抗裂性及延性得到提高，克服了高强混凝土的脆性。

（9）深圳市市民中心工程西翼底板工程中掺加聚丙烯纤维，使混凝土的抗裂和抗渗性能都有了明显的改善，因而提高了混凝土的抗震性能以及抗冲击的能力。

（10）北京中华民族园二期蓝海洋工程的地下 3 层长年浸在水中，采用掺加聚丙烯纤维的泵送混凝土有效控制了混凝土的开裂问题。

（11）广州市元岗油库综合楼预应力转换大梁中掺加聚丙烯纤维，不仅可以缩小构件的截面还能减少钢筋用量，解决了施工难的问题。并且转换梁的变形挠度很小，改善了结构的耐久性。

三、植物纤维增强混凝土

我国早在秦汉时期，就已经知道用植物纤维作胶凝材料的增强材料，例如，用短切的稻草、麦秸作黏土的增强材料,用于墙体的砌筑,用乱麻丝(麻刀)、纸筋作石灰的增强材料。

植物纤维混凝土以取材方便、环保、韧性高以及保温性能好等优点在建材行业中得到了广泛的应用。

为了制备植物纤维混凝土,需要提前对植物纤维进行处理。该处理过程通常是先挑选色泽光亮、保存完好的植物纤维,洗净后烘干,处理掉多余枝叶和表面的杂质,再加工成两种形状:一种是用粉碎机把植物纤维粉碎,另一种是用剪刀或铡刀把植物纤维剪切成目标长度。用粉碎机粉碎的植物纤维可以直接掺入混凝土中;用剪刀或铡刀剪切的植物纤维可以直接掺入混凝土中,也可以将切好的植物纤维先浸泡于氢氧化钠溶液里,洗净干燥后再掺入混凝土中。当前,还有许多植物纤维的表面处理改性措施在国内外得到了广泛应用。其中,化学改性方法如碱性化、酸处理、酯化预处理和聚合物涂料;物理处理方法如热液治疗、超声改性和蒸汽处理;生物改性方法如生物酶治疗。但是大多数的改性方式工艺复杂而且污染环境,因此并没有得到大范围的推广应用。近年来,等离子体改性植物纤维在发达国家已得到广泛报道。等离子处理可使材料表面产生蚀刻等物理反应和接枝共聚、氧化、分解等化学反应,从而有效地提高疏水性、黏附性等。国内一些研究人员还发现,植物纤维表面的弱界面层可以通过空气低温等离子处理被破坏,并引入可以增强秸秆表面活性的含氧官能团,如羰基、羧基等,有助于秸秆与原材料建立以化学结合为主的界面。

植物纤维较一些传统的建筑材料有明显的保温隔热优势。从植物纤维本身来看,它的导热系数小,不利于热的传导。有关资料显示,植物纤维的导热系数只有 0.031W/(m·K),而普通混凝土、普通空心砌块、普通黏土砖、加气混凝土的导热系数分别为 1.51W/(m·K)、0.26W/(m·K)、0.81W/(m·K)、0.22W/(m·K),从中可以看出,植物纤维的保温隔热性能良好。有学者对泡沫和一些廉价天然材料组成的保温材料做了研究,他们发现由一些生物质材料制成的保温材料不仅能够媲美常用的一些其他保温材料,而且植物纤维的热稳定性好,受温度变化的影响不大。植物纤维可以用在建筑的非承重构件中,最广泛的应当是在填充墙中,将植物纤维掺入混凝土中,制成加气混凝土砌块、轻骨料混凝土空心砌块等砌筑墙体。此外,制成植物纤维喷覆产品用于建筑、管道、围护结构等,发挥植物纤维的保温隔热作用。

有一些建筑对隔声的要求比较高,比如教学楼、图书馆、居民楼等。传统的建筑墙体一般用实心黏土砖砌筑,它的隔声能力比较好,但是随着环保力度的加大,实心黏土砖已经不再使用。而空心砖的隔声能力有所削弱。如何保证墙体的隔声能力,又不对环境造成影响,这成了社会一直关注的问题。试验表明,在相同情况下,植物纤维的吸声性能优于混凝土,掺和植物纤维制成混凝土砌块或者将植物纤维直接喷覆于建筑物表面,可以满足工程上的隔声要求。

人类很早就运用了植物纤维的抗拉性,在古中国和古埃及,人们就把黏土和秸秆、稻草混合起来建造房屋,在以前用土块砌筑的房子外表面,通常会用黏土和秸秆的混合物抹面,这样做不仅能使墙体有较好的整体性,还能保护承重的土块免受风吹日晒雨淋。目前,混凝土成为最重要的建筑材料之一,混凝土在成型或是环境变化的过程中,都会有一定的收缩或者是膨胀,混凝土内部产生应力导致混凝土开裂,如果混凝土的裂纹不加处理，外界的空气、水等物质会影响到混凝土质量，混凝土裂纹将会继续发展，混凝土强度降低，影响建筑的正常使用或结构的承载能力。如果在混凝土中加入植物纤维，当混凝土有开裂的趋势时，混凝土中各个方向上分布的植物纤维就会受到剪力或者拉力的作用，在一定程度上能够阻止或是延缓混凝土的开裂。

混凝土的重度较大同时用量又很大，所以建筑的自重就很大了，显然对结构来说这是不利的。在满足要求的情况下，在混凝土中加入植物纤维可以减轻构件的自重；混凝土是脆性材料，加入植物纤维后能够改善混凝土的抗冲击性能。植物纤维的加入提高了混凝土的韧性，受到冲击荷载时，散乱分布的植物纤维如一张网，能够吸收一部分能量，分散应力，提高混凝土的抗冲击性；植物纤维的来源广泛，小麦、玉米、水稻、棉、麻、竹等都可以提供植物纤维，相比于木本植物，它们有生长周期短、易改造、分布广泛、纤维好的特点。由于全国每年农作物产生的秸秆无处可去，最终付之一炬，既污染了环境又浪费了资源，把它们运用在建筑领域非常合适，有利于节能环保和可持续发展。

尽管植物纤维混凝土具有环保、韧性高、保温和原料来源广泛等的优点，但由于植物纤维本身的耐久性较差的原因，植物纤维混凝土依然存在很多问题。

（1）加工成型困难。植物纤维由于其生理结构特征，存在很多枝叶和杂质，加工处理前必须晒干后将多余的枝叶与杂质去除掉。而目前还没有各种植物纤维对应的加工机械，因而采用其他方法加工成本较高，且质量也难以保证，生产对应的加工机械是扩大植物纤维混凝土生产应用亟待解决的问题。

（2）耐腐蚀性差。普通水泥混凝土均为碱性，对植物的腐蚀性较强，长时间侵蚀后会使得植物纤维力学性能大幅度下降。目前的处理方法仅局限于采用酸液预泡处理、加粉煤灰和采用低碱度水泥等手段。

（3）吸水性问题。植物纤维均具有湿胀干缩和吸水的特性，这样就造成了植物纤维与混凝土黏结破坏的缺陷，以及纤维吸水导致混凝土用水量增加与和易性下降的问题。应开发出能对植物纤维表面进行改性的处理工艺方法。

（4）应用规范问题。针对植物纤维混凝土的应用，目前并没有出台相应的指导文件和技术规范。对于植物纤维掺量，各个研究者的标准也各不相同，这就需要经过大量的试验研究和分析，为植物纤维混凝土的应用提供理论基础。通过在工程中的使用，总结出纤维的最佳掺量以及合理有效的施工技术，从而为设计部门制定规范性文件提供可靠的数据。

（5）黏结力问题。植物纤维与混凝土的黏结力也是影响植物纤维混凝土性能重要因素。因为植物纤维存在湿胀干缩的问题，这会导致植物纤维的变化而影响与混凝土的黏结程度。

课程思政：纤维增强混凝土的辩证关系

混凝土虽然具有工艺简单、适用性强、抗压强度高、耐久性好的优点，但其韧性和抗拉强度低限制了它在工程领域的应用。在混凝土基体中掺加一定比例的纤维，可以改善混凝土的韧性，提高它的抗弯性和折压比。但同时也存在问题，一是生产过程中纤维不易在混凝土中均匀分散而易缠绕成团，不仅影响了混凝土的性能，而且还影响了新拌混凝土的和易性；二是具有较好增强效果的一些纤维（如钢纤维、碳纤维等）价格较高，增加了混凝土的成本。这正是事物内部或事物之间的对立统一的辩证关系，一切存在的事物都由既相互对立、又相互统一的一对矛盾组合而成，有得就有失。因此，在认识事物时，要用矛盾对立统一的观点看待问题，不能根据个人的喜好决定事情。

思考题：

1. 将纤维掺入混凝土中能带来哪些好处？存在的问题是什么？

2. 在混凝土中通常掺加有外形的钢纤维，为什么不直接掺加直线形的钢纤维？

3. 玻璃纤维在混凝土中易受碱性腐蚀，请从原材料的角度，说明防止玻璃纤维腐蚀应采取的措施有哪些？

4. 我国自 20 世纪 90 年代中期开始，已有数以千计的工程采用纤维混凝土，请列出 2～3 个该工程项目。

5. 某建筑工程需配制 C60 的混凝土柱，拟采用钢纤维增强混凝土，施工单位混凝土施工标准偏差 $\sigma=3.0$，采用 P·O 42.5 水泥，方形截面钢纤维，5～20mm 碎石，河砂的细度模数为 2.6，硅灰的堆积密度 645kg/m³，粉煤灰 II 级，表观密度为 2.3g/cm³，某品牌聚羧酸高效减水剂，减水率为 35％。根据工程实际要求及原材料状况，配制钢纤维增强混凝土。

参考文献

[1] 中华人民共和国住房和城乡建设部. 钢纤维混凝土：JG/T 472—2015 [S]. 北京：中国标准出版社，2015.

[2] 国家市场监督管理总局，国家标准化管理委员会. 混凝土用钢纤维：GB/T 39147—2020 [S]. 北京：中国质检出版社，2020.

[3] 张元昌. 钢纤维混凝土的配合比设计 [J]. 铁道勘测与设计，2004，(3)：113-116.

[4] 刘金召. 钢纤维混凝土的施工工艺 [J]. 甘肃科技，2014，30 (2)：101-102.

[5] 李久林，徐浩，唐超. 国家速滑馆动态高精度施工测量关键技术及应用 [J]. 测绘通报，2021 (8)：123-128＋165.

[6] 刘时新. 国家速滑馆工程完工 [J]. 建筑，2021 (1)：81.

[7] 宋英杰. 耐碱玻璃纤维干硬性混凝土的力学性能试验研究 [D]. 哈尔滨：哈尔滨工业大学，2016.

[8] 李云洲. 浅谈玻璃纤维增强混凝土的性能和工程应用 [J]. 山西建筑，2009，39 (27)：175-176.

[9] 赵晶，李晓民，宋学富. 耐碱玻璃纤维混凝土的配合比设计 [J]. 哈尔滨：哈尔滨工业大学，2005，37 (6)：766-768.

[10] 刘春登. 浅谈影响玻璃纤维混凝土性能的因素及其工程应用 [J]. 中国水能及电气化[S]. 2013 (12)：22-24.

[11] 中华人民共和国交通运输部. 公路工程水泥混凝土用纤维：JT/T 524—2019 [S]. 北京：人民交通出版社，2019.

[12] 李俊毅，陈家华. 尼龙纤维增强混凝土的试验研究 [J]. 混凝土与水泥制品，1998 (5)：48-51.

[13] 顾恒太. 尼龙纤维在混凝土中的应用 [J]. 建材技术与应用，2003 (4)：18-19.

［14］彭小芹，王勇威，蒲心诚．尼龙纤维对混凝土性能的改善［J］．建筑石膏与胶凝材料，2003（4）：10-12.

［15］陈济丰．聚丙烯纤维混凝土的性能和应用［J］．建材世界，2010，31（2）：29-31.

［16］余淑红．聚丙烯纤维混凝土在疏勒河灌区昌马旧总干渠改建中的应用［J］．水利规划与设计，2017（9）：108-110＋114.

［17］张贝贝．聚丙烯纤维混凝土的研究现状与发展趋势［J］．现代物业（中旬刊），2019（8）：39.

［18］段恩朝．聚丙烯纤维混凝土研究进展［J］．科技咨询，2013（13）：68.

［19］白诗淇．植物纤维混凝土性能研究［J］．中国新技术新产品，2020（24）：73-75.

［20］陈国荣，刘畅，王成．浅析植物纤维对混凝土性能的影响［J］．建材与装饰，2018（22）：197.

［21］易峰．植物纤维混凝土的研究进展［J］．建材与装饰，2017（34）：125-126.

［22］李超飞，苏有文，陈国平．植物纤维混凝土的研究现状［J］．混凝土，2013（5）：55-56＋61.

第四章 自密实混凝土

第一节 概　述

自密实混凝土是具有高流动性、均匀性和稳定性，浇筑时无需外力振捣，能够在自重作用下流动并充满模板空间的混凝土。它突破了普通混凝土必须经过振捣才能成型的局限性，基本依靠自身重力（或轻微的振动）产生的流动性就能在模板中自由流淌，穿越钢筋间隙，均匀地填充模板的各个角落，经过一定时间的硬化后能满足工程要求的强度及耐久性。这种施工方式可以有效降低施工过程中的噪声污染，一定程度上降低了施工人员的劳动强度。此外，它可以解决有些复杂结构工程中因配筋密集而造成的骨料阻塞等问题，对混凝土的耐久性也有适当提高。

自密实混凝土最初是由日本东京大学冈村甫教授在 1986 年提出，并在 1988 年就已经在实验室成功研发并配制出来了自密实混凝土，随后在东京大学举办了自密实混凝土的现场公开浇筑。此后，许多学者和建筑公司纷纷开始对自密实混凝土进行研究和开发，给自密实混凝土在实践中的应用拉开了序幕。1991 年，日本已经有 13 家总承包单位在研究自密实混凝土，次年，参加自密实混凝土年会的单位已经增加到 30 家。至 2004 年，自密实混凝土在日本的年总耗用量已经达到 250 万 m³，并在实际的使用中有逐年增加的趋势，大大推动了自密实混凝土在建筑工程中的使用和发展。世界众多混凝土领域的学术组织纷纷成立了自密实混凝土研究的专门委员会，包括美国混凝土学会（ACI）和欧洲材料试验联合组织（RILEM），国际混凝土联合委员会（FIB）也成立了流态混凝土结构设计委员会。RILEM 在 1999 年于斯德哥尔摩举办了第一届自密实混凝土国际会议，之后于 2001 年东京、2003 年雷克雅未克、2005 年芝加哥、2007 年根特、2010 年蒙特利尔、2013 年巴黎分别举行了第二、第三、第四、第五、第六、第七届国际会议。北美地区每两年也举办自密实混凝土设计与应用的国际会议。

目前，国外使用自密实混凝土的典型工程案例有：日本的明石海峡大桥工程的锚碇施工，自密实混凝土的使用使整个大桥工程的施工工期 2.5 年缩短为 2 年；日本 Osaka 公司的大型液化天然气池的储备库池壁工程在采用自密实混凝土浇筑后，整个工程的工期缩短了 4 个月；美国的西雅图双联广场工程采用的自密实混凝土设计强度为 79MPa，但实测的 28d 强度达到了 119MPa，且该工程的总成本降低了 30%；瑞士的水利电力项目 Cleuson Dixence 和 Loetschberg 铁路隧道工程共计使用自密实混凝土量为 873000m³；洛杉矶的圣马力诺世贸中心工程采用的自密实混凝土拌和物的实测坍落扩展度经时 5min～1h 为 730～600mm，28d 抗压实测强度达到 95MPa，28d 动弹性模量为 45N/mm² 等。国外这些典型的建筑工程在采用了自密实混凝土进行施工后，不仅使工程工期大大缩短，建筑结构的安全性也有了很大的保证，创造出了极大的经济价值。

鉴于自密实混凝土与普通混凝土相比具有填充性好、能加快施工速度、节约劳动力以及大量利用粉煤灰、废弃矿渣等优点，我国也于 20 世纪 90 年代初期开始研究和使用自密实混凝土。在 1987 年，清华大学冯乃谦教授初次提出了流态混凝土的观念，这是自密实混凝土概念在我国的首次出现。而自密实混凝土在我国的首次实际研发是在 1993 年，一种高流动性的混凝土由北京城建集团下属机构成功实现拌和。以此为基础，自密实混凝土的研究在我国开展起来，并于 1996 年成功申请国家专利，迅速地投入中建一局、中国中铁等建筑单位的工程实践应用中。2004 年，中国土木工程协会编写了我国第一本自密实混凝土的规范准则，至此，我国在自密实混凝土的研究与应用上有了一定的进展。2005 年，我国第一次自密实混凝土技术方面的国际研讨会成功召开，中南大学、同济大学等多家单位共同参与，体现了我国对自密实混凝土研究的重视程度。越来越多的科研单位与学者将目光投向此性能优良的混凝土材料。

到目前为止，免振捣自密实混凝土已经被广泛应用到各种外观复杂多样的大型建筑物、桥梁结构、地下暗挖等不利于混凝土浇筑的地方。比如：北京机场新航站楼的筒体墙体就采用了强度达到 60MPa 的自密实混凝土，澳门观光塔、深圳赛格广场钢管混凝土柱子、沈阳远吉大厦的钢管混凝土柱、大亚湾核电站存放核废料容器的相关建筑物、厦门的集美历史风貌建筑物的保护工程、三峡水电站等水电站导流洞、上海世博演艺中心的钢立柱、国家体育馆结构中的钢混凝土梁柱等都采用了自密实高性能混凝土，大大地提高了施工的效率，缩短了浇筑的时间，降低了施工人员的劳动强度，并且节省了能源，解决了传统混凝土在发展工程中遇到的各种问题。

与振捣混凝土相比，自密实混凝土的优点如下：

（1）提高混凝土的耐久性和密实性；

（2）可缓解施工噪声污染，改善环境；

（3）节省人力资源，降低施工强度，节约电力能源以及振动机械消耗；

（4）缩短施工周期；

（5）增加结构设计的自由度，可以浇筑薄壁、形状非常复杂以及配筋很密集的结构。

鉴于上述特点，自密实混凝土在桩基础及钢管混凝土、结构加固及维修工程、配筋密集的混凝土结构和大体积混凝土及水下混凝土施工等特殊工程中发挥着重要作用，可以产生非常显著的社会经济效益。

第二节　自密实混凝土的组成材料

原材料的质量直接影响自密实混凝土配合比设计参数的确定，进而影响自密实混凝土的最终性能。选择合理、适宜的原材料，可以获得综合性能优异的自密实混凝土。

一、胶凝材料

根据工程需要，自密实混凝土可选用硅酸盐水泥、普通硅酸盐水泥、矿渣硅酸盐水泥、火山灰质硅酸盐水泥、粉煤灰硅酸盐水泥、复合硅酸盐水泥；使用矿物掺和料的自密实混凝土，宜选用硅酸盐水泥或普通硅酸盐水泥。

自密实混凝土可掺入粉煤灰、粒化高炉矿渣、硅灰、沸石粉、复合矿物掺和料等活性矿物掺和料。同时，可采用粉煤灰、粒化高炉矿渣、硅灰等矿物掺和料，并应符合国家现行相关标准的规定。当采用其他矿物掺和料时，应通过充分试验进行验证，确定混凝土性能满足工程应用要求后再使用。

（一）粉煤灰

用于自密实混凝土的粉煤灰应符合现行国家标准（GB/T 1596—2017）《用于水泥和混凝土中的粉煤灰》中Ⅰ级或Ⅱ级粉煤灰的技术性能指标要求（表4-1）。强度等级高于C60的自密实混凝土宜选用Ⅰ级粉煤灰。C类粉煤灰的体积安定性检验必须合格。

表4-1　粉煤灰技术性能指标

项目		级别及技术性能指标		
		Ⅰ级	Ⅱ级	Ⅲ级
细度（45μm 方孔筛筛余）/%		≤12.0	≤30.0	≤45.0
需水比/%		≤95	≤105	≤115
烧失量/%		≤5.0	≤8.0	≤10.0
含水量/%		≤1.0		
三氧化硫/%		≤3.0		
游离氧化钙/%	F 类粉煤灰	≤1.0		
	C 类粉煤灰	≤4.0		
二氧化硅、三氧化二铝和三氧化二铁/%	F 类粉煤灰	≥70.0		
	C 类粉煤灰	50.0		
密度 /（g/cm³）	F 类粉煤灰	≤2.6		
	C 类粉煤灰			
安定性（雷氏法）/mm	C 类粉煤灰	≤5.0		
强度活性指数 /%	F 类粉煤灰	≥70.0		
	C 类粉煤灰			

（二）粒化高炉矿渣

用于自密实混凝土的粒化高炉矿渣应符合现行国家标准 GB/T 18046—2017《用于水泥、砂浆和混凝土中的粒化高炉矿渣粉》的技术性能指标要求（表4-2）。

表 4-2　粒化高炉矿渣技术性能指标

项目		级别及技术性能指标		
		S105	S95	S75
密度/（g/cm³）		≥2.8		
比表面积/（g/cm²）		≥500	≥400	≥300
活性指数/%	≥7d	≥95	≥70	≥55
	≥28d	≥105	≥95	≥75
流动度比/%		≥95		
含水率/%		≤1.0		
三氧化硫/%		≤4.0		
氯离子含量/%		≤0.06		
烧失量/%		≤1.0		
不溶物/%		≤3.0		
玻璃体含量/%		≥85		
放射性 I_{Ra} 和 I_r		≤1.0		

（三）沸石粉

用于自密实混凝土的沸石粉应符合表 4-3 的要求。指标测定按现行国家标准 GB/T 18736—2017《高强高性能混凝土用矿物外加剂》中的相关规定进行。

表 4-3　沸石粉技术性能指标

项目	级别及技术性能指标
氯离子/%	≤0.06
吸铵值/（mmol/kg）	≥1000
45μm方孔筛筛余/%	≤5.0
需水量比/%	≤115
28d 活性指数/%	≥95

（四）硅灰

用于自密实混凝土的硅灰应符合表 4-4 的要求。比表面积用 BET 氮吸附法进行测定，并按仪器说明书给定的方法计算出比表面积；二氧化硅含量按现行国家标准 GB/T 18736—2017《高强高性能混凝土用矿物外加剂》中的相关规定进行检验。

表 4-4　硅灰技术性能指标

项目	技术性能指标	项目	技术性能指标
比表面积/（m²/kg）	≥15000	二氧化硅/%	≥85

（五）复合矿物掺和料

用于自密实混凝土的复合掺和料应符合表 4-5 的要求，细度按照现行国家标准 GB/T 1596—2017《用于水泥和混凝土中的粉煤灰》中的方法进行测定，流动度比按照现行国家标准 GB/T 18046—2017《用于水泥、砂浆和混凝土中的粒化高炉矿渣粉》中的方法测定；其他项目的试验按照现行国家标准 GB/T 18736—2017《高强高性能混凝土用矿物外加剂》中的相关规定进行，并依据复合矿物掺和料中的主要组分来选择相关试验方法。

表 4-5 复合矿物掺和料技术性能指标

项 目		级别及技术性能指标		
		F105	F95	F75
比表面积/（m²/kg）		≥450	≥400	≥350
细度（45μm 方孔筛筛余）/%		≥10		
活性指数/%	7d	≥90	≥70	≥50
	28d	≥105	≥95	≥75
流动度比/%		≥85	≥90	≥95
含水率/%		≤1.0		
三氧化硫/%		≤4.0		
氯离子含量%		≤0.02		
烧失量/%		≤5.0		

（六）惰性掺和料

通过试验，自密实混凝土中也可采用惰性掺和料，其性能指标应符合表 4-6 的要求。试验按现行国家标准 GB/T 18046—2017《用于水泥、砂浆和混凝土中的粒化高炉矿渣粉》中的相关规定进行。

表 4-6 惰性掺和料技术性能指标

项目/%	三氧化硫/%	烧失量/%	氯离子/%	比表面积/（m²/kg）	流动度比/%	含水率/%
指标	≤4.0	≤3.0	≤0.02	≥350	≥90	≤1.0

二、骨料

粗骨料宜采用连续级配或 2 个及以上单粒径级配搭配使用，最大公称粒径不宜大于 20mm；对于结构紧密的竖向构件、复杂形状的结构以及有特殊要求的工程，粗骨料的最大公称粒径不宜大于 16mm。粗骨料的针片状颗粒含量、含泥量及泥块含量，应符合表 4-7 的规定，其他性能及试验方法应符合现行标准的要求。

表 4-7 粗骨料的针片状颗粒含量、含泥量及泥块含量

项目	针片状颗粒含量	含泥量	泥块含量
指标/%	≤8	≤1.0	≤0.5

轻粗骨料宜采用连续级配，性能指标应符合表 4-8 的规定，其他性能及试验方法应符合国家现行标准的规定。

表 4-8 轻粗骨料的性能指标

项目	密度等级	最大粒径/mm	粒型系数	24h 吸水率/%
指标	≥700	≤16	≤2.0	≤10

细骨料宜采用级配Ⅱ区的中砂。天然砂的含泥量、泥块含量应符合表 4-9 的规定；人工砂的石粉含量应符合表 4-10 的规定。细骨料的其他性能及试验方法应符合现行行业标准的规定。

表 4-9　天然砂的含泥量和泥块含量

项目	含泥量	泥块含量
指标/%	≤3.0	≤1.0

表 4-10　人工砂的石粉含量

项目		指标		
		≥C60	C55~C30	≤25
石粉含量/%	MB<1.4	≤5.0	≤7.0	≤10.0
	MB≥1.4	≤2.0	≤3.0	≤5.0

三、外加剂

配制自密实混凝土均需辅以外加剂对其性能进行适当调节，其中聚羧酸系高效减水剂一般必不可少。增稠剂和膨胀剂也是配制自密实混凝土较为常用的外加剂，增稠剂用于改善自密实混凝土的黏聚性、抗渗性等；膨胀剂主要用于弥补自密实混凝土收缩较大的缺陷。无论添加何种外加剂都应适当调整配合比，并充分考虑外加剂与水泥基体的相容性以及添加外加剂对自密实混凝土长期性能的影响。

四、矿物掺和料

为缓解高用量水泥水化产生的较大水化热，一般需在配制自密实混凝土时掺入矿物掺和料。粉煤灰是配制自密实混凝土最常用的矿物掺和料，其活性效应及形态效应等在改善自密实混凝土工作性和力学性能等方面发挥重要作用。磨细高炉矿渣掺入后能充分发挥火山灰效应，起到细化自密实混凝土孔结构、促进早期强度发展的作用。硅灰由于细度较高，能够有效调节自密实混凝土的流变性能，提高拌和物稳定性。而石灰石粉主要发挥填充作用，有利于减弱自密实混凝土的自收缩并改善拌和物的流动性、保水性及抗离析性等。除了单独掺加上述掺和料外，还可以将几种掺和料复合掺入以产生叠加效应，进一步提高自密实混凝土的综合性能。

五、纤维

(一) 钢纤维

钢纤维是以切断细钢丝法、冷轧带钢剪切、钢锭铣削或钢水快速冷凝法制成长径比（纤维长度与其直径的比值，当纤维界面为非圆形时，采用换算等效截面圆面积的直径）为 30~100 的纤维。为增强混凝土性能，可加入长度和直径在一定范围内的细钢丝。掺加钢纤维的自密实混凝土与不掺加的相比，钢纤维混凝土抗拉强度、抗弯强度、耐磨、耐冲击、耐疲劳、韧性、抗裂、抗爆等性能都可得到提高。大量钢纤维均匀地分散在混凝土中，与混凝土接触的面积很大，自密实混凝土的各项性能在所有的方向都有改善。

(二) 合成纤维

合成纤维是化学纤维的一种，是用合成高分子化合物做原料而制得的化学纤维的统称。与不掺加合成纤维的自密实混凝土相比，掺加合成纤维的自密实混凝土具有较高的抗拉与抗弯极限强度，尤以韧性提高的幅度为大。

自密实混凝土加入钢纤维、合成纤维时，其性能应符合现行行业标准 JGJ/T 221—2010《纤维混凝土应用技术规程》的规定。

第三节 自密实混凝土的性能

一、混凝土拌和物的性能

（1）自密实混凝土拌和物除应满足普通混凝土拌和物对凝结时间、黏聚性和保水性等的要求外，还应满足自密实性能的要求。

（2）自密实混凝土拌和物的自密实性能及要求可按表 4-11 确定。

表 4-11 自密实混凝土拌和物的自密实性能及要求

自密实性能	性能指标	性能等级	技术要求
填充性	坍落扩展度/mm	SF1	550～655
		SF2	660～755
		SF3	760～850
	扩展时间 T_{500}/s	VS1	$\geqslant 2$
		VS2	< 2
间隙通过性	坍落扩展度与 J 环扩展度差值/mm	PA1	$25 < PA1 \leqslant 50$
		PA2	$0 < PA1 \leqslant 25$
抗离析性	离析率/%	SR1	$\leqslant 20$
		SR2	$\leqslant 15$
	粗骨料振动离析率/%	f_m	$\leqslant 10$

注：当抗离析性试验结果有争议时，以离析率筛析法试验结果为准。

（3）不同性能等级自密实混凝土的应用范围应按表 4-12 确定。

表 4-12 不同性能等级自密实混凝土的应用范围

自密实性能	性能等级	应用范围	重要性
填充性	SF1	（1）从顶部浇筑的无配筋或配筋较少的混凝土结构物； （2）泵送浇筑施工的工程； （3）截面面积较小，无须水平长距离流动的竖向结构物	控制指标
	SF2	适合一般的普通钢筋混凝土结构	
	SF3	适用于结构紧密的竖向构件、形状复杂的结构等（粗骨料最大公称粒径宜小于 16mm）	
	VS1	适用于一般的普通钢筋混凝土结构	
	VS2	适用于配筋较多的结构或有较高混凝土外观性能要求的结构，应严格控制	
间隙通过性①	PA1	适用于钢筋净距 80～100mm	可选指标
	PA2	适用于钢筋净距 60～80mm	

续表

自密实性能	性能等级	应用范围	重要性
抗离析性②	SR1	适用于流动距离小于 5m、钢筋净距大于 80mm 的薄板结构和竖向结构	可选指标
	SR2	适用于流动距离超过 5m、钢筋净距大于 80mm 的竖向结构。也适用于流动距离小于 5m、钢筋净距小于 80mm 的竖向结构，当流动距离超过 5m，SR 值宜小于 10%	

注：① 钢筋净距小于 60mm 时宜进行浇筑模拟试验；对于钢筋净距大于 80mm 的薄板结构或钢筋净距大于 100mm 的其他结构可不作间隙通过性指标要求。
② 高填充性（坍落扩展度指标为 SF2 或 SF3）的自密实混凝土，应有抗离析性要求。

二、硬化混凝土的性能

硬化混凝土力学性能、长期性能和耐久性能应满足设计要求和国家现行相关标准的规定。

第四节　自密实混凝土的配合比设计

一、自密实混凝土的配制原则

在配制自密实混凝土时，应确保新拌状态下的混凝土具有高流动性、高抗离析性、高间隙通过性和高填充性，不仅需要对水泥、粗细骨料、矿物掺和料等进行选择，还要适当地添加外加剂、胶结材料，并按照工程需要进行合理的配比和设计，发挥自密实混凝土的出色工作性。要保证自密实混凝土的屈服应力低于自重产生的剪应力，有效增加自密实混凝土的流动性和塑性黏度。在配制自密实混凝土时，还可以采用萘系高效减水剂作为外加剂的主要组成部分，它能够有效地降低自密实混凝土拌和物的屈服应力，并阻止分散粒子的凝聚，具有一定的保塑作用。但在使用萘系高效减水剂时，要保证该外加剂的添加率不低于 25%，才能起到有效的作用。

增大浆固比能够提升自密实混凝土的流动性、间隙通过能力和填充性。但在增大浆固比的时候，建筑单位要控制在 34%～42%，在这一区间内的浆固比能够让自密实混凝土具有良好的工作性能外，还能展现出色的力学性能和耐久性能，加强了自密实混凝土的表现力。自密实混凝土的砂率值应控制在 50% 左右，过大的砂率值会影响自密实混凝土的间隙通过性，过小的砂率值会影响自密实混凝土的实际效果。为了提高自密实混凝土的黏度，可以通过添加矿物掺和料的方法，提高自密实混凝土的塑性黏度，因为自密实混凝土中的拌和物的流动性决定着拌和物中砂浆的流动性，所以，在自密实混凝土中添加掺和料，不仅提高了混凝土的黏度，还能够对混凝土的流动性进行调节。

如果拌和物中砂浆的屈服剪应力过小，需要对外加剂掺量和水胶比进行调整，从而改善自密实混凝土离析的现象，达到良好的流动性和抗分离性。因为自密实混凝土中会加入细骨料颗粒，而粗细骨料颗粒会增大混凝土的摩擦力，减弱混凝土的流动性。所以，在配制自密实混凝土时，通过添加矿物掺和料也能够减少粗细骨料颗粒的摩擦，提高自密实混凝土的流动性能。开裂现象也是配制自密实混凝土中常常发生的问题，所以，可以通过加入适量的膨胀剂，减少混凝土收缩，避免开裂现象的发生，并且适量地添加膨胀剂还能够提高混凝土的黏聚性。

二、自密实混凝土的配制原理

配制自密实混凝土的关键在于保证混凝土拌和物兼具大流动性和高和易性。新拌自密实混凝土拌和物在流变学领域被划分为宾汉姆流体，相应的流变学方程为：

$$\tau = \tau_0 + \eta\gamma \tag{4-1}$$

式中，τ 为剪切应力；τ_0 为屈服剪切应力；η 为塑性黏度；γ 为剪切速率。

当 $\tau \geqslant \tau_0$ 时，混凝土拌和物发生流动；相同条件下 η 越小，拌和物的流动速度越快。τ_0 和 η 是反映混凝土工作性能的主要参数。配制自密实混凝土的原理就是通过原材料选择及配合比优化设计将 τ_0 和 η 控制在适宜的数值范围，从而使得自密实混凝土拌和物具有良好的和易性和较高的流动性，且硬化后力学性能及耐久性佳。

三、一般规定

（1）自密实混凝土应根据工程结构型式、施工工艺以及环境因素进行配合比设计，并应在综合考虑混凝土自密实性能、强度、耐久性以及其他性能要求的基础上，计算初始配合比，经实验室试配、调整得出满足自密实性能要求的基准配合比，经强度、耐久性复核得到设计配合比。

（2）自密实混凝土配合比设计宜采用绝对体积法。自密实混凝土水胶比宜小于0.45，胶凝材料用量宜控制在 $400 \sim 5500 \text{kg/m}^3$。

（3）自密实混凝土宜采用通过增加粉体材料的方法适当增加浆体体积，也可通过添加外加剂的方法来改善浆体的黏聚性和流动性。

（4）钢管自密实混凝土配合比设计时，应采取减少收缩的措施。

四、自密实混凝土的配合比设计方法

目前，常规的自密实混凝土配合比设计方法主要分为以下几类：基于假定骨料体积含量的求解法，如固定砂石体积含量法、绝对体积法、简易配合比计算法、骨料比表面积设计法、四层体系设计法等；基于设置参数的计算方法，如参数法、正交试验法（析因法）、经验推导法（试配法）等；基于高性能混凝土的配合比设计法，如全计算法、改进全计算法等。此外，还包括基于流变特性的配合比设计法、基于颗粒级配理论的配合比设计法、均匀试验设计法等。不同配合比设计方法的原理、步骤等都有所差异、各有利弊。

现行行业标准中明确了采用绝对体积法设计自密实混凝土配合比，具体如下。

（一）确定各组合比例等参数

配合比设计应确定拌和物中粗骨料体积、砂浆中砂的体积分数、水胶比、胶凝材料用量、矿物掺和料的比例等参数。

（二）粗骨料体积及质量计算

粗骨料体积及质量的计算宜符合下列规定：

（1）每 $1m^3$ 混凝土中粗骨料的体积（V_g）可按表 4-13 选用；

表 4-13 每立方米混凝土中粗骨料的体积

填充性指标	SF1	SF2	SF3
每立方米混凝土中粗骨料的体积/m^3	0.32～0.35	0.30～0.33	0.28～0.30

（2）每 $1m^3$ 混凝土中粗骨料的质量（m_g）可按式（4-2）计算：

$$m_g = V_g \cdot \rho_g \tag{4-2}$$

式中，ρ_g 为粗骨料的表观密度（kg/m^3）。

（三）砂浆体积与质量计算

（1）砂浆体积（V_m）可按式（4-3）计算：

$$V_m = 1 - V_g \tag{4-3}$$

（2）砂浆中砂的体积分数（Φ_s）可取 0.42～0.45。

（3）每立方米混凝土中砂的体积（V_s）和质量（m_s）可按式（4-4）和式（4-5）计算：

$$V_s = V_m \cdot \Phi_s \tag{4-4}$$

$$m_s = V_s \cdot \rho_s \tag{4-5}$$

式中，ρ_s 为砂的表观密度（kg/m^3）。

（4）浆体体积（V_p）可按式（4-6）计算：

$$V_p = V_m - V_s \tag{4-6}$$

（四）胶凝材料计算

胶凝材料表观密度（ρ_b）可根据矿物掺和料和水泥的相对含量及各自的表观密度确定，并可按式（4-7）计算：

$$\rho_b = \cfrac{1}{\cfrac{\beta}{\rho_m} + \cfrac{(1-\beta)}{\rho_c}} \tag{4-7}$$

式中，ρ_m 为矿物掺和料的表观密度（kg/m^3）；ρ_c 为水泥的表观密度（kg/m^3）；β 为每立方米混凝土中矿物掺和料占胶凝材料的质量分数（％）；当采用两种或两种以上矿物掺和料时，可以用 β_1、β_2、β_3 表示，并进行相应计算；根据自密实混凝土工作性、耐久性、温升控制等要求，合理选择胶凝材料中水泥、矿物掺和料类型，矿物掺和料占胶凝材料用量的质量分数 β 不宜小于 0.2。

（五）混凝土的配制强度

$$f_{cu,0} = f_{cu,k} + 1.645\sigma \tag{4-8}$$

式中，$f_{cu,0}$ 为混凝土配制强度（MPa）；$f_{cu,k}$ 为混凝土立方体抗压强度标准值，这里取设计混凝土强度等级值（MPa）；σ 为混凝土强度标准差（MPa）。

（六）水胶比

（1）水胶比（m_w/m_b）应符合下列规定：

① 当具备试验统计资料时，可根据工程所使用的原材料，通过建立的水胶比与自密实混凝土抗压强度关系式来计算得到水胶比。

② 当不具备上述试验统计资料时，水胶比可按式（4-9）计算：

$$m_w/m_b = \frac{0.42f_{ce}(1-\beta+\beta\gamma)}{f_{cu,0}+1.2} \tag{4-9}$$

式中，m_b 为每 $1m^3$ 混凝土中胶凝材料的质量（kg）；m_w 为每 $1m^3$ 混凝土中用水的质量（kg）；f_{ce} 为水泥的 28d 实测抗压强度（MPa）；当水泥 28d 抗压强度未能进行实测时，可采用水泥强度等级对应值乘以 1.1 得到的数值作为水泥抗压强度值；γ 为矿物掺和料的胶凝系数；粉煤灰（$\beta \leqslant 0.3$）可取 0.4、矿渣粉（$\beta \leqslant 0.4$）可取 0.9。

（2）每 $1m^3$ 自密实混凝土中胶凝材料的质量（m_b）可根据自密实混凝土中的浆体体积（V_p）、胶凝材料的表观密度（ρ_b）、水胶比（m_w/m_b）等参数确定，并可按式（4-10）计算：

$$m_b = \frac{V_p - V_a}{\dfrac{1}{\rho_b} + \dfrac{m_w/m_b}{\rho_w}} \tag{4-10}$$

式中，V_a 为每 $1m^3$ 混凝土中引入空气的体积（L），对于非引气型的自密实混凝土，V_a 可取 $10 \sim 20L$；ρ_w 为每 $1m^3$ 混凝土中拌和水的表观密度（kg/m^3），取 $1000kg/m^3$。

（3）每 $1m^3$ 混凝土中用水的质量（m_w）应根据每 $1m^3$ 混凝土中胶凝材料质量（m_b）以及水胶比（m_w/m_b）确定，并可按式（4-11）计算：

$$m_w = m_b \cdot (m_w/m_b) \tag{4-11}$$

（4）每 $1m^3$ 混凝土中水泥的质量（m_c）和矿物掺和料的质量（m_m）应根据每 $1m^3$ 混凝土中胶凝材料质量（m_b）和胶凝材料中矿物掺和料的质量分数（β）确定，并可按式（4-12）计算：

$$m_m = m_b \cdot \beta \tag{4-12}$$

$$m_c = m_b - m_m \tag{4-13}$$

（七）外加剂

外加剂的品种和用量应根据试验确定，外加剂用量可按式（4-14）计算：

$$m_{ca} = m_b \cdot \alpha \tag{4-14}$$

式中，m_{ca} 为每 $1m^3$ 混凝土中外加剂的质量（kg）；α 为每 $1m^3$ 混凝土中外加剂占胶凝材料总量的质量百分数（%）。

（八）自密实混凝土配合比

自密实混凝土配合比的试配、调整与确定应符合下列规定：

（1）混凝土试配时应采用工程实际使用的原材料，每盘混凝土的最小搅拌量不宜小于 25L。

（2）试配时，首先应进行试拌，先检查拌和物自密实性能必控指标，再检查拌和物自密实性能可选指标。当试拌得出的拌和物自密实性能不能满足要求时，应在水胶比不变、胶凝材料用量和外加剂用量合理的原则下调整胶凝材料用量、外加剂用量或砂的体积分数等，直到符合要求为止。应根据试拌结果提出混凝土强度试验用的基准配合比。

（3）混凝土强度试验时至少应采用 3 个不同的配合比。当采用不同的配合比时，其中一个应为（2）中确定的基准配合比，另外两个配合比的水胶比宜较基准配合比分别增加和减少 0.02；用水量与基准配合比相同，砂的体积分数可分别增加或减少 1%。

（4）制作混凝土强度试验试件时，应验证拌和物自密实性能是否达到设计要求，应以该结果代表相应配合比的混凝土拌和物性能指标。

（5）混凝土强度试验时每种配合比至少应制作一组试件，标准养护到 28d 或设计要求的龄期时试压，也可同时多制作几组试件，并依据早期强度推定混凝土强度，用于配合比调整，但最终应满足标准氧化 28d 或设计规定龄期的强度要求。如有耐久性要求时，还应检测相应的耐久性指标。

（6）应根据试配结果对基准配合比进行调整，首先根据混凝土强度试验结果，绘制强度和胶水比的线性关系图或插值法确定略大于配制强度的强度对应的胶水比；在试拌配合比的基础上，用水量（m_w）和外加剂用量（m_{ca}）应根据确定的水胶比作调整；然后，胶凝材料用量（m_b）应以用水量乘以确定的胶水比计算得出，粗骨料和细骨料用量（m_g 和 m_s）应在用水量和胶凝材料用量进行调整。当混凝土拌和物表观密度实测值与计算值之差的绝对值不超过计算值的 2% 时，按上述调整的配合比可维持不变；当二者之差超过 2% 时，应将配合比中每项材料用量均乘以校正系数 δ，确定的配合比即为设计配合比。混凝土拌和物的表观密度和配合比校正系数的计算应按式（4-15）和式（4-16)计算：

$$\rho_{c,c} = m_c + m_m + m_g + m_s + m_w \tag{4-15}$$

$$\delta = \frac{\rho_{c,t}}{\rho_{c,c}} \tag{4-16}$$

式中，δ 为混凝土配合比校正系数；$\rho_{c,t}$ 为混凝土拌和物表观密度实测值（kg/m³）；$\rho_{c,c}$ 为混凝土拌和物表观密度计算值（kg/m³）。

（7）对于应用条件特殊的工程，宜采用确定的配合比进行模拟试验，以检验所设计的配合比是否满足工程应用条件。

五、设计实例

（一）原材料

某品牌 P·O 42.5 级硅酸盐水泥，表观密度为 3.0g/cm³，28d 实测强度为 45MPa；Ⅰ级粉煤灰，表观密度为 2.2g/cm³；中砂细度模数为 2.7，表观密度为 2.65g/cm³；5～16mm 碎石，表观密度为 2.7g/cm³，某品牌聚羧酸高效减水剂，减水率为 30%。

（二）设计要求

根据工程实际要求及原材料状况，选择配制 SF3、PA2、SR2 型自密实混凝土。

（三）设计计算

（1）根据原材料实际状况及前期试验结果（表 4-14），每 1m³ 混凝土中粗骨料的体积 V_g 暂定为 0.30m³。

表 4-14 每 1m³ 混凝土中粗骨料的体积

填充性指标	SF1	SF2	SF3
每 1m³ 混凝土中粗骨料的体积/m³	0.32～0.35	0.30～0.33	0.28～0.30

（2）每 1m³ 混凝土中粗骨料的质量（m_g）可下式计算：

$$m_g = V_g \cdot \rho_g = (0.30 \times 2700) \, kg = 810kg$$

（3）砂浆体积（V_m）计算：

$$V_m = 1 - V_g = (1 - 0.30) \, m^3 = 0.70m^3$$

（4）砂浆中砂的体积分数（Φ_s）取 0.45。

(5) 每 $1m^3$ 混凝土中砂的体积（V_s）和质量（m_s）

$$V_s = V_m \cdot \Phi_s = (0.70 \times 0.45) \ m^3 = 0.315 m^3$$

$$m_s = V_s \cdot \rho_s = (0.315 \times 2650) \ kg = 835 kg$$

(6) 浆体体积（V_p）可按下式计算：

$$V_p = V_m - V_s = (0.70 - 0.315) \ L = 0.385 L$$

(7) 胶凝材料表观密度（ρ_b）计算：

选取Ⅰ级粉煤灰掺量为胶凝材料总量的 0.25。

$$\rho_b = \frac{1}{\dfrac{\beta}{\rho_m} + \dfrac{(1-\beta)}{\rho_c}} = \frac{1}{\dfrac{0.25}{2200} + \dfrac{(1-0.25)}{3000}} kg/m^3 = 2750 kg/m^3$$

(8) 自密实混凝土配制强度 $f_{cu,0}$ 计算：

$$f_{cu,0} = f_{cu,k} + 1.645\sigma = (40 + 1.645 \times 5.0) \ MPa = 48.23 MPa$$

(9) 水胶比（m_w/m_b）计算：

施工现场不具备试验统计资料时，水胶比计算：

$$m_w/m_b = \frac{0.42 f_{ce} \ (1-\beta+\beta\gamma)}{f_{cu,0} + 1.2} = \frac{0.42 \times 45 \times \ (1-0.25+0.25 \times 0.9)}{48.23 + 1.2} = 0.37 < 0.45$$

水胶比满足要求，故矿物掺和料的胶凝系数 γ 取 0.9。

(10) 每 $1m^3$ 自密实混凝土中胶凝材料的质量（m_b）计算：

$$m_b = \frac{V_p - V_a}{\dfrac{1}{\rho_b} + \dfrac{m_w/m_b}{\rho_w}} = \frac{0.385 - 0.01}{\dfrac{1}{2750} + \dfrac{0.40}{1000}} = 491 kg/m^3$$

由于没有引气要求，V_a 取 10L。

符合胶凝材料用量 $400 \sim 550 kg/m^3$ 的控制范围。

(11) 每 $1m^3$ 混凝土中用水的质量（m_w）和矿物掺和料的质量（m_m）计算：

$$m_w = m_b \cdot \ (m_w/m_b) = 491 \times 0.40 kg = 196 > 190 kg，取 \ 190 kg$$

$$m_c = m_b - m_m = (491 - 123) \ kg = 368 kg$$

(12) 外加剂用量（m_{ca}）计算：

如果试验外加剂掺量取 α 为 2.5%，则

$$m_{ca} = m_b \cdot \alpha = 12.3 kg$$

配合比为：水泥 368kg，粉煤灰 123kg，水 190kg，砂 835kg，碎石 810kg，外加剂 12.3kg。

按照此配合比试配混凝土 25L，试件 28d 抗压强度为 49.6MPa，坍落扩展度为 810mm，$T500$ 为 5s，坍落扩展度与 J 环扩展度差值为 22mm，离析率为 10%，粗骨料振动离析率为 8%，能够满足自密实性能的要求。

第五节　自密实混凝土的施工

一、一般规定

(1) 自密实混凝土施工前应根据工程结构类型和特点、工程量、材料供应情况、施工条件和进度计划等确定施工方案，并对施工作业人员进行技术交底。

（2）自密实混凝土施工应进行过程监控，并应根据监控结果调整施工措施。

（3）自密实混凝土施工应符合现行混凝土结构工程施工规范的规定。

二、模板施工

（1）模板及其支架设计应符合现行混凝土结构工程施工规范的规定。新浇筑混凝土对模板的最大侧压力应按式（4-17）计算：

$$F=\gamma_c H \tag{4-17}$$

式中，F 为新浇筑混凝土对模板的最大侧压力（kN/m^2）；γ_c 为混凝土的重力密度（kN/m^3）；H 为混凝土侧压力计算位置处至新浇筑混凝土顶面的总高度（m）。

（2）成型的模板应拼装紧密，不得漏浆，应保证构件尺寸、形状，并应符合下列规定：

① 斜坡面混凝土的外斜坡表面应支设模板；

② 混凝土上表面模板应有抗自密实混凝土浮力的措施；

③ 浇筑形状复杂或封闭模板空间内混凝土时，应在模板上适当部位设置排气孔和浇筑观察口；

④ 模板及其支架拆除应符合现行混凝土结构工程施工规范的规定，对薄壁、异形等构件宜延长拆模时间。

三、浇筑

（1）高温施工时，自密实混凝土入模温度不宜超过 35℃；冬期施工时，自密实混凝土入模温度不宜低于 5℃。在降雨、降雪期间，不宜在露天浇筑混凝土。

（2）大体积自密实混凝土入模温度宜控制在 30℃ 以下；混凝土在入模温度基础上的绝热温升值不宜大于 50℃，混凝土的降温速率不宜大于 2.0℃/d。

（3）浇筑自密实混凝土时，应根据浇筑部位的结构特点及混凝土自密实性能选择机具与浇筑方法。

（4）浇筑自密实混凝土时，现场应有专人进行监控，当混凝土自密实性能不能满足要求时，可加入适量的与原配合比相同成分的外加剂，外加剂掺入后搅拌运输车滚筒应快速旋转，外加剂掺量和旋转搅拌时间应通过试验验证。

（5）自密实混凝土泵送施工应符合现行标准的要求。

（6）自密实混凝土泵送和浇筑过程应保持连续性。

（7）大体积自密实混凝土采用整体分层连续浇筑或推移式连续浇筑时，应缩短间歇时间，并应在前层混凝土初凝之前浇筑次层混凝土，同时应减少分层浇筑的次数。

（8）自密实混凝土浇筑最大水平流动距离应根据施工部位具体要求确定，且不宜超过 7m。布料点应根据混凝土自密实性能确定，并通过试验确定混凝土布料点的距离。

（9）柱、墙模板内的混凝土浇筑倾落高度不宜大于 5m，当不能满足规定时，应加设串筒、溜管、溜槽等装置。

（10）浇筑结构复杂、配筋密集的混凝土构件时，可在模板外侧进行辅助敲击。

（11）型钢混凝土结构应均匀对称浇筑。

（12）钢管自密实混凝土结构浇筑应符合下列规定：

① 应按设计要求在钢管适当位置设置排气孔，排气孔孔径宜为 20mm。

② 混凝土最大倾落高度不宜大于 9m，倾落高度大于 9m 时，应采用串筒、溜槽、溜管等辅助装置进行浇筑。

③ 混凝土从管底顶升浇筑时应符合下列规定：应在钢管底部设置进料管，进料管应设止流阀门，止流阀门可在顶升浇筑的混凝土达到终凝后拆除；应合理选择顶升浇筑设备，控制混凝土顶升速度，钢管直径不宜小于泵管直径的 2 倍；浇筑完毕 30min 后，应观察管顶混凝土的回落下沉情况，出现下沉时，应人工补浇管顶混凝土。

（13）自密实混凝土宜避开高温时段浇筑。当水分蒸发速率过快时，应在施工作业面采取挡风、遮阳等措施。

四、养护

（1）制订养护方案时，应综合考虑自密实混凝土性能、现场条件、环境温湿度、构件特点、技术要求、施工操作等因素。

（2）自密实混凝土浇筑完毕，应及时采用覆盖、蓄水、薄膜保湿、喷涂或涂刷养护剂等养护措施，养护时间不得少于 14d。

（3）大体积自密实混凝土养护措施应符合设计要求，对裂缝有严格要求的部位应适当延长养护时间。

（4）对于平面结构构件，混凝土初凝后，应及时采用塑料薄膜覆盖，并应保持塑料薄膜内有凝结水。混凝土强度达到 $1.2N/mm^2$ 后，应覆盖保湿养护，条件许可时宜蓄水养护。

（5）垂直结构构件拆模后，表面宜覆盖保湿养护，也可涂刷养护剂。

（6）冬期施工时，不得向裸露部位的自密实混凝土直接浇水养护，应用保温材料和塑料薄膜进行保温、保湿养护，保温材料的厚度应经热工计算确定。

（7）采用蒸汽养护的预制构件，养护制度应通过试验确定。

第六节 自密实混凝土的应用

自密实混凝土的应用广泛，主要用在以下方面。

一、无法浇捣的地下施工场地

目前，城市地上空间紧张，对于地下土地的利用愈发迫切。而对于一些隧道、矿井、矿洞、薄壁结构等地下工程，使用普通混凝土难以进行振捣，而且经济上耗资过大，人工成本较高。但是自密实混凝土可以很好地依靠其流动性和稳定性解决地下空间的混凝土浇捣问题。

二、大型项目工程和海上建筑工程等复杂配筋建筑

我国对于基建的发展开始面向世界，并领先世界。类似于港珠澳大桥的世界级工程，以及"中国天眼"和即将修建的烟台海底隧道等大型项目。随着大型工程对配筋的要求越来越高、越来越复杂，自密实混凝土的应用领域也越来越多。

三、远距离输送

在 1500m 超远距离的混凝土输送中，保证了输送管道不堵塞，并且在混凝土出厂 7h 以内仍然可以顺利泵送，并且自密实混凝土的性能和效果依然可以达到使用的要求，保证了在建筑施工环境不利的条件下，依然可以解决工程项目上自密实混凝土的供应问题，为建筑施工提供了保障。

乌鲁木齐·宝能城项目（图 4-1）规划用地面积 179711m²，规划建筑面积 170.844m²（其中地上 $1.31414 \times 10^6 m^2$、地下 $3.943 \times 10^5 m^2$），物业形态涵盖精品奢华官邸、50 级写字楼、超五星级酒店、大型体验式 Shopping Mall、风情商业街、服务式精品公寓等。楼体大部分采用自密实混凝土，自密实混凝土可以在自身重力作用下流动密实，即使存在致密钢筋也能完全填充模板，同时还具有改善工作环境和安全性，改善混凝土的表面质量，增加了结构设计的自由度，避免了振捣对模板产生的磨损等优点，大大节约了楼体的建造成本。

除此之外，还有许多工程项目也采用了自密实混凝土，如重庆江北机场 T3A 航站楼钢管柱、轨道交通 9 号线线重庆俊豪 ICFC bc4 桩基和轨道交通 10 号线 3 标段 D 区地下车库桩等。

图 4-1　乌鲁木齐·宝能城项目

课程思政：勇于创新，科技报国

自密实混凝土存在施工质量不可控、易开裂、成本高等技术瓶颈，严重制约了自密实混凝土技术及其应用的发展。为解决现代复杂土木工程结构和高速铁路无砟轨道结构等的建造难题、满足高效低碳建设技术发展的重大需求，由余志武、谢友均、田倩、郑建岚、李化建和龙广成组成的项目组率先在国内开展新型自密实混凝土技术的研究，通过十几年的协同攻关，对新型自密实混凝土的技术原理、设计方法、质量检验评定及专用高性能外加剂等进行了一系列深入的理论和试验研究，发明了具有高稳健性、高抗裂特性的新型自密实混凝土制备方法及应用技术，形成了具有我国自主知识产权的新型自密实混凝土核心技术体系，并得到规模化推广应用。

项目研究成果在铁道工程、建筑工程、水利工程及公路工程等领域的数百个重大工程中得到广泛应用，并首次实现在高速铁路无砟轨道充填层中成功应用，解决了高平顺性高速铁路无砟轨道结构的施工难题，取得直接经济效益4.8亿元，技术经济效果显著，推广应用前景广阔，推动了混凝土工程技术的理论和技术进步，提升了我国土木工程行业科技水平和国际核心竞争力。该项目"新型自密实混凝土设计与制备技术及应用"荣获2013年度国家技术发明二等奖。该成果的成功应用体现了我国科研人员勇于创新和科技报国的大国工匠精神。

思考题：

1. 与普通混凝土相比，将自密实混凝土用于建筑工程中能带来哪些好处？
2. 自密实混凝土选择胶凝材料的原则是什么？
3. 粉煤灰作为自密实混凝土的掺和料，对其质量有哪些要求？
4. 某项目原使用砂的细度模数为2.6，后改用细度模数为1.9的砂。改砂后原混凝土配方不变，发现自密实混凝土坍落度变小，试分析其原因。
5. 某建筑采用自密实混凝土，混凝土设计等级为C40，采用P·Ⅰ 42.5级硅酸盐水泥，表观密度为3.1g/cm³，28d实测强度为56MPa；粉煤灰Ⅰ级，表观密度为2.3g/cm³；中砂细度模数为2.5，表观密度为2.60g/cm³；5～20mm碎石，表观密度为2.5g/cm³，某品牌聚羧酸高效减水剂，减水率为28%。根据工程实际要求及原材料状况，选择配制SF2、PA1、SR1型自密实混凝土。

参考文献

[1] 中华人民共和国住房和城乡建设部. 自密实混凝土应用技术规程：JGJ/T 283—2012 [S]. 北京：中国建筑工业出版社，2012.
[2] 夏永清，李延和，罗憨，等. C35、C40干混自密实混凝土的配合比试验研究 [J]. 2014 (5)：16-19.
[3] 徐俊娟. 自密实混凝土配合比及力学性能研究 [D]. 郑州：郑州大学，2015.
[4] 赵志钦. 自密实混凝土性能及流变研究 [D]. 济南：山东大学，2014.
[5] 刘晓明. 掺和料对自密实混凝土性能影响试验研究 [D]. 昆明：昆明理工大学，2019.
[6] 胡浩然，李冬冬，石熙冉. C40自密实混凝土配合比试验探究 [J]. 科技致富向导，2012 (24)：35.
[7] 吕淼. 自密实混凝土工作性能优化测试方法研究 [D]. 北京：北方工业大学，2019.
[8] 邱月. C50桥用自密实混凝土制备研究 [D]. 秦皇岛：燕山大学，2014.
[9] 王秋芳，赵琦. 自密实混凝土的配制及性能研究进展 [J]. 福建建材，2020 (3)：25-7＋84.
[10] 张应力. 现代混凝土配合比设计手册 [M]. 2版. 北京：人民交通出版社，2013.

[11] 张巨松，李晓．自密实混凝土［M］，哈尔滨：哈尔滨工业大学出版社，2017.

[12] 成玥．浅谈自密实混凝土技术在工程中的应用［C］//中国智慧工程研究会智能学习与创新研究工作委员会．2020万知科学发展论坛论文集（智慧工程二）．中国智慧工程研究会智能学习与创新研究工作委员会：中国智慧工程研究会智能学习与创新研究工作委员会，2020：665-674.

[13] 牛彬杰．自密实混凝土的发展现状及应用［J］．四川建材，2021，47（4）：13-14.

[14] 周忠发，朱忠义，伍炼红，等．乌鲁木齐宝能城超高层钢结构动力弹塑性分析［J］．建筑结构，2016，46（17）：78-83＋98.

第五章 | 轻混凝土

第一节　概　　述

重度小于 $1950kg/m^3$ 的混凝土称作轻混凝土，轻混凝土主要用作保温隔热材料，也可以作为结构材料使用。一般情况下，重度较小的轻混凝土强度也较低，但保温隔热性能较好；重度较大的轻混凝土强度也较高，可以用作结构材料。轻混凝土目前主要有 4 种类型。

（1）轻骨料混凝土

这是一种以重度较小的轻粗骨料、轻砂（或普通砂）、水泥和水配制成的混凝土。制成的轻骨料混凝土重度为 $700\sim1950kg/m^3$，强度可达 $5\sim50MPa$。

（2）多孔混凝土

该混凝土是在混凝土砂浆或净浆中引入大量气泡而制得的混凝土。根据引气的方法不同，又分为加气混凝土和泡沫混凝土两种。多孔混凝土的干重度为 $300\sim800kg/m^3$，是轻混凝土中重度最小的混凝土。但由于其强度也较低，一般干态强度为 $5.0\sim7.0MPa$，主要用于墙体或屋面的保温。

（3）轻骨料多孔混凝土

这是在轻骨料混凝土和多孔混凝土基础上发展起来的轻混凝土，即在多孔混凝土中掺加一定比例的轻骨料，该混凝土干重度在 $950\sim1000kg/m^3$ 时，强度可达 $7.5\sim10.0MPa$。

（4）大孔混凝土（或无砂大孔混凝土）

这是一种由粒径相近的粗骨料、水泥和水为原料配制成的混凝土。由于粗骨料粒径相近而又无细骨料（砂），或仅有很少细骨料对粗骨料之间形成的空隙进行填充，适当控制水泥浆的数量使其只对粗骨料起黏结作用而无多余的水泥浆填充空隙，使混凝土内部形成很多大孔，从而降低重度，增加保温隔热性能。无砂大孔混凝土根据所用的骨料是轻骨料还是普通骨料，重度可在 $1000\sim1950kg/m^3$ 之间，强度一般为 $5.0\sim15.0MPa$。

第二节　轻骨料混凝土

一、轻骨料混凝土的分类

（1）轻骨料混凝土按其用途，可分为 3 大类，见表 5-1。

表 5-1　轻骨料混凝土按用途分类

类别	混凝土强度等级合理范围	混凝土密度等级合理范围/（kg·m⁻³）	用途
保温轻骨料混凝土	LC5.0	≤800	用于围护结构或热工构筑物保温
结构保温轻骨料混凝土	LC5.0	800~1400	用于既承重又需保温的围护结构
	LC7.5		
	LC10		
	LC15		
结构轻骨料混凝土	LC15	1400~1900	用于承重构件或构筑物
	LC20		
	LC25		
	LC30		
	LC35		
	LC40		
	LC45		
	LC50		
	LC55		
	LC60		

注："LC"为轻混凝土强度等级代号。

（2）根据粗骨料的种类，又可以把轻骨料混凝土分成以下几种：

① 工业废料轻骨料混凝土，如粉煤灰陶粒混凝土，自燃煤矸石混凝土等；

② 天然轻骨料混凝土，如浮石混凝土，火山渣混凝土等；

③ 人造轻骨料混凝土，如黏土陶粒混凝土，页岩陶粒混凝土等。

（3）按轻骨料混凝土中的细骨料是否用轻骨料还可分为以下几种：

① 全轻骨料混凝土（简称全轻混凝土），即粗细骨料全部是用轻骨料；

② 砂轻骨料混凝土（简称砂轻混凝土），即粗骨料为轻骨料，而细骨料为普通砂；

③ 无砂轻骨料混凝土，只含轻粗骨料不含轻细骨料的轻骨料混凝土。

二、轻骨料混凝土的原料组成

（一）水泥

轻骨料混凝土本身对水泥无特殊要求。选择水泥品种和水泥的强度等级仍要根据混凝土强度、耐久性的要求。由于轻骨料混凝土的强度可以在一个很大的范围内（5~50MPa），一般不宜用高强度等级的水泥配制低强度等级的轻骨料混凝土，以免影响混凝土拌和物的和易性。一般情况下，如果轻骨料混凝土的强度为 $f_{cu,L}$，水泥强度为 f_{ce}，则：

$$f_{ce}=1.2~1.8f_{cu,L} \tag{5-1}$$

如因各种原因限制，必须用高强度等级的水泥配低强度等级的轻骨料混凝土，可以通过掺加粉煤灰来调节。

（二）轻骨料

凡堆积密度小于或等于 $1200kg/m^3$ 的人工或天然多孔材料，具有一定力学强度且可以用作混凝土的骨料都称之为轻骨料。

1. 轻骨料的分类

（1）按粒径分类

① 粒径大于或等于 4.75mm，堆积密度小于或等于 $1000kg/m^3$ 的轻骨料为轻粗骨料。

② 粒径小于 4.75mm，堆积密度小于或等于 $1200kg/m^3$ 的轻骨料为轻细骨料（也称轻砂）。

（2）按骨料来源分类

① 天然轻骨料，主要有浮石（一种火山爆发岩浆喷出后，由于气体作用发生膨胀冷却后形成的多孔岩石），经破碎成一定粒度即可作为轻质骨料。

② 人造轻骨料，主要有陶粒和膨胀珍珠岩等。

陶粒是一种由黏土质材料（如黏土、页岩、粉煤灰、煤矸石）经破碎、粉磨等工序制成生料，然后加适量水成球，经 1100℃ 煅烧而形成具有陶瓷性能的多孔球粒，粒径一般为 $d=2\sim20mm$，其中 $d<4.75mm$ 可称为陶砂，$d\geqslant4.75mm$ 称陶粒。

膨胀珍珠岩是由天然珍珠岩矿经加热膨胀而成的多孔材料。密度很小，仅 $200\sim300kg/m^3$，是一种优良的保温隔热材料，但强度较低，用作骨料时不能用于配制结构用轻质混凝土。

③ 工业废渣轻骨料，主要有矿渣、膨胀矿渣珠、自燃煤矸石等。

2. 轻骨料的技术要求

（1）结构表面特征及颗粒形状

轻骨料的结构应符合两个基本要求：一是要多孔；二是要有一定的强度。多孔才能使轻骨料密度小，有一定的强度才能作为混凝土骨料抵抗荷载。

表面特征指轻骨料表面的粗糙程度和开口孔隙的多少。表面粗糙，有利于硬化水泥浆体与骨料界面的物理黏结；开口孔多，会增加轻骨料的吸水率，且可能消耗更多的水泥浆，但开口孔隙从砂浆中吸取水分后又能提高骨料界面的黏结力，降低骨料下缘聚集的水分量，使轻骨料混凝土的抗冻性和抗渗性及强度都得到一定的改善。

轻骨料的颗粒形状主要有球形和碎石形。从轻骨料受力的角度和对混凝土拌和物和易性的影响比较，球形颗粒较好。但从与水泥浆体黏结力的角度看，碎石形较球形好。另外，在拌制混凝土时，由于骨料较轻，容易上浮，其中球形比碎石形更易上浮，其原因是碎石形表面棱角较多，颗粒之间的内摩擦力较大而又易互相牵制。

在选择轻骨料时可根据工程要求和轻骨料上述特征进行选择。黏土陶粒、粉煤灰陶粒主要形状为球形，表面粗糙度低，开口孔隙少。而浮石、烧煤矸石矿渣为碎石形，表面粗糙度高，开口孔隙也较多。

（2）颗粒级配及最大粒径

和普通混凝土一样，轻骨料的级配和最大粒径同样对混凝土的强度等一系列性能有重要影响。轻粗骨料级配是用标准筛的筛余值控制的，而且用途不同，级配要求也不同，同时还要控制最大粒径。级配要求及最大粒径要求见表5-2。

表 5-2 轻粗骨料级配及最大粒径要求

用途	不同筛孔累计筛余/%						最大粒径 (d_{max}) /mm	$\geqslant 2d_{max}$ /mm
	5mm	10mm	15mm	20mm	25mm	30mm		
保温用（含结构保温）	≥90	—	30～70	—	—	≤10	≤30	不允许
结构用	≥90	30～70	—	≤10	—	—	≤20	不允许

除表 5-2 所要求的级配和最大粒径外，对于自然级配的粗骨料，其孔隙率应小于或等于 50%。

"轻砂"主要指粒径小于 4.75mm 的轻骨料。主要有陶粒砂和矿渣粒等，要求其细度模数应小于 3.7。轻砂的颗粒级配见表 5-3。

表 5-3 轻砂颗粒级配

品种名称	等级划分	细度模数 M_x	不同筛孔累计筛余百分率/%			
			10.0mm	5.00mm	0.63mm	0.16mm
粉煤灰陶砂	不划分	≤3.7	0	≤10	25～65	≤75
黏土陶砂	不划分	≤4.0	0	≤10	40～80	≤90
页岩陶砂	不划分	≤4.0	0	≤10	40～80	≤90
天然轻砂	粗砂	3.7～3.1	0	0～10	50～80	>90
	中砂	3.0～2.2	0	0～10	30～70	>80
	细砂	2.2～1.6	0	0～5	15～60	>70

（3）堆积密度

堆积密度也称松堆密度，是指轻骨料以一定高度自由落下、装满单位体积的质量。

堆积密度与轻骨料的表观密度、粒径、粒型、颗粒级配有关，同时还与骨料的含水率有关。一般情况下，轻骨料的堆积密度约为表观密度的 1/2。

为应用方便，GB/T 17431.1—2010《轻骨料及其试验方法 第 1 部分：轻骨料》中将轻骨料分成 11 个密度等级，具体见表 5-4。

表 5-4 轻骨料密度等级

轻骨料种类	密度等级		堆积密度范围/（kg/m³）
	轻粗骨料	轻细骨料	
人造轻骨料 天然轻骨料 工业废渣轻骨料	200	—	>100，≤200
	300	—	>200，≤300
	400	—	>300，≤400
	500	500	>400，≤500
	600	600	>500，≤600
	700	700	>600，≤700
	800	800	>700，≤800
	900	900	>800，≤900
	1000	1000	>900，≤1000
	1100	1100	>1000，≤1100
	1200	1200	>1100，≤1200

（4）强度及强度等级

轻骨料的强度不是以单位强度来表征，而是以筒压强度和强度标号来衡量轻骨料的强度。

① 轻骨料的筒压强度

测定筒压强度的装置如图 5-1 所示。

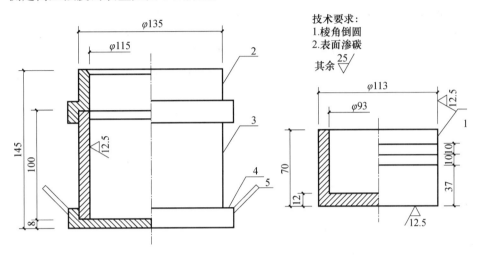

图 5-1 测定轻骨料筒压强度的承压筒

1—冲压模；2—导向筒；3—筒体；4—筒底；5—把手

该装置包括一个规格为 ϕ115mm×100mm 的带底钢筒和一个规格为 ϕ113mm×70mm 的钢制压头。测定时筛取 10～20mm 公称粒级（粉煤灰陶粒允许按 10～15mm 公称粒级；超轻陶粒按 5～10mm 或 5～20mm 公称粒级）的轻粗骨料 5L，其中 10～15mm 公称粒级的试样的体积含量应占 50%～70%。将骨料放入干燥箱内干燥至恒量，用带筒底的承压筒装试样至高出筒口，放在混凝土试验振动台上振动 3s，再装试样至高出筒口，放在振动台上振动 5s，齐筒口刮（或补）平试样。装上导向筒和冲压模，使冲压模的下刻度线与导向筒的上缘对齐。把承压筒放在压力机的下压板上，对准压板中心，以 300～500N/s 的速度匀速加荷。当冲压模压入深度为 20mm 时读取抗压试验机的压力值 P（单位为 N），压头截面积为 A（单位为 mm²），则筒压强度为：

$$f_a = \frac{p_1 + p_2}{A} \tag{5-2}$$

式中，p_1 和 p_2 分别为压入深度为 20mm 时的压力值和冲压模的质量，单位均为牛顿（N）。

由于压头截面积 $A = \frac{1}{4}\pi \times 113^2 \approx 10^4 \text{mm}^2$，

所以

$$f_a = (p_1 + p_2) \times 10^{-4} \text{MPa}$$

筒压强度与轻骨料的堆积密度有密切关系，经试验研究，筒压强度与堆积密度的关系式为：

$$f_a = 0.48\rho'_1 \ (\text{MPa}) \tag{5-3}$$

式中，ρ'_1 为轻骨料的堆积密度（kg·m⁻³）。

② 轻骨料的强度标号

筒压强度反映了轻骨料颗粒总体的强度水平。配制成轻骨料混凝土后，由于骨料界面黏结及其他各种因素，轻骨料粒与硬化水泥浆体一起承受荷载时的强度与筒压强度有较大的差别。为此常用轻骨料的合理强度来反映轻骨料的强度性能。

可以通过轻骨料混凝土受荷载时的破坏特征来说明轻骨料合理强度的物理意义。

在轻骨料受荷载破坏时，其破坏特征与普通混凝土不同，对于普通混凝土，一般骨料强度大于水泥硬化浆体（水泥石）的强度。混凝土的破坏首先是水泥石与骨料界面处破坏，而后水泥石破坏，骨料有缺陷或水泥石强度接近骨料强度会使骨料也随之破坏，因此，普通混凝土的强度可近似地认为与水泥石强度相等。其关系如图 5-2 中的直线 OA 所示。

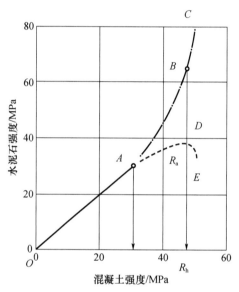

图 5-2　混凝土强度与水泥石强度的关系
R_a—骨料强度；R_b—混凝土合理强度

对于轻骨料混凝土，由于骨料本身的强度往往较低，混凝土在受荷载破坏时可能会出现以下几种情况。

当混凝土强度较低时，有可能水泥石的强度低于轻骨料的强度。这与普通混凝土类似，混凝土的强度决定于水泥石的强度，混凝土的强度与水泥石强度的关系如图 5-2 中直线 OA 所示。

当混凝土的强度超过 A 点相应的强度时，水泥石的强度增加，而轻骨料强度与水泥石的强度接近或稍低，混凝土受到压力荷载时，由于水泥石的弹性模量大于轻骨料的弹性模量，水泥石破坏前对轻骨料起到了保护作用。只有当水泥石破坏裂纹达到轻骨料表面并对骨料产生压应力时，骨料才开始破坏，并使整个混凝土结构破坏。此时水泥石强度与混凝土强度关系为图 5-2 中曲线 ADE 所示。

当混凝土的强度达到或超过 B 点时，早在荷载达到混凝土强度前一部分骨料就先已破裂。在这种情况下，水泥石的强度实际上比混凝土强度高得多，骨料没有起到实际作用。

根据混凝土强度和相应的水泥石强度，可以计算求得混凝土破坏瞬间骨料所承担的应力值（如图 5-2 中曲线 ADE 所示，D 点值即骨料在混凝土中承受的应力值）。由于此值接近于水泥石的强度，所以称为骨料的有效强度。与 R_a 相对应的混凝土强度 R_h 即为混凝土的合理强度，并以此值作为轻骨料的强度等级。

轻粗骨料的筒压强度与强度等级及密度的关系见表 5-5。

表 5-5 轻粗骨料的密度、筒压强度及强度等级的关系

密度等级	筒压强度（f_a）/MPa		强度等级（f_{ak}）/MPa	
	碎石形	普通和圆球形	普通形	圆球形
300	0.2/0.3	0.3	3.5	3.5
400	0.4/0.5	0.5	5.0	5.0
500	0.6/1.0	1.0	7.5	7.5
600	0.8/1.5	2.0	10	15
700	1.0/2.0	3.0	15	20
800	1.2/2.5	4.0	20	25
900	1.5/3.0	5.0	25	30
1000	1.8/4.0	6.5	30	40

注：碎石形天然轻骨料取斜线之左值；其他碎石形轻骨料取斜线之右值。

（5）轻骨料的吸水率与软化系数

轻骨料的孔隙率很高，因此吸水率比普通骨料大得多。不同轻骨料由于孔隙率及孔特征差别，吸水率也往往相差较多。

由于轻骨料的吸水率会影响混凝土拌和物的水灰比、工作性和硬化后的强度，所以必须控制。

软化系数 K 则反映了材料在水中浸泡后抵抗溶蚀的能力。K 可以由式（5-4）计算。

$$K = \frac{f_w}{f_g} \tag{5-4}$$

式中，f_w 为饱和吸水后的强度；f_g 为干燥时的强度。

不同品种轻骨料的吸水率与软化系数要求见表 5-6。

表 5-6 不同品种轻骨料要求的吸水率和软化系数

轻骨料品种	堆积密度等级	吸水率/%	软化系数（K）
粉煤灰陶粒	700～900	≤22	≥0.80
黏土陶粒	400～900	≤10	≥0.80
页岩陶粒	400～900	≤10	≥0.80
天然轻骨料	400～1000	不规定	≥0.70

（三）掺和料

为改善轻骨料混凝土拌和物的工作性，调节水泥强度等级，配制混凝土时可以掺入一些具有一定火山灰活性的掺和料，如粉煤灰、矿渣粉等。其中粉煤灰最常用，效果也较好。

（四）拌和水

轻骨料混凝土对拌和水的要求与普通混凝土相同。

（五）外加剂

在必要时，配制轻骨料混凝土可以掺加减水剂、早强剂及抗冻剂等各种外加剂。

三、轻骨料混凝土的性能

（一）力学性能

1. 强度和强度等级

和普通混凝土一样，轻骨料混凝土的强度等级也是以 150mm×150mm×150mm 立方体 28d 抗压强度标准值作为数值标准的，而且与普通混凝土对应，划分有 LC5，LC7.5，LC10，LC15，LC20，LC25，LC30，LC35，LC40，LC45，LC50，LC55，LC60 13 个等级，"L"为英语 Light 的第一个字母。

不同强度等级的轻骨料混凝土与轴心抗压强度、弯曲抗压强度、轴心抗拉强度及抗剪强度的关系见表 5-7。

表 5-7　轻骨料混凝土各种强度之间的关系

强度种类		轴心抗压强度 (f_{ck}) /MPa	弯曲抗压强度 (f_{cnk}) /MPa	轴心抗拉强度 (f_{tk}) /MPa	抗剪强度 (f_{vk}) /MPa
混凝土强度等级	LC5	3.4	3.7	0.55	0.68
	LC7.5	5.0	5.5	0.75	0.88
	LC10	6.7	7.5	0.90	1.08
	LC15	10.0	11.0	1.20	1.47
	LC20	13.5	15.0	1.50	1.32
	LC25	17.0	18.5	1.75	2.14
	LC30	20.0	22.0	2.00	2.44
	LC35	23.5	26.0	2.25	2.74
	LC40	27.0	29.5	2.45	2.83
	LC45	29.5	32.5	2.60	3.06
	LC50	32.0	35.0	2.75	3.31

轻骨料混凝土强度增长规律与普通混凝土相似，但又有所不同。当轻骨料混凝土强度较低时（强度等级小于或等于 LC15），强度增长规律与普通混凝土相似。而强度越高，早期强度与用同种水泥配比的同标号普通混凝土相比也更高。例如，LC30 的轻骨料混凝土的 7d 抗压强度即可达到 28d 抗压强度的 80% 以上。

2. 密度和密度等级

轻骨料混凝土按干表观密度可分为 14 个等级（表 5-8）。某一密度等级的轻骨料混凝土密度标准值可取该密度等级干表观密度范围内的上限值。

表 5-8 轻骨料混凝土密度等级

密度等级	干表观密度的变化范围/（kg/m³）	密度等级	干表观密度的变化范围/（kg/m³）
600	660～750	1300	1260～1350
700	760～850	1400	1360～1450
800	760～850	1500	1460～1550
900	860～950	1600	1560～1650
1000	960～1050	1700	1660～1750
1100	1060～1150	1800	1760～1850
1200	1160～1250	1900	1860～1950

（二）变形性能

1. 弹性模量

混凝土的弹性模量大小决定于混凝土的骨料和硬化水泥浆体的弹性模量及胶集比。由于轻骨料的弹性模量比砂石低，所以轻骨料混凝土的弹性模量普遍比普通混凝土低。根据轻骨料的种类、轻骨料混凝土强度及轻骨料在混凝土中的配比不同，一般比普通混凝土低 25%～65%。而且强度越低，弹性模量比普通混凝土低得越多。另外轻骨料的密度越小，弹性模量也越小。

轻骨料混凝土的弹性模量可由式（5-5）计算

$$E_L = 0.62 \rho'_s \sqrt{10 f_{cu}} \qquad (5-5)$$

式中，E_L 为轻骨料混凝土的弹性模量（MPa）；ρ'_s 为轻骨料的堆积密度（kg/m³）；f_{cu} 为轻骨料混凝土的强度（MPa）。

表 5-9 列出了黏土陶粒及粉煤灰陶粒配制的轻骨料混凝土弹性模量与强度等级及密度等级的关系。

表 5-9 轻骨料混凝土的弹性模量/×10² MPa

强度等级	密度											
	800	900	1000	1100	1200	1300	1400	1500	1600	1700	1800	1900
LC5	34	38	42	46	50	54	58	62	—	—	—	—
LC7.5	42	47	52	57	62	67	72	77	82	—	—	—
LC10	—	—	60	66	72	78	84	90	96	102		
LC15	—	—	—	—	88	59	102	109	116	123	130	—
LC20	—	—	—	—	—	119	127	135	143	151	159	
LC25	—	—	—	—	—	—	142	151	160	169	178	
LC30	—	—	—	—	—	—	—	165	175	185	196	
LC35	—	—	—	—	—	—	—	—	180	190	200	
LC40	—	—	—	—	—	—	—	—	185	195	205	
LC45	—	—	—	—	—	—	—	—	—	200	210	
LC50	—	—	—	—	—	—	—	—	—	205	215	

注：用膨胀矿渣珠或自燃煤矸石作粗骨料的混凝土，其弹性模量值可比表列数值提高 20%。

2. 徐变

对混凝土徐变的影响因素与对弹性模量的影响因素基本相似。一般说，弹性模量较大的混凝土，相应的徐变较小，所以轻混凝土徐变比普通混凝土大。据试验测定，LC20～LC40 的轻骨料混凝土的徐变值比 C20～C40 的普通混凝土大 15%～40%。

轻骨料的含水率对混凝土收缩随时间发展的特性影响很大。由于轻骨料"蓄水池"作用，高含水率的轻骨料混凝土早期收缩小于普通混凝土，但最终收缩大于普通混凝土；低含水率轻骨料混凝土的收缩始终大于普通混凝土。轻骨料"蓄水池"作用对轻骨料混凝土徐变作用影响很小，轻骨料混凝土的徐变系数小于普通混凝土，但由于轻骨料混凝土的弹性模量较小，徐变值大于普通混凝土。

与普通混凝土类似，轻骨料混凝土的徐变终值也在 2～5 年内即可以达到。

3. 收缩变形

轻骨料混凝土收缩变形大于同标号的普通混凝土，其原因与徐变类似。其中最主要的原因是轻骨料混凝土中水泥用量较大，产生的化学收缩也较大。另外，轻骨料混凝土干燥收缩值也较普通混凝土大。在干燥条件下，轻骨料混凝土的最终收缩值为 0.4～1mm/m，为同强度等级普通混凝土的 1～5 倍。

试验还发现，全轻混凝土的收缩略高于砂轻混凝土，而砂轻混凝土的收缩又高于无砂轻骨料混凝土。

4. 温度变形

由于轻骨料的弹性模量比砂石小，所以轻骨料对水泥硬化浆体温度变形的约束力也比砂石小。按此推测，轻骨料混凝土的温度变形应该比普通混凝土大。另外，轻骨料本身的温度变形又小于砂、石，这就导致了轻骨料混凝土的温度变形与同强度等级普通混凝土相差无几。例如，黏土陶粒混凝土的线膨胀系数为 $7 \times 10^{-6}/K$，而普通混凝土的线膨胀系数为 6×10^{-6}～$9 \times 10^{-6}/K$。

（三）热物理性能

由于轻骨料混凝土常被用作保温隔热材料，因此，其热物理性能是很重要的性能，轻骨料混凝土的热物理性能主要有以下几方面。

1. 热导率 λ

是反映材料热传导能力的一个参数，一般用干燥状态下轻骨料混凝土平均热导率 $\overline{\lambda_d}$ 来表示。

$$\overline{\lambda_d} = 0.0843e^{0.00128} \cdot \rho_s^0 \tag{5-6}$$

式中，$\overline{\lambda_d}$ 为轻骨料混凝土的平均热导率 [W/（m·K）]；ρ_s^0 为轻骨料混凝土的表观密度（kg/m^3）。

2. 蓄热系数 S

是反映材料蓄热能力的技术参数，轻骨料混凝土蓄热系数可按式（5-7）计算。

$$S = \sqrt{\overline{\lambda_d} \times c \times \rho_s^0 \times 2\pi/T} \tag{5-7}$$

式中，S 为轻骨料混凝土的蓄热系数 [W/（m·K）]；$\overline{\lambda_d}$ 为轻骨料混凝土的平均热导率 [W/（m·K）]；c 为比热容 [kJ/（kg·K）]；一般用干燥状态下的比热容，如已知含水状态的比热容 C_w，干燥时轻骨料混凝土的比热容为 C_d，则：

$$C_d = \frac{C_w}{\delta_c \times w} \tag{5-8}$$

式中，δ_c 为质量含水率增加 1% 时比热容的增加值，一般情况下，全轻混凝土取 0.027，砂轻混凝土取 0.029。

3. 导温系数 α

是表示材料在冷却加热过程中各点达到相同温度所需要的时间，是衡量材料传递热量快慢的一个指标，可由式（5-8）求得。

$$\alpha = \lambda / C\rho_s^0 \tag{5-9}$$

式中，α 为材料导温系数（m^2/h）；C 为材料的比热容 $[kJ/(kg \cdot K)]$；ρ_s^0 为材料的表观密度（kg/m^3）。

由于轻骨料混凝土往往作为保温隔热材料，因此，上述热物理性能在实际应用中有十分重要的意义。研究表明，影响轻骨料热物理性能的主要因素是轻骨料混凝土的组成材料的化学成分、结构和含水状况。轻骨料混凝土中水泥硬化浆体的组成及结构相差不大，主要差别是轻骨料的组成、结构及轻骨料在混凝土中的比例。一般来说，轻骨料混凝土在干燥条件下和在平衡含水率条件下的各种热物理系数计算值应满足表 5-10 的要求。

表 5-10　轻骨料混凝土的热物理系数

密度等级	热导率 / $[W/(m \cdot K)]$		比热容 / $[kJ/(kg \cdot K)]$		导温系数 / (m^2/h)		蓄热系数 / $[W/(m^2 \cdot K)]$	
	λ_d	λ_c	C_d	C_c	α_d	α_c	S_{d24}	S_{c24}
800	0.23	0.30			1.25	1.38	3.37	4.17
900	0.26	0.33	0.84	0.92	1.22	1.33	3.73	4.55
1000	0.28	0.36	0.84	0.92	1.20	1.37	4.10	5.13
1100	0.31	0.41	0.84	0.92	1.23	1.36	4.57	5.62
1200	0.36	0.47	0.84	0.92	1.29	1.43	5.12	6.28
1300	0.42	0.52	0.84	0.92	1.38	1.48	5.73	6.93
1400	0.49	0.59	0.84	0.92	1.50	1.56	6.43	7.65
1500	0.57	0.67	0.84	0.92	1.63	1.66	7.19	8.44
1600	0.66	0.77	0.84	0.92	1.78	1.77	8.01	9.30
1700	0.76	0.87	0.84	0.92	1.91	1.89	8.81	10.20
1800	0.87	1.01	0.84	0.92	2.08	2.07	9.74	11.30
1900	1.01	1.15	—	—	2.26	2.23	10.70	12.40

注：1. 轻骨料混凝土的体积平衡含水率取 6%。
　　2. 膨胀矿渣珠混凝土的热导率可比表列数值降低 25% 取用或通过试验确定。

（四）抗冻性

轻骨料混凝土的抗冻性应满足表 5-11 的要求。

表 5-11　轻骨料混凝土的抗冻性要求

使用条件	抗冻标号	使用条件	抗冻标号
非采暖地区	F15	潮湿或相对湿度大于 60%	F35
采暖地区	—	水位变化的部分	F50
干燥或相对湿度小于 60%	F25		

注：非采暖地区是指最冷月份的平均气温高于−5℃的地区。

（五）抗碳化性

轻骨料混凝土的抗碳性是通过快速碳化试验方法来检验的，其 28d 碳化深度应符合表 5-12 的要求。

表 5-12　轻骨料混凝土碳化技术指标

等级	使用条件	碳化深度值（mm）	等级	使用条件	碳化深度值（mm）
1	正常湿度，室内	≤40	3	潮湿，室外	≤30
2	正常湿度，室外	≤35	4	干湿交替	≤25

注：1. 正常湿度系指相对湿度为 55%～65%。
　　2. 潮湿系指相对湿度为 65%～80%。
　　3. 碳化深度值相当于在正常大气条件下 [CO_2 的体积浓度为 0.03%、温度为（20±3）℃环境条件下] 自然碳化 50 年轻骨料混凝土的碳化深度。

四、轻骨料混凝土的配合比设计

轻骨料混凝土的配合比设计主要应满足抗压强度、密度和稠度的要求，并以合理使用材料和节约水泥为原则。必要时应符合对混凝土性能（如弹性模量、碳化和抗冻性等）的特殊要求。

由于轻骨料品种多，性能差异大，强度往往低于普通混凝土所使用的砂、石等骨料，所以配合比设计不能完全与普通混凝土一样。例如，其强度已不完全符合普通混凝土的强度公式，水泥用量及水量的确定也与普通混凝土不同。虽然其配合比的设计步骤可以参考普通混凝土，但很多参数的选择仍根据经验选择。

（一）确定试配强度

$$f_{cu,0} \geqslant f_{cu,k} + 1.645\sigma_0 \qquad (5-10)$$

式中，$f_{cu,0}$ 为试配强度；$f_{cu,k}$ 为轻骨料混凝土的设计强度等级；σ_0 为轻骨料混凝土的总体标准差。

混凝土强度标准差应根据同品种、同强度等级轻骨料混凝土统计资料计算确定。计算时，强度试件组数不应少于 25 组。

当无统计资料时，强度标准差可按表 5-13 取值。

表 5-13　轻骨料混凝土总体标准差 σ_0 取值表

强度等级	低于 LC20	LC20～LC35	高于 LC35
σ_0	4.0	5.0	6.0

如施工单位有轻骨料混凝土施工历史记录的 σ_0 值，可按历史记录的 σ_0 取值。

（二）确定水泥强度等级、品种及用量 C

轻骨料混凝土水泥用量主要与混凝土的强度及密度有关，表 5-14 列出了 $1m^3$ 轻骨料混凝土所需的水泥量与混凝土强度等级及密度等级的关系。

表 5-14 轻骨料混凝土水泥用量选取参考表（kg/m³）

混凝土试配强度（MPa）	轻骨料密度等级						
	400	500	600	700	800	900	1000
<5.0	260～320	250～300	230～280				
5.0～7.5	280～360	260～340	240～320	220～300			
7.5～10		280～370	260～350	240～320			
10～15			280～370	260～350	240～330		
15～20			300～400	280～380	270～370	260～360	250～350
20～25				330～400	320～390	310～380	300～370
25～30				380～450	370～440	360～430	350～420
30～40				420～500	390～490	380～480	370～470
40～50					430～530	420～520	410～510
50～60					450～550	440～540	430～530

应注意，表 5-14 中混凝土等级<LC30 时，所用的水泥强度等级为 32.5MPa，大于或等于 LC30 时所用水泥强度等级为 42.5MPa。另外，表 5-14 中水泥用量的下限值适用于球形颗粒，上限适用于碎石形颗粒（如浮石）及全轻混凝土。考虑到混凝土的变形，最高水泥用量不大于 550kg/m³。

（三）确定拌和水用量 W_0

轻骨料混凝土配合比中的水灰比应以净水灰比表示。配置全轻混凝土时，可采用总水灰比表示，但应加以说明。

轻骨料混凝土最大水灰比和最小水泥用量的限值应符合表 5-15 的规定。

表 5-15 轻骨料混凝土的最大水灰比和最小水泥用量

混凝土所处的环境条件	最大水灰比	最小水泥用量/（kg/m³）	
		配筋混凝土	素混凝土
不受风雪影响的混凝土	不做规定	270	250
受风雪影响的露天混凝土；位于水中及水位升降范围内的混凝土和潮湿环境中的混凝土	0.50	325	300
寒冷地区位于水位升降范围内的混凝土和受水压或除冰盐作用的混凝土	0.45	375	350
严寒和寒冷地区位于水位升降范围内和受硫酸盐、除冰盐等腐蚀的混凝土	0.40	400	375

注：1. 严寒地区指最寒冷月份的月平均温度低于 −15℃ 的地区，寒冷地区指最寒冷月份的月平均温度处于 −5～ −15℃ 的地区。

2. 水泥用量不包括掺和料。

3. 寒冷和严寒地区用的轻骨料混凝土应掺入引气剂，其含气量宜为 5%～8%。

轻骨料混凝土的净用水量根据施工要求的和易性（维勃稠度或坍落度）确定，可参照表 5-16 选取。

表 5-16　轻骨料混凝土净水用量参照表

混凝土用途		和易性		净用水量/（kg/m³）
		维勃稠度/s	坍落度/mm	
预制混凝土构件及制品	（1）振动加压成型	10～20	—	45～140
	（2）振动台成型	5～10	0～10	140～180
	（3）振动棒或平板振动器振实	—	30～80	165～215
现浇混凝土	（1）机械振捣	—	50～100	180～210
	（2）人工振捣（或钢筋较密）	—	≥80	200～230

注：1. 表中值适用于圆球形和普通型粗骨料，对碎石形轻粗骨料，宜增加 10kg 左右的用水量。
　　2. 掺用外加剂时，宜按其减水率适当减少用水量，并按施工稠度要求进行调整。
　　3. 表中值适用于砂轻混凝土，若采用轻砂时，宜取轻砂 1h 吸水率为附加水量；若无轻砂吸水率数据时，可适当增加用水量，并按施工稠度要求进行调整。

选取时应注意表中"净水用量"是未考虑轻骨料吸水的用量。对于球形和普通型轻骨料（如黏土陶粒、煤灰陶粒等），由于吸水率相对较低，所以"净水量"即可以作为拌和水用量；而对于碎石形轻骨料，相对吸水率较高，一般应在净水用量的基础上增加 10kg/m³。另外，本表净水用量仅适用于粗骨料为轻骨料，细骨料为普通砂的"砂轻混凝土"。如果细骨料也为轻骨料，应在净水用量的基础上附加轻砂 1h 所吸的水量，粗骨料是否预湿也影响混凝土的实际用水量。综上所述，可参照表 5-17 计算附加用水量。

表 5-17　附加吸水量计算参照表

项目	附加水量 W_a
粗骨料预湿，细骨料为普砂	$W_a = 0$
粗骨料不预湿，细骨料为普砂	$W_a = G \cdot g$
粗骨料预湿，细骨料为轻砂	$W_a = S \cdot g_a$
粗骨料不预湿，细骨料为轻砂	$W_a = G \cdot g + S \cdot g_a$

注：1. 表中 g_a 为轻细骨料 1h 吸水率，g 为粗骨料 1h 吸水率。
　　2. G、S 分别为粗、细骨料的掺加量。
　　3. 当轻骨料含水时，应从附加水量中扣除自然含水量。

需强调的是，通过表 5-16、表 5-17 求得的总用水量仍然是建立在经验基础之上，由于轻骨料品种多、吸水情况复杂，最后实际用水量仍应通过试配调整求得。

（四）轻骨料品种的选择

轻骨料品种的选择应根据轻骨料混凝土要求的强度等级、密度等级来确定。

表 5-18 列出了我国生产的各种轻骨料可能达到的轻混凝土各种性能指标，在选择骨料时可作为参考。

表 5-18 各种轻骨料可能达到的混凝土强度及密度指标

粗骨料			细骨料		混凝土可能达到的指标	
品种	堆积密度 / (kg/m³)	筒压强度 / (N/mm²)	品种	堆积密度 / (kg/m³)	密度 / (N/mm²)	强度等级
浮石	400	1.0	轻砂	<250	800~1000	LC7.5
	400	1.0	普通砂	1450	1200~1400	LC10~LC15
渣	800	2.0	轻砂	<250	1000~1200	LC7.5~LC10
	800	2.0	普通砂	1450	1600~1800	LC10~LC20

（五）砂率的确定

由于轻骨料的堆积密度相差很大，且有"全轻"和"砂轻"之分，故砂率用密实状态的"体积砂率"。砂率选择可参见表 5-19。当采用松散体积法设计配合比时，表中数值为松散体积砂率；当采用绝对体积法设计配合比时，表中数值为绝对体积砂率。

表 5-19 轻骨料混凝土的砂率

用途	细骨料类型	体积砂率/%
预制构件用	轻砂	35~50
	普通砂	30~40
现浇混凝土用	轻砂	—
	普通砂	35~45

注：1. 当细骨料采用轻砂和普通砂一起混合使用时宜取中间值，并按轻砂与普通砂的混合比进行插入计算。
2. 采用圆球形轻粗骨料时，宜取表中下限值；采用碎石形时，则取上限。

当采用松散体积法设计配合比时，粗细骨料松散状态的总体积可按表 5-20 选用。

表 5-20 粗细骨料总体积

轻粗骨料粒形	细骨料品种	粗细骨料总体积/m³
圆球形	轻砂	1.25~1.50
	普通砂	1.10~1.40
普通型	轻砂	1.30~1.60
	普通砂	1.10~1.50
碎石形	轻砂	1.35~1.65
	普通砂	1.10~1.60

（六）计算轻细骨料或砂的用量

按式 (5-11) 计算细骨料或砂的用量 S_0。

$$S_0 = \left[1 - \left(\frac{C_0}{\rho_C} + \frac{W_0}{\rho_W} \right) \right] \cdot \rho_P \cdot \rho_S \tag{5-11}$$

式中，S_0 为 1m³ 轻骨料混凝土中细骨料或砂子的用量（kg）；C_0 为 1m³ 混凝土水泥用量（kg）；W_0 为 1m³ 混凝土净水用量（kg）；ρ_C 为水泥的密度（kg/m³）；ρ_W 为水的密度一般取 1000kg/m³；ρ_S 为细骨料或砂的密度（kg/m³），如采用轻砂时 ρ_S 为轻砂的表观密度，如采用普通砂时 ρ_S 取 2600kg/m³；ρ_P 为体积砂率（密实状态）。

（七）粗骨料用量计算

按式（5-12）计算 $1m^3$ 粗骨料用量 G_0：

$$G_0 = \left[1 - \frac{C}{\rho_C} + \frac{W}{\rho_w} + \frac{S}{\rho_S}\right] \cdot \rho_g \tag{5-12}$$

式中，G_0 为 $1m^3$ 混凝土粗骨料用量（kg）；ρ_g 为轻粗骨料的表观密度（kg/m^3）。其他符号意义同前。

至此，已求得 $1m^3$ 轻骨料混凝土的水泥用量 C_0，水用量 W_0，轻粗骨料用量 G_0 及轻砂（或普通砂）用量 S_0。

（八）干表观密度的计算

由已求得的 C_0、G_0 及 S_0，按式（5-13）计算轻混凝土的干表观密度 ρ_{LC}：

$$\rho_{LC} = 1.15 C_0 + G_0 + S_0 \tag{5-13}$$

求得的 ρ_{LC} 与设计要求的轻骨料混凝土进行比较，如误差不超过 2%，试配成功；如超过 2%，则应重新调整和计算。如掺用减水剂，可按普通混凝土掺减水剂时的计算方法，即按减水率大小酌减总用水量。

（九）粉煤灰轻骨料混凝土配合比计算应按下列步骤进行：

（1）基准轻骨料混凝土的配合比计算如上；

（2）粉煤灰取代水泥率可按表 5-21 的要求确定；

（3）根据基准混凝土水泥用量（m_0）和选用的粉煤灰取代水泥百分率（β_c），按式（5-14）计算粉煤灰轻骨料混凝土的水泥用量（m_c）：

$$m_c = m_0 (1 - \beta_c) \tag{5-14}$$

（4）根据所用粉煤灰级别和混凝土的强度等级，粉煤灰的超量系数（δ_c）可在 1.2～2.0 范围内选取，并按式（5-15）计算粉煤灰掺量（m_f）：

$$m_f = \delta_c (m_0 - m_c) \tag{5-15}$$

表 5-21　粉煤灰取代水泥率

混凝土强度等级	取代普通硅酸盐水泥率 β_c/%	取代矿渣硅酸盐水泥率 β_c/%
≤LC15	25	20
LC20	15	10
≥LC25	20	15

注：1. 表中值为范围上限，以 32.5 级水泥为基准。

2. ≥LC20 的混凝土宜采用Ⅰ、Ⅱ级粉煤灰，≤LC15 的素混凝土可采用Ⅲ级粉煤灰。

3. 在有试验根据时，粉煤灰取代水泥百分率可适当放宽。

（5）分别计算每 $1m^3$ 粉煤灰轻骨料混凝土中水泥、粉煤灰和细骨料的绝对体积。按粉煤灰超出水泥的体积，扣除同体积的细骨料用量。

（6）用水量保持与基准混凝土相同，通过试配，以符合稠度要求来调整用水量。

（十）根据上述计算结果进行试配和调整

（1）以计算的混凝土配合比为基础，再选取与之相差 10% 的相邻两个水泥用量，用水量不变，砂率相应适当增减，分别按 3 个配合比拌制混凝土拌和物。测定拌和物的稠度，调整用水量，以达到要求的稠度为止。

（2）按校正后的 3 个混凝土配合比进行试配，检验混凝土拌和物的稠度和振实湿表观密度，制作确定混凝土抗压强度标准值的试块，每种配合比至少制作一组。

（3）标准养护 28d 后，测定混凝土抗压强度和干表观密度。最后，以既能达到设计要求的混凝土配置强度和干表观密度又具有最小水泥用量的配合比作为选定的配合比。

（4）对选定配合比进行质量校正。其方法是先按式（5-16）计算出轻骨料混凝土的计算湿表观密度，然后再与拌和物的实测振实湿表观密度相比，按式（5-17）计算校正系数：

$$\rho_{计算} = m_g + m_s + m_c + m_f + m_{wt} \tag{5-16}$$

$$\eta = \frac{\rho_{实测}}{\rho_{计算}} \tag{5-17}$$

式中，η 为校正系数；$\rho_{计算}$ 为按配合比各组成材料计算的湿表观密度（kg/m^3）；m_g、m_s、m_c、m_f、m_{wt} 分别为配合比计算所得的粗骨料、细骨料、水泥、粉煤灰用量和总用水量（kg/m^3）。

选定配合比中的各项材料用量均乘以校正系数即为最终的配合比设计值。

五、轻骨料混凝土的施工

由于轻骨料混凝土中轻骨料表观密度小，孔隙大，吸水性强，在施工过程中应注意如下问题。

（1）为使轻骨料混凝土拌和物的和易性和 W/C 相对稳定，拌制前最好先将轻骨料进行预湿，预湿方法是将轻骨料在水中浸泡 1h 时后，捞出晾至表干无积水即可。在投料搅拌前，应先测定骨料含水率。

（2）为防止轻骨料拌制过程中上浮，可采取如下措施：

① 以适宜掺量的掺和料等量代替部分水泥可以增加水泥浆体的黏度。掺和料最好是硅灰、天然沸石粉，其次是粉煤灰。

② 尽量采用强制式搅拌机搅拌。搅拌时先加粗细骨料、水泥及掺和料，干拌 1min 后，加 1/2 拌和用水，再搅拌 1min 后加剩余的 1/2 水，继续搅拌 2min 以上即可出料。如掺加外加剂，可将外加剂溶入到后加的 1/2 水中。

③ 在保证不影响浇筑的前提下，采用小坍落度。

（3）为防止拌和物离析，除在配料设计中采取措施外，应尽量缩短拌和物的运输距离，如在浇筑前发现已严重离析，应重新进行搅拌。

（4）尽量采用机械振捣进行密实，如坍落度小于 10mm，应采用加压振动方式进行捣实。

（5）应特别注意养护早期的保温，表面应盖草毡并洒水，常温养护时间视水泥品种不同应不少于 7~14d，采用蒸汽养护升温速度应控制在 2℃/min 以下，如采用热拌工艺，升温速率可适当加快。

六、轻骨料混凝土的应用

（一）轻骨料混凝土应用

由于轻骨料混凝土有着很多优良的性能，特别是随着混凝土科技的发展，可以使轻骨料混凝土的密度更低，保温隔热性更好，强度也可以更高。目前，用作保温隔热材料的轻骨料混凝土热导率可低至 0.23W/（m·K），而用作结构材料的轻骨料混凝土在表观密度为 1600～1700kg/m³ 时，强度可达到 55MPa 以上。目前，国外已研制出表观密度 1700kg/m³ 左右、强度高达 70MPa 以上的轻骨料混凝土。因此，轻骨料混凝土的应用越来越广泛。

目前，轻骨料混凝土主要用于以下几个方面。

1. 制作预制保温墙板、砌块

一般屋面板预制墙板厚度 6～8cm，用直径为 6～8mm 的钢筋作增强材料，表观密度 1200～1400kg/m³，强度等级 LC5.0～LC7.5。

预制陶粒混凝土砌块有普通砌块和空心砌块两种。普通砌块强度等级 LC10～LC15，可用于多层建筑的承重墙砌筑；空心砌块强度等级为 LC5.0～LC7.5，主要用于框架结构建筑的保温隔热填充墙体的砌筑。

2. 预制式现浇保温屋面板

用作屋面的保温隔热。保温屋面板厚度一般为 10～12cm，强度等级为 LC7.5～LC10 用直径为 8～10mm 的钢筋作加强材料。

3. 现浇楼板材料

对于一些高层建筑，利用轻骨料混凝土作楼板材料，可以大大降低建筑物的自重。

4. 浇制钢筋轻骨料混凝土剪力墙

钢筋轻骨料混凝土剪力墙在用作结构的同时，还可以起保温隔热隔声作用。

由于轻骨料混凝土徐变较大，抗拉强度及弹性模量偏低，所以直接用作梁、柱等重要结构尚不多见。如何提高轻骨料混凝土的弹性模量和抗拉强度，降低徐变，是目前研究的重要课题。

（二）轻骨料混凝土应用实例——重庆市解放碑金鹰财富中心

1. 项目简介

重庆市解放碑金鹰财富中心（图 5-3）项目位于重庆市渝中区解放碑旁，属于既有建筑改造项目，大修解危工程，政府形象工程，也是解放碑十字金街地标工程。项目要求在为适应商业价值极高的黄金地段，增加跨度，但同时不减少商业使用面积。若采用常规结构形式（普通混凝土框架结构或者钢结构），原有基础将不能承受改建后荷载，且影响正常营业，经济损失较大，项目最终选定为钢筋陶粒混凝土框架方案（1800级），结构柱为 LC40、梁板为 LC30。

图 5-3　金鹰财富中心

2. 项目施工

（1）陶粒混凝土原材料：水泥（P·O42.5R）、粉煤灰（Ⅱ级）、陶粒（页岩高强陶粒，筒压强度超过6.0MPa）、普通砂（枝江特细砂＋机砂，混合）、聚羧酸系高性能减水剂。

（2）设计制备：参考现行标准JGJ/T 12—2019《轻骨料混凝土应用技术标准》，并结合研发试配经验进行不断调试优化，三标控制：工作性、抗压强度、表观密度。

（3）泵送施工：采用汽车泵连续泵送，坍落度在180～210mm，泵送采用"高压低速、正常后再逐步加压"方式。图5-4为陶粒混凝土泵送浇筑现场图。

图5-4 陶粒混凝土泵送浇筑

（4）浇筑：项目采用先竖向结构后水平结构顺序，分层浇筑，每层浇筑厚度控制在300～350mm。

（5）振捣：考虑到陶粒易上浮，本项目采用机械插捣和表面平板振捣相结合、抹压和振捣相结合。如图5-5所示。

图5-5 陶粒混凝土振捣

（6）养护：常规养护，3d脱模，再覆膜养护11d。图5-6为陶粒混凝土养护现场图。

图 5-6　陶粒混凝土养护

第三节　加气混凝土

加气混凝土又称发气混凝土，是通过发气剂使水泥料浆拌和物发气产生大量孔径为 0.5～1.5mm 的均匀封闭气泡，并经蒸压养护硬化而成的一种多孔混凝土。

加气混凝土最早出现于 1923 年，1929 年正式建厂生产，但在工程中大量应用是在 20 世纪 40 年代。主要生产和应用的国家有苏联、德国、日本等。我国 1931 年开始生产应用，大量应用是 20 世纪 70 年代后期。由于高层建筑的发展和墙体改革的需要，1978 年以后发展更为迅速，到 2002 年，我国生产能力已达 1350 万 m^3。

一、加气混凝土原料组成

加气混凝土的原料由 5 大部分组成。

（一）钙质原料

主要有水泥、石灰等。

（1）钙质原料在加气混凝土中的作用主要有以下几种：

① 为加气混凝土中的主要强度组分水化硅酸钙（C-S-H）的形成提供 CaO。

② 为一些发气剂的发气提供碱性条件。

③ 石灰、水泥在水化时放出热量，可以提高料浆温度，加速料浆的水化硬化。

④ 掺加水泥还可保证浇筑稳定、加速料浆的稠化和硬化、缩短预养时间、改善坯体和制品的性能。

（2）对石灰的质量要求如下：

① 有效氧化钙（以与 SiO_2 发生反应的 CaO，简称 ACaO）＞60％。

② MgO＜7％。

③ 采用消化时间 30min 左右的中速消化石灰，经细磨至比表面积 2900～3100cm^2/g，为防止粉磨时黏球可加入石灰量 0.3％的三乙醇胺作助磨剂。

（3）对水泥的要求根据加气混凝土的品种和生产工艺不同而有所不同。如单独用水泥作钙质原料时，应采用强度等级较高的硅酸盐水泥或普通硅酸盐水泥。这些水泥水化时可产生较多的 $Ca(OH)_2$。如水泥与石灰共同作为钙质材料，可使用强度等级为32.5MPa 的矿渣水泥、粉煤灰水泥及火山灰水泥。对水泥中的游离氧化钙含量可适当放宽，因为经压蒸养护，游离氧化钙将全部水化，而且水泥的掺量不是很高，不会引起安定性不良。

不宜用高比表面积的早强型水泥作钙质材料，因为水泥水化硬化过快会影响铝粉的发气效果。

（二）硅质原料

主要有石英砂、粉煤灰、烧煤矸石、矿渣等。硅质原料的主要作用是为加气混凝土的主要强度组分水化硅酸钙提供 SiO_2。因此，对硅质原料的主要要求如下：

（1）SiO_2 含量较高。

（2）SiO_2 在水热条件下有较高的反应活性。

（3）原料中杂质含量要少，特别是对加气混凝土性能有不良影响的 K_2O、Na_2O 及一些有机物。

目前，对各种硅质原料的具体要求如下：

（1）石英砂。$SiO_2 \geqslant 90\%$，$Na_2O < 2\%$，$K_2O < 3\%$，黏土含量小于 10%，烧失量小于 5%；$175℃$ 水热条件下溶解度大于或等于 $0.18g/L$，并随水热温度的提高而提高；干磨粉细度要求 4900 孔筛余小于 5%，湿磨粉细度以比表面积计大于 $3000cm^2/g$。

（2）粉煤灰。用于加气混凝土的粉煤灰质量标准应达到 GB/T 1596—2017《用于水泥和混凝土中的粉煤灰》中Ⅰ级和Ⅱ级的标准。

（3）烧煤矸石。煤矸石是煤矿的副产品，是一种含碳的岩土质物质。经自燃或人工燃烧后，碳被燃烧剩下的物质称为烧煤矸石，其他化学成分与粉煤灰接近。

作为加气混凝土硅质原料的煤矸石，其技术要求可参照粉煤灰的技术指标，其中关键是烧失量。烧失量高，意味着煤矸石中未燃碳含量高，将会严重影响混凝土的质量。

（4）矿渣。即用作水泥混合材的水淬矿渣，具体要求如下：

① 化学成分为 $CaO > 40\%$，$Al_2O_3 = 9\% \sim 16\%$，$S = 0.8\% \sim 1.6\%$，氯化物 $< 0.02\%$，$CaO/SiO_2 > 1$（质量比）；

② 外观要求颗粒松散、均匀，淡黄色或灰白色，有一定的玻璃光泽，无铁渣。

（三）发气剂

发气剂是生产加气混凝土的关键原料，它不仅应能在料浆中发气形成大量细小而均匀的气泡，同时对混凝土性能不会产生不良影响。国内科研人员对加气混凝土发气材料曾进行过很多研究，可以作为发气剂的材料主要有铝粉、双氧水、漂白粉等。但考虑生产成本、发气效果等多种因素，目前基本上都用铝粉作为发气材料。铝粉是金属铝经细磨而成的银白色粉末，其发气原理是金属铝在碱性 $[Ca(OH)_2]$ 条件下与 H_2O 发生置换反应产生氢气，化学反应式如式（5-18）。

$$2Al + 3Ca(OH)_2 + 6H_2O \longrightarrow C_3A \cdot 6H_2O + 3H_2 \uparrow \qquad (5-18)$$

由于金属铝的活性很强，为防止在生产及储存、运输过程中铝粉与空气中的氧气发生化学反应形成 Al_2O_3，因此，要在磨细时加入一定量的硬脂酸，使铝粉表面吸附一层硬脂酸保护膜。在使用前，首先通过烘烤法脱脂或用化学法进行脱脂。由于烘烤法易着火燃烧，影响安全，所以已很少使用。化学法脱脂是通过加入一些脱脂剂（这些溶剂是能溶解硬脂酸的有机溶剂或表面活性物质），使吸附在铝粉表面的硬脂酸溶解或乳化。常用的脱脂剂有平平加、合成洗涤剂、OP乳化剂、皂素粉等，掺量一般为铝粉质量的1%～4%。

我国加气混凝土用铝粉的技术要求见GB/T 2085.2—2019《铝粉 第2部分：球磨铝粉》。

常用铝粉发气曲线来综合评定铝粉的发气质量。瑞典西波列克思规定的铝粉标准发气曲线的定义为：在45℃的温度下用70g铝粉掺入50g水泥、30mL水、20mL浓度为0.1mL/L的NaOH溶液组成的水泥浆中进行发气，其发气量（换算成标准状态）与发气时间关系的曲线。一般要求在2min前发气要慢，3min后发气速度要快，80%以上的发气应在3～8min内完成。8min后发气减慢，16min时发气应基本结束。总的要求是发气顺畅，不塌模，气孔均匀，能获得优质坯体。

目前，市场上还有用一些液体保护剂对铝粉进行处理，即把铝粉制成铝粉膏作为发气剂。铝粉膏的应用可以免去使用时铝粉脱脂的工序，而且容易均匀分散到料浆中。对铝粉的防氧保护效果也较好，因此应用厂家日益增加。JC/T 407—2008《加气混凝土用铝粉膏》提出了铝粉膏的系列技术要求，详见表5-22。

表5-22　铝粉膏的技术要求

品种	代号	固体分/%	固体分中活性铝含量/%	细度(0.075mm筛余)/%	发气率/%			水分散性
					4min	16min	30min	
油剂型铝粉膏	GLY-75	≥75	≥90	≤3.0	50～80	≥80	≥99	无团粒
	GLY-65	≥65						
水剂型铝粉膏	GLS-70	≥70	≥85		40～60			
	GLS-65	≥65						

（四）稳泡剂

经发气膨胀后的料浆很不稳定，形成的气泡很易逸出或破裂，影响了料浆中气泡的数量和气泡尺寸的均匀性。为减少这些现象的发生，在料浆配制时掺入一些可以降低表面张力，改变固体润湿性的表面活性物质来稳定气泡，这种物质称为稳泡剂。常用的稳泡剂有以下几种。

（1）氧化石蜡稳泡剂

石蜡经氧化、皂化制得的产品。使用时用水溶解成8%～10%的溶液。

（2）可溶性油类稳泡剂

是用花生油酸、三乙醇胺和水配制成的稳泡剂。三者的比例是花生油酸∶三乙醇胺∶水＝1∶3∶36。

（五）调节剂

为了在加气混凝土生产过程中对发气速度、料浆的稠化时间、坯体硬化时间等技术参数进行控制，往往要加入一些物质对上述参数进行调节，这些物质称为调节剂。主要调节剂有以下几种。

1. 纯碱（Na_2CO_3）和烧碱（NaOH）

纯碱和烧碱有以下两种作用：

（1）增加铝粉中活性铝含量，提高发气速度。因为铝粉在加工时虽然用硬脂酸酯化保护，但仍有部分铝粉被空气中的氧气氧化而形成 Al_2O_3，影响了铝粉的发气效率。加入 NaOH 后，将产生如下反应：

$$Al_2O_3 + 2NaOH \longrightarrow 2NaAlO_2 + H_2O \qquad (5-19)$$

Al_2O_3 被溶解后，内部的 Al 暴露出来，与水发生反应产生氢气。

（2）激发矿渣、粉煤灰的活性。在料浆中掺有矿渣或粉煤灰时，Na_2CO_3 和 NaOH 可以对矿渣、粉煤灰中的 Si—O 体结构起破坏作用，从而激发矿渣、粉煤灰的水化活性，提高制品强度。

2. 石膏（$CaSO_4 \cdot 2H_2O$）

掺加石膏有以下 3 个作用：

（1）和水泥中掺加石膏一样起缓凝作用；

（2）参与水化反应，与 C_3A、$Ca(OH)_2$ 反应生成对料浆稠化硬化及强度有重要作用的水化硫铝酸钙；

（3）对石灰的消化起抑制作用，控制料浆的碱度，从而调节发气速度。

3. 水玻璃（$Na_2O \cdot nSiO_2$）和硼砂（$Na_2B_4O_7 \cdot 10H_2O$）

水玻璃的主要作用是延缓铝粉发气速度，而硼砂的作用是延缓水泥的水化凝结速度从而延缓料浆的稠化硬化速度。

掺加上述调节剂（纯碱、烧碱、石膏、水玻璃、硼砂）主要目的是使料浆的稠化速度与发气速度同步，避免出现"憋气""冒泡"或"塌模"等影响料浆稳定性的现象。

4. 轻烧镁粉（MgO）

轻烧镁粉是菱镁矿经 $800 \sim 850\,℃$ 煅烧时形成的以 MgO 为主要成分的淡黄色粉末，在水热条件下，发生如下化学反应：

$$MgO + H_2O \longrightarrow Mg(OH)_2 \qquad (5-20)$$

上述反应固相体积增加近 1.9 倍。因此，在生产配筋加气混凝土制品时，加入适量的轻烧氧化镁可以增加加气混凝土蒸压时的膨胀率，在一定程度上避免钢筋与混凝土的热膨胀率差引起的应力破坏。但加气混凝土的配料、配筋量与蒸压热工制度不同，这种热膨胀应力也不同，因此，轻烧氧化镁的掺量应在计算和试验的基础上予以确定。

由于加气混凝土孔隙率高，抗渗性有效期短，碱度低，一些钢筋加气混凝土制品中的钢筋很容易受到锈蚀。因此，在生产过程中应对钢筋表面进行防锈处理，如在钢筋表面涂刷防锈剂（也称防腐剂）。

目前，我国常用的防锈剂有水泥-沥青-酚醛树脂防腐剂（又称"727"防锈剂）、聚合物水泥防锈剂、西北-Ⅰ型防锈剂（一种水性高分子涂料）、沥青乳胶防锈剂（LR防锈剂）、沥青-硅酸盐防锈剂等，这些防锈剂共同的特点是：①对钢筋有良好的黏结性；②在蒸压过程中涂层不会被破坏；③价格较便宜。

二、加气混凝土的性能

（一）加气混凝土的重度

重度是加气混凝土的主要性能指标，随着重度的变化，加气混凝土的其他性能也相应改变。加气混凝土的重度取决于这种混凝土的总孔隙率。加气混凝土的重度是以绝干状态下的重度为标准。通常生产加气混凝土的重度在 $400\sim800kg/m^3$ 之间。目前，各国趋向于生产重度为 $500kg/m^3$ 的加气混凝土，总孔隙率约 79%。一般用调节发气剂的掺量来控制所生产的加气混凝土的重度。

（二）加气混凝土的强度

抗压强度是加气混凝土的基本性能之一。气孔的结构、气孔周围孔壁的强度，总孔隙率等对抗压强度的大小都有决定性影响。一般仅以抗压强度来表示加气混凝土的强度。其他强度均与抗压强度有一定的函数关系，例如，抗折强度约为抗压强度的 $1/10$。

由于加气混凝土的抗压强度与含水率的影响极大，因此，必须规定一定含水状态下的强度作为标准强度。

一般将含湿状态分为下列几种：

（1）绝干态，含水率为 0%；

（2）气干态，含水率为 $5\%\sim10\%$；

（3）出釜态，含水率为 35% 左右。

加气混凝土出釜含水率为 35% 左右。在这个含湿状态下强度十分稳定，故一般将出釜抗压强度作为加气混凝土标准强度。

加气混凝土由于向上发气，气泡向上呈椭圆形，因而平行于发气方向的抗压强度约为垂直发气方向的抗压强度的 80%。

加气混凝土的塑性变形较小，因此受力破坏前没有明显的裂纹出现。一旦出现裂纹，试件立即崩裂破坏，这与普通混凝土不同。加气混凝土的应力与应变不呈直线而呈曲线关系，弹性模量随应力的增加而减少。它的静力弹性模量小于普通混凝土，一般以 $0.5R_{棱}$ 时应力与应变比值表示平均弹性模量。

几种加气混凝土在不同含湿状态下的抗压强度列于表 5-23。

表 5-23　不同含湿状态下的抗压强度

加气混凝土类别	出釜态			气干态			绝干态	
	密度/(kg/m^3)	强度/MPa	含水率/$\%$	密度/(kg/m^3)	强度/MPa	含水率/$\%$	密度/(kg/m^3)	强度/MPa
水泥、矿渣、砂	667	3.0	35.0	542	3.75	5.0	500	5.0
石灰、水泥、粉煤灰	680	4.0	38.0	524	4.50	6.0	493	5.0
石灰、水泥、砂	860	4.7	38.0	—	—	—	700	7.0

加气混凝土的静力弹性模量 E_s 与它的抗压强度 R 间存在着线性关系，$500kg/m^3$ 密度的加气混凝土的 E_s 和 R 间的关系列于表 5-24。

表 5-24 弹性模量 E_s 与抗压强度 R 的关系

项目	水泥、矿渣、砂 密度 500kg/m³	水泥、石灰、粉煤灰密度 500kg/m³	水泥、石灰、砂 密度 500kg/m³
E_s/MPa	$0.17\times10^4\sim0.18\times10^4$	$0.15\times10^4\sim0.16\times10^4$	$0.16\times10^4\sim0.19\times10^4$
E_s 与 R 关系式	$E_s=310\sqrt{R}$	$E_s=282\sqrt{R}$	$E_s=\sqrt{R}$

（三）加气混凝土的收缩

由于加气混凝土是一种低强度的材料，所以干燥收缩引起的变形应力对制品本身和建筑物的破坏起着十分敏感的作用。选择合理的蒸压条件和制度，改善原材料配比和加强生产控制可以把加气混凝土的收缩值控制到允许范围。出厂的制品经过一段时间自然干燥，使这一部分收缩在使用到建筑物以前基本结束，也是行之有效的措施。一般要求 20℃、相对湿度 43% 的条件下干燥收缩值小于或等于 0.5mm/m；50℃、相对湿度 30% 条件下干燥收缩值小于或等于 0.8mm/m。

（四）加气混凝土的导热性能

材料的热导率不仅与孔隙率有关，而且还取决于孔隙的大小和形状。加气混凝土是多孔材料，封闭孔隙多，所以热导率比较小 [一般小于 0.23W/（m·K）]，是一种良好的保温隔热材料。但是加气混凝土的蓄热性能差，这是它在热工性能上的缺点。蓄热系数是材料层的表面对不稳定热作用敏感程度的一个物理量，与材料的热导率和比热容有关，还与重度有关。

加气混凝土的热导率受其本身含水率的影响很大。为了提高其保温隔热性能，应在加气混凝土的面层作适当的防水处理，以保持较小的含水率。

（五）耐久性及其他性能

1. 抗冻性

加气混凝土有良好的抗冻性能，但抗冻性与含水率有很大关系。在潮湿环境中使用的加气混凝土应采取适当的防潮措施。

2. 碳化稳定性

重度小透气性大的加气混凝土碳化作用较强。加气混凝土的碳化程度与 CO_2 浓度、环境湿度和存放时间成正比。在 CO_2 的作用下，水热反应产物托勃莫来石和低钙水化硅酸钙碳化分解，给制品强度等性能带来不利的影响。但碳化作用的影响并不完全取决于碳化作用的快慢，更重要的是材料的内部结构特点。空气中 CO_2 的浓度很低，只有 0.03% 左右，但加气混凝土的疏松孔结构使水化物可以缓慢而完整地完成晶体转换过程。一般在空气中放置 1～1.5 年后才能全部碳化，初期抗压强度略有下降，但以后强度回升，甚至超过原始强度。所以从宏观上看加气混凝土有较好的碳化稳定性。

3. 盐析

在干湿循环和毛细管作用下，加气混凝土在使用中表面会出现盐析现象。当盐析严重时，盐类在毛细管中反复溶解和结晶膨胀，往往会引起制品表面层剥落，饰面破坏等不良结果。

砂中 Na_2O 和 K_2O 的含量较粉煤灰高，因而含砂的加气混凝土比含粉煤灰的加气混凝土盐析严重。

避免加气混凝土吸水受潮是减少加气混凝土盐析的主要措施之一。用甲基硅醇钠等憎水剂对加气混凝土表面进行憎水处理或者进行其他的饰面处理，对防止盐析也是有利的。

4. 抗裂性

加气混凝土在长期使用过程中经受日晒雨淋和干湿交替的反复循环，几年后表面往往出现纵横交错的裂纹。其主要原因是加气混凝土截面上含水率分布不均匀，各处收缩值不一样造成收缩应力，当收缩应力大于抗拉强度时产生裂纹。

减少和避免裂纹的主要措施有以下几种：

（1）提高加气混凝土本身的强度。这可以从改善混凝土配比、选择合理的蒸养制度、在混凝土中掺入各种有机纤维或钢纤维等方面着手。

（2）对加气混凝土表面进行憎水或饰面处理，降低断面上的含水梯度。

（3）减少出厂前混凝土的含水率，使这部分收缩消除在使用到建筑物上之前。

三、加气混凝土的配合比设计

（一）设计原则

首先要考虑满足加气混凝土的表观密度和强度性能。一般情况下，表观密度和强度是一对矛盾，表观密度小、孔隙率大，强度低；表观密度大、孔隙率小，强度较高。在进行配合比设计时，应在保证表观密度条件下尽量提高固相物质（即孔壁物质）的强度。

（二）铝粉掺量的确定

铝粉掺量是根据表观密度的要求确定的，因为表观密度取决于孔隙率，而孔隙率又取决于加气量，加气量又取决于铝粉掺量，由试验确定可测得表观密度与孔隙率之间的关系，见表 5-25。

表 5-25 加气混凝土表观密度与孔隙率的关系

表观密度（ρ_0）/（kg/m^3）	500	600	700	800
孔隙率（ρ）/%	75～80	70～75	65～70	60～65

铝的发气反应化学式如下。

（1）无石膏存在时：

$$2Al+3Ca(OH)_2+6H_2O \longrightarrow C_3A \cdot H_2O+3H_2 \uparrow \qquad (5-21)$$

（2）有石膏存在时：

$$2Al+3Ca(OH)_2+3CaSO_4 \cdot 2H_2O+25H_2O \longrightarrow C_3A \cdot CaSO_4 \cdot 31H_2O+3H_2 \uparrow$$
$$(5-22)$$

由式（5-21）、式（5-22）可知，不论有无石膏存在，每 2mol 的 Al 可以产生 3mol 的 H_2。由于 1mol 气体在标准条件下体积为 22.4L，1g 活性铝在标准状态下放出 1.24L 的氢气，料浆温度 45℃时可放出氢气 1.44L。

铝粉用量可用式（5-23）计算：

$$M_{Al} = \frac{V - \left(\sum_{i=1}^{n} \frac{m_i}{d_i} + \rho_0 \cdot b \right)}{V_{Al} \cdot K} \cdot k \qquad (5-23)$$

式中，M_{Al} 为 1m^3 加气混凝土铝粉用量（kg/m^3）；V 为加气混凝土总体积（1000L/m^3）；m_i 为各种原料用量（kg）；d_i 为各种原料的密度（kg/m^3）；ρ_0 为加气混凝土表观密度

$（kg/m^3）$；b 为水料比；V_{Al} 为 1g 活性铝在料浆温度下的产气量 $（g/L^1）$；K 为活性铝含量 $（\%）$；k 为铝粉的利用系数 $（k=1.1\sim1.3）$。

（三）各种基本原料的配合比

各种基本原料的配合比主要是保证材料在压蒸养护后化学反应形成的加气混凝土结构中孔壁的强度。孔壁强度取决于形成孔壁材料的化学组成和化学结构，孔壁材料主要成分为水化硅酸钙和水石榴子石，而这些物质的强度又决定于其钙硅比和化学结构。因此在配料时，确定料浆中的钙硅比（CaO/SiO_2）和水料比是十分重要的。国内外的很多研究表明，$CaO\text{-}SiO_2\text{-}H_2O$ 体系及杂质影响下水热反应生成物以 175℃ 以上的水热条件下，$CaO/SiO_2=1$ 时的制品强度最高。其中生成的水化硅酸钙中主要为结晶度较高的托勃莫来石（Tobermolite），其组成为 $C_4S_5H_5$，即 CSH（B）。如蒸压温度过高（>230℃），恒温时间过长，将会形成硬硅钙石，此时制品强度反而会降低。

实际生产和试验研究证明，在配合比设计时钙硅比应小于 1，而且随原料组成不同有所区别。一般如下所列：

（1）对于水泥-矿渣-砂系统，$CaO/SiO_2=0.52\sim0.68$；

（2）对于水泥-石灰-粉煤灰系统，$CaO/SiO_2=0.8\sim0.85$；

（3）对于水泥-石灰-砂系统，$CaO/SiO_2=0.7\sim0.8$。

水料比大小不仅会影响加气混凝土的强度，更对密度有较大的影响。水料比越小，强度越高而密度也将增大。但同时应考虑浇筑、发气膨胀过程中的流动性和稳定性。目前，尚未有可以确定水料比、密度、强度、浇筑料流动性及稳定性之间关系的计算公式。在配料计算时，可参考表 5-26 选择水料比。

表 5-26 加气混凝土水料比选择参考

原料	密度/（kg/m³）		
	500	600	700
水泥-矿渣-砂	0.55～0.65	0.50～0.60	0.48～0.55
水泥-石灰-砂	0.65～0.75	0.60～0.70	0.55～0.65
水泥-石灰-粉煤灰	0.60～0.70	0.55～0.65	0.50～0.60

表 5-27 列出了表观密度为 $500kg/m^3$ 加气混凝土的配合比实例。

表 5-27 密度为 $500kg/m^3$ 加气混凝土配合比实例

名称	水泥-石灰-砂	水泥-石灰-粉煤灰	水泥-矿渣-砂
水泥/%	5～10	10～20	18～20
石灰/%	20～33	20～24	30～32（矿渣）
砂/%	55～65	—	48～52
粉煤灰/%	—	60～70	—
石膏/%	≤3	3～5	—
纯碱，硼砂/（kg/m）	—	—	4，0.4
铝粉/（1/万）	7～8	7～8	7～8
水料比	0.63～0.75	0.60～0.65	0.6～0.7
浇筑温度/℃	35～38	36～40	40～45
铝粉搅拌时间/s	30～60	30～60	15～25

四、加气混凝土的施工

加气混凝土从广义上来讲是所有加了气的混凝土，包括加气混凝土砌块，泡沫混凝土及加了引气剂的混凝土，从狭义上讲就是加气混凝土砌块。

(一) 一般规定

(1) 装卸蒸压加气混凝土板材应采用配套工具，运输时应采取绑扎措施。

(2) 蒸压加气混凝土制品，砂浆，保温、抗裂防渗等配套材料进场应附有产品出厂合格证、产品出厂检验报告、有效期内的型式检验报告，并应进行复检。对板材配筋应进行复核，合格后方可应用。

(3) 蒸压加气混凝土制品及其所需的配套材料的储藏、运输及施工过程中，应有可靠的防雨、防水措施。不同功能、不同密度级别、不同规格的制品宜靠近施工现场分别堆放。

(4) 蒸压加气混凝土砌块用砌筑砂浆的竖缝面挂灰率应大于 95%。

(5) 用于夹心墙的保温材料的现场存放应采取有效的防火措施。

(6) 严寒及寒冷地区的承重蒸压加气混凝土砌块墙体不宜进行冬期施工。

(7) 在大面积施工前，应在现场采用相同的材料、构造做法和工艺进行样板墙施工。

(8) 蒸压加气混凝土砌块墙体施工除应符合 JGJ/T 17—2020《蒸压加气混凝土制品应用技术标准》外，尚应符合现行国家标准 GB 50203—2011《砌体结构工程施工质量验收规范》、GB 50210—2018《建筑装饰装修工程质量验收标准》的规定。冬期施工时，尚应符合现行行业标准 JGJ/T 104—2011《建筑工程冬期施工规程》的有关规定。

(二) 施工准备

(1) 施工前应结合设计图纸及工程情况，编制作业指导书等技术性文件，并应对施工人员进行培训和技术交底。

(2) 蒸压加气混凝土制品堆垛上应设标志，堆垛间应保持通风良好。砌块堆垛高度不宜超过 2m；板材堆垛高度不宜超过 3m。

(3) 蒸压加气混凝土用砂浆应按产品使用说明书进行配制；普通砂浆应预先进行试配。

(4) 掺有引气剂的砌筑砂浆，引气量应不大于 20%。

(5) 蒸压加气混凝土制品施工时，切锯、钻孔、镂槽等施工均应采用相应工具。

(6) 夹心墙保温材料的存放应采取有效的防水、防潮和防火措施，拉结件应采取防腐防锈措施，尼龙类材料应采取防暴晒和变形措施。

(7) 夹心墙施工不应采用单排外脚手架，严禁在外叶墙上留脚手眼。

(8) 夹心墙施工应按外叶墙、空气间层、保温层、内叶墙的先后顺序进行施工，严禁内叶墙施工完毕再进行外叶墙的施工。

(三) 砌筑工程

(1) 砌筑前，应按排块图立皮数杆，墙体的阴阳角及内外墙交接处应增设皮数杆，且杆间距不宜超过 15m。皮数杆应标示蒸压加气混凝土砌块的皮数、灰缝厚度以及门窗洞口、过梁、圈梁和楼板等部位的标高。

（2）蒸压加气混凝土砌块墙体不得与其他块体材料混砌。不同强度等级的同类砌块不应混砌。

（3）蒸压加气混凝土砌块墙体砌筑应符合下列规定：

① 砌筑前应清除砌块表面的渣屑；

② 应从外墙转角处或定位处开始砌筑；

③ 内外墙应同时砌筑，纵横墙应交错搭接；墙体的临时间断处应砌成斜槎，斜槎水平投影长度不应小于高度的 2/3；

④ 蒸压加气混凝土砌块上下皮应错缝砌筑，搭接长度不得小于块长的 1/3，当砌块长度小于 300mm 时，其搭接长度不得小于块长 1/2；

⑤ 当砌筑需临时间断时，应砌成斜槎，斜槎的投影长度不得小于高度的 2/3，与斜槎交接的后砌墙灰缝应饱满密实，砌块之间黏结应良好；

⑥ 不得撬动和碰撞已砌的砌体，否则应清除原有的砌筑砂浆重新砌筑。

（4）当采用普通砂浆砌筑时，砌块应提前一天浇水浸湿，浸水深度宜为 8mm。当采用蒸压加气混凝土用砂浆时，应按砂浆说明书浇水浸湿。

（5）混凝土圈梁、构造柱外贴的保温薄板，应预先置于构件模板内的外侧，使其作为外模板的一部分，并应加强该部位混凝土的振捣。

（6）当框剪结构的框架外围护墙热桥部位进行保温处理时，应将蒸压加气混凝土保温薄板承托在基层墙体凸出热桥部位上。保温薄板应采用黏锚相结合的方式进行固定，锚固件的间距应不大于 600mm，每块薄板应不少于 1 个。

（7）当内包构造柱及内包系梁施工时，应采用异形砌块。应将砌块的内包面清扫干净后再浇筑混凝土。

（8）砌块砌体灰缝应横平竖直。砂浆水平灰缝与垂直灰缝的砂浆饱满度应不低于 95％。

（9）正常施工条件下，蒸压加气混凝土砌体的每日砌筑高度宜控制在 1.5m 或一步脚手架高度内。

（10）夹心墙体的外叶墙体排气孔及拉结件设置应按现行行业标准 JGJ/T 274—2012《装饰多孔砖夹心复合墙技术规程》执行。

（11）对穿墙或附墙管道的接口，应有防止渗水、漏水的措施。

（12）墙体砌筑后，外墙应采取防雨遮盖措施，并应对向阳面的外墙体进行遮阳处理。

（四）抹灰工程

（1）抹灰施工应符合下列规定：

① 墙体抹灰宜在砌筑完成 60d 后进行，且应在砌体工程质量检验合格后方可施工；

② 墙体抹灰前，应先将基层表面清扫干净；

③ 不同材质的基体交接处，应在抹灰前铺设加强网，加强网与各基体的搭接宽度应不小于 100mm；门窗洞口、阳角处应做加强护角；

④ 墙体抹灰宜采用机械喷涂方式；

⑤ 当抹灰砂浆的抹灰厚度大于 10mm 时，应分层抹灰，并应在第一层初凝时将抹灰面上每隔 2000mm 左右划出分隔缝，缝深应至基层墙体；

⑥ 每层砂浆应分别压实、抹平，抹平应在砂浆初凝前完成；每层抹灰砂浆在常温条件下应间隔10～16h，表面应搓光处理，严禁用铁抹子压光；

⑦ 抹灰砂浆层凝结后应及时保湿养护，养护时间不得少于7d。

（2）屋（楼）面板底宜采用石膏粉刷砂浆薄抹灰。

（3）雨期应对刚抹好的外墙面采取避免雨淋的防护措施；干燥天气进行墙体抹灰时，应采取必要的养护措施。

（五）饰面工程

（1）严寒及寒冷地区，外墙饰面应进行防水透气性处理，并应符合下列规定。

① 外墙涂料饰面系统的水蒸气湿流密度不宜小于1.3g/（m²·h）；

② 当采用非透气面砖时，拼缝处应设置排湿孔，孔的水平间距应不大于800mm。

（2）当蒸压加气混凝土制品用于卫生间、淋浴间墙体时，整片墙体应做防水处理。

（3）屋（楼）面板底及拼装墙板内墙面宜采用薄抹灰饰面。

（4）冬期饰面施工应有保温措施，操作场所应有防寒、防冻设施。环境温度应不低于5℃。

（5）当蒸压加气混凝土制品与其他材料处在同一表面时，两种不同材料的交界缝隙处应采用正交粘贴耐碱玻纤网格布聚合物水泥加强层后方可进行装修。

（六）屋（楼）面板安装

（1）屋（楼）面板安装前应确认板材的主筋位置，不得反向吊运、安装。

（2）屋面板安装应采用工具安装，不得使用钢丝绳直接吊装及用撬杠调整板位。

（3）屋面板施工荷载不得超过设计荷载，板材不应作为屋架的支撑系统。

（4）屋（楼）面板安装就位后，应沿板长1/3处垂直铺设两道跳板，施工过程中的临时荷载应放置在跳板上。

（5）施工时严禁将屋（楼）面板锯短使用。

（6）屋（楼）面板表面不宜开槽；当需开槽时，可在板的上部表面沿板长方向开槽，应避开钢筋，不得横向开槽。

（7）屋（楼）面板安装时，应采用黏结砂浆进行坐浆。

（8）应将板顶拉结钢筋置于板材上部的企口内，并应采用胶粘剂将企口灌实。

（9）应按设计要求在板缝中设置构造钢筋，并应与支座处预留铁件拉结。

（10）屋（楼）面板在洞口周边和檐口部位沿板长方向的外挑长度不得大于3倍的板厚，沿宽度方向的外挑长度不得大于板宽的1/3。

（七）墙板安装

（1）当吊运和安装外墙拼装墙板时，应使用设备或工具。

（2）墙板安装前应进行排板设计，并应在相关结构物上标明板的安装位置。

（3）应清除板面的渣屑、污渍。板拼缝应有可靠的连接，缝隙应严密、黏结牢固。

（4）内隔墙板应从门洞口处向两端依次进行安装，门洞两侧应为无企口板材。无洞口墙体应从一端向另一端顺序安装。

（5）门窗洞口过梁应采用条形板材横向安装的方式，过梁板进入支座长度应不小于200mm。

（6）对特殊尺寸的墙板应采用切割机具现场加工，切割后的墙板宽度宜不小于200mm。

（7）隔墙板拼缝、墙面阴阳转角和门框边缝处，宜采用胶粘剂粘贴 200mm 宽正交耐碱玻纤网格布，隔墙板材与两侧结构接缝处应贴两道玻纤网格布。

（8）板间拼缝应采用胶粘剂拼接，胶粘剂灰缝应饱满均匀，安装时宜将拼缝内胶粘剂挤出。

（9）板上钻孔、开槽等应在板缝内胶粘剂达到设计强度后方可进行。

（八）墙体后锚固

（1）蒸压加气混凝土墙体悬挂空调、热水器、吊柜等重物时，应采用机械锚栓、胶黏型锚栓或尼龙锚栓进行后锚固；根据荷载大小选用锚栓类型；锚栓的承载力应乘以抗震承载力折减系数 k，k 应取 0.6。

（2）应按墙体的支承条件对墙体进行承载力验算。

（3）锚固区墙体应符合下列规定：

① 墙面上的结构抹灰层、装饰层、附着物、浮锈或油污应清理干净；

② 墙面应坚实、平整，对局部缺陷处应采用修补砂浆进行补缺处理。

（4）锚栓钻孔直径、钻孔深度及最小间距、最小边距应符合产品说明书的要求，墙体锚固件宜设在墙体中间位置。

（5）锚栓钻孔应采用压缩空气、吸尘器或手动气泵清理孔内粉尘。清孔完成后，若未立即安装锚栓，应暂时封闭其孔口。临近锚固区的废弃钻孔，应采用配套砂浆或灌浆料填充密实。

（6）胶黏型锚栓的钻孔应采用能形成倒锥形钻孔的特殊钻头，基材温度应符合锚固胶产品说明书要求，当说明书无明确要求时，墙体表面温度应不低于 15℃；基材孔壁应干燥；严禁在大风、雨雪天气进行胶黏型锚栓的露天施工。

（7）胶黏型锚栓安装应符合下列规定：

① 当采用定型锚固胶管时，应采用与产品配套的安装工具配合安装，安装时应控制锚栓的安装深度，旋插到规定深度后应立即停止；

② 当采用组合式锚固胶双组分锚固胶时，锚栓植入锚孔以后，应按单一方向边转边插，直至达到规定的深度；

③ 植入的锚栓应即刻校正方向，与孔壁的间隙应均匀；

④ 锚栓安装完成并在满足产品规定的固化温度和对应的静置固化时间后，方可加载或进行下道工序施工。

（8）尼龙锚栓和胶黏型锚栓的锚板及构件应在锚栓安装前焊接。当需后焊时，除应采取断续施焊外，施焊部位距离基材表面应不小于 $15d$，d 为锚栓直径，且应不小于 200mm，同时必须用冰水浸湿的多层湿巾包裹锚栓外漏部分的根部。

（9）锚固板孔径及最大间隙允许值应符合表 5-28 的规定。

表 5-28　锚固板孔径及最大间隙允许值

锚栓 d 或 d_{nom}/mm	6	8	10	12	14	16	18	20	22	24	27	30
锚板孔径 d_f/mm	7	9	12	14	16	18	20	22	24	26	30	33
最大间隙 $[\Delta]$/mm	1	1	2	2	2	2	2	2	2	2	3	3

（10）锚栓钻孔允许偏差应符合表 5-29 的要求。

表 5-29　锚栓钻孔允许偏差

序号	检查项目	允许偏差
1	深度/mm	+5.0
2	垂直度/%	2.0
3	位置/mm	5

（11）当进行抗震设计时，可进行锚固现场承载力非破损性检验。检验抽样数量应取检验批锚栓数量的 5%，且应不少于 5 个；荷载检验值应取锚栓承载力标准值的 80%。

（12）锚栓非破损检验的评定，应按下列规定进行。

① 试样在持荷期间，锚固件无滑移、基材无裂纹或其他局部损坏迹象出现，且加载装置的荷载在 2min 内无下降或下降幅度不超过 5% 的检验荷载时，应评定为合格；

② 当一个检验批所抽取的试样全部合格时，该检验批应评定为合格检验批；

③ 当一个检验批中不合格的试样不超过 5% 时，应另抽取 3 根试样进行破坏性检验，若检验结果全部合格，该检验批仍可评定为合格检验批；

④ 当一个检验批中不合格的试样超过 5% 时，该检验批应评定为不合格，且不应重做检验。

五、加气混凝土的应用

目前，我国生产的加气混凝土品种主要有砌块、加筋屋面板、用于墙体的条板及拼装大板等。它们可以广泛应用于多种工业化建筑体系、民用住宅。更多的是应用于工业民用建筑中多层、高层框架结构的填充墙、屋面和楼板等。

（一）加气混凝土砌块的应用

砌块主要应用于工业与民用建筑的墙体，可作承重墙、非承重墙和内隔墙。国内主要生产密度为 $500kg/m^3$ 和 $700kg/m^3$ 的加气混凝土，其抗压强度分别为 3.0MPa 和 5.0MPa。加气混凝土的尺寸较大、匀质性较好，砌体中的强度利用系数较高，其砌体强度约为立方强度的 70%～80%。而黏土砖的强度利用系数仅 30% 左右。因而加气混凝土砌块、50 号砂浆砌筑的砌体抗压强度与 75 号黏土砖、25 号砂浆砌筑的砌体的抗压强度相当。故加气混凝土完全可以代替黏土砖用于建筑物墙体。实践证明，采用强度等级为 3.0MPa 的砌块可以建造 3 层的承重墙体建筑，强度等级为 5.0MPa 的砌块建造 3～5 层的住宅或其他建筑物都是安全经济的。

（二）加气混凝土板材的应用

目前，国内生产的加气混凝土板材有屋面板、条板及条板拼装的大板。在北京和东北地区使用加气混凝土板材已有十多年的历史。加气混凝土屋面板绝热性能好、质量轻、施工简便，在北方地区深受欢迎，目前已成为定型产品。加气混凝土墙板可作承重和非承重内墙也可以作承重外墙的内保温材料，还可作钢筋混凝土框架围护结构。使用时十分有助于施工机械化、装配化。

（三）在应用中应注意的问题

（1）制品施工时灰砂加气混凝土含水率应小于 15%；粉煤灰加气混凝土含水率应小于 25%。

（2）制品作墙体材料时应使用加 108 胶的水泥砂浆抹面，砂浆厚度一般为 1.5～2.5cm，强度等级不宜太高（2.5～5.0MPa），而后在砂浆表面进行装饰。

（3）加气混凝土砌块做承重的建筑宜采用横墙承重的结构方案。横墙间距不宜超过 4.2m，并尽可能使横墙对正贯通。每层应设置钢筋混凝土圈梁，以保证房屋有较好的空间整体刚度。

（4）下列情况不得采用加气混凝土：建筑基础；长期处于浸水、高温状况的环境一般可宜采用加气混凝土（如在有水接触或与高温接触的环境下采用加气混凝土），必须对混凝土表面做防水或隔热的保护层；经常接触酸、碱、盐等腐蚀介质的部位。

（四）加气混凝土应用实例——万科金域华庭

万科金域华庭项目（图 5-7）是重庆市装配式建筑示范项目，位于重庆市沙坪坝区磁器口街道磁建村，沙坪坝组团 B 分区 B12/02 号宗地，毗邻粗磁器口古镇与内环高速。

本项目为 5 栋高层（33F）住宅建筑，项目总建筑面积约为 2.35 万 m^2，其中地上建筑面积 1.82 万 m^2，建筑密度 30.86%，绿地率 35.01%。主体结构为剪力墙结构，外墙采用"铝模全现浇＋内保温"技术体系，分户墙为蒸压加气混凝土精确砌块，内隔墙为 ALC 板。

图 5-7　万科金域华庭

本示范项目所有 ALC 板为重庆泰日建材有限公司生产。密度等级为 B06 级，抗压强度≥4.0MPa，单点吊挂力≥1200N。ALC 板（图 5-8）具有质量轻、节能环保、保温隔热、防火隔声、快速施工、降低成本等优点。

图 5-8　ALC 板

加气混凝土板生产工艺流程如图 5-9 所示。

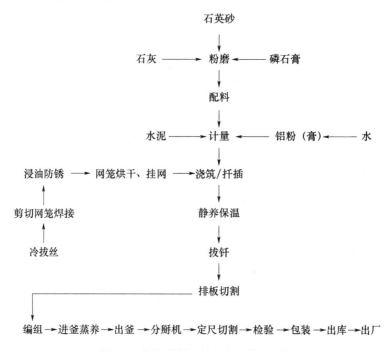

图 5-9　加气混凝土板生产工艺流程图

第四节　泡沫混凝土

凡在配制好的含有胶凝物质的料浆中加入泡沫而形成多孔的坯体，并经养护形成的多孔混凝土，称之为泡沫混凝土。

泡沫的形成可以通过化学泡沫剂发泡、压缩空气弥散及天然沸石粉吸附空气（载气）等方法来完成。其中压缩空气弥散形成气泡制得的泡沫混凝土可称之为充气型泡沫混凝土，天然沸石吸附空气形成气泡制得的混凝土可称之为载气型泡沫混凝土。

一、泡沫混凝土的原料组成

泡沫混凝土的主要原料为水泥、石灰、具有一定潜水硬性的掺和料、发泡剂及对泡沫有稳定作用的稳泡剂，必要时还应掺加早强剂等外加剂。

（一）水泥

一般采用硅酸盐系列的水泥（硅酸盐水泥、普通硅酸盐水泥、矿渣硅酸盐水泥、火山灰质硅酸盐水泥、粉煤灰硅酸盐水泥、复合硅酸盐水泥等），也可采用硫铝酸盐水泥、高铝水泥。但后两种水泥价格较高。

根据养护方法的不同，所采用的水泥品种和强度等级也不同。采用自然养护时，应采用早期强度高、强度等级也高的水泥，如早强型（R型）硅酸盐水泥、R型普通硅酸盐水泥、硫铝酸盐水泥及高铝水泥。当采用蒸汽养护时，则可用一些掺混合材的硅酸盐水泥，对水泥的强度等级也无特殊要求，应注意的是，采用蒸汽养护时不能选用高铝水泥。

（二）石灰

如采用蒸汽养护，可掺加一定的石灰代替水泥作为钙质原料，石灰的质量要求同加气混凝土。

掺加石灰时，水泥不能用高铝水泥。

（三）掺和料

用于泡沫混凝土的掺和料主要为粉煤灰、沸石粉和矿渣粉，粉煤灰的质量要求同加气混凝土。对沸石粉和矿渣粉质量要求主要有以下两个方面。

（1）化学成分应符合水泥混合材对矿渣、沸石的要求；

（2）细度达到比表面积大于或等于 $3500cm^2/g$。

也可以用石英粉作为硅质掺和料。但掺用石英粉（或石英砂与其他原料共同磨细）时，养护必须经蒸压养护，其配料基本上类同于加气混凝土。

（四）发泡剂

发泡剂也称泡沫剂，是配制泡沫混凝土的关键原料。目前，用于泡沫混凝土的发泡剂按组成的成分分为松香树脂类、合成表面活性剂类、蛋白质类、复合类等类型。

1. 松香树脂类发泡剂（第一代发泡剂）

松香树脂类发泡剂均是以松香作为主要原料制成，应用最早也最为普遍。松香的化学结构比较复杂，其中含有松香脂酸类、芳香烃类、芳香醇类、芳香醛类及其氧化物等，分子式可表示为 $C_{20}H_{30}O_2$。

松香树脂发泡剂又名引气剂，它的主要品种有松香皂和松香热聚物两个。其最初均是作为混凝土砂浆引气剂来开发应用的，后来又扩展应用为泡沫混凝土的发泡剂。

2. 合成类发泡剂（第二代发泡剂）

继松香类发泡剂之后，我国在20世纪后期，开发了各种合成表面活性剂类发泡剂。这类发泡剂在国外于20世纪50年代就广泛地应用于水泥发泡，但由于当时我国的表面活性剂工业没有发展起来，所以一直没有开发应用。直到1980年以后，随着我国表面活性剂工业的规模化发展，这一类发泡剂才逐渐得到开发，并在近几年成为发泡剂的主流产品。目前，市场上出售的大部分商品水泥泡发剂，均是合成表面活性剂类，约占发泡剂总产销量的 60%。

合成表面活性剂类发泡剂按表面活性剂的离子性质，分为阴离子型、阳离子型、非离子型、两性离子型，种类繁多，是一个很大的家族，但优异性能的品种并不多，其主要原因是这一类发泡剂总体讲泡沫稳定性较差，不适合于较低密度的泡沫混凝土。

在各种合成表面活性剂类发泡剂中，阴离子型因发泡快且发泡倍数大而受到普遍的欢迎。阳离子发泡剂价格很高且对水泥的强度有一定的影响，所以应用不多。非离子发泡剂的发泡倍数一般较小，而一般人多看重发泡能力，所以它也没有得到广泛的应用。两性离子发泡剂由于成本相当高，虽发泡尚可，也应用不多。

3. 蛋白活性物型发泡剂（第三代发泡剂）

蛋白型发泡剂是目前的高档发泡剂，性能较好，发展前景也较好。从发展的总趋势看，它在近几年的应用当中将占有越来越大的比例。虽然它的价格很高（大多在 1.5 万元/t 以上），由于它的性能较好，仍然会被市场接受。

蛋白类发泡剂是一类表面活性物质，它们共同的突出优点是泡沫特别稳定，可以长时间不消泡，完全消泡的时间大多长于 24h，是其他类型的发泡剂望尘莫及的。另外，还有着比较满意的发泡倍数。虽然它的发泡能力不如合成类阴离子表面活性剂，但也居中等水平，不算太差。因此，目前国外发达国家的发泡剂基本上以蛋白类为主。

我国蛋白类发泡剂原来大多进口，来自意大利、美国、日本、韩国等发达国家，这几年国产的也越来越多。国产蛋白发泡剂的性能要完全达到进口的水平，还需要作出努力，在技术上进一步提高和改进。

蛋白发泡剂从原料成分划分，有动物蛋白和植物蛋白两种。动物性蛋白又分水解动物蹄角型、水解毛发型、水解血胶型 3 种；植物性蛋白也以植物原料的品种不同，分为茶皂型和皂角苷类等。

4. 复合型发泡剂（第四代发泡剂）

综合分析前述三大类发泡剂，虽然目前应用较广，但是都存在性能不够全面、不能满足实际泡沫混凝土生产需要的弊端，没有一种能完全达到泡沫性能技术要求的。这表现在松香树脂类起泡力与稳泡性均较低，阴离子表面活性剂虽然起泡力很好，但稳泡性太差，蛋白类发泡剂稳定性好却又起泡力低。这就是目前我国发泡剂总体水平低，质量不高的重要原因。如果我们仍停留在这个水平上，泡沫混凝土的发展势必会受到很大的影响，成为其发展的瓶颈。

解决上述单一成分发泡剂性能不佳的唯一方法，就是向第四代高性能发泡剂发展，走复合改性的道路，生产复合型发泡剂。可以肯定地说，未来的发泡剂，大多数将是多元复合型的，单一成分的会越来越少，第四代复合型发泡剂的时代一定会到来，并已经有了开端。我们已经看到，目前我国不少企业生产的发泡剂已成为复合型，综合性能有了很大的提高。以后，复合发泡剂无疑将成为主导，单一成分的会逐渐淘汰。

（五）稳泡剂

制备泡沫时可以加入适量稳泡剂，稳泡剂品种同加气混凝土用稳泡剂。

二、泡沫混凝土的性能

（一）干密度

泡沫混凝土的干密度是以 3 块试件在温度为 (105 ± 5) ℃干燥箱内烘干至恒重（在干燥过程中，冷却至室温称重，前后两次称重相差不超过 0.2％，前后两次间隔 4h），称其质量为 m_0。

干密度按式（5-24）计算：

$$\rho_0 = \frac{m_0}{V} \times 10^6 \tag{5-24}$$

式中，ρ_0 为干密度（kg/m³，精确至 0.1）；m_0 为试件烘干质量（g）；V 为试件的体积（mm³）。

试件结果以试件干表观密度的算术平均值表示，精确至 1kg/m³。

泡沫混凝土的干密度应不大于表 5-30 中规定，其容许误差应为 +5％。

表 5-30 泡沫混凝土干密度

干密度等级	A03	A04	A05	A06	A07	A08	A09	A10	A12	A14	A16
干密度/（kg/m³）	300	400	500	600	700	800	900	1000	1200	1400	1600

（二）堆积密度与孔隙率

泡沫混凝土的堆积密度，取决于多孔混凝土混合料的组成材料及其制造过程中所形成的细孔数量。混合料的堆积密度与硬化后的泡沫混凝土的堆积密度之间的关系，可以用式（5-25）表示：

$$\rho_h = K\rho(1+W/T) + W_h \tag{5-25}$$

式中，ρ_h 为多孔混合料的堆积密度（kg/m³）；K 为考虑到硬化后结合水和吸附水系数（泡沫混凝土堆积密度 <800kg/m³，取 0.99；堆积密度 800～1200kg/m³，取 0.95）；ρ 为在已烘干状态下多孔混凝土的堆积密度（kg/m³）；W/T 为水料比；W_h 为泡沫剂溶液和搅拌机中的倒入的水量（L）。

堆积密度随孔隙率而变。孔隙率减小，堆积密度增大。泡沫混凝土堆积密度与孔隙率之间的关系见表 5-31。

表 5-31 泡沫混凝土堆积密度与孔隙率之间的关系

堆积密度/（kg/m³）	600	800	1000	1200
孔隙率/％	76	68	60	52

（三）导热系数

目前，泡沫混凝土大部分用于建筑保温，因此，它的导热系数越低越好。密度为 200～800kg/m³ 的泡沫混凝土，导热系数应控制在 0.06～0.18W/（m·K）。在这个范围内，根据不同制品与用途，再具体调整与控制。一般情况下，地暖及外墙保温等对保温要求较高的，导热系数应控制在 0.05～0.1W/（m·K）。一般性保温要求的，导热系数可控制在 0.1～0.18W/（m·K）。用于承重制品的，导热系数可放宽一些，控制在 0.3～0.8W/（m·K）即可，不必要求过低。

当泡沫混凝土用于非保温领域，如挡土墙、垃圾覆盖、地下填充、跑道地基、园林园艺制品等，可以不考虑其导热系数。

导热系数应不大于表 5-32 规定。

表 5-32　泡沫混凝土导热系数要求值

干密度等级	A03	A04	A05	A06	A07	A08	A09	A10	A12	A14	A16
导热系数 /［W/（m·K）]	≤0.08	≤0.10	≤0.12	≤0.14	≤0.18	≤0.21	≤0.24	≤0.27	—	—	—

（四）吸水率

泡沫混凝土吸水率应不大于表 5-33 规定。

表 5-33　泡沫混凝土吸水率

等级	W5	W10	W15	W20	W25	W30	W40	W50
吸水率/%	5	10	15	20	25	30	40	50

注：泡沫混凝土按吸水率可分为 8 个等级，分别为 W5、W10、W15、W20、W25、W30、W40、W50。

（五）软化系数

软化系数的大小表明材料浸水后强度降低的程度，一般波动在 0～1。软化系数越小，说明材料饱水后的强度降低越多，其耐水性越差。对于经常位于水中或受潮严重的重要结构物的材料，其软化系数不宜小于 0.85；受潮较轻或次要结构物的材料，其软化系数不宜小于 0.70；软化系数大于 0.80 的材料，通常可以认为是耐水的材料。

（六）抗压强度

泡沫混凝土抗压强度试件尺寸为 100mm×100mm×100mm 的立方体试件，每组试件 3 块。以表 5-34 的加荷速度连续均匀加荷直至试件破坏或压缩量最大值为 90% 为破坏，记录破坏荷载。抗压强度按式（5-26）计算：

$$f_{ce}=\frac{P}{F} \tag{5-26}$$

式中，f_{ce} 为试件的抗压强度（MPa）；P 为破坏荷载（N）；F 为试件受压面积（mm²）。

试验结果以试件抗压强度的算术平均值或单块最小值表示，精确至 0.01MPa。

表 5-34　加荷速度

强度等级	加荷速度/（kN/s）
0.5～1	0.25
1～2	0.5
2～5	1.0

泡沫混凝土每组立方体试件的强度平均值和单块强度最小值应不小于表 5-35 的规定。

表 5-35　泡沫混凝土每组立方体试件的强度平均值和单块强度允许值

强度等级	立方体抗压强度/MPa	
	每组平均值≥	单组最小值≥
C0.3	0.30	0.225
C0.5	0.50	0.425
C1.0	1.00	0.850
C2.0	2.00	1.700
C3.0	3.00	2.550
C4.0	4.00	3.400
C5.0	5.00	4.250
C7.5	7.50	6.375
C10	10.0	8.500
C15	15.0	12.76
C20	20.0	17.00

因泡沫混凝土密度很低，而且大多是自然养护，即使采用较高掺量的胶凝材料，使用强度也相应较低。因此，使用泡沫混凝土，不能期望它有过高的强度值，而应以满足使用要求即可。

泡沫混凝土的强度大致在 0.5～2.5MPa（不包括承重型），保温用途、填充用途、覆盖用途等，对强度要求很低，控制在 0.5～1MPa 即可，结构保温型可控制在 1～2.5MPa，承重型应控制在 5～10MPa。

表 5-36　泡沫混凝土的干密度等级及抗压强度

干密度等级	A03	A04	A05	A06	A07	A08	A09	A10	A12	A14	A16
抗压强度/MPa	0.3～0.7	0.5～1.0	0.8～1.2	1.0～1.5	1.2～1.5	1.8～3.0	2.5～4.0	3.5～5.0	4.5～6.0	5.5～10.0	8.0～30.0

（七）抗冻性

泡沫混凝土在经过 15 次冻融循环试验后，其抗压强度降低不大于 10%～20%。

（八）收缩性能

泡沫混凝土的干燥收缩太大，会使其制品或施工面容易裂纹，用其制品砌筑的墙体也会因收缩而裂缝。有时收缩还导致变形翘曲。由于泡沫混凝土的密度低，内部孔隙多，更容易出现干燥收缩。为了减少裂纹和变形，应控制其干燥收缩在技术允许的范围内。在一般情况下，它的干燥收缩值在 0.6～1.0mm/m 是允许的，一些中高档用途，干燥收缩值可控制得更严格一些，应降至 0.6～0.8mm/m。

三、泡沫混凝土的配合比设计

现以水泥-石灰-砂泡沫混凝土为例介绍泡沫混凝土的配合比设计。

（一）确定砂灰比

$$K = \frac{S}{H_a} \tag{5-27}$$

式中，S 为砂用量；H_a 为石灰＋水泥用量（总用灰量）；K 为砂灰比值。

K 值与泡沫混凝土的要求容重有关，详见表 5-37。

表 5-37　砂灰比 K 值选用

混凝土密度/（kg/m³）	K 值	混凝土密度/（kg/m³）	K 值
≤800	5.0～5.5	1000	7.0～7.8
900	6.0～6.5		

（二）计算总用灰量（水泥＋石灰用量）

$$H_a = \frac{a \cdot \rho_f}{1+K} \tag{5-28}$$

$$H_a = C_0 + H_0$$

式中，C_0 为水泥用量（kg）；H_0 为石灰用量（kg）；K 为砂灰比；ρ_f 为混凝土绝干表观密度；a 为结合水系数（$\rho_f \leq 600$kg/m³ 时，a 取 0.85；$\rho_f \geq 700$kg/m³ 时，a 取 0.90）

（三）计算水泥用量 C_0

$$C_0 = （0.7～1.0）H_a \tag{5-29}$$

（四）计算石灰用量 H_0

$$H_0 = H_a - C_0 = （0～0.3）H_a \tag{5-30}$$

（五）确定水料比 k

$$k = W/T \tag{5-31}$$

式中，W 为 1m³ 泡料混凝土中的总用水量；T 为 1m³ 泡沫混凝土中用灰量与砂用量的总和。水料比 W/T 与泡沫混凝土的表观密度有关，可参见表 5-38。

表 5-38　水料比 k 值

泡沫混凝土密度/（kg/m³）	k 值	泡沫混凝土密度/（kg/m³）	k 值
≤800	0.38～0.40	1000	0.34～0.36
900	0.36～0.38		

（六）计算泡沫混凝土料浆用水量

$$W_0 = k \cdot （H_a + S_0） \tag{5-32}$$

式中，k 为水料比；H_a 为总用灰量（kg/m³）；S_0 为砂用量（kg/m³）。

（七）计算发泡剂用量

$$P_f = \frac{1000 - \left(\dfrac{H_0}{\rho_h} + \dfrac{S_0}{\rho_S} + \dfrac{C_0}{\rho_C} + W_0 \right)}{Z \cdot V_P} \tag{5-33}$$

式中，P_f 为发泡剂用量（kg/m³）；Z 为泡沫活性系数；V_P 为 1kg 发泡剂泡沫成型体积 [对于 Uc-FP 型发泡剂，V_P＝（700～750）L/kg；对于松香皂发泡剂，V_P＝（670～680）L/kg]。

（八）配合设计实例

1. 设计条件

试确定石灰-水泥-砂泡沫混凝土配合比，其绝干密度 $\gamma_{\mp}$＝800kg/m³，拟用原材料如下。

（1）泡沫剂

一定量的松香、碱、胶并加定量水配成；泡沫成型体积 $V_P =$（670～680）L/kg；泡沫活性系数0.9。

（2）胶凝材料

32.5MPa普通水泥，密度为3.1g/cm^3；石灰密度 $\rho_h = 2.4$g/cm^3。

（3）砂

中粗、河砂，密度 $\rho_s = 2.56$g/cm^3。

2. 设计计算步骤

（1）确定砂灰比：查表5-36，得 $K = 5.6$。

（2）计算灰用量：根据 $a = 0.9$，$\gamma_{干} = 800$kg/m^3，$K = 5.6$，按式（5-28）计算：

$$H_a = \frac{a \cdot \gamma_{干}}{1+K} = \frac{0.9 \times 800}{1+5.6} = 109\text{kg}$$

（3）计算砂用量：根据 $K = 5.6$，$H_a = 109$kg，由式（5-27）计算：

$$S_0 = KH_a = 5.6 \times 109\text{kg} = 610\text{kg}$$

（4）计算水泥和石灰用量：

$$C_0 = 0.7H_a = 0.7 \times 109\text{kg} = 76\text{kg}$$

$$H_0 = H_a - C_0 = 109\text{kg} - 76\text{kg} = 33\text{kg}$$

（5）确定水料比：查表5-38，得 $k = W/T = 0.38$。

（6）计算泡沫混凝土所需料浆的用量：根据 $W/T = 0.38$，$H_a = 109$kg，$S_0 = 610$kg，得：

$$W_0 = \frac{W}{T}(H_a + S_0) = 0.38(109+610)\text{kg} = 273\text{kg}$$

（7）计算泡沫剂用量：根据 $H_0 = 33$kg，$S_0 = 610$kg，$C_0 = 76$kg，$\rho_h = 2.4$g/cm^3，$\rho_s = 2.56$g/cm^3，$\rho_c = 3.1$g/cm^3，$W_0 = 273$kg，$Z = 0.9$，$V_P = 670$L/kg，得：

$$\rho_0 = \frac{1000\text{L} - \left(\dfrac{H_0}{\rho_h} + \dfrac{S_0}{\rho_s} + \dfrac{C_0}{\rho_c} + W_0\right)}{Z \cdot V_P}$$

$$= \frac{1000\text{L} - \left(\dfrac{33\text{kg}}{2.4\text{kg/L}} + \dfrac{610\text{kg}}{2.56\text{kg/L}} + \dfrac{76\text{kg}}{3.1\text{kg/L}} + \dfrac{273\text{kg}}{1\text{kg/L}}\right)}{0.9 \times 670\text{L/kg}}$$

$$= 0.75\text{kg}$$

根据表5-39查得，泡沫剂所用材料如下：

① 松香 0.229kg/kg×0.75kg＝0.172kg；

② 碱溶液 0.229kg/kg×0.75kg＝0.172kg；

③ 折合干碱用量 0.038kg/kg×0.75kg＝0.029kg；

④ 含水胶 0.319kg/kg×0.75kg＝0.239kg；

⑤ 胶中加水 0.222kg/kg×0.75kg＝0.167kg。

表5-39　1kg泡沫剂所用的各种材料

松香/kg	碱溶液/kg	干碱用量得/kg	含水胶/kg	胶中加水/kg
0.229	0.229	0.038	0.319	0.222

四、泡沫混凝土的施工

泡沫混凝土作为一种新型材料，具有保温隔热，兼具防水、防火等性能。由于其施工简单，保温隔热性能良好，泡沫混凝土作为现有隔热材料陶粒的替代品被广泛运用在工程项目中。其基本原理是利用混凝土中封闭气孔达到保温隔热的效果。现浇泡沫混凝土已广泛应用于建筑屋面保温隔热工程中。泡沫混凝土按施工方式分为现浇泡沫混凝土和泡沫混凝土制品。

（一）现浇泡沫混凝土

1. 一般规定

（1）现浇泡沫混凝土工程的施工单位应与设计单位相配合，并应针对工程实际编制专项施工方案。

（2）现浇泡沫混凝土拌和物进场后，应按规定抽样复检，不得在工程中使用不合格材料。

（3）现浇泡沫混凝土施工前，应做样板房。

（4）现浇泡沫混凝土工程应在上一道施工工序质量验收合格后再进行下一道工序施工。

（5）现浇泡沫混凝土施工时环境温度不宜低于10℃，风力应不大于5级。

（6）现浇泡沫混凝土工程施工的安全技术要求应符合现行国家标准 GB 50870—2013《建筑施工安全技术统一规范》的规定。

2. 施工准备

（1）现浇泡沫混凝土施工基面准备应符合下列规定：屋面、楼（地）面的施工前应检查基层质量，凡基层有裂缝、蜂窝的地方，应采用水泥砂浆进行封闭处理，及时清扫浮灰；天气干燥时，应先湿润基层，基层不得有明显积水；现浇泡沫混凝土施工屋面找平层的厚度和技术要求应符合现行国家标准 GB 50207—2012《屋面工程质量验收规范》中的有关规定。

（2）施工前有关水、电管线、预埋件应验收合格。

（3）模板安装应符合下列规定：

① 模板的接缝不应漏浆，模板内不应有积水，模板内的杂物应清理干净；

② 模板表面应清理干净并涂刷隔离剂，隔离剂应不影响结构性能或后续工序施工；

③ 墙体预埋件、预留孔和预留洞不得遗漏，且应安装牢固，模板安装的偏差应按现行国家标准 GB 50666—2011《混凝土结构工程施工规范》有关规定执行。

（4）在浇筑泡沫混凝土之前，应对模板工程进行验收；模板安装和浇筑泡沫混凝土时，应对模板及其支架进行观察和维护。发生异常情况时，应按施工技术方案及时进行处理。

（5）模板及其支架拆除时，泡沫混凝土强度应符合现行国家标准 GB 50666—2011《混凝土结构工程施工规范》对模板拆除的有关规定；拆除时应保证墙体表面及棱角不受损伤。

（6）钢筋安装时，钢筋的品种、规格、数量、位置应满足设计要求；在浇筑泡沫混凝土之前，应进行钢筋隐蔽工程验收，并应包括下列内容：钢筋的品种、规格、数量、位置；钢筋的连接方式、接头位置、接头数量、接头面积百分率；箍筋、横向钢筋的品种、规格、数量、间距；预埋件的规格、数量、位置。

3. 输送与浇筑

（1）泡沫混凝土流动性应满足工程设计和施工要求。

（2）泡沫混凝土拌和物的初凝时间应不大于 2h。

（3）泡沫混凝土料浆运输应符合下列规定：搅拌站拌和好的泡沫混凝土料浆应由搅拌车运输至施工现场；搅拌车应符合现行行业标准 GB/T 26408—2020《混凝土搅拌运输车》的规定；搅拌车在运输时应能保持泡沫混凝土料浆的均匀性，不应产生分层离析现象；搅拌车在运输过程中，不得在中途停留，途中运输时间应不大于泡沫混凝土料浆初凝时间。

（4）采用搅拌车输送泡沫混凝土料浆时，应符合下列规定：搅拌车到达施工现场后，料浆应匀速卸料至二次搅拌机，并应对浆料进行二次搅拌；在二次搅拌机的进料口应加装过滤结块、石子等的过滤网；经二次搅拌的料浆在泡浆混合设备内与泡沫应充分混合，混泡时间宜为 3～5min。

（5）现场泡沫混凝土的输送应采用输送泵输送，输送泵输送泡沫混凝土应符合现行行业标准 JGJ/T 10—2011《混凝土泵送施工技术规程》的规定。

（6）现浇泡沫混凝土工程在施工过程中禁止振捣。

（7）现浇泡沫混凝土应随制随用，留置时间不宜大于 30min。

（8）浇筑高度大于 3m 时，泡沫混凝土应分层浇筑。

（9）泡沫混凝土运输、浇筑及间歇的全部时间不应大于泡沫混凝土的初凝时间。同一施工段的泡沫混凝土宜连续浇筑；分层浇筑时，应在底层泡沫混凝土终凝之前将上一层混凝土浇筑完成。

（10）泵送泡沫混凝土施工应符合下列规定：泡浆混合好后宜由软管泵送至浇筑部位；泡沫混凝土水平泵送距离应不大于 500m，当水平泵送距离大于 500m 时，应采用泡浆分离中继泵送的方法，在离浇筑部位 200m 内的位置进行泡浆混合继续泵送；泡沫混凝土垂直泵送距离应不大于 100m，当垂直泵送距离大于 100m 时，应采用泡浆分离中继泵送的方法，在浇筑部位 100m 以内的位置进行泡浆混合继续泵送；泡沫混凝土在泵送浇筑过程中宜降低出料口与浇筑面之间的落差，出料口离浇筑面垂直距离应不大于 0.5m；泵送出料口与浇注面的高度差应不大于 0.5m；单次浇筑厚度应不大于 1m，再次浇筑时间应以前次浇筑面达到终凝要求为准；单次浇筑厚度大于 1m 时，应对泡沫混凝土温度进行实时监控；当温度超过 75℃时，应制订合理施工方案，并应在方案中控制保温、降温措施。

（11）泡沫混凝土复合墙体施工应符合下列规定：施工前，应进行基层清理、定位放线；应对水平标高及墙体控制线、门窗位置线进行中间验收；竖龙骨沿墙体水平方向宜每 900mm 设置一道，并与主体结构连接固定；竖龙骨垂直度的偏差应不大于 4mm；应在墙体底部铺筑一层 30mm 厚 1:4 水泥砂浆层作为定位两侧免拆模板底部的导墙；免拆模板应按排块图从下到上依次安装，安装时墙体两侧应同时进行，上下板块间宜抹 2mm 厚水泥胶浆，两侧板可采用对拉螺栓连接；泡沫混凝土复合墙体中，对拉螺栓与钢筋发生冲突时，宜遵循钢筋避让对拉螺栓的原则；安装免拆模板时应注意横平竖直，拼缝密合；当有板块需要切割时，也应保持表面平整；免拆模板宜采用水泥胶浆封缝；浇注孔留置数量应根据现场墙体布局确定，单一墙体的浇筑孔间距应不大于 6m；现场搅拌泡沫混凝土，应采用泵送软管伸入浇注孔内进行浇筑，浇筑宜连续进行；当采用分层浇筑时，应符合本规程相应规定；当墙高超过 4m 时，墙体 2m 高处采用水平龙骨与竖向龙骨铆接形成贯通水平龙骨带，在其上进行免拆模板安装；泡沫混凝土浇筑完毕 24h 后方可拆除对拉螺杆。

（12）泡沫混凝土屋面保温隔热层施工除应符合现行国家标准 GB 50345—2012《屋面工程技术规范》，尚应符合下列规定：泡沫混凝土屋面现浇应根据浇筑部位的工程情况编制具体的作业方案；浇筑面应做到平整，并一次成型，浇筑达到设计标高后应用刮板刮平；刮平后在终凝前不得扰动和上人，不应承重，在终凝后应及时做砂浆找平层；泡沫混凝土大面积浇筑时可采用分区逐片浇筑的方法；当屋面的坡度大于 2% 并用泡沫混凝土进行找坡施工时，应采用模板辅助；当屋面铺设地砖或铺设混凝土时，可在泡沫混凝土终凝 2h 后进行。

（13）泡沫混凝土楼（地）面保温隔热层施工除应符合现行国家标准 GB 50300—2013《建筑工程施工质量验收统一标准》和 GB 50209—2010《建筑地面工程施工质量验收规范》外，尚应符合下列规定：现场浇筑应按先内后外的顺序进行浇筑；楼（地）面浇筑前应首先确定保温隔热层厚度找平线，浇筑后应使用刮板刮平；浇筑完成后应进行 3d 以上自然养护方可铺设加热管，期间不得进行交叉作业以防止踩踏破坏。

（14）泡沫混凝土填筑施工除应符合现行国家标准 GB 50300—2013《建筑工程施工质量验收统一标准》外，尚应符合下列规定：泡沫混凝土填筑应采用分块分层方式进行浇筑作业；泡沫混凝土填筑单层浇筑厚度宜按 30～100cm 控制；上一层浇筑应在下一层浇筑终凝后进行；泡沫混凝土填筑浇筑过程中，泵送管出口应与浇筑面保持水平，不宜采用喷射方式浇筑。

（15）现浇泡沫混凝土雨期、高温和冬期施工应符合下列规定：雨季和降雨期间应按雨期施工要求采取措施，严禁在下雨而无防护下进行现浇泡沫混凝土施工；当日平均气温达到 30℃ 及以上时，应按高温施工要求采取措施；根据当地气象资料，当室外日平均气温连续 5d 稳定低于 10℃ 时，应采取冬期施工措施；当室外日平均气温连续 5d 稳定高于 10℃ 时，可解除冬期施工措施；当气温骤降至 0℃ 以下时，应按冬期施工的要求采取应急防护措施；泡沫混凝土工程越冬期间，应采取维护保温措施；现浇泡沫混凝土冬期施工，应按现行行业标准 JGJ/T 104—2011《建筑工程冬期施工规程》的有关规定进行热工计算。

4. 养护

（1）泡沫混凝土浇筑完毕后，应按施工技术方案采取有效的养护措施，并应符合下列规定：应在浇筑完毕后的 12h 以内对泡沫混凝土加以覆盖并保湿养护；养护时间不得少于 14d；保湿养护应能保持泡沫混凝土处于湿润状态；泡沫混凝土养护用水应与拌制用水相同。

（2）泡沫混凝土早期养护期间应防止失水和过量水浸泡。

（3）现浇泡沫混凝土工程不宜在夜间施工；泡沫混凝土浇筑完成后，外露表面及时养护；新老泡沫混凝土搭接处做好保温措施，保温层厚度应为其他保温层厚度的 2 倍，搭接长度应不小于 30cm。

（二）泡沫混凝土制品

1. 一般规定

（1）泡沫混凝土制品模板宜采用金属模板。模板的接缝应紧密，不应有料浆从模内流出。

（2）模板在使用之前，应在清除黏着在模内的残留物后涂刷一层隔离剂。

（3）泡沫混凝土制品在模板内浇筑的高度不宜大于800mm；浇筑时应将泡沫混凝土料浆均匀地分布到模板内，并应充满模内。

（4）制品生产车间的环境温度应不低于10℃。

（5）制品注模完成后，应在其上覆盖保水材料后进行养护。

（6）泡沫混凝土制品不应有未切割面，其切割面不应有切割附着屑。

（7）制品的成品不应露天存放。泡沫混凝土保温板应侧立无空隙码放成垛；每垛可堆2～3层高。在每层中间及底层与地面之间，宜放置厚度相同的木垫块。

（8）在运输泡沫混凝土保温板时，应把板材无空隙码放侧立装运，码放高度应不高于3层，板的纵轴应顺着运输方向。在层与层之间及底层之下，宜垫以相同厚度的木块。

（9）制品的装卸不得抛掷。

（10）泡沫混凝土制品的施工安全技术要求应符合现行国家标准GB 50870—2013《建筑施工安全技术统一规范》的规定。

2. 泡沫混凝土制品制备

（1）制备时应具有强制式砂浆搅拌机、电动搅拌机、电钻、靠尺、抹子等主要生产机具。

（2）制备用机具应有专人管理和使用，定期维护校验。

（3）泡沫混凝土制品模板的用量应根据泡沫混凝土搅拌机的生产能力、工作班数、蒸汽养护室的生产能力、模板尺寸及周转率等情况确定。

（4）自然养护的泡沫混凝土制品拆模期应视周围的温度、浇筑的高度及泡沫混凝土所达到的强度等情况决定，且应不少于48h。

（5）自然养护凝固的泡沫混凝土制品经48h硬化后，应在制品上标明制造日期；用蒸汽养护法制造的泡沫混凝土制品，其标记应在运出蒸汽养护室后标明。

（6）泡沫混凝土注模2～3h达到硬化时，应开始保湿养护。

（7）泡沫混凝土制品蒸汽养护的恒温温度应为70～80℃，在整个蒸养期内蒸养温度不应发生剧烈变化。

3. 施工条件

（1）泡沫混凝土保温板外墙外保温系统的施工应符合下列规定：基层墙体应符合现行国家标准GB 50204—2015《混凝土结构工程施工质量验收规范》和GB 50203—2011《砌体结构工程施工质量验收规范》的规定；外墙外保温系统施工应在基层粉刷水泥砂浆找平层，并应在施工质量验收合格后进行；外墙外保温系统施工前，门窗洞口应通过验收，洞口尺寸、位置应符合设计要求并应验收合格，门窗框或辅框应安装完毕，并应做防水处理。伸出墙面的消防梯、水落管、各种进户管线和空调器等的预埋件、连接件应安装完毕，并应预留出外保温层的厚度；保温工程应制订专项施工方案；既有建筑改造工程外墙外保温系统施工中，基层墙面必须坚实平整，空鼓处应铲除，原装饰面层应清除，并应采用水泥砂浆补平；对于潮湿或吸水性过高，影响黏结和施工的基层应涂抹界面砂浆；应按抹灰墙面的高度搭设抹灰用脚手架；脚手架应稳固、可靠；进场材料应储存在干燥阴凉的场所，储存期及条件应按材料供应商产品说明要求进行。

（2）泡沫混凝土砌块施工应符合下列规定：堆放泡沫混凝土砌块的场地应预先夯实平整，并应便于排水；不同规格型号、强度等级的砌块应分别覆盖堆放；堆垛上应有标志，垛间应留适当宽度的通道；堆放场地应有防潮、防水措施；装卸时不得采用翻斗卸车和随意抛投；不得使用有竖向裂缝、断裂、龄期不足 28d 的泡沫混凝土砌块及外表明显受潮的泡沫混凝土砌块上墙砌筑；泡沫混凝土砌块表面的污物和砌块周围毛边应在砌筑前清理干净；砌筑底层墙体前应对墙下工程按有关规定进行检查和验收，符合要求后方可进行墙体施工。

（3）泡沫混凝土砌块雨期施工应符合下列规定：雨期施工，堆放室外的泡沫混凝土砌块应有覆盖设施；小雨以上雨量时，应停止砌筑外墙，对已砌筑的墙体宜覆盖；继续施工时，应复核墙体的垂直度；雨期施工砌筑砂浆稠度应视实际情况适当减小。

（4）泡沫混凝土砌块应符合下列规定：

当室外日平均气温连续 5d 稳定低于 5℃或气温骤然下降时，应及时采取冬期施工措施；当室外日平均气温连续 5d 高于 5℃时应解除冬期施工。冬期施工所用的材料，应符合下列规定：不得使用浇过水或浸水后受冻的泡沫混凝土砌块；砌筑砂浆宜采用普通硅酸盐水泥拌制；拌和砌筑砂浆宜采用两步投料法，其水的温度不得大于 80℃，砂的温度不得大于 40℃，砂浆稠度宜较常温适当减小；现场运输与储存砂浆应有冬期施工措施。

（5）砌筑后，应及时用保温材料对新砌砌体进行覆盖，砌筑面不得留有砂浆；继续砌筑前，应清扫砌筑面；

（6）冬期施工时，对低于 M10 强度等级的砌筑砂浆，应比常温施工提高一级，且砂浆使用温度不应低于 5℃；

（7）记录冬期砌筑的施工日记除应按常规要求外，尚应记载室外空气温度、砌筑时砂浆温度、外加剂掺量以及其他有关资料；

（8）泡沫混凝土砌块砌体不得采用冻结法施工，埋有未经防腐处理的钢筋（网片）的泡沫混凝土砌块砌体不应采用掺氯盐砂浆法施工；

（9）采用掺外加剂法时，其掺量应由试验确定，并应符合现行国家标准 GB 50119—2013《混凝土外加剂应用技术规范》的有关规定；

（10）采用暖棚法施工时，泡沫混凝土砌块和砂浆在砌筑时的温度应不低于 5℃，同时离所砌筑的结构地面 500mm 处的棚内温度应不低于 5℃；

（11）暖棚内的泡沫混凝土砌块砌体养护时间，应根据暖棚内的温度按表 5-40 确定。

表 5-40　暖棚法泡沫混凝土砌块砌体的养护时间

暖棚内温度/℃	5	10	15	20
养护时间不少于/d	7	5	4	3

4. 泡沫混凝土制品施工

(1) 泡沫混凝土保温板施工应按现行国家标准 GB 50411—2019《建筑节能工程施工质量验收标准》中施工与控制的有关规定执行。

(2) 泡沫混凝土保温板的粘贴应符合下列规定施工应在距勒脚地面 300mm 处弹出水平控制线，自下而上沿水平方向横向铺贴泡沫混凝土保温板，上下排之间泡沫混凝土保温板的粘贴应错缝 1/2 板长；泡沫混凝土保温板应及时粘贴并挤压到基层上，板与板之间的接缝缝隙不得大于 3mm；在墙面转角处，应先排好尺寸；裁切泡沫混凝土保温板应使其垂直交错连接，并应保证墙角垂直度；在粘贴窗框四周的阳角和外墙角时，应先弹出垂直基准线，作为控制阳角上下竖直的依据；门窗洞口四角部位的泡沫混凝土保温板应采用整块板裁成"L"形进行铺贴，不得拼接；接缝距洞口四周距离应不小于 200mm。

(3) 泡沫混凝土砌块砌筑前不得浇水，泡沫混凝土砌块应根据施工时实际气温和砌筑情况提前喷水湿润。

(4) 泡沫混凝土砌块墙内不得混砌黏土砖或其他墙体材料。镶砌时，应采用与砌块材料强度同级别的预制混凝土块。

(5) 泡沫混凝土砌块墙顶接触梁板底的部位应采用斜砌楔紧。

(6) 砌筑泡沫混凝土砌块的砂浆应随铺随砌，墙体灰缝应横平竖直。水平灰缝宜采用坐浆法满铺泡沫混凝土砌块底面；竖向灰缝应采取将泡沫混凝土砌块端面朝上铺满砂浆再上墙挤紧，然后加浆插捣密实。饱满度宜均不低于 80%。水平灰缝厚度和竖向灰缝宽度宜为 10mm，不得小于 8mm，也应不大于 12mm。

(7) 砌入墙内的钢筋焊接网片和拉结筋应放置在水平灰缝的砂浆层中，不得有露筋现象。钢筋网片的纵横筋不得重叠点焊，应控制在同一平面内。

(8) 对设计规定或施工所需的孔洞、管道、沟槽和预埋件等，应在砌筑时进行预留或预埋，不得在已砌筑的墙体上打洞和凿槽。

五、泡沫混凝土的应用

泡沫混凝土的应用范围及有关注意事项与加气混凝土基本相同，但由于其强度较低，所以只能作为围护材料和隔热保温材料。

第五节 轻骨料多孔混凝土

轻骨料多孔混凝土是在轻骨料混凝土和多孔混凝土基础上发展起来的一种轻混凝土，我国清华大学冯乃谦教授在 1974 年与北京加气混凝土厂合作，利用铝粉为发气剂，以页岩或天然浮石为轻骨料，水泥和粉煤灰为胶结料，研制和生产了以墙板为主要产品的轻骨料加气混凝土。蒸养后表观密度在 $950\sim1000kg/m^3$，强度可达 $7.5\sim10.0MPa$。

一、轻骨料多孔混凝土的原料组成

(一) 水泥
选用强度等级为 42.5MPa 的硅酸盐水泥或普通硅酸盐水泥。

（二）轻骨料

各种陶粒或天然浮石，堆积密度小于或等于 600kg/m³，表观密度 900～1000kg/m³。

（三）成孔材料

根据不同的成孔方法有 3 类成孔材料：

（1）发气剂主要为铝粉，符合加气混凝土用铝粉的技术要求；

（2）载气剂为天然沸石粉，粒径小于 0.3mm，需烘干脱水；

（3）泡沫剂同泡沫混凝土用泡沫剂。

二、轻骨料多孔混凝土的性能

经试验研究，轻骨料混凝土的强度、弹性模量、抗渗性等基本上介于多孔混凝土和轻骨料混凝土之间。但相同表观密度的轻骨料混凝土、多孔混凝土和轻骨料多孔混凝土相比，其保温隔热性和隔声性能以轻骨料多孔混凝土最好。

三、轻骨料多孔混凝土的配合比设计

轻骨料多孔混凝土的配合比设计，可以按多孔混凝土配合比设计后再以一定的体积掺量掺入轻骨料。但多孔混凝土掺入轻骨料后，表观密度、抗压强度、弹性模量等各种性能都有所改变。冯乃谦教授对此进行了试验，将不同比例的页岩陶粒掺入同样配比的多孔水泥浆体中，得到的表观密度与强度的变化见表 5-41。

表 5-41　轻骨料掺入量与轻骨料多孔混凝土的表观密度及强度的关系

试件编号		6	7	8	9	10	11
多孔混凝土配合比/%	水泥	80	80	80	80	80	80
	载气体	20	20	20	20	20	20
	水	40	40	40	40	40	40
多孔混凝土体积含量/%		100	90	80	70	60	50
页岩陶粒体积含量/%		0	10	20	30	40	50
轻骨料多孔混凝土表观密度/（kg/m³）		1382	1410	1366	1305	1248	1251
		1082	1090	1066	1005	948	950
轻集料多孔混凝土抗压强度/MPa		12.2 (100%)	16.5 (100%)	16.5 (100%)	16.6 (100%)	16.6 (100%)	19.6 (100%)

轻骨料多孔混凝土的表观密度、抗压强度与水料比的关系见图 5-10。

由表 5-40 及图 5-10 可以发现，多孔混凝土中掺入一定比例的轻骨料，在一定范围内，不仅抗压强度随轻骨料掺量的增加而增加，而且表观密度随轻骨料掺量的增加而降低。对于表观密度，多孔混凝土与轻骨料多孔混凝土虽然都随水料比的降低而增加，但表观密度相同且水料比相等时，轻骨料多孔混凝土的强度明显高于多孔混凝土。由此可知，将一些低表观密度的轻骨料掺加到多孔混凝土中制成的轻骨料多孔混凝土，可以在降低多孔混凝土表观密度的同时增加混凝土的强度。

学者孙友康等将不同粒型、粒径、表观密度、筒压强度的轻骨料（其性能指标见

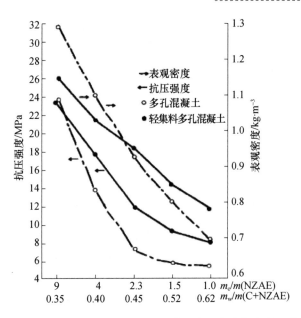

图 5-10 轻骨料多孔混凝土的抗压强度和表观密度与水料比的关系

表 5-42)，加入水胶比为 0.35、粉煤灰掺量 20％、减水剂掺量 0.4％的多孔混凝土中，得到的抗压强度、吸水率与导热系数的变化见表 5-43。

表 5-42 轻骨料的类型及相关性能指标

轻骨料类型	粒径/mm	表观密度/（kg/m³）	堆积密度/（kg/m³）	筒压强度/MPa	吸水率/％
圆球 YⅠ型	2.36～4.75（36.1％） 4.75～9（63.9）	1024	560	3.2	9.3
圆球 YⅡ型	4.75～9	930	521	2.8	7.6
圆球 YⅢ型	9～16	860	443	1.9	5.2
碎石 SⅠ型（宜昌）	2.36～4.75（41％） 4.75～16（59％）	1172	583	5.8	5.4
碎石 SⅡ型（宜昌）	0.06～4.75	1682	876	6.3	6.5

表 5-43 轻骨料多孔混凝土强度、吸水率、导热系数测试结果

组别	骨料类型					泡沫掺量/％	干密度/（kg/m³）	轻骨料掺量％	7d抗压强度/MPa	28d抗压强度/MPa	质量吸水率/％	体积吸水率/％	导热系数/［W/（m·K）］
	SⅠ	SⅡ	YⅠ	YⅡ	YⅢ								
S1	0.32V	0.26V	/	/	/	/	1413	58	29.5	33.7	/	/	0.295
Y2	/	/	0.22V	/	0.34V	12	1380	56	23.3	24.1	/	/	0.306
Y3	/	/	0.2V	/	/	11	1473	20	31.4	37.6	8.5	12.8	0.328
Y4	/	/	/	0.2V	/	10	1410	20	27.0	29.9	8.9	13.0	0.339
Y5	/	/	/	/	0.2V	/	1398	20	22.8	27.5	8.1	11.6	0.344
Y6	/	/	0.3V	/	/	/	1444	30	32.2	34.4	7.7	11.3	0.315
Y7	/	/	/	0.3V	/	6	1479	30	26.3	29.5	6.8	11.0	0.310
P8	/	/	/	/	/	9	1430	0	26.2	34.4	10.3	14.5	0.389

因此，轻骨料多孔混凝土的配合比设计可采取如下步骤：

（1）根据密度要求和强度要求计算多孔混凝土的原料配合比；

（2）根据工程要求和轻骨料的种类（表观密度、筒压强度）确定轻骨料的掺入量，然后根据轻骨料掺入量，减少多孔混凝土配合比中的水泥配比量，减少的水泥比例可参考式（5-34）。

$$\Delta C_0 = k \cdot V_{gl} \tag{5-34}$$

式中，ΔC_0 为水泥减少百分比（％）；V_{gl} 为轻骨料体积含量（％）；k 为经验系数（$k=0.3\sim0.5$）。

四、轻骨料多孔混凝土的施工

轻骨料多孔混凝土施工的主要问题是泵送，冯乃谦教授等对轻骨料多孔超轻混凝土泵送施工进行了多次试验，采用聚苯泡沫塑料粒代替天然砂配制的超轻混凝土，在泵送时，除了考虑混凝土拌和物与泵送管壁的黏阻力以外，还必须考虑拌和物中可压缩组分（聚苯泡沫塑料及气泡）变形所消耗的泵送压力。采用低压泵时会由于泵压不够，泵送的距离很矩；采用高压泵时，会由于瞬时压力过大，使泡沫塑料粒及气泡从管内拌和物中分离出去，变成多孔体透气，压力骤然下降而无法泵送。改善这种混凝土的泵送性能的重要途径是以天然砂部分或全部代替拌和物中聚苯泡沫塑料粒，而这时的混凝土密度也在 $1350kg/m^3$ 以上。

五、轻骨料多孔混凝土的应用

目前生产的轻骨料多孔混凝土大多用在墙体的砌筑材料上，如墙板、砌块等。强度等级低于5.0的只能作为建筑内外墙的保温材料和隔声材料；大于或等于7.5MPa方可作3层以下建筑物的承重墙体材料，和加气混凝土作承重墙体材料一样，一定要在上方加设横梁。

课程思政：锐意进取，为材料大国向材料强国转变而努力

2018年5月28日，习近平总书记在中国科学院第十九次院士大会、中国工程院第十四次院士大会上发表重要讲话。他强调，中国要强盛、要复兴，就一定要大力发展科学技术，努力成为世界主要科学中心和创新高地。我们比历史上任何时期都更接近中华民族伟大复兴的目标，我们比历史上任何时期都更需要建设世界科技强国。

当今世界，科技与产业酝酿着新的突破与变革，各国都将先进材料视为产业竞争力的基础和关键。经过30余年的改革开放、创新发展，我国已发展成为一个材料大国，许多基础材料的产能已居全球前列，材料研究队伍规模列世界首位，但距离材料强国还有一段距离。实现我国由材料大国向材料强国的战略转变是强国战略的一部分，也是材料专业学生的终生职责！

思考题：

1. 常用的轻骨料有哪些种类？

2. 什么是轻骨料的筒压强度及强度等级？它对轻骨料混凝土有何影响？

3.加气混凝土的外加剂有哪些种类？各起何作用？

4.什么是泡沫混凝土？目前常用的发泡剂有哪些种类？

5.轻质混凝土有哪些种类？它们有何区别？

参考文献

[1] 朱宏军，程海丽，姜德民.特种混凝土和新型混凝土［M］.北京：化学工业出版社，2004.

[2] 葛新亚.混凝土材料技术［M］.北京：化学工业出版社，2006.

[3] 中华人民共和国住房和城乡建设部.蒸压加气混凝土制品应用技术标准：JGJ/T 17—2020［S］.北京：中国建筑工业出版社，2020.

[4] 中华人民共和国住房和城乡建设部.泡沫混凝土：JG/T 266—2011［S］.北京：中国标准出版社，2011.

[5] 雍本.特种混凝土设计与施工［M］.2版.北京：中国建筑工业出版社，2004.

[6] 张巨松.泡沫混凝土［M］.哈尔滨：哈尔滨工业大学出版社，2016.

[7] 中华人民共和国工业和信息化部.泡沫混凝土制品性能试验方法：JC/T 2357—2016［S］.北京：中国建材工业出版社，2017.

[8] 中华人民共和国住房和城乡建设部.泡沫混凝土施工规范：JGJ/T 341—2014［S］.北京：中国建筑工业出版社，2014.

[9] 冯乃谦，李章建，李昕成，等.超轻混凝土的研发与应用："第九届全国轻骨料及轻骨料混凝土学术讨论会"暨"第三届海峡两岸轻骨料混凝土产制与应用技术研讨会"论文集［C/OL］.2008，9：208-219.

[10] 邢锋，祖黎虹，冯乃谦.沸石陶粒多孔混凝土及其结构特性［J］.硅酸盐学报，1999（8）：392-400.

[11] 孙友康，庞超明，王少华，等.轻骨料多孔混凝土的制备与性能［J］.混凝土与水泥制品，2016（8）：70-72.

第六章

流态混凝土

第一节 概　　述

在预拌的坍落度为 80~150mm 的基体混凝土拌和物中加入流化剂，经过搅拌，使混凝土拌和物的流动性顿时增大，坍落度为 180~220mm，能像水一样地流动，这种混凝土称为流态混凝土。英国、美国、加拿大等国称之为超塑性混凝土（Super-plasticized concrete）或流动混凝土（flowing concrete），德国和日本称之为流态混凝土。其中关键的材料流化剂是一种高效能减水剂，它与普通混凝土所用的减水剂的化学结构不同，对水泥粒子有高度的分散性，而且使用量较多时也几乎对混凝土没有缓凝作用，带进去的空气量也比较少，因而可以大量应用，用不同的添加量来调节混凝土流化效果。

流态混凝土是由德国于 20 世纪 70 年代发明并应用的，后来推广到英国、美国、加拿大、日本等工业发达国家，应用规模很快扩大。在我国，高效能减水剂的研究与开发较晚，流态混凝土的研究与应用时间也较短，但近年来飞速发展，得到越来越多的应用。

流态混凝土具有以下特点：

（1）坍落度大，流动性好，能像水一样流动，可以采用泵送浇筑，不需捣实，因而能获得省能、省力及减少噪声等效果。

（2）与坍落度相同的塑性混凝土相比，单位体积混凝土中的用水量可以大大地减少；如果保持水灰比相同，单位体积水泥用量也可以减少。

（3）不增加单位体积混凝土中的水泥用量，但也不损害混凝土的泵送施工性能，可以大幅度地降低水灰比，因而可以获得高强、耐久、不透水等方面性能良好的混凝土。

（4）流态混凝土与大流动性的泵送混凝土相比，既能降低用水量，又能降低水泥用量，混凝土硬化后不易产生收缩和裂纹，而且还能保证泵送要求的施工性能，混凝土的质量可望获得大幅度的改善。

（5）不产生离析和泌水现象。

流态混凝土的发展与混凝土的泵送施工的发展相联系，通过泵送施工的混凝土也称为泵送混凝土，泵送施工的混凝土要求混凝土拌和物有较大的流动性，而且不产生离析。流态混凝土的坍落度为 220mm，能像水一样流动，可采用泵送浇筑，不需要捣实，省能、省力同时可减少噪声，因而可代替过去采用的坍落度为 200mm 左右的大流动性混凝土。大流动性混凝土的收缩裂缝多，抗渗性、耐久性较差，钢筋也易于锈蚀，而流态混凝土一方面具有水泥用量和用水量较多、坍落度较大（约为 200mm）的大流动性混凝土的施工性能，另一方面又可以得到与坍落度为 50~100mm 的塑性混凝土近似的质量，既满足了施工要求，又改善了硬化混凝土的质量，因而受到广泛的重视，应用范围日渐扩大。

流态混凝土还解决了多年来混凝土坍落度损失的问题，它与泵送法并用，使高效能的浇筑成为可能。流态混凝土既能应用在一般的土木建筑和海上等工程，也可以用于要求高强度混凝土的土木工程中。

目前，流态混凝土一般应用在以下几个方面：（1）钢筋密集、捣实困难的部位，由于使用了流态混凝土，可以减少振捣，还可以不必为了振捣而将模板开洞；（2）对于墙壁、楼板、屋面板等构件，可以不用振捣，而高效地浇筑混凝土；（3）采用泵送的混凝土；（4）必须均匀致密地抹平混凝土时。这几种情况下采用流态混凝土可以获得较好的技术经济效果。

而以下几种情况下不宜采用流态混凝土：（1）用起重机及手推车浇筑混凝土时；（2）混凝土浇筑表面的坡度超过3°时；（3）使用喷射混凝土；（4）使用通过增加水灰比亦能获得高的流动性，而又无不良后果的混凝土，或者通过采取其他措施也可以满足工程性能要求的混凝土，如真空吸水混凝土、压轧混凝土及离心制管等。

第二节　流态混凝土的原料组成

流态混凝土所用的材料，除流化剂外与普通混凝土所用的材料基本相同。

一、水泥

流态混凝土对所用水泥无特殊要求，对不同品种的水泥掺入流化剂后进行流态化试验的结果表明，除了细度较高的超早强硅酸盐水泥以外，各种水泥的流态化效果、流化后的坍落度、含气量等的经时变化基本相同。

在流态混凝土中使用最多的是普通硅酸盐水泥。在大体积混凝土中使用流态混凝土时，为了控制混凝土的绝热温升，必须降低单位体积混凝土中水泥的用量，掺入部分粉煤灰，甚至采用中等水化热水泥、粉煤灰水泥等。

二、骨料

流态混凝土所用砂石必须符合表6-1和表6-2中的要求。

表6-1　卵石、碎石和砂的质量

种类	材料标准等级	颗粒表观密度 /（g/cm³）	吸水率/%	绝对体积百分率/%	黏土含量/%	冲洗试验质量损失/%	有机不纯物含量	盐分/%
卵石与碎石	Ⅰ	≥2.5	≤2.0	≥57	≤0.25	≤1.0	—	—
	Ⅱ	≥2.5	≤30	≥55	≤0.25	≤1.0		
	Ⅲ	≥2.4	≤4.0	≥53	≤0.5	—		
砂	Ⅰ	≥2.5	≤3.0	—	≤1.0	≤2.0	试验溶液颜色不能比标准色浓	≤0.4
	Ⅱ	≥2.5	≤3.5	—	≤1.0	≤3.0		≤0.1
	Ⅲ	≥2.4	≤4.0	—	≤2.0	≤5.0		≤0.1

表 6-2 卵石和砂的标准粒度

种类	最大粒径/mm	标准等级	通过筛的累计质量百分数/%											
			53.0mm	37.5mm	26.5mm	19.0mm	16.0mm	9.50mm	4.75mm	2.36mm	1.18mm	0.60mm	0.30mm	0.15mm
卵石	40	I	100	95~100		40~65		10~30	0~5					
		II	100	95~100		35~70		10~30	0~5					
		III	100	95~100		25~75		5~40	0~10					
	25	I		100	95~100	65~85		25~45	0~10	0~5				
		II		100	95~100	60~90		20~50	0~10	0~5				
		III		100	95~100	50~90		10~60	0~10					
	20	I			100	90~100	55~80	25~50	0~10	0~5				
		II			100	90~100	55~80	20~55	0~10	0~5				
		III			100	90~100	55~80	10~60	0~10					
砂		I						100	90~100	80~100	55~85	30~55	15~30	2~10
		II						100	90~100	80~100	50~90	25~65	10~35	2~10
		III						100	—	—	30~100	20~70		0~20

流态混凝土中所用的破碎高炉矿渣，除了符合规范要求外，还要符合表 6-3 中所规定的质量要求。用碎石和高炉矿渣时，要适当除去粒径 40mm 以上部分，使用这些粗骨料配制混凝土，容易产生离析。如必须使用 40mm 以上的碎石，骨料的粒度和微粉部分的含量、混凝土的配合比、流态化的程度等必须有可靠的资料，而且要通过试验慎重选择。

表 6-3 破碎矿渣的质量要求

标准等级	项目 \ 材料 根据 JISA5001 分类，颗粒表观密度、吸水率及单位体积质量	绝对体积百分率/%	冲洗试验质量损失/%	细度模量波动允许范围
II级	A 或者 B 类骨料	>55 以上	<5 以下	±0.3
III级	A 或者 B 类骨料	>53 以上	—	±0.3

采用人造轻骨料配制流态混凝土时，所用轻骨料要符合要求。天然轻骨料及副产品轻骨料在流态混凝土中还没有使用。

不符合上述规定的骨料，通过试验，能获得符合性能要求的流态混凝土时，也可以采用。

在流态混凝土中，水泥浆的黏性较低，与具有相同坍落度的大流动性混凝土相比，骨料的用量稍多。考虑混凝土的工作性、离析等因素，必须注意选择骨料的最大粒径、粒型和级配等。

基体混凝土是塑性混凝土，即使骨料的粒形、级配等稍有不好，混凝土的工作性、离析等也不会发生引人注目的变化，但经过流化后，骨料特性对流态混凝土的影响却很明显。如碎石级配不好，细颗粒不足时，流化后混凝土黏性低，容易产生离析、泌水，此时可加入粉煤灰等，使混凝土中粒径为 0.3mm 以下的颗粒（包括水泥部分）含量达 $400\sim450kg/m^3$，这时流态混凝土拌和物的性能得到很好的改善。

三、水

流态混凝土用水应符合普通混凝土用水要求。一般来说，自来水即可。

四、外加剂

基体混凝土所用的外加剂一般采用 AE（air-entraining）引气剂或 AE 减水剂，AE 减水剂又分为标准型、缓凝型和促凝型 3 类。在夏天浇筑混凝土要使混凝土缓凝时，可用缓凝型的减水剂加入基体混凝土中；而希望促凝时，则用促凝型的减水剂加入基体混凝土中，但要与所使用的流化剂相匹配。

五、掺和料

流态混凝土中所用的掺和料包括粉煤灰、膨胀材料等。

（一）粉煤灰

粉煤灰是使用最多的掺和料，在流态混凝土中采用粉煤灰能改善混凝土拌和物的工作性，降低混凝土的水化热。特别是单位体积中水泥用量少及骨料中微粒不足时，会因为流态化而使混凝土的工作性变坏，这时掺入粉煤灰可起到很好的改善作用。但掺入粉煤灰后流化剂的用量应稍有增加。

（二）膨胀材料

在流态混凝土中掺入膨胀材料，目的是减少由于混凝土收缩而产生的裂纹。大流动性混凝土由于水泥用量和用水量较多，化学收缩和干缩一般较大而容易产生裂纹，因此应掺加适量膨胀材料。另外，采用流态混凝土，降低单位用水量，也可达到同样效果。如果两者同时采用，可以更有效地防止裂纹产生。

采用掺有膨胀材料的水泥，流态化效果基本上不受影响。把膨胀材料作为水泥的组分考虑来决定其流化剂用量即可。

对于其他的掺和料，在流态混凝土中使用的实例少，用前必须进行充分的试验。

六、流化剂

流化剂实际上就是高效能减水剂，其减水率一般应在 20％以上，高的可达 30％。加入混凝土中的目的不是为了提高其强度，而是为了提高混凝土的流动性。流化剂与普通的减水剂成分不同，过去普通混凝土常用的 AE 剂系天然树脂酸盐，AE 减水剂系羟基有机酸盐和木质素磺酸盐等；而流化剂或高效能减水剂一般都属于多环芳基聚合磺酸盐类。

流化剂不仅具有好的减水效果，而且还有低引气性、低缓凝性等特点。即使水灰比相当于水泥水化理论需水量，也能配制出流动性很好的混凝土。掺入搅拌后的混凝土拌和物中，能够在不影响混凝土性质的情况下显著地提高其流动性，如配制合理，不需要进行特殊养护就能取得 $80\sim100MPa$ 的抗压强度。

当高效减水剂被用来降低混凝土中的水灰比，但又能使混凝土保持着一般混凝土相同的坍落度时，被称之为高强度减水剂。

流化剂是流态混凝土的关键材料，流态混凝土是伴随着高效能减水剂的研究与应用而出现的。

（一）流化剂的分类

流化剂按化学成分主要分为以下 4 类：

（1）磺酸盐甲醛缩合物系；

（2）三聚氰胺磺酸盐甲醛缩合物系；

（3）聚烷基丙烯基磺酸盐甲醛缩合物系；

（4）改性木质素磺酸盐甲醛缩合物系。

（二）流态化作用及其机理

流化剂本身的性质及添加工艺都是配制流态混凝土的关键。目前，根据流化剂在水泥混凝土中的作用机理，主要采用后添加法以提高混凝土的坍落度，反复添加法以恢复混凝土的坍落度，以满足施工工艺的要求。

流化剂掺入混凝土后主要有以下 3 个方面的作用。

1. 双电层保护作用

流化剂加入水泥浆中后，离解出正负离子（$R\text{-}SO_3^-$，Na^+）。R 为憎水基团，因而 $R\text{-}SO_3^-$ 被吸附到水泥粒子表面，在水泥粒子表面产生表面电位，被水泥粒子吸附了的阴离子强烈地吸附阳离子，又形成电位层，因此，在水泥粒子的外围形成了双电层。由于双电层产生了电的斥力，电的斥力使水泥粒子间相互排斥，防止了水泥粒子的凝聚，同时把网状结构中的自由水释放出来，达到流态化的目的。

2. 润湿作用

流化剂是一种表面活性剂，掺入混凝土拌和物中后，降低了水的表面张力，使水泥颗粒容易被湿润，这就使混凝土拌和物在具有相同坍落度的条件下，减少拌和用水量。如果拌和用水量不减少，则可使混凝土拌和物坍落度明显增大，这也是混凝土加入流化剂后，能达到流态化的原因。

3. 吸附作用

流化剂是一种表面活性剂，在水泥颗粒周围产生定向吸附，由此，水泥颗粒表面形成吸附膜，使水泥颗粒的溶化层加厚，形成滑动层，增加了水泥颗粒的滑动能力，因而水泥颗粒更易分散，增大了混凝土的流动性。

（三）流化剂后添加及其效果

在流态混凝土制备过程中，掺入流化剂的方法有两种：一种是同时添加法（简称 P 法），即是把流化剂预先加入拌和水中溶解，然后拌制混凝土；另一种是后添加法（简称 F 法），即是在基体混凝土搅拌好后，过 15～90min 后，再加入流化剂，一般是在施工现场加入流化剂，然后搅拌成流态混凝土。

这两种流化剂的添加方法会使混凝土产生不同的流化效果。例如，混凝土中水泥用量为 285kg/m³，水灰比为 0.65 时坍落度为 12cm，如果流化剂掺量为水泥质量的 0.5％，流化剂的添加方法分为搅拌时添加、搅拌后立即添加和搅拌后 15～60min 加入。这 3 种不同的添加方法，对混凝土拌和物产生不同的流化效果：如果搅拌时加入流化剂，坍落度为 18.5cm；如果搅拌后 15min 加入流化剂，则坍落度可达到 21cm；在基体混凝土搅拌之后 15～60min 时间内加入流化剂，坍落度增大效果基本相同。

　　试验证明，这两种添加方法对混凝土的流态化效果不同，后添加与同时添加相比，如需获得同样流动性的流态混凝土，后添加流化剂的添加量仅为同时添加量的50％～80％。如果采用不同类型流化剂时，要获得同样坍落度（19±1）cm，不同添加方法其掺量的比例为：

　　（1）萘系减水剂的添加量。后添加法为1，同时添加法为1.9。

　　（2）木质素磺酸盐类添加量。后添加法为1.9，同时添加法为2.5。

　　（3）密胺树脂类添加量。后添加法为2.0，同时添加法为3.1。

　　（4）多元醇类减水剂添加量。后添加法为2.5，同时添加法为4.3。

　　由此可见，后添加方法具有较高的流态化效果。

　　以萘磺酸盐系流化剂进行的试验结果表明，后添加法水泥粒子可得到较同时添加法高的Zeta电位。水泥粒子对流化剂的吸附量少，水泥粒子容易分散，流态化效果明显增大。经观测和鉴定表明，在后添加法中，水泥粒子与水接触的第1min内，生成的水化物主要是C_4AH_{19}，C_3ACSH_{18}，C_3A_3（CSH）$_{32}$和C_4AF。流化剂吸附在这些水化物的表面，但吸附量少。而在同时添加法中，水泥中的$CaSO_4$溶出之后，C_3A和C_4AF上吸附流化剂量多，使溶液中流化剂量相对减少。因而在流化剂掺量相同的情况下，后添加法水溶液中残存的流化剂量比同时添加法多，也就是C_3S和C_2S流化时能利用的流化剂量相对较多，因而Zeta电位绝对值增大，流态化效果明显，流化剂利用率高。

　　（四）流化剂反复添加及其效果

　　在基体混凝土拌和物中加入流化剂，经过搅拌后成为流态混凝土。流态混凝土拌和物的坍落度会随着时间的持续而降低。为了防止坍落度损失，保证流态混凝土施工的需要，流化剂不是一次全部加入基体混凝土中，而是分成多次一点一点地加进去，这称之为流化剂的反复添加。例如，在基体混凝土搅拌好的10min加入水泥质量的0.5％的流化剂，再搅拌2min即成为流态混凝土，以后每隔15min加入水泥质量的0.1％的流化剂，搅拌1min。由于流化剂的反复添加，控制了混凝土坍落度的损失，使混凝土拌和物的坍落度能持续较长时间不变。

　　试验表明，随着水泥水化的进行，水泥粒子表面的Zeta电位会逐渐降低，水泥黏度增加。适时添加一点流化剂，Zeta电位又会有较大的回升，使水泥粒子再度分散，水泥浆的黏度下降，混凝土拌和物的坍落度则再度提高。由于流化剂的反复添加，水泥粒子的凝聚和分散又相应反复发生，从而保证流态混凝土的坍落度满足泵送的技术要求。

　　由于施工的需要，反复添加流化剂后，使混凝土的坍落度得到恢复，这是保证流态混凝土技术要求的有效手段。试验资料证明，反复添加流化剂后，混凝土的性能几乎与原来的流态混凝土性能相同；但是对混凝土的含气量、气泡大小产生影响，使混凝土的抗冻性有所下降。所以，对于在严寒地区反复遭受冻融条件下的混凝土应引起注意。

第三节　流态混凝土拌和物的性质

　　流态混凝土拌和物的性质与基体混凝土的性质及流化剂的添加量、添加方法及品种有关。

一、工作性

描述流态混凝土拌和物的性质常用工作性作为综合指标，常用流动性试验表征它的工作性。工作性又称和易性，它是流态混凝土在搅拌、运输、浇筑过程中能保持均匀、密实而不发生分层离析现象的性能。

二、坍落度及其影响因素

在实际工程中，反映流态混凝土拌和物流态化效果的具体技术指标通常都用坍落度表示，影响流态混凝土坍落度的因素很多。

（一）流化剂添加量的影响

在采用后添加法时，流化剂的添加量对流态混凝土坍落度的影响很大。如水泥用量 $300kg/m^3$、水灰比为 0.6、坍落度为 120mm、含气量为 4% 的基体混凝土，随流化剂添加量的增大，坍落度随之增大。当添加量为 0.5% 时，坍落度为 220mm；当流化剂添加量大于 0.7% 时，坍落度增大并趋于稳定。

在日本，密胺磺酸盐甲醛缩合物的添加量约为水泥质量的 1%，萘磺酸盐甲醛缩合物约为水泥质量的 0.5%；在德国，1kg 水泥的流化剂添加量约为 8mL。经试验表明，目前使用的流态混凝土，其流化剂的添加量为水泥质量的 0.5%～0.7% 时流态化的效果较好。如果添加量过多，不但流化效果增加不明显，而且还会出现离析现象。流化剂添加量对混凝土的流化效果与基体混凝土的坍落度有关。据试验表明，当基体混凝土的坍落度在 8cm 以下时，掺流化剂后坍落度增大效果较差。如果水泥用量和骨料细度模数发生变化时，还会引起流态混凝土坍落度的大幅度波动。因此，为取得较好的流化效果，基体混凝土坍落度应不小于 8cm。基体混凝土适宜的坍落度为 8～12cm。各种流化剂的最佳掺量还需通过试验确定。

（二）流化剂的添加时间

试验表明，基体混凝土搅拌好，60～90min 以后添加流化剂，其混凝土拌和物坍落度增大量几乎不受影响。如果基体混凝土添加流化剂的时间太晚，由于坍落度的经时损失，流化后的坍落度也变小。

（三）混凝土原材料的影响

试验表明，除超早强水泥外，其他品种水泥的流态化效果没有多大差别，这给施工带来了极大的方便。

细骨料中 0.15mm 以下的微粉含量对流化效果有一定的影响，如微粉与水泥量之和达到 $500kg/m^3$ 以上时，流化后坍落度增大值稳定在 120mm 左右。

粗骨料种类对流化后混凝土的坍落度没有多大影响。

（四）温度的影响

通过试验得知，随基体混凝土温度的提高，掺流化剂后，混凝土的流化效果增大，但由于流化剂的种类以及添加量的不同而稍加差别。基体混凝土的温度降低，其流化效果也会降低，必须相应提高流化剂的添加量才能保证混凝土的流化效果。以温度 20℃ 时流化剂的添加量的比值作为基准 1.0，当温度在 10℃ 时，流化剂的添加量的比值应提高到 1.1；而温度在 30℃ 时，流化剂添加量比值仅为 0.9。由此可知，基体混凝土温度提高，流化剂用量随之降低。

（五）流态混凝土坍落度的经时损失

影响流态混凝土坍落度经时变化的因素：

（1）水泥用量。经试验，水泥用量为 270kg/m³ 的流态混凝土，30min 后其坍落度值约为原来的 50％，60min 后其坍落度值大致与基体混凝土相同。

（2）施工温度。当施工环境温度较高时，流态混凝土坍落度经时损失增大。当其高温（≥30℃）条件下采用缓凝型流化剂时，流态混凝土的坍落度经时损失会小得多。

（3）流化剂掺入时间。分别在混凝土搅拌 10min、30min、60min 和 90min 后添加流化剂，来观察流化后混凝土坍落度的经时变化。结果表明，添加时间越迟，流化后混凝土坍落度值的损失越大。

（4）搅拌速度。在搅拌时间相同的情况下，流态混凝土坍落度的经时损失会因搅拌机转速增加而加大。

三、含气量

流态混凝土中所用的多数流化剂都是非引气型的，添加流化剂后，由于水泥的分散、坍落度的增大、再搅拌等，原来混凝土中的一部分空气逸散了，含气量有减少的趋势。但试验证明，含气量变化不大，若必要时可补充掺加一些引气剂。

四、泌水

流态混凝土的泌水与其坍落度值有关，当坍落度在 200mm 以上时，泌水一般大于基体混凝土，而当坍落度在 200mm 以下时，其泌水量和基体混凝土相同或稍小。但与坍落度相同的普通混凝土相比，其泌水量要小很多。

流态混凝土的泌水还与流化剂的添加量有关，当添加量小于 0.6％时，其泌水量与基体混凝土基本相同，但当流化剂添加量超过 0.8％时，流态混凝土就极度的流态化，泌水量明显增加。

流态混凝土的泌水还与流化剂掺加的时间及温度有关，流化剂掺加的时间愈晚，泌水量愈小，温度降低，泌水量增大。

当流态混凝土中粒径为 0.3mm 以下颗粒不足时，泌水也会明显增大。

五、离析

流态混凝土离析严重时，会在泵送时引起管道的堵塞，因此，流态混凝土必须具有充分的抗离析性能。在流态混凝土中，如果流化剂添加量超过了必要量，则流态混凝土就会产生离析现象。因此，为使流态混凝土具有必要的抗离析性能，必须控制流化剂的添加量，最好在 0.8％以下。也可以通过增加细骨料中微粉含量提高抗离析性能。

六、凝结时间

流态混凝土的凝结时间与温度有关，温度高时，缓凝不明显，但温度低时，可能产生大幅度的缓凝。日本的研究还表明，流态混凝土与基体混凝土相比，其凝结时间稍迟。

第四节　硬化后流态混凝土的性质

在普通混凝土中掺入流化剂，主要是使其拌和物的坍落度增大，适合于泵送施工，而硬化后的物理力学性能与原来的基体混凝土相比是基本相同的，与坍落度相同的大流动性混凝土相比，其物理力学性能优越得多。

一、抗压强度及抗拉强度

许多试验证明，流化剂掺入量在某一范围内时，对混凝土的抗压强度几乎没有影响，也不因水泥品种的变化而有异；抗压强度与水灰比的关系与普通混凝土相似，也呈双曲线的关系。

抗压强度与龄期的关系也与基体混凝土大致相同。流化剂的掺入使流态混凝土的含气量降低，特别是在泵送施工后，混凝土的强度会略有提高。加入流化剂后对混凝土抗拉强度的影响与抗压强度相似，流态混凝土的拉压比与普通混凝土也相似，一般在 1/10 左右。

二、弹性模量

试验证明，无论流化剂添加量多少，是先添加还是后添加，对混凝土的弹性模量几乎没有影响。

三、黏结强度

流态混凝土的新旧混凝土黏结强度比同坍落度的大流动性混凝土高，与基体混凝土相同。而流态混凝土与钢筋的黏结强度比基体混凝土高。

四、干缩

流态混凝土的干缩与流化剂的添加量有关。当添加量为 0.3%～0.8% 时，其收缩值与基体混凝土的收缩值相等；当流化剂的添加量为 0.8%～1.0% 时，其收缩值比基体混凝土的稍小；当加入缓凝型流化剂时，其收缩值比基体混凝土稍大。总之，流态混凝土的收缩值与基体混凝土的收缩值基本相同，但是较相同坍落度的大流动性混凝土小 10%～15%。流化剂添加时间不同，干缩值稍有不同。同时添加流化剂的流态混凝土要比后添加的干缩值稍大，特别是龄期为 7d 和 28d 时较明显。

五、徐变

流态混凝土的徐变与荷载龄期有关，当荷载龄期不超过 30d 时，与基体混凝土的徐变大致相同；当荷载龄期超过 60d 时，流态混凝土的徐变要比基体混凝土稍大，但与普通大流动性混凝土相似。在非常干燥的情况下，流态混凝土的徐变较大。

六、耐久性

流态混凝土的透水性与基体混凝土基本相同。由于含气量的下降，流态混凝土的抗冻性比基体混凝土稍差，与普通大流动性混凝土相近。保持一定的含气量、降低水灰比都有利于混凝土抗冻性的提高。

试验表明，用蜜胺类流化剂配制的流态混凝土的抗盐类侵蚀性能较基体混凝土好；而用萘磺酸盐类流化剂配制的流态混凝土则与基体混凝土相同。

试验结果表明，掺有流化剂的流态混凝土中的钢筋，仅有微量的锈蚀痕迹，比没有掺入外加剂的混凝土中的钢筋的抗蚀性高。

七、耐热性和绝热温升

流态混凝土的耐热性较普通混凝土的耐热性稍好。

有试验结果表明，流态混凝土的绝热温升比基体混凝土稍高。这是由于加入流化剂，水泥的分散效果提高，易于水化。

总之，流态混凝土的物理力学性能不低于基体混凝土，某些方面甚至优于基体混凝土，而由于流化剂的流态化作用，其坍落度大大增加，施工工艺方面的性能较基体混凝土优越得多，对运输、浇筑尤其是泵送施工更加方便。与具有相同坍落度的大流动性混凝土相比，施工工艺基本相同，但其硬化后的物理力学性能要优越得多。

第五节 流态混凝土的配合比设计

在基体混凝土中加入流化剂，通过流态化使坍落度大大提高，所得到的流态混凝土的物理力学性能与基体混凝土相近，因此，流态混凝土的配合比设计首先是基体混凝土的配合比设计。同时，还要正确地选择基体混凝土的外加剂和流态混凝土的流化剂，基体混凝土与流态混凝土的坍落度之间要合理匹配。

流态混凝土配合比设计要遵循以下原则：

(1) 具有良好的工作度，要能密实地浇筑成型，而且不产生离析；

(2) 满足所要求的强度和耐久性的要求。

一、流态混凝土配合比设计的步骤

（一）设计程序

流态混凝土的配合比可以由基体混凝土的配合比和流化剂的添加量表示。流态混凝土一般用泵送施工，因此在配合比设计时，必须考虑泵送混凝土的有关因素，以保证良好的可泵性。流态混凝土硬化后的物理力学性能与基体混凝土相近。因此，流态混凝土的配合比设计，在基体混凝土配合比设计时，要考虑流化后混凝土的可泵性。基体混凝土与流态混凝土坍落度之间要有合理匹配。

在配合比设计之前，还必须事先明确设计上和施工上的具体要求。

(1) 设计要求：混凝土种类，设计标准强度，耐久性，气干密度，骨料的最大粒径，含气量，水灰比范围，最小水泥用量，坍落度，混凝土温度，发热量等。

(2) 施工要求：混凝土浇筑时间，工程级别，输送管管径，配管的水平换算距离，混凝土的运输距离等。

此外，还必须对使用材料的种类即性能加以检定。即：（1）水泥的种类、强度；

（2）粗细骨料的种类、细度模量、密度、吸水率；（3）外加剂的掺和比例、减水率；（4）掺和料的密度、掺和比例，用水量校正比例。

流态混凝土配合比的设计程序参考图6-1。

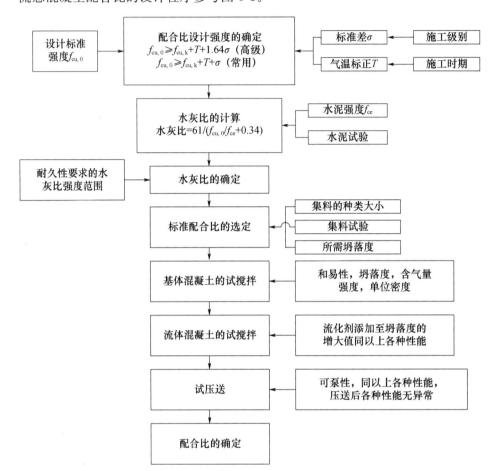

图6-1 流态混凝土配合比的设计程序

（二）配合比强度的确定

流态混凝土配制强度，根据设计标准强度、施工级别、浇筑时间，可由式（6-1）～式（6-4）求得。

对于"高级混凝土"：

$$f_{cu,0} \geqslant f_{cu,k} + T + 1.64\sigma \ (\text{MPa}) \tag{6-1}$$

$$f_{cu,0} \geqslant 0.8 \ (f_{cu,k} + T) + 3\sigma \ (\text{MPa}) \tag{6-2}$$

对于"常用混凝土"：

$$f_{cu,0} \geqslant f_{cu,k} + T + \sigma \tag{6-3}$$

$$f_{cu,0} \geqslant 0.7 \ (f_{cu,k} + T) + 3\sigma \tag{6-4}$$

式中，$f_{cu,0}$ 为混凝土配制强度（MPa）；$f_{cu,k}$ 为设计标准强度（MPa）；T 为强度气温修正值（表6-4）；σ 为根据浇筑时期的气温进行调整的强度校正值（MPa）（表6-5）。

对于高级混凝土，根据在预计平均温度进行养生与标准养生的强度差确定。对于常用的混凝土可根据表 6-4 确定。

表 6-4　根据气温调整的混凝土强度校正值 *T* 的标准值 (MPa)

水泥品种	混凝土浇筑后 28d 内的预期温度/℃				
早强硅酸盐水泥	>1.8	1.5~1.8	0.7~1.5	0.4~0.7	0.2~0.4
硅酸盐水泥、高炉矿渣水泥 A 种、硅质水泥 A 种、粉煤灰水泥 A 种	>1.8	1.5~1.8	0.9~1.5	0.5~0.9	0.3~0.5
	>1.8	1.5~1.8	0.9~1.5	0.7~1.0	0.5~0.7
高炉矿渣水泥 B 种，硅质水泥 B 种，粉煤灰水泥 B 种硅酸盐水泥，高炉矿渣水泥 A 种，硅质水泥 A 种，粉煤灰水泥 A 种，混凝土强度的气温修正值 *T* (MPa)	0	1.5	3.0	4.5	6.0

设计基体混凝土配合比时，标准差 σ 可参考表 6-5 确定。

表 6-5　混凝土的标准差 σ (MPa)

混凝土等级	工程现场搅拌的混凝土	预拌混凝土
高级混凝土	2.5	采用预制厂生产的实际的标准差
常用混凝土	3.5	采用预制厂生产的实际的标准差

(三) 水灰比的计算

流态混凝土的水灰比与基体混凝土相同，是根据要求的强度和耐久性去确定。

混凝土的强度与水灰比的关系根据使用的材料的种类而有所不同。因此，应根据实际使用的材料，按几种水灰比进行试拌，求出其关系式，然后再用此关系式去计算所需要的水灰比。

如果新建工程需要现场试配时，可以参考式 (6-5) 求出水灰比。

$$W/C = \frac{61}{F/f_{ce} + 0.34} \quad (\%) \tag{6-5}$$

式中，f_{ce} 为水泥实测强度 (MPa)。

式 (6-5) 适用于早强硅酸盐水泥、普通硅酸盐水泥及掺入混合材料的 A 种水泥的普通混凝土。水泥强度 f_{ce} 值应通过检验水泥强度等级求出，其最大值控制在表 6-6 中数值内。轻骨料混凝土的水灰比，用由式 (6-5) 求出的水灰比值乘以根据粗细骨料的种类确定的修正系数 β 求得。β 数值见表 6-6。

表 6-6　轻骨料混凝土水灰比修正系数 β

轻骨料混凝土种类	β 的标准值	轻骨料混凝土种类	β 的标准值
1 种，2 种	0.90	4 种	0.75
3 种	0.85	5 种	0.65

注：1. 1 种、2 种轻骨料混凝土是指人造粗轻骨料，用砂、石灰石、破碎砂或人造轻质砂与重砂的拌和物。
　　2. 3 种、4 种、5 种是指天然轻骨料或工业废料的轻骨料与砂、石灰石、破碎砂或天然轻质砂或与其重砂拌和物配制的混凝土。

除了从强度上考虑水灰比之外，流态混凝土还必须满足结构物的耐久性要求。因此，流态混凝土的最大水灰比必须满足表 6-7 的水灰比范围。如果根据强度要求的水灰比超出此范围时，则应采用表 6-7 中根据耐久性提出的水灰比。

表 6-7　流态混凝土的最大水灰比

区分	水灰比的最大值/%		区分	水灰比的最大值/%	
	普通混凝土	轻骨料混凝土		普通混凝土	轻骨料混凝土
高级混凝土	65（60）*	60	密实混凝土	50	
常用混凝土	70（65）*	65（60）*	受海水作用混凝土	55	
寒冷地区混凝土	60		屏蔽混凝土	60	
高强混凝土	55				

注：＊括号中数值系混合水泥（B种）。所谓混合水泥是以矿渣、硅质材料以及粉煤灰作掺和料的水泥。此外，直接与水接触的轻骨料混凝土，水灰比的最大值为55%。

（四）坍落度确定

流态混凝土的性能受到基体混凝的坍落度和流化后坍落度增大值的影响。基体混凝土的坍落度小，单位用水量小，能有效地改善混凝土的品质。但流化后坍落度增大值过大，难以保证工作度，采用这样的流态混凝土，其效果正相反。因此，基体混凝土的坍落度与流态混凝土的坍落度之间，要有合理的匹配。两者间的组合，考虑混凝土的种类、使用材料、运输、浇筑等施工条件，参考表 6-8 进行选择。

表 6-8　流态混凝土坍落度的标准组合

混凝土种类	普通混凝土		轻骨料混凝土	
	基体混凝土	流态混凝土	基体混凝土	流态混凝土
坍落度/mm	80	150	120	180
	80	180	120	210
	120	180	150	180
	120	210	150	210
	150	210	180	210

关于轻骨料混凝土，为了确保泵送性能，坍落度的增大值总的比普通混凝土相对较低。基体混凝坍落度120mm或者150mm，流化后坍落度为180mm，这种坍落度组合的轻骨料混凝土，泵送是相当困难的，必须加以注意。

表 6-8 中坍落度数值，对基体混凝土来说，指的是就要开始流化时的坍落度；对流态混凝土来说，是指浇筑时的坍落度。它与基体混凝土搅拌好时的坍落度以及刚流化后流态混凝土的坍落度是有差别的。其变化程度与流化剂添加时间，流化方法；混凝土的运输时间、方法；混凝土种类，坍落度增大值；流化剂的种类及温度等有关。事先确定这些因素，找出其坍落度变化值，以便确定对坍落度要求时把这些因素考虑进去。

（五）含气量确定

为了提高混凝土的抗冻融性能，混凝土中一般要有一定的含气量。一般情况下，普通混凝土的含气量是4%，轻骨料混凝土是5%。但是，由于流化剂的牌号、流化时间及方法、混凝土运输方法及配合比等的不同，而略有不同。因此，事先测定其含气量的变化，采取相应的技术措施是很重要的。

由于流化剂的主要成分属于非引气型，添加流化剂的混凝土，由于水泥的分散，坍落度的增大，以及再搅拌等原因，使得含气量有所减少。流态混凝土的含气量要比基体混凝土的含气量减少 0.3％左右，而泵送后的流态混凝土也减少 0.3％左右。普通塑性混凝土泵送后没有出现这种特别的变化。在流态混凝土配合比设计中要考虑这些因素，必要时加入适量的 AE 剂，提高其含气量。

（六）单位用水量确定

流态混凝土的单位用水量，根据基体混凝土坍落度的大小而定。即使基体混凝土坍落度相同，也视与流态混凝土坍落度的组合及基体混凝土坍落度的增大值而有所不同。

在获得规定的混凝土性能的前提下，应尽量降低用水量。表 6-9 是采用 AE 减水剂和普通硅酸盐水泥的混凝土单位用水量的标准值。

表 6-9　普通硅酸盐水泥、AE 减水剂的流态混凝土单位用水量（kg/m³）

水灰比	普通混凝土				轻骨料混凝土			
	坍落度搭配/mm		卵石	碎石	坍落度搭配/mm		A 种	B 种
	基体混凝土	流态混凝土			基体混凝土	流态混凝土		
0.45	80	150	146	159	120	180	166	161
	80	180	148	161	120	210	170	165
	120	180	158	174	150	180	168	163
	120	210	163	177	150	210	171	169
	150	210	175	187	180	210	177	170
0.50	80	150	145	158	120	180	164	160
	80	180	147	160	120	210	168	163
	120	180	156	168	150	180	165	163
	120	210	161	171	150	210	169	164
	150	210	168	181	180	210	176	167
0.55	80	150	144	158	120	180	163	158
	80	180	146	160	120	210	166	161
	120	180	154	161	150	180	164	160
	120	210	159	170	150	210	167	163
	150	210	165	179	180	210	174	166
0.60	120	180	153	161				
	120	210	157	169				
	150	210	164	179				

注：砂的细度模数为 2.8；粗骨料的最大粒径：碎石为 20mm，卵石为 25mm；人造轻骨料最大粒径 15mm。

表 6-9 的单位用水量的标准值，是在试验和施工基础上确定的。对于使用 AE 剂的基体混凝土的坍落度所对应的单位用水量，砂率增加 1％，用水量增加 1.5kg/m³。

由于地区不同，使用骨料的质量不同，单位用水量与标准值有差异。实际工程中混凝土的单位用水量要根据具体材料，参考表 6-9 中数据，进行试配确定。

（七）单位水泥用量

流态混凝土中的水泥用量，除了满足强度、耐久性之外，还要考虑满足工作度的要求。此外，单位水泥用量的最小值，还必须满足表 6-10 的要求。流态混凝土的单位水泥用量太低时，工作度变坏，泌水量加大、浇筑时容易造成堵管，混凝土表面也容易出现蜂窝麻面。因此，对于基体混凝土配合比，必须注意以下几点：

（1）坍落度 7.5cm 的基体混凝土的砂率，最好比普通混凝土增加 4%～5%。

（2）粗骨料最大粒径为 40mm 时，在水泥和细骨料中，通过 0.3mm 筛的微粉量不少于 400kg/m³；最大粒径为 20mm 时为 450kg/m³。

（3）单位水泥量 270kg/m³ 以上时，全部骨料中细骨料对 1.2mm 筛的通过率为 24%～35%；单位水泥量 270kg/m³ 以下时，必须为 35% 以上。

（4）砂中的微粉不够时，可用火山灰、石粉等代替。

表 6-10   单位水泥用量最小值（kg/m³）

混凝土质量等级	普通混凝土	轻骨料混凝土
"高级"混凝土	270	300
"一般"混凝土	250	300（1，2 种）
		320（3，4 种）

注：地下及水下的轻骨料混凝土的最小水泥用量为 340kg/m³。

（八）单位粗骨料用量

确定混凝土中粗细骨料比例，可以用砂率的方法。通常采用单位粗骨料表观体积的标准值作为基准来决定，从单位粗骨料表观体积的标准值求粗骨料用量，按下述办法进行。

粗骨料的绝对体积（L/m³）＝单位粗骨料表观体积（m³/m³）×粗骨料的实积率×1000，单位粗骨料量（kg/m³）＝粗骨料的绝对体积（L/m³）×粗骨料密度（kg/L）。

单位粗骨料的表观体积可以参考表 6-11 确定。

表 6-11   单位粗骨料堆积体积（m³/m³）

水灰比	普通混凝土				轻骨料混凝土			
	坍落度搭配（mm）		卵石	碎石	坍落度搭配（mm）		A 种	B 种
	基体混凝土	流态混凝土			基体混凝土	流态混凝土		
0.45	80	150	0.71	0.69	120	180	0.59	0.59
	80	180	0.69	0.67	120	210	0.59	0.59
	120	180	0.68	0.66	150	180	0.57	0.57
	120	210	0.64	0.63	150	210	0.57	0.57
	150	210	0.63	0.62	180	210	0.57	0.57
0.50～0.60	80	150	0.71	0.69	120	180	0.58	0.58
	80	180	0.69	0.67	120	210	0.58	0.58
	120	180	0.68	0.66	150	180	0.56	0.56
	120	210	0.64	0.63	150	210	0.56	0.56
	150	210	0.63	0.62	180	210	0.56	0.56

注：砂的细度模数为 2.8；粗骨料的最大粒径：碎石为 20mm，卵石为 25mm；人造轻骨料最大粒径 5mm。

流态混凝土与具有相同坍落度的普通混凝土相比，水泥浆量少，即使水灰比相同，水泥浆本身的流动性也显著增大。因此，基体混凝土原封不动地搬用通常的硬练混凝土的配合比时，细骨料量不足，必然产生离析。为了获得适宜工作度的流态混凝土，基体混凝土的细骨料量比一般情况要多。

根据试验及施工实例，流化后不离析的混凝土的砂率，采用坍落度与之相同的大流动性混凝土的砂率就可以。

根据表 6-11 的单位粗骨料表观体积的标准值，通过计算就可以确定粗骨料与用量。但是，与普通的大流动性混凝土相比，即使砂率相同，由于单位用水量、单位水泥用量低，流态混凝土的单位粗骨料的表观体积的标准值要比表 6-11 中所列的稍多（多 $0.2m^3/m^3$ 左右）。

（九）单位细骨料用量

如上所述，根据已确定的单位用水量、单位水泥用量、单位粗骨料用量及事先假定的含气量，根据式（6-6）和式（6-7）求出单位细骨料用量。

$$V_s = 1000 - (V_w + V_c + V_g + k_a) \tag{6-6}$$

$$m_{s0} = V_s \cdot \rho_s \tag{6-7}$$

式中，V_s 为细骨料的绝对体积；V_w 为水的绝对体积；V_c 为水泥的绝对体积；V_g 为粗骨料的绝对体积；m_{s0} 为单位细骨料的用量；ρ_s 为细骨料的表观密度；k_a 为含气体积。

（十）轻骨料混凝土的气干表观密度

流态轻骨料混凝土配合比设计中，除了满足强度、流动性、耐久性要求以外，还必须满足气干表观密度要求。表 6-12 为轻骨料混凝土种类与气干表观密度的关系。

表 6-12　轻骨料混凝土种类与气干表观密度

轻骨料混凝土种类	细骨料	粗骨料	气干表观密度范围/（t/m^3）	设计基准强度最大值/MPa
1 种	砂	膨胀页岩、膨胀黏土、煅烧烟灰、硬质轻骨料的改良骨料	1.7～2.0	22.5
2 种	膨胀页岩、膨胀黏土、煅烧烟灰或在这些骨料中掺入砂	膨胀页岩、膨胀黏土、煅烧烟灰、硬质轻骨料的改良骨料	1.4～1.7	21.0
3 种	砂	硬质火山渣工业废渣	1.8～2.0	18.0
4 种	砂	轻质火山渣	1.6～1.8	13.5
5 种	软质火山渣	轻质火山渣	1.2～1.6	9.0
非结构用的轻集料混凝土	砂 轻质细骨料	软质粗骨料	—	—

流态轻骨料混凝土的气干单位重量可按式 6-8 通过试拌推算。

$$m_{m0} = m_{g0} + m_{s0} + m'_{s0} + 1.25 m_{c0} + 120 \tag{6-8}$$

式中，m_{m0} 为气干表观密度（kg/m^3）；m_{g0} 为配合比设计中轻质粗骨料量（绝干）（kg/m^3）；m_{s0} 为配合比设计中轻质细骨料量（绝干）（kg/m^3）；m'_{s0} 为配合比设计中普通细骨料量（绝干）（kg/m^3）；m_{c0} 为配合比设计中水泥用量（kg/m^3）。

（十一）基准混凝土外加剂与流态混凝土流化剂的选择与用量

基体混凝土的外加剂一般采用 AE 剂和 AE 减水剂。它们分标准型、缓凝型、促凝型 3 类。在希望延迟混凝土的凝结时间时，基准混凝土中要采用缓凝型的 AE 减水剂，而用标准型的流化剂。在希望加速流态混凝土硬化时，基准混凝土采用促凝型的 AE 减水剂、标准型的流化剂。

基准混凝土的外加剂与流化剂可如表 6-13 搭配使用。

表 6-13　基准混凝土与流化混凝土的外加剂与流化剂

基体混凝土	流态混凝土
AE 减水剂（标准型）	流化剂（标准型）
AE 减水剂（缓凝型）	流化剂（标准型）
AE 减水剂（促凝型）	流化剂（标准型）

在基准混凝土中使用 AE 剂及 AE 减水剂，根据要求的坍落度及含气量决定其使用量。AE 减水剂应根据基准混凝土坍落度要求决定使用量，用对水泥质量的百分数表示。AE 剂应根据含气量要求决定使用量，普通混凝土中带进的含气量标准时为 3%～4%，而轻骨料混凝土则为 3%～6%。如果混凝土中规定的含气量不能满足，就要使用 AE 剂。而且要考虑泵送前后含气量的变化（一般降低 0.5%），适当提高 AE 剂的用量。

流化剂的添加量，基本上是根据目标坍落度的增大值决定的。流化效果受流化剂的添加时间、添加后的搅拌方法、混凝土的温度等因素的影响；水泥种类、骨料种类及性能、流化剂的牌号等也稍有影响。因此，流化剂的添加量，应使用实际工程中的材料，通过试验确定。

此外，作为混合材料而较多采用的有粉煤灰、膨胀材料、防锈剂等。在流态混凝土中采用这种掺和料，其本身没有什么特殊问题，使用量随着混凝土的种类和使用目的而有所不同。为了获得需要性能的流态混凝土，应通过试验决定使用量。

（十二）试拌及配合比调整

设计出混凝土配合比后，使用实际材料进行试搅拌，确定能否达到色剂规定的性能，流态混凝土进行试拌时，要检查下列项目：（1）维勃稠度；（2）坍落度；（3）含气量；（4）单位表观密度；（5）抗压强度。其中，可以通过坍落度试验时的形状来判断其工作度及可泵性。而在坍落度试验中，重要的是观察好坍落时的形状、坍落方式、骨料和水的离析状态等，坍落度与流化剂添加量密切相关。搅拌好的状况是流态化时的混凝土及刚流态化的混凝土的坍落度与目标坍落度差在 ±1.0cm 左右。

除了坍落度以外，还要测定流动度，并根据两者比值，确定流态混凝土的稠度。如表 6-14 所示。

表 6-14　根据坍落度和流化剂确定和易性

流动度和坍落度的比值	确定内容
<1.6	这种混凝土没有离析现象，但现场浇筑与捣实困难
1.7～1.8*	是和易性较理想的混凝土
>1.4	表示混凝土开始离析

注：* 日本建筑学会关于流态混凝土的指南中认为是 1.8～1.9。

关于含气量，由于基准混凝土中使用的 AE 剂、AE 减水剂的量是根据资料确定的，其试验测定值与设计目标值相差在 0.5% 左右即可。关于轻骨料混凝土的含气量，测定轻骨料混凝土密度的变化，在±2％范围内即可。

用含气量测定表观密度，可以同时测出混凝土的质量，用此质量除以容器的容积（约 7L），则可以求出单位重，根据实际表观密度，计算出每 1m³ 混凝土的材料量，此即为调整后的混凝土配合比。

设每盘混凝土中各种材料的计量质量（干表观密度）为：

水泥 m_{c0} kg （密度 ρ_c）

细骨料 m_{s0} kg （干颗粒密度 ρ_s，吸水率 $a_s\%$）

粗骨料 m_{g0} kg （颗粒密度 ρ_g，吸水率 $a_g\%$）

水 m_{w0} kg

＋ 掺和料 F   kg （密度 ρ_f）

总质量

$$m_{m0}=m_{c0}+m_{s0}\left(1+\frac{a_s}{100}\right)+m_{g0}\left(1+\frac{a_g}{100}\right)+m_{w0}+m_{F0} \quad (kg) \tag{6-9}$$

设实测混凝土的单位表观密度为 $\rho_{c,c}$（kg/m³），则每盘混凝土的各种材料用量（干表观密度）为：

水泥 $m'_{c0}=m_{c0}\times\rho_{c,t}/M_{m0}$ （kg/m³）

细骨料 $m'_{s0}=m_{s0}\times\rho_{c,t}/M_{m0}$ （kg/m³）

粗骨料 $m'_{g0}=m_{g0}\times\rho_{c,t}/M_{m0}$ （kg/m³）

水 $m'_{w0}=m_{w0}\times\rho_{c,t}/M_{m0}$ （kg/m³）

混合材料 $m'_{F0}=m_{F0}\times\rho_{c,t}/M_{m0}$ （kg/m³）

含气量 k_a 由下式求出：

$$k_a=\frac{1}{100}\left[1000-\left(\frac{m'_{c0}}{\rho_c}+\frac{m'_{s0}}{\rho_s}+\frac{m'_{g0}}{\rho_g}+m'_{w0}+\frac{m'_{F0}}{\rho_f}\right)\right] \tag{6-10}$$

一般要检验流态混凝土的 7d、28d 的抗压强度，但泵送的流态混凝土值一般高于规定值。

二、流态混凝土配合比计算实例

流态混凝土的配合比设计由试拌决定，可以按下法计算作为参考。

（一）砂率的修正

根据经验坍落度在 15cm 以下的混凝土单位粗骨料量是一定的，但 15cm 以下时单位粗骨料量变小。即稀软混凝土的砂浆部分要增加，以尽量防止混凝土的离析。

由于流态混凝土是在基准混凝土中掺加少量流化剂而使坍落度增加，因此，如果按照一般的塑性混凝土坍落度（8～12cm）的原样来流化，那么由于砂浆成分的不足将使混凝土产生离析。因而必须提高基体混凝土的砂率，以保证掺入流化剂后混凝土不产生离析。也就是说，基准混凝土的砂率不应是掺加流化剂前坍落度所合适的砂率，而应是掺加流化剂后坍落度所合适的砂率。流化后坍落度为 15cm 以下时，砂率可不必修正。

（二）单位用水量的修正

相当于基准混凝土指定的坍落度的单位用水量，按照砂率的增加部分加进单位用水量的修正值。每增加砂率 1％，增加单位用水量 1.5kg/m³。

（三）单位水泥用量

为了得到要求的混凝土强度，流态混凝土的强度与普通混凝土强度相同时，水灰比应该相同。由上面求得的单位用水量和水灰比可以求得单位水泥用量。

（四）实例

水灰比60％、坍落度12cm的基准混凝土流化成坍落度为18cm的流态混凝土，进行配合比计算。表6-15所示配合比可供设计时参考。

表6-15　参考配合比表

水灰比	坍落度/cm	砂率/%	单位用水量 / （kg/m³）	质量 （kg/m³）		
				水泥	砂	卵石
	8	45.5	168	280	832	997
	12	44.6	176	293	801	996
60%	15	43.7	183	305	772	996
	18	45.9	193	322	793	936
	21	48.4	209	348	806	861

1. 砂率选择及用砂量计算

按坍落度为18cm时，砂率为45.9％。

原来坍落度为12cm时，砂率为44.6％，砂用量为801kg。

砂率为45.9％时，砂用量为 m_{s0}，$801 : 44.6 = m_{s0} : 45.9$，所以 $m_{s0} = 824$kg。

2. 粗骨料用量 m_{g0}

$$\frac{824}{824 + m_{g0}} = 45.9\%$$

$$m_{g0} = \frac{824 \times 0.541}{0.459} = 971 \text{（kg）}$$

3. 单位用水量

$S_1 = 12$cm 时，$m_{wo} = 176$kg/m³

砂率增加 45.9％－44.6％＝1.3％，做相应修正后为 $176 + 1.3 \times 1.5 = 178$ （kg/m³）。

4. 单位水泥用量

由 $m_{wo} = 178.8$ 和 $W/C = 60\%$，求得水泥用量 $178 \div 0.60 = 297$ （kg/m³）。

配合比计算结果如表6-16所示。

表6-16　配合比计算结果

项目	W/C	砂率/%	坍落度 /cm	每1m³混凝土用料/（kg/m³）				合计 / （kg/m³）
				水	水泥	砂	卵石	
普通混凝土	60%	44.6	12	176	293	801	996	2266
流态混凝土	60%	45.9	18	178	297	824	971	2270
大流动性混凝土	60%	45.9	18	193	322	793	936	2244
流态混凝土	60%	38.7	18	153	255	732	1156	2296

由此可见，流态混凝土与普通大流动性混凝土相比，单位水泥用量由 322kg/m³ 降

至 297kg/m³，减少 25kg/m³，用水量由 193kg/m³ 降至 178kg/m³，减少 15kg/m³，粗骨料由 936kg/m³ 增至 971kg/m³，增加 35kg/m³，细骨料由 793kg/m³ 增至 824kg/m³，增加 31kg/m³。

我国有些单位根据北京地铁工程原材料情况，采用正交设计，选择坍落度为 20cm 时的砂率；当 $D_{max}=20mm$ 时，石子用量 1050kg/m³，$D_{max}=40mm$ 时，石子用量 1100kg/m³。

此时砂率为 35%～41%。为了改善流态混凝土的黏聚性，又不降低混凝土的强度，用 1.5kg 磨细粉煤灰代替 1kg 水泥的比例，取代 5%～10% 的水泥，砂率为 41%。试验证明，掺用磨细粉煤灰使黏聚性大为改善，虽然基准混凝土坍落度有些降低，但加入流化剂后，坍落度仍在 20cm 以上，强度也不降低。

流态混凝土参考配合比见表 6-17～表 6-20。

表 6-17 普通硅酸盐水泥、AE 减水剂的砂、卵石混凝土（砂的 $M_x=2.8$，$D_{max}=25mm$）

水灰比/%	坍落度组合（cm）		砂率/%	单位用水量/(kg/m³)	绝对体积/(L/m³)			质量/(kg/m³)			单位粗骨料松散体积/(m³/m³)
	基准混凝土	流态混凝土			水泥	砂	卵石	水泥	砂	卵石	
45	8	15	34.7	146	103	247	464	324	642	1207	0.71
	8	18	36.2	148	104	257	451	329	668	1173	0.69
	12	18	35.6	158	111	246	445	351	641	1156	0.68
	12	21	38.6	163	115	264	418	362	685	1088	0.64
	15	21	37.7	175	123	250	412	389	650	1071	0.63
50	8	15	35.7	145	92	259	464	290	673	1207	0.71
	8	18	37.3	147	93	269	451	294	699	1173	0.69
	12	18	36.9	156	99	260	445	312	677	1156	0.68
	12	21	39.9	161	102	279	418	322	724	1088	0.64
	15	21	39.9	168	106	274	412	336	713	1071	0.63
55	8	15	36.6	144	83	269	464	262	699	1207	0.71
	8	18	38.1	146	84	279	451	265	725	1173	0.69
	12	18	37.9	154	89	272	445	280	708	1156	0.68
	12	21	41.0	159	91	292	418	289	758	1088	0.64
	15	21	41.1	165	95	288	412	300	749	1071	0.63
60	12	18	38.7	153	81	281	445	255	732	1156	0.68
	12	21	41.8	157	83*	302	418	262	784	1088	0.64
	15	21	41.9	164	86	298	412	273	775	1071	0.63

表 6-18　普通硅酸盐水泥、AE 减水剂的砂、砂、碎石混凝土的参考配合比

（砂的 $M_x = 2.8$，$D_{max} = 20mm$）

水灰比 /%	坍落度组合/cm		砂率 /%	单位用水量/ (kg/m³)	绝对体积/（L/m³）			质量/（kg/m³）			单位粗骨料松散体积/ (m³/m³)
	基准混凝土	流态混凝土			水泥	砂	碎石	水泥	砂	碎石	
45	8	15	42.6	159	112	294	395	353	763	1028	0.69
	8	18	44.0	161	113	302	384	358	786	998	0.67
	12	18	43.0	174	122	286	378	378	743	983	0.66
	12	21	45.1	177	124	298	361	393	774	939	0.63
	15	21	44.5	178	132	286	355	416	743	924	0.62
50	8	15	43.6	158	100	307	395	316	797	1028	0.69
	8	18	45.0	160	101	315	384	320	819	998	0.67
	12	18	44.8	168	106	308	378	336	801	983	0.66
	12	21	46.9	171	108	320	361	342	832	939	0.63
	15	21	46.4	181	115	309	355	362	802	924	0.62
55	8	15	44.3	158	91	316	395	287	821	1028	0.69
	8	18	45.7	160	92	324	384	291	843	998	0.67
	12	18	45.7	167	96	319	378	304	829	983	0.66
	12	21	47.8	170	98	331	361	309	860	939	0.63
	15	21	47.5	179	103	323	355	325	839	924	0.62
60	12	18	46.3	167	88	327	378	278	850	983	0.66
	12	21	48.5	169	89	341	361	282	886	939	0.63
	15	21	48.2	179	94	332	355	298	862	924	0.62

注：水泥相对密度：3.16，砂的相对密度：2.60（绝干状态），碎石相对密度：2.60（绝干状态），碎石的密实度57.1%。

表 6-19　普通硅酸盐水泥、AE 减水剂、轻骨料混凝土（1 种）参考配合比

水灰比 /%	坍落度组合/cm		砂率/%	单位水量/ (kg/m³)	绝对体积/（L/m³）			质量/（kg/m³）			单位粗骨料松散体积/ (m³/m³)
	基准混凝土	流态混凝土			水泥	细骨料	粗骨料	水泥	细骨料	粗骨料	
45	12	18	43.9	166	117	293	374	369	762	475	0.59
	15	18	43.3	170	120	286	374	378	744	475	0.59
	12	21	45.5	168	118	303	361	373	787	459	0.57
	15	21	45.1	171	120	298	361	380	774	459	0.57
	18	21	44.3	177	124	288	361	393	748	459	0.57
50	12	18	46.0	164	104	314	368	328	816	467	0.58
	15	18	45.6	168	106	308	368	336	801	467	0.58
	12	21	47.8	165	104	326	355	330	847	451	0.56
	15	21	47.3	169	107	319	355	338	829	451	0.56
	18	21	46.4	176	111	308	355	352	800	451	0.56

水灰比/%	坍落度组合/cm 基准混凝土	流态混凝土	砂率/%	单位水量/(kg/m³)	绝对体积/(L/m³) 水泥	细骨料	粗骨料	质量/(kg/m³) 水泥	细骨料	粗骨料	单位粗骨料松散体积/(m³/m³)
55	12	18	46.9	163	94	325	368	296	846	467	0.58
	15	18	46.5	166	96	320	368	302	833	467	0.58
	12	21	48.6	164	94	337	355	298	876	451	0.56

注：水泥相对密度：3.16，细骨料（砂）相对密度：2.60（绝干状态），$F_M=2.8$（2.5mm），人工轻量粗骨料相对密度：1.27（绝干状态），$D_{max}=15mm$，人工轻量粗骨料容积率：63.4%。

表 6-20 普通硅酸盐水泥、AE 减水剂、轻骨料混凝土（2 种）参考配合比

水灰比/%	坍落度组合/cm 基准混凝土	流态混凝土	砂率/%	单位水量/(kg/m³)	绝对体积/(L/m³) 水泥	细骨料	粗骨料	质量/(kg/m³) 水泥	细骨料	粗骨料	单位粗骨料松散体积/(m³/m³)
45	12	18	44.6	161	113	302	374	358	477	475	0.59
	15	18	44.0	165	115	295	374	367	466	475	0.59
	12	21	46.2	163	116	311	361	362	491	459	0.57
	15	21	45.7	167	117	305	361	371	481	459	0.57
	18	21	45.2	170	120	299	361	378	472	459	0.57
50	12	18	46.6	100	101	321	368	320	508	467	0.58
	15	18	46.2	163	103	316	368	326	500	467	0.58
	12	21	48.0	103	103	329	355	326	520	451	0.56
	15	21	47.9	164	104	327	355	328	516	451	0.56
	18	21	47.5	167	106	322	355	334	509	451	0.56
55	12	18	47.5	158	91	333	368	287	527	467	0.58
	15	18	47.1	161	93	328	368	293	519	467	0.58
	12	21	49.1	160	92	343	355	291	542	451	0.56
	15	21	48.7	163	94	338	355	296	534	451	0.56
	18	21	48.3	166	96	333	355	302	536	451	0.56

注：水泥相对密度：3.16，人工轻量细骨料相对密度：1.58（绝干状态），$F_M=2.8$（2.5mm），人工轻量粗骨料相对密度：1.27（绝干状态），$D_{max}=15mm$，人工轻量粗骨料容积率：63.4%。

三、石砂流态混凝土配合比设计

（一）原材料技术要求

试验用材料：贵州乌江牌 52.5 级普通硅酸盐水泥作胶结料，实测强度为 54.5MPa，石灰石碎石，粒径为 1～3cm，松表观密度 1374kg/m³。振捣表观密度 1578kg/m³，相对密度 2.74，中细石砂，细度模数 3.33。

流态混凝土要求坍落度在 18cm 以下而不分层离析，大多用河砂或海砂配制。而贵州只有碳酸岩经风化爆破的山砂或用未风化的岩石破碎而得的砂粒（石砂）。下面专门讨论用石砂配制流态混凝土技术。

（二）石砂配制流态混凝土的可行性分析

石砂是风化岩石经爆破筛分级配或未风化的岩石经破碎筛分级配而得，其质量可以人工控制。日本用破碎砂配制流态混凝土时要求通过 0.3mm 筛孔的砂粒占 15％～30％，美国 ACI 建议为 20％，根据贵州石砂资料调查，这种指标是容易达到的。流态混凝土要求一定的细粉含量，日本建议水泥加上通过 0.3mm 筛孔的细粉料，每 1m³ 混凝土应在 450～500kg，石砂中含有 0.15mm（甚至 0.075mm）以下颗粒较多，一般在 3.2％～37.8％，平均为 14.6％，这部分细颗粒对配制流态混凝土有利，特别是 0.075mm 颗粒作为微细填料，可以改善混凝土的保水性，增加混凝土的密实性以及黏聚性，有利于克服混凝土的泌水和离析。我们用浮球试验（将一乒乓球放入盛有混凝土拌和物的圆筒底部 30cm，在振动台上振动测量上浮时间）和裹浆试验（从混凝土拌和物中取出裹有砂浆的粗骨料，然后放入 5mm 筛中用清水冲洗，称量计量出裹于粗骨料表面的砂浆于粗骨料质量比）证实了石砂混凝土的黏聚性比河砂混凝土优良，见表6-21。

表 6-21　河砂混凝土与石砂混凝土性能比较

混凝土类别	组数	配合比					坍落度/kg	浮球时间/s	裹浆量比
		水灰比	水泥/kg	砂率	粉煤灰/kg	FDN/kg			
河砂混凝土	3	0.54	320	0.43	53	17.6	19.6	8.3	0.27
石砂混凝土	4	0.54	320	0.43	53	14.72	18.7	17.5	0.27

（三）石砂流态混凝土的配制

流态混凝土配制原则是：

（1）单方混凝土水泥用量不得少于 300kg。

（2）石砂流态混凝土基准配合比的砂率比普通混凝土砂率增加 5％～10％。

（3）加入粉料改善混凝土的保水性和黏聚性。掺入粉煤灰还可利用其活性，石砂的粉末是有效的微细填料，只要不含泥不必筛除。

根据上述原则配制的基态混凝土和流态混凝土列于表 6-22。

表 6-22　基态混凝土和流态混凝土的配制

配合比号	材料用量						坍落度/cm（基本/流态）	外观	泌水率/％	裹浆量比	分层度/％	凝结时间/min	
	水/kg	水泥/kg	石砂/kg	碎石/kg	粉煤灰/kg	FDN/％						初凝	终凝
1	200	370	950	950	0	0	8.0/—	均匀	5.38	0.37	0.30	5.0	6.7
2	200	370	950	950	0	0.32	9.0/18.4	一般	5.05	0.24	0.41	5.0	7.5
3	200	320	950	950	50	0.41	6.6/18.4	均匀	5/0	0.27	0.32	5.2	8.7

表 6-22 资料说明，石砂可以配制流态混凝土，如果再加入粉煤灰，不仅节约了水泥而且改善了流态混凝土的性能。具体表现在：坍落度值增大，泌水率减小，裹浆量增加，分层度减小，凝结时间延长。

第六节　泵送混凝土

流态混凝土可以用一般施工方法施工，但目前大多采用泵送法施工，所谓泵送法施工，是指用专用的混凝土泵，把搅拌好的混凝土泵送到指定施工部位进行浇筑。混凝土的泵送施工，在现浇混凝土与钢筋混凝土工程施工中，为减轻体力劳动，缩短工期，降低工程造价，提供了重要的途径。混凝土的泵送施工方法，又与混凝土商品化发展紧密相关。泵送施工方法有以下优点：（1）施工费用低；（2）施工进度快；（3）节约劳动力；（4）施工方法灵活方便。由于上述优点，混凝土泵送施工得到迅速的推广和普及，特别是对大型的工程项目及劳动力严重缺乏的国家和地区尤为适宜。

泵送法施工的混凝土也称泵送混凝土，其基本性能与流态混凝土相同，但由于泵送的特殊性，施工对泵送混凝土还要有如下要求：

（1）流态混凝土拌和物与输送管管壁的摩擦力要小，以保证所需的输送距离、单位时间的输送量；

（2）流态混凝土在泵送过程中不得有离析现象；

（3）在泵送过程中，流态混凝土的质量不得发生变化。

一、泵送混凝土的原材料和配合比要求

（一）原材料

配制泵送混凝土所用的水泥、水、粗细骨料、掺和料、外加剂等应符合现行的各种质量标准的要求。

粗骨料最大粒径与输送管径之比：泵送高度在50m以下时，对于碎石不宜大于1∶3，对于卵石不宜大于1∶2.5；泵送高度在50～100m时，宜为1∶3～1∶4；泵送高度在100m以上时，宜为1∶4～1∶5。应采用边缘级配，针片状颗粒含量不宜大于10％。

细骨料宜采用中砂，通过0.315mm筛孔的砂应不少于15％。

（二）配合比

泵送流态混凝土的配合比除必须满足其设计强度和耐久性的要求外，还应使其满足可泵性要求。

混凝土的可泵性可用压力泌水试验结合施工经验进行控制，一般10s时的相对压力泌水率 S_{10} 不宜超过40％。

流态混凝土泵送施工的坍落度，可按国家现行标准GB 50204—2015《混凝土结构工程施工质量验收规范》的规定选用。对不同泵送高度，入泵时混凝土的坍落度可参考表6-23选用。

表6-23　不同泵送高度入泵时混凝土坍落度选用值

泵送高度/m	30以下	30～60	60～100	100以上
坍落度/mm	100～140	140～160	160～180	180～200

混凝土经时坍落度损失值可按表 6-24 确定。

表 6-24　混凝土经时坍落度损失值

大气温度/℃	10～20	20～30	30～35
混凝土经时坍落度损失值/mm （掺粉煤灰和木钙，经时 1h）	5～25	25～35	35～50

泵送的流态混凝土的水灰比宜为 0.4～0.6；砂率宜为 38%～45%；最小水泥用量宜为 300kg/m³；掺用引气型外加剂其含气量宜不大于 4%。

总之，泵送流态混凝土的配合比除应符合国家现行各种标准要求外，还应根据原材料、混凝土的运输距离、混凝土泵与混凝土输送管径、泵送距离、气温等具体施工条件试配。必要时，应通过试泵送确定泵送混凝土配合比。

二、流态混凝土泵送设备的选择

混凝土泵的选型，应根据混凝土工程特点、要求的最大输送距离、最大输出量及混凝土浇筑计划确定。

（一）混凝土泵的最大水平输送距离的确定

（1）由试验确定。

（2）根据混凝土泵的最大出口压力、配管情况、混凝土性能指标和输出量，按式（6-11）～式（6-14）计算。

$$L_{\max} = P_{\max} / \Delta P_H \tag{6-11}$$

$$\Delta P_H = \frac{2}{\gamma_0} \Big[K_1 + K_2 \Big(1 + \frac{t_2}{t_1} \Big) V_2 \Big] \alpha_2 \tag{6-12}$$

$$K_1 = (3.00 - 0.1S) \cdot 10^{-2} \tag{6-13}$$

$$K_2 = (4.00 - 0.1S) \cdot 10^{-2} \tag{6-14}$$

式中，$L_{\max}$ 为混凝土泵的最大水平输送距离（m）；$P_{\max}$ 为混凝土泵的最大出口压力（Pa）；ΔP_H 为混凝土在水平输送管内流动 1m 产生的压力损失（可用其他方法确定，且宜通过试验验证）（Pa/m）；γ_0 为混凝土输送管半径（m）；K_1 为黏着系数（Pa）；K_2 为速度系数 [Pa/（m·s）]；S 为混凝土拌和物的坍落度（mm）；$\frac{t_2}{t_1}$ 为混凝土泵分配阀切换时间与活塞推压混凝土时间之比，一般取 0.3；V_2 为混凝土拌和物在输送管内的平均流速（m/s）；α_2 为径向压力与轴向压力之比，对普通混凝土取 0.90。

（二）混凝土泵的泵送能力的验算

（1）按表 6-25 计算的配管整体水平换算长度应不超过上述计算的最大水平泵距。

表 6-25　混凝土输送管的水平换算长度

类别	单位	规格	水平换算长度/m
向上垂直管	每米	100mm	3
		125mm	4
		150mm	5

类别	单位	规格		水平换算长度/m
锥形管	每根	175→150mm		4
		150→125mm		8
		125→100mm		16
弯管	每根	90°	半径 $R=1.0$m	12
			半径 $R=0.5$m	9
软管		每5～8m长的1根		20

（2）按上述方法计算的总压力损失应小于混凝土泵正常工作时的最大出口压力。

凝土泵的台数可根据混凝土浇筑数量、单机的实际平均输出量和施工作业时间按式（6-15）计算。

$$N_2 = Q / (Q_1 \cdot T_0) \tag{6-15}$$

式中，N_2 为混凝土泵数量（台）；Q 为混凝土浇筑数量（m³）；Q_1 为每台混凝土泵的实际平均输出量（m³/h）；T_0 为混凝土泵送施工作业时间（h）。

三、流态混凝土的泵送与浇筑

（一）流态混凝土的泵送

（1）混凝土泵的安全使用及操作，应严格遵循使用说明书和其他有关规定。混凝土泵操作人员须经专门培训合格后方可上岗。

（2）混凝土泵启动后，应先泵送适量水以湿润混凝土泵的料斗、活塞及输送管的内壁等直接与混凝土接触的部位。

（3）经泵送水检查，确认混凝土泵和输送管中无异物后，应采用泵送水泥浆或泵送1：2水泥浆或泵送与混凝土内除粗骨料外的其他成分相同配合比的水泥砂浆。浇筑时不得集中在同一处。

（4）泵送完毕后，应将混凝土泵和输送管清洗干净。

（二）流态混凝土的浇筑

（1）混凝土的浇筑顺序，应由远而近，同一区域应按先竖向结构后水平结构的顺序，分层边缘浇筑。

（2）混凝土的布料。在浇筑竖向结构混凝土时，布料设备的出口模板内侧面应不小于50mm，且不得向模板内侧面直冲布料，也不得直冲钢筋布料；浇筑水平结构混凝土时，不得在同一处连续布料，应在2～3m范围内水平面移动布料，且宜垂直于模板布料。

（3）混凝土浇筑分层厚度宜为300～500mm。当水平结构的混凝土浇筑厚度超过500mm时，可按1：6～1：10坡度分层浇筑，且上层混凝土应超前覆盖下层混凝土500mm以上。

（4）振捣泵送混凝土时，振动棒移动间距宜为400mm左右，振捣时间以15～30s为宜，且隔20～30min后，进行第2次复振。

（5）对于有预留洞、预埋件和钢筋件和钢筋太密的部位，应预先制定技术措施，确保顺利布料和振捣密实。在浇筑混凝土时应经常观察，当发现混凝土有不密实等现象时应立即采取措施加以纠正。

四、泵送混凝土的应用

重庆来福士项目（图 6-2）位于长江和嘉陵江两江交汇的朝天门核心区，由新加坡凯德集团投资建设，世界知名建筑大师摩西·萨夫迪设计，总投资超过 240 亿元，是新加坡在华的最大投资项目。项目由 6 幢（T1、T2、T3、T4、T5、T6）高 250m、2 幢（T3N、T4N）高 350m 左右的摩天大楼群组成，总建筑面积达 $1.12×10^6 m^2$。8 幢塔楼面向两江，外立面微微凸起，略有弧度，形似风帆，寓意"朝天扬帆"。2019 年 1 月 25 日，由中建八局承建的重庆来福士项目 T1 塔楼主体结构全面封顶，这标志着重庆来福士项目 8 幢塔楼所有主体结构全部完成。项目采用高性能外加剂和优质掺和料等技术，实现了超高泵程泵送，泵送高度达 356m。

图 6-2　重庆来福士项目

课程思政：自主创新，为实现中华民族伟大复兴而努力

上海中心大厦位于陆家嘴金融贸易区中心，是一座集办公、商业、酒店、观光于一体的摩天大楼，大楼总建筑面积约 58 万 m^2，地下 5 层，地上 127 层，高 632m。其中，混凝土结构施工时，不同高度采用不同强度等级的混凝土，核心筒全部采用 C60 混凝土浇筑，巨型柱混凝土 37 层以下为 C70，37～83 层为 C60，83 层以上为 C50，楼板混凝土强度等级为 C35。其中，核心筒混凝土实体最高泵送高度达 582m，楼板混凝土泵送高度达 610m，这对混凝土泵送施工技术提出了新的挑战。该工程项目通过泵送压力测算、设备选型、混凝土性能控制等方面形成了综合性能指标协同控制的超高泵送混凝土施工成套技术，它可使泵送阻力减少 50％以上，成功将 C60 混凝土一次泵送至 582m 的实体高度，C45 混凝土一次泵送至 606m 的实体高度，C35 混凝土一次泵送至 610m 的实体高度，创造了多项混凝土一次连续泵送高度世界纪录。自主开发出新型 HBT90CH-2150D 型和 HBT9060CH-5M 型混凝土输送泵，输送压力分别达到 51.2MPa 和 58.6MPa，创造了混凝土输送泵泵口压力纪录，可满足千米级超高建筑泵送需求。此过程体现了我国工程人员勇攀高峰、自主创新和迎难而上的科学精神，同时，上海中心大厦的落成也增强了人民的民族自豪感和自信心。

思考题：

1. 流态混凝土具有坍落度大、流动性好、节能、省力及减少噪声的作用，但并不是所有的建筑工程都适合采用流态混凝土，请问哪些情况下不宜采用流态混凝土？

2. 在大体积混凝土中使用流态混凝土时，通常采用什么措施控制混凝土的绝热温升？

3. 流化剂作为流态混凝土的外加剂，能改善混凝土的哪些性能？

4. 一商品混凝土搅拌站，按照原混凝土配方均可生产出性能良好的流态混凝土。后来从与原来不同的地方进了一批碎石。当班技术人员未引起重视，仍按原配方配制混凝土，事后发觉混凝土坍落度明显下降，难以泵送，只好临时加水泵送。对碎石检测发现，该批碎石针片状的含量远大于原来的碎石。

5. 水灰比 55%，坍落度 15cm 的基体混凝土流化成坍落度 21cm 的流态混凝土，试进行配合比的计算。

参考文献

[1] 雍本. 特种混凝土设计与施工 [M]. 2版. 北京：中国建筑工业出版社，2005.

[2] 朱彭，何水清. 流态混凝土中流化剂作用原理、添加方法及效果 [J]. 混凝土，2003（9）：16-17.

[3] 张应立. 现代混凝土配合比设计手册 [M]. 2版. 北京：人民交通出版社，2013.

[4] 肖鹏，李雪峰. 浅谈流态混凝土的研究现况与发展方向 [J]. 江苏建材，2004（4）：19-24.

[5] 李煜. 朝天初成可扬帆——中建八局有限公司重庆来福士项目施工纪实 [J]. 建筑，2019（6）：60-63.

[6] 龚剑，崔维久，房霆宸. 上海中心大厦 600m 级超高泵送混凝土技术 [J]. 施工技术，2018，47（18）：5-9.

第七章 | 干硬性混凝土

第一节 概　述

干硬性混凝土是指坍落度值小于10mm，维勃稠度在10～30s范围内的混凝土，一般又把坍落度为0的干硬性混凝土称为超干硬性混凝土。由于其具有水灰比低，早期强度高等特点，因而可立即拆模以增加模板周转速率，达成效率目标和经济目标。目前，土木工程中的多个领域已广泛应用了干硬性混凝土，如大体积混凝土工程（堤坝、大型基础等）、混凝土道路工程（公路、机场、停车场等）和预制强度要求较高的混凝土制品及构件。由于在捣实时必须采取碾压振动，干硬性混凝土也称为碾压混凝土。

早在20世纪50年代的英国，干硬性混凝土最开始被应用于路基，而其在世界范围内的推广主要依托于碾压混凝土坝。1964年，意大利在修建阿尔普·格拉（Aipe Gera）坝时，采用水泥用量较少的干硬性混凝土和水平分层浇筑的施工方法，不仅降低了造价，还加快了施工速度。1965年，加拿大魁北克曼尼科根一号（Manicouagan Ⅰ）坝中两座18m高的重力翼墙采用干硬性混凝土材料，降低造价20%，缩短工期2/3。1974年，巴基斯坦塔贝拉（Tarbela）坝的隧洞修复工程使用了干硬性混凝土技术，充分展现了干硬性混凝土施工快速、经济，具有较高的强度和耐久性等特点，清楚地证明了干硬性混凝土在实际工程应用中的潜力。1982年，美国建成了世界上第一座全干硬性混凝土重力坝——柳溪（Willow Creek）坝，充分展示了干硬性混凝土技术所具有的施工快速和经济的巨大优势，推动了干硬性混凝土重力坝在世界各国的迅速发展。

在我国建筑业中，1955年已开始使用干硬性混凝土，20世纪70年代开始大力推广干硬性混凝土，通过实践证明，干硬性混凝土是实现"多快好省"地建设铁路工程的一项重要措施，且干硬性混凝土工程质量良好、强度高、密度大，使得在裂隙水发育、岩层破碎、地应力较大的隧道衬砌中漏水裂缝现象减少。但是由于当时的设备条件差、生产力水平低等原因，预制场的应用较少，多应用于现场施工。20世纪80年代，我国开始对干硬性混凝土进行试验研究。1980—1981年，在垄嘴水电站的混凝土路面和预制构件厂进行了现场碾压试验，1983年，在福建厦门进行了野外碾压试验，1984年及1985年，干硬性混凝土技术正式应用于葛洲坝船闸下导墙基础和牛日溪沟坝。我国于1986年5月建成了第一座碾压混凝土坝——福建省大田县坑口坝。1990年，我国对干硬性混凝土的研究完成了阶段性工作。截至2003年10月底，我国已建成碾压混凝土坝24座，正在建设、设计或规划中的有40座，此外还有大量干硬性混凝土围堰成功地应用于水利水电工程。同时，我国学者也编制了大量的干硬性混凝土的相关规范、规程等文件。

干硬性混凝土除具有坍落度值低、流动性很小的特点外，还具有如下特点：

（1）配比时水泥用量少，骨料用量多（尤其是粗骨料）。

（2）施工时由于拌和物流动度很小，普通的振动无法使其致密。必须在振动的同时进行碾压，即在振动碾的压力和高频率的激振共同作用下，才能使干硬性混凝土达到足够的密实度。

（3）干硬性混凝土由于采用大量的粗骨料——石子，石子之间的内摩擦力使混凝土在压实成型后具有"准刚性"的性质，所以在硬化初期即具有一定的承载能力。

（4）由于干硬性混凝土水泥用量少（达到相同强度水泥用量可比普通混凝土少20%～30%），因此，即使采用硅酸盐水泥或普通硅酸盐水泥，混凝土的单位体积水化热也比较低。

鉴于上述特点，干硬性混凝土特别适合大体积混凝土工程（如大坝、大体积建筑物基础）及混凝土道路工程（如公路、机场跑道），也可用于一些混凝土预制构件的生产。

第二节　干硬性混凝土的原料组成

一、胶凝材料

干硬性混凝土对水泥的品种无特殊要求，但对于大体积的混凝土，仍建议采用水化热较低的水泥（如中热硅酸盐水泥和低热硅酸盐水泥）。对水泥的强度按工程要求选定，但强度最好不低于32.5MPa。

掺加适量的掺和料可以改善干硬性混凝土的和易性，降低混凝土的水化热，还可以在必要时调节混凝土的强度等级。因此在工程需要的情况下，应掺加一定的掺和料。

刘媛春等采用D-最优混料设计方法得出了水泥-硅灰-粉煤灰-矿粉四元复合胶凝材料组成与1d、7d和28d龄期干硬性混凝土抗压强度关系的回归模型，并检验了模型的有效性；各龄期干硬性混凝土强度等值线变化揭示了水泥-硅灰-粉煤灰-矿粉四元凝胶体系的各龄期干硬性混凝土强度，模型检验效果较好。掺入适量比例范围的硅灰、粉煤灰、矿粉的四元胶凝体系干硬性混凝土抗压强度优于二元和三元胶凝材料干硬性混凝土强度。通过D-最优混料设计，得到水泥用量低且抗压强度高的四元胶凝体系干硬性混凝土配合比。

二、骨料

骨料的品质是决定干硬性混凝土质量的关键因素之一。因为在干硬性混凝土中按体积计算骨料占80%～85%。其中粗骨料占60%～65%，所以必须对骨料（尤其是粗骨料）进行严格的质量控制。卵石的砂率尽可能不超过5%。

（1）粗骨料应选用致密、质地坚硬、强度高、耐久性好的石子作粗骨料，应无风化现象。含泥量应严格控制，不得大于1%，粒径应根据振动设备及物件尺寸而定，一般以不超过50mm为宜，级配良好，以便容易振捣。石子的密度最好控制在2.55g/cm³以上，吸水率要小，应小于1.5%。

（2）细骨料应选用无风化现象的山砂、河砂或人工砂。密度应控制在2.50g/cm³以上，吸水率应小于 3.0%。尽可能采用级配好、含泥少（一般规定含泥量不超过 3%）的中砂。细砂不仅增加了水泥用量，而且增大了混凝土的干硬度，造成施工方面的一些困难。

三、外加剂

可以掺加适量的减水剂来改善混凝土拌和物的工作性，使振动碾压时干硬性混凝土更易于发生"液化"而缩短混凝土密实所需要的时间（所谓"液化"是指干硬性混凝土拌和物在振动碾压时失去稳定产生流动的现象）。

干硬性混凝土对减水剂的种类和减水率大小无特殊要求，但掺加较多量的掺和料时，应进行适当的试验（如对减水率影响等）。

如在夏季施工，特别是使用水化热相对较大的水泥而混凝土体积又较大时，应掺加适量的缓凝剂，以降低混凝土的水化热温升。

第三节　干硬性混凝土的配合比设计

一、基于普通混凝土的配合比设计方法

干硬性混凝土的设计过程和方法基本类同于普通混凝土。但由于干硬性混凝土的特点（坍落度小、骨料用量大、水泥用量少等），配比设计时与普通混凝土存在不少差别。

（一）设计原则

（1）在满足工作性和强度要求的条件下，应尽量增加骨料用量。

（2）拌和物应具有适合振动碾压的工作性，既要求振碾时不下陷，又要求易于密实。

在此应强调的是，干硬性混凝土拌和物的工作性中，应特别注意拌和物的黏聚性。黏聚性决定于水泥用量、水灰比和砂率。如黏聚性不好，在运输和碾压振动时将产生严重离析。这种离析对混凝土力学性能及其他性能（抗渗性、抗冻性等）的影响将比对普通混凝土大得多。

干硬性混凝土工作性的测定与普通混凝土不同。普通混凝土是用测定坍落度值来控制工作性的；而对于坍落度小于或等于 10mm 的干硬性混凝土，则必须用维勃稠度仪进行测定。

（3）对于体积较大的混凝土工程，应考虑混凝土的水化热温升。

（二）配合比设计方法

干硬性混凝土的配合比设计步骤如下。

1. 计算 $f_{cu,0}$

根据要求的设计强度 $f_{cu,k}$ 计算配制强度 $f_{cu,0}$：

$$f_{cu,0} = f_{cu,k} + 1.645\sigma \tag{7-1}$$

式中，σ 为施工单位混凝土标准差统计平均值。

2. 确定 W/C

由混凝土强度公式确定 W/C：

$$W/C = \frac{\alpha f_{ce}}{f_{cu,0} + \alpha\beta f_{ce}} \tag{7-2}$$

式中，f_{ce} 为水泥实际强度（或强度等级×1.13）；α、β 是与粗骨料种类有关的回归系数，数值同普通混凝土。

3. 确定用水量 W

这一点与塑性混凝土有所区别。根据 JGJ 55—2011《普通混凝土配合比设计规程》，塑性混凝土的用水量是根据石子的种类、最大粒径 d_{max} 和所需的坍落度值确定的，坍落度 0～10mm 的干硬性混凝土的用水量与所要求的维勃稠度、粗骨料的种类及最大粒径 d_{max} 有关，具体见表 7-1。

表 7-1 干硬性混凝土用水量选取参考（kg/m³）

拌和物维勃稠度/s	卵石最大公称粒径/mm			碎石最大公称粒径/mm		
	10	20	40	16	20	40
16～20	175	160	145	180	170	155
11～15	180	165	150	185	175	160
5～10	185	170	155	190	180	165

注：1. 本表用水量是采用中砂时的取值。采用细砂时，每立方米混凝土用水量可增加 5～10kg；采用粗砂时，可减少 5～10kg。
2. 掺用矿物掺和料和外加剂时，用水量应相应调整。

试验研究表明，如果干硬性混凝土所选用的水泥种类、掺和料比例、骨料的最大粒径和砂率不变，而且用水量也不变，在一定范围内水泥用量即使发生变化（即 W/C 变化），混凝土拌和物的维勃稠度值变化也很小。这个研究结果可以使得在进行配合比设计时，如果在一定范围内混凝土的强度不符合设计要求而需调整 W/C，可以在保持用水量不变的情况下调整水泥用量，仍然可以基本保证拌和物的稠度不发生较大的变化。

4. 确定水泥用量 C_0 和掺和料用量 F_0

由 W/C 和 W 可求得胶凝材料用量 C_0+F_0

$$C_0+F_0=W_0/\frac{W}{C} \tag{7-3}$$

$$F_0=k \cdot C_0 \tag{7-4}$$

式中，k 为掺和料掺用系数，$k=0.1～0.2$。

5. 确定合理砂率

砂率对干硬性混凝土的强度和拌和物的工作性也有重要影响。试验研究表明，当用水量和胶凝材料用量不变时，随着砂率的增加，干硬性混凝土拌和物的稠度也增加，反之，则稠度减小。但砂率小至一定程度时如果再继续降低砂率，稠度反而增加，其原因是当砂率小于砂浆不能填满粗骨料之间的空隙时，用维勃仪测稠度的过程中，通过振动骨料之间的密实需要的时间增长，即砂浆泛到表面时的时间延长。

选择砂率时，还应考虑混凝土施工过程中粗骨料与细骨料的分离问题。对最大骨料粒径 $d_{max} \leqslant 80$mm 的混凝土，砂率 $S_p=28\%～34\%$。

6. 求砂石用量 S_0、G_0

由前文已求得 C_0、F_0、W_0、S_p，可用绝对体积法解二元一次方程即可求得砂的用量 S_0 和石子用量 G_0。

$$\begin{cases} \dfrac{C_0}{\rho_C} + \dfrac{F_0}{\rho_F} + \dfrac{S_0}{\rho_S} + \dfrac{G_0}{\rho_G} + \dfrac{W_0}{\rho_W} + V_a = 1000 \\ \dfrac{S_0}{G_0 + S_0} = S_P \end{cases} \tag{7-5}$$

式中，ρ_C、ρ_F、ρ_S、ρ_G、ρ_W 分别为水泥、掺和料、砂、石、水的密度，V_a 为混凝土中的含气量，在不使用引气型减水剂时一般取 $V_a = 10$。

7. 试配

首先按求出的各原料配比试配 10kg 混凝土，然后测试稠度，如不符合要求，可通过在砂率不变、水灰比不变的情况下，改变水泥浆量（即胶集比）来调整。

强度验证是比较困难的，因为在实验室不可能像实际施工那样进行碾压振动成型。试验研究表明，当稠度 $V_C = 21s$ 的干硬性混凝土拌和物在 150mm×150mm×150mm 的立方体试模中加压成型时，如果振动时间和表面压强不变，混凝土强度随振动的加速度增加而增加，当最大加速度达 5cm/s² 时，抗压强度增长可趋于稳定，而当表面压强、振动加速度保持不变时，混凝土强度随振动时间增加而增加。当振动时间超过液化临界时间的 2 倍时，强度也趋于稳定。

所谓"临界液化时间"是指干硬性混凝土拌和物在振动力作用下，表面出现泛浆的时间。对于同一种干硬性混凝土拌和物，临界液化时间与混凝土表面的压强、振动台的频率和振幅有关。测定稠度时，稠度值即为此混凝土的临界液化时间。在实际试验中常把抗压立方体试块在振动台上振动的时间（混凝土表面施加 0.005MPa 压强）定为稠度值的 2 倍。

进行调整后，再考虑砂、石含水量对配比的影响，计算方法同普通混凝土。

典型的干硬性混凝土配合比参见表 7-2。

表 7-2　典型的干硬性混凝土配比方案（kg/m³）

混凝土强度等级	稠度值/s	原料配比				
		水泥	粉煤灰	水	石子	砂子
C20	20～30	1	0.25	0.50	4.3	1.9
	10～20	1	0.20	0.55	4.1	2.0
	5～10	1	0.15	0.60	3.9	2.3
C30	20～30	1	0.25	0.45	4.2	1.9
	10～20	1	0.20	0.50	4.0	2.0
	5～10	1	0.15	0.55	3.8	2.1
C40	20～30	1	0.15	0.40	4.2	2.0
	10～20	1	0.10	0.45	4.0	2.2
	5～10	1	0.05	0.50	3.9	2.1

注：C20 用强度等级为 42.5MPa 的水泥，C30、C40 用强度等级为 52.5MPa 的水泥。

二、基于经验的配合比设计方法

（一）设计原理

干硬性混凝土配合比设计所根据的原理有以下两点：

（1）通过试验，找出混凝土强度与水灰比的关系及用水量与干硬度的关系。

（2）根据混凝土的实体积，计算砂、石的用量。

计算时，以石材为集架，把水泥砂浆看作一个整体，水泥砂浆必须填满石子的空隙，并且还有一部分剩余，以包裹石子的表面。水泥砂浆的剩余系数 K（水泥砂浆实体体积对石子空隙体积之比）比一般塑性混凝土小得多，仅为 $1.05 \sim 1.20$，建议采用 1.10，细砂时可采用 1.20。

（二）设计步骤

1. 确定水灰比

根据水泥强度等级及混凝土龄期强度 $f_{cu, \sigma}$，计算出混凝土强度与水泥强度等级的比值，然后由表7-3查出水灰比值（W/C）。在计算中，如果所得 $f_{cu, \sigma}/f_{ce, g}$ 之值不能正好等于表7-3列某一数值时，可用插入法求得。

按上述方法求出所需水灰比后，在试拌时应取3个水灰比，即：

（1）由表7-3中求得的水灰比；

（2）比表7-3中求得的水灰比大20％；

（3）比表7-3中求得的水灰比小20％。

表7-3　干硬性混凝土强度与水灰比的关系

水灰比	灰水比	混凝土龄期强度与水泥强度等级的比值 $f_{cu, \sigma}/f_{ce, g}$/％			
		1d	2d	3d	28d
0.30	3.33	30	47	57	110
0.35	2.86	28	45	55	100
0.40	2.50	25	38	48	80
0.45	2.22	20	32	40	70
0.50	2.00	16	27	34	63
0.55	1.81	14	22	28	56
0.60	1.67	12	19	25	50

根据3个水灰比值配制混凝土进行强度试验，把试验结果绘制成与强度的图表，根据这个图表，就可以确定所需要的混凝土强度的水灰比。

2. 确定单位用水量

单位用水量是根据干硬度来确定的，干硬度的选择必须考虑到搅拌机及振动器的能力，一般要保证混凝土搅拌均匀，振捣得密实。单位用水量可参考表7-4确定。

表7-4　干硬性混凝土的用水量（kg/m³）

拌和物稠度		卵石最大粒径/mm				碎石最大粒径/mm		
项目	指标	10	20	40	16	20	40	
维勃稠度/s	16～20	175	160	145	180	170	155	
	11～15	180	165	150	185	175	160	
	5～10	185	170	155	190	180	165	

3. 计算水泥用量

根据选定的水灰比及单位用水量，即可按式（7-6）算出水泥用量：

$$m_{c0}=\frac{用水量}{水灰比}=\frac{m_{c0}}{W/C} \tag{7-6}$$

或

$$m_{c0}=用水量\,m_{w0}\times灰水比=m_{w0}\times\left(\frac{C}{W}\right) \tag{7-7}$$

4. 计算石子用量

$$m_{g0}=\frac{1000\rho'_g}{1+\dfrac{\rho'_g}{\rho_g}P_g b} \tag{7-8}$$

式中，m_{g0} 为石子用量（kg/m³）；ρ'_g、ρ_g 为分别为石子的视密度和表观密度（kg/m³）；P_g 为石子的孔隙率，以体积百分数计；b 为水泥砂浆即空隙填充系数，或为剩余系数，值可由表 7-5 查得。

表 7-5　空隙填充系数 b 表

混凝土混合料状态	b 值
维勃稠度＞50s	1.05～1.10
维勃稠度 30～50s	1.20～1.40
水泥用量≥500kg/m³	1.10～1.20

5. 计算砂子用量

$$m_{s0}=\left[1000-\left(\frac{m_{c0}}{\rho_c}+\frac{m_{g0}}{\rho'_g}+m_{w0}\right)\right]\rho'_s \tag{7-9}$$

式中，m_{s0} 为砂子用量（kg/m³）；m_{c0}、m_{g0}、m_{w0} 为分别为水泥、石子及水的用量（kg/m³）；ρ_c、ρ'_g、ρ'_s 为分别为水泥密度和石子、砂的视密度。

6. 试拌并根据试验结果校正配合比

根据上述计算出来的每 1m³ 各种材料用量，取其 1/4 进行试拌，并制作混凝土试块。测其强度及按规定的方法检验混凝土拌和物的干硬度、表观密度，并计算其理论表观密度。根据试验数据对水灰比和其他参数进行校正，以满足设计的要求。

混凝土拌和物表观密度的实测结果与理论计算数值之差不得大于 2%～3%，否则按下述方法进行修正：

$$Y=\frac{\rho_{c,c}}{\rho_{c,t}} \tag{7-10}$$

式中，Y 为材料修正系数；$\rho_{c,c}$、$\rho_{c,t}$ 为分别为拌和物的理论计算表观密度和实测表观密度。

修正的方法是用 Y 分别乘以原设计中 1m³ 混凝土的材料用量，即得 1m³ 混凝土中各种材料的实际用量。

三、配合比设计实例

（一）实例 1

1. 材料技术条件

（1）水泥：采用 P·O 42.5 普通硅酸盐水泥。

（2）碎石：选择碎石，其主要性能为表观密度 2.8g/cm³，吸水率 0.5%，压碎值 9.8%，针片状含量 7.8%，粒径分布为 4.75～19mm。

（3）砂：采用水洗天然砂，表观密度 $2.67g/cm^3$，细度模数 2.4。

（4）水：采用当地饮用水。

2. 设计要求

项目要求混凝土强度等级为 C30，干硬性混凝土的干硬度控制为 $10\sim20s$。

3. 设计计算

（1）混凝土配制强度的测定

$$f_{cu,0}=f_{cu,k}+1.645\sigma$$

式中，$f_{cu,k}=30MPa$，$\sigma=5.0MPa$。

$$f_{cu,0}=f_{cu,k}+1.645\sigma=30+1.645\times5.0=38.225（MPa）$$

式中，$f_{cu,0}$ 为混凝土配制强度（MPa）；$f_{cu,k}$ 为混凝土设计龄期的强度标准值（MPa）；σ 为混凝土强度标准差（MPa）。

（2）计算水灰比

$$f_{ce}=42.5MPa\qquad\alpha=0.53\qquad\beta=0.21$$

$$W/C=\frac{\alpha_a f_{ce}}{f_{cu,0}+\alpha_a\alpha_b f_{ce}}=\frac{0.53\times42.5\times1.13}{38.23+0.53\times0.21\times42.5\times1.13}=0.58$$

因此，水灰比为 0.58。

（3）每立方米用水量

混凝土维勃稠度的设计值 $10\sim20s$，碎石的最大粒径 19mm，查 JGJ 55—2011《普通混凝土配合比设计规程》得，混凝土单位用水量为 $170kg/m^3$。

（4）单位水泥用量

$$m_{c0}=\frac{m_{w0}}{W/C}=\frac{170}{0.58}=293（kg/m^3）$$

（5）砂率

骨料最大粒径 $d_{max}\leqslant80mm$，可根据砂的细度模数确定砂率，一般按照砂子越细，砂率取小值的原则选取砂率，因砂为中砂偏细，取砂率 $S_P=30\%$。按质量法，假定混凝土的湿表观密度 $2450kg/m^3$，由下式计算。

$$m_{c0}+m_{w0}+m_{s0}+m_{g0}=2450$$

$$\frac{m_{s0}}{m_{g0}+m_{s0}}=43\%$$

式中，m_{c0} 为混凝土水泥用量，kg/m^3；m_{w0} 为混凝土用水量，kg/m^3；m_{s0} 为混凝土的细骨料用量，kg/m^3；m_{g0} 为混凝土的细骨料用量，kg/m^3；计算可得：单位碎石用量 $m_{g0}=596kg/m^3$，单位砂用量 $m_{g0}=1391kg/m^3$。

（6）单位混凝土原材料用量

$$m_{c0}：m_{w0}：m_{s0}：m_{g0}=293：170：596：1391$$

（7）单位混凝土原材料用量

由于干燥状态的定义为砂的含水率不大于 0.5%，实测含水率为 0.36%，小于规程规定的临界含水率，认定砂为干燥状态。粗骨料的干燥状态临界值为 0.2%，实测含水率为 0.15%，小于规程规定的临界含水率，认定碎石为干燥状态。

$$m_{c0}：m_{w0}：m_{s0}：m_{g0}=293：170：596：1391$$

试拌 25L，实测拌和机新拌混合料维勃稠度 18s，工作性达到设计要求。

（8）混凝土密度校核

采用 5L 密度筒测试混凝土密度，混凝土假定密度为 2450kg/m³，实测密度 2430kg/m³，修正系数＝假定密度/实测密度＝2430/2450＝0.99，修正系数介于 1±0.02 范围内，无须进行校核。当超过范围时，应将配合比中每项材料用量均乘以修正系数，即为确定的配合比。

（9）强度验证

验证 3 个水灰比混凝土的 7d、28d 的抗压强度，从中选择最佳配合比。

（二）实例 2

1. 材料技术条件

（1）水泥：52.5 级普通水泥，视密度 3.15g/cm³。

（2）砂：视密度 2.66g/cm³，含水率为 0％。

（3）石子：卵石，粒径为 5～40mm，相对密度为 2.53，表观密度为 1.55g/cm³，空隙率 39％，含水率 0％。

2. 设计要求

C30 混凝土拦圈砌块，用水量要求尽量压低，干硬度控制为 60～80s（用振动台振动）。

3. 设计计算

（1）选择水灰比

$$\frac{f_{cu,\sigma}}{f_{ce,g}}=\frac{30}{52.5}=0.57$$

查表 7-3，当

$$\frac{f_{cu,\sigma}}{f_{ce,g}}=\frac{30}{52.5}=0.57$$

内插得 $(W/C)_1=0.54$。

按求出结果加大 20％ $(W/C)_2=0.65$，减小 20％ $(W/C)_3=0.43$。

（2）确定混凝土的用水量

按表 7-4 查得 $m_{w0}=140$kg。

（3）计算混凝土的水泥用量

$(W/C)_1=0.54$ 时，水泥用量＝259kg；

$(W/C)_2=0.65$ 时，水泥用量＝215kg；

$(W/C)_3=0.43$ 时，水泥用量＝326kg。

（4）计算卵石用量

取水泥砂浆剩余系数为 1.10，则：

$$m_{g0}=\frac{1000\times2.53}{1+\frac{2.53}{1.55}\times39\%\times1.10}=1488 \text{（kg/m}^3\text{）}$$

（5）计算混凝土的砂子用量

当 $(W/C)_1=0.54$ 时，水泥用量 269kg：

$$m_{s01}=\left[1000-\left(\frac{259}{3.15}+\frac{1488}{2.53}+140\right)\right]\times2.66=505 \text{（kg）}$$

当 $(W/C)_2 = 0.65$ 时，水泥用量 215kg：

$$m_{s02} = \left[1000 - \left(\frac{215}{3.15} + \frac{1488}{2.53} + 140\right)\right] \times 2.66 = 543 \text{ (kg)}$$

当 $(W/C)_3 = 0.43$ 时，水泥用量 326kg。

$$m_{s03} = \left[1000 - \left(\frac{326}{3.15} + \frac{1488}{2.53} + 140\right)\right] \times 2.66 = 450 \text{ (kg)}$$

（6）确定配合比

按以上材料进行试拌，测定其干硬度，看是否适合施工要求。并通过强度鉴定，最后决定配合比。

四、配合比设计中的几个问题说明

（一）砂率

从上面的算例中可以看出，砂浆剩余系数小，石子用量就多，砂子用量就少。这就增加了石子的骨架作用，减少了用水量（砂浆少，用水量就降低），因而提高了混凝土的强度，特别是早期强度，节约了水泥。并且由于减少了砂子的数量，就减少了颗粒间的接触面，也就减少了混凝土拌和物内部的摩擦力，同时降低了混凝土的干硬度。所以，适当地降低砂率是干硬性混凝土配合比设计的重要环节。

（二）干硬度

在符合技术、经济指标要求的前提下应尽量降低干硬度。因为干硬度只是和易性的一项指标，而不是用水量的一项指标，更不是水泥用量的指标。在不同的条件下，干硬度相同，可能其用水量、水泥用量不一样。由于所有测定干硬度的办法本身并不都是完善的，所以，配合比设计时，不可盲目地追求干硬度。因为干硬度越大，施工越困难，国外有的将干硬度做到几百秒，不一定是我们需要研究的方向。一般讲，我们所用的干硬性混凝土干硬度为 30～50s 比较合适，有一些工程采用低流动性混凝土，也可以收到较好的经济效果。

（三）表格运用

配合比设计中，主要利用了表 7-3。但这些数据都是在一些特定的条件下试验的经验数据，并不存在普遍意义。它只是供工程量较小，试验室条件不够或时间不足，不可能进行一套完整的混凝土配合比试验时参考之用。因此，不可受其束缚。事实上，有一些试验已经打破了它的一些规定。读者可根据当地情况积累资料供配合比设计时使用。

（四）假定质量法

干硬性混凝土配合比设计也可以采用假定质量法。计算时可先假定混凝土拌和物表观密度为 2500kg/m^3，最后根据测定的表观密度进行修正。

第四节　干硬性混凝土的施工

一、搅拌

宜采用强制搅拌机，如选用自落式搅拌机，应适当延长搅拌时间。

二、运输

运输干硬性混凝土宜采用自卸卡车、皮带式输送机、斜坡车道等工具和机具，不得采用溜槽式溜管运输。

运输过程中应尽量避免水泥泥浆的流失和骨料的分离。运输车斗应无漏缝，路面尽量平整，避免因车走时颠簸产生的振动而使骨料分离。

三、浇筑

（1）浇筑前应仔细检查模板结合的牢固程度，保证在碾压振动时模板不会松散。为保证模板本身的强度，一般应选用加肋钢模板或混凝土预制模板。

（2）如铺筑道路或建筑基础，浇筑一般采用大仓面薄层连续铺筑或间歇铺筑。一次铺筑层的厚度可由混凝土的拌制及铺筑能力、水化热温升控制要求、混凝土分块尺寸等因素综合考虑决定。

采用自卸车直接卸料铺筑时，应采取退铺法依次卸料。卸料堆旁如出现分离骨料，应将其均匀摊铺在碾压振实的混凝土上面。

采用吊罐入仓时，卸料高度宜不大于1.5m。碾压混凝土的平仓应采用薄层平仓法。平仓厚度应控制为17～34mm，只有经过试验能确保质量时，平仓厚度方可适当加大。平仓过的混凝土表面应平整，无明显凹坑，不允许向浇筑下游倾斜。

四、碾压振实

（一）碾压机的选型

选型时应根据工程要求考虑碾压机的压辊尺寸、起振力、振动频率、振幅和行走速度。一般混凝土的体积大，要求的压辊尺寸也要大，相应的起振力要强，振动频率也应快些。行走速度一般控制为20～25m/min。

（二）压振作业

一次压振厚度不宜超过粗骨料最大粒径的3倍。实际施工中也可根据施工经验或现场进行试压振来确定一次压振厚度和需要压振的次数。

压振作业宜采用搭接法。搭接宽度应约为20cm，端头部位的搭接宽度宜为100cm左右。

如采用干硬性混凝土浇筑大坝，在坝体的迎水面3m范围内，碾压方向应垂直于水流方向，其余部位最好也垂直于水流方向。

每层压振作业完成后，应及时按照网格布点检测混凝土的压实状态密度，所测状态密度低于规定指标时，应立即复测，并查找原因，采取处理措施。

连续上升铺筑的干硬性混凝土，层间允许间隔时间（直至下层混凝土压振完毕为止）应控制在混凝土初凝时间以内。一般情况下，混凝土以加水搅拌到压振完毕历时应≤2h。

五、施工缝及变形缝的设置及处理

对于一些体积较大的混凝土工程，应设置施工缝及变形缝。设缝可以采用切割机切割，并采取先切后碾，即切割成缝后，再进行下一层碾压振实。

缝面必须进行层面处理。层面处理可用毛刷冲毛等方法清除混凝土表面的浮浆及已松动的骨料。处理合格后，先均匀刮铺一层 1～1.5cm 厚的砂浆（砂浆强度应比混凝土高一级），然后立即在上面摊铺新一层干硬性混凝土，并应在砂浆凝结前完成碾压振实。

六、不同种类混凝土的浇筑

如干硬性混凝土浇筑在普通混凝土基层上，普通混凝土至少应养护 3～7d，方能在其上浇筑干硬性混凝土。

对于大坝，如果靠岸坡岩面为普通混凝土，在普通混凝土的一侧用干硬性混凝土，则两种混凝土可同时浇筑。两种混凝土的结合面不应是与地面垂直的一条直线，而应是与地面成 60°～70°的一条斜线。

第五节　干硬性混凝土制品成型工艺

随着建筑行业快速发展，装配式建筑涌现出来，对于预制混凝土构件的应用需求也明显增大。预制混凝土构件与制品的生产过程中，干硬性混凝土因其自身优势而得到良好应用，比如质量稳定、模板周转速率快且水泥用量较低。对干硬性混凝土制品的成型工艺展开探究，具有重要意义。

一、干硬性混凝土制品成型工艺参数

干硬性混凝土与流动性混凝土相比，其流动性不足，成型工艺方面一般需要应用到强力振动加压，以达到密实状态，促进表观密度改善，进而提高设计的强度与耐久性。干硬性混凝土的性能极易受到成型工艺参数的影响，若振动频率以及施加压力等工艺参数的匹配度不足，则极易影响制品的密实性，甚至会对配合比以及性能设计产生影响，成型工艺设计过程中必须要注重混凝土密实性的提高。

（一）振动特性

振动频率与振幅往往会受到液化时间和程度的影响。通过试验可以发现，在不同振动条件下，外部压力作用会对频率和振幅产生影响，干硬性混凝土液化时间明显缩短，体系颗粒之间存在较大相对位移，混凝土液化极易受到单位时间内运动次数的影响。在明确振动特性影响干硬性混凝土密实过程的具体情况之后，振动会引起颗粒自由运动，这就会导致体系产生"主动压力"，与外部压力相反，对颗粒黏聚力、颗粒自重以及外部压力等加以克服，促进混凝土液化。在计算推导后，能够明确主动压力大小与振动频率平方根、振幅之间的关系。因而干硬性混凝土充分液化会受到频率与振幅的影响。

振动频率与颗粒粒径选择有较大关系，也与共振作用密切相关。干硬性混凝土粒度分布是频率确定过程中的重要因素，需要就强度等级、胶凝材料等参数进行综合分析。对 C50 以上的高强度干硬性混凝土制品来说，粗骨料的应用较为常见，以大胶材用量为支持，体系粉体颗粒高，因而必须要保证振动频率较大，在 100Hz 以上。对一般砌块来说，体系液化的实现需要保持振动频率在 50Hz 左右。成型设备变频振动的合理性，能够促进干硬性混凝土液化效率的改善。结合混凝土维勃稠度以及振幅衰减系数等要素，合理选择振动参数，把握结构、材料、能耗等具体情况，确保用水量以及构件尺寸

科学合理。当前很多设备制造与制品生产企业并未优选振动特性参数，在成型设备应用过程中，要结合混凝土制品构件类型进行合理选择，确保与干硬性混凝土特点相符合，保证振动特性参数选择的合理性，加强制品质量控制，确保生产效率得到明显提升。

（二）成型压力

在振动过程中，施加外部压力会促进密实进程加快，进而提高密实度。对于干硬性混凝土来说，成型压力的适宜化，能够保证液化时间以及成型后的抗压强度。若压力较小则会影响体系密实度，振动时间也比较长；若压力较大，则会影响契合作用，振动效果并不理想。成型压力与振动频率之间存在密切关联，依据振动频率能够确定最适合的成型压力。在对成型压力影响规律加以研究的过程中，要重视其与振动特性的相关性，明确振动频率的影响因素，对振动频率、结构类型、干硬性混凝土特性进行综合分析，对成型压力加以确定。

（三）振动时间

在生产过程中振动时间是一个关键参数，制品密实程度以及生产效率也会因此受到影响。在振动时间延长后，混凝土抗压强度提升，在干硬性混凝土拌和物振实充分，避免能耗增大或者分层离析的情况下，即可确定振动时间最佳。不仅如此，振动频率、振幅、成型压力以及含水量等因素，都会对振动时间最佳值的确定产生影响。若想要保证振动时间选择最佳，必须要明确各项特性参数并开展综合分析。

（四）其他参数

振动加速度、振动烈度等参数的研究应用，促进了成型工艺的优化，便于明确参数控制。振动频率和振幅的函数是主要参数，由频率和振幅主导影响规律。

二、干硬性混凝土制品室内成型试验设备

在干硬性混凝土制品生产过程中要明确制品性能与期望值，协调混凝土配合比，优化成型工艺参数，保证成型试验设备选择的合理性。为确保成型工艺参数优化研究得以顺利推进，一般通过室内成型试验设备来开展成型试验。

（一）平板振动器

平板振动器是一种比较常见的施工工具，能够满足水工和公路领域混凝土碾压需求。基于 SL/T 352—2020《水工混凝土试验规程》以及 JTG 3420—2020《公路工程水泥及水泥混凝土试验规程》，再对平板振动器进行改进后应用。碾压抗压、抗弯拉试件成型，振动频率为 50Hz，振幅为 1mm，以压块配重对成型压力进行施加。在改进分层振动方式以及平板振动器压板的形状后，能够满足室内成型干硬性混凝土制品试件的应用需求。此类成型设备结构简单，工艺参数调整便捷，但无法对实际生产进行模拟，需要分层对试件进行振捣，所消耗时间较多，操作质量极易受到人为因素影响。若分层厚度不合理则无法保证试件的密实度，试验结果也会受到影响，因而此类成型设备的应用不多。

（二）振动台类

在普通混凝土室内成型方面，振动台的应用较为常见，能够确保竖向简谐振动的稳定性。基于 JG/T 245—2009《混凝土试验用振动台》的相关规定，振动台参数、振动频率以及最大振幅得以确定。在改造维勃稠度的基础上，通过配重压力和振动台振动来

促进干硬性混凝土成型，大幅压缩体积的情况下，无法保证试件尺寸达标。通过组合模具的应用能够将试模问题解决，加大优化配合比与耐久性的研究力度。类似室内试验设备的应用，成型压力主要通过配重钢块进行模拟，于振动台上促进成型，通过感应位移传感器来对混凝土沉陷位移量进行准确记录，对可密实性度量值进行衡量，获得振动时间与混凝土密实性的关联曲线。但这种方式也存在局限性，无法开展振动参数优选等研究，在振动作用影响下，成型压力稳定性不足，调节范围有限。德国在这一方面的研究较为先进，能够对参数进行调整，与压力结合，保证成型压力得到稳定提供和调节，可对不同情况下振压作用进行模拟，对各项因素的影响开展系统化研究，进而优选各项参数。振动台类成型设备未来仍具有改进的空间，比如谐振波产生以及成型效率提升等，当前科学技术快速发展，试验设备作为研究的基本条件，未来将朝着参数调节精确化、参数类型全面化的方向发展，促进干硬性混凝土制品成型工艺不断优化。

第六节　干硬性混凝土的性能及测定

一、干硬性混凝土的性能及测定

（一）干硬性混凝土拌和物的稠度测定

干硬性混凝土拌和物性能主要是稠度，而稠度的大小取决于拌和物的流变性质。干硬性混凝土拌和物的流变性质可以用稳定性、振实性和流动性 3 个参数来表示。

（1）稳定性以未施加压力和振动时新拌混凝土的泌水离析来度量；

（2）振实性以压振条件下新拌混凝土的最大振实密度来度量；

（3）流动性以新拌混凝土的黏聚力和内摩擦阻力来度量。其中黏聚力主要是指水泥浆体与骨料之间的粘结力，而内摩擦阻力是指骨料之间的摩擦力。

在无压振条件下，新拌混凝土在黏聚力和内摩擦力作用下处于稳定状态。
即

$$\tau = c + \sigma \tan\varphi \tag{7-11}$$

式中，τ 为剪应力；c 为黏聚力；σ 为骨料表面受到的压应力；φ 为摩擦角。

在压振情况下，压振力克服骨料之间的内摩擦力、水泥浆体与骨料的黏聚力而使骨料之间产生位移滑动，破坏原来的稳定性而产生系统的"流动"现象，这种流动现象称为"液化"。液化过程使骨料颗粒在重力及压力作用下向下滑动并重新向更稳定的位置排列，使骨料体系的孔隙率降低，此孔隙又被水泥砂浆填满，形成了密实的混凝土体。

骨料的种类、表面状况（粗糙程度）、级配及砂率、胶集比对干硬性混凝土拌和物的稠度都有影响。而在一定范围内，水灰比对稠度的影响不大。

（二）干硬性混凝土的表观密度

干硬性混凝土的表观密度直接影响混凝土的力学性能、抗渗性和抗冻性等一系列性能。

干硬性混凝土表观密度有理论表观密度和实际表观密度两种。理论表观密度是根据由配合比计算的粗骨料孔隙率和砂浆在其中的填充程度计算出来的，而实际表观密度是指振实后干硬性混凝土的实际密度，所以也称为"振实密度"。实际表观密度取决于振动加速度，并随加速度的增加而增加，如果振动加速度相同，则取决于振动时间的长短。试验证明，经过足够振动时间的干硬性混凝土表观密度很接近理论表观密度。

测定干硬性混凝土实际表观密度需在实验室按所设计的原料配合比配制成 10kg 的混凝土拌和料，浇筑成 10cm×10cm×10cm 的立方体试块，用振动台充分振实（振实时间为 V_C 值的 3 倍），在标准养护室养护 3d 后拆模，干燥称重并测量体积，而后计算密度。

（三）干硬性混凝土的强度及测定

干硬性混凝土的强度不仅与配比有关，更重要的是与碾压振动密实的程度有关。同样配合比的干硬性混凝土，压振密实程度不同，其强度可相差 1～2 倍。

影响表观密度的所有因素同样影响混凝土的强度。同样配比的干硬性混凝土如达到同样的表观密度，其强度也基本相同。因此在工程中，如干硬性混凝土被充分振实，在实验室配制的干硬性混凝土也被充分振实，一般会测得相同或误差很小的表观密度，也就是说实验室测得的干硬性混凝土强度值可以代表实际工程所应用的干硬性混凝土强度值。

影响干硬性混凝土强度的因素主要有内因和外因，内因包括水灰比、掺和料和砂率，外因包括成型压力、养护温度和养护条件。

1. 水灰比

水灰比较大时，混凝土新拌状态下的水泥浆浓度低，黏结力下降，至混凝土硬化时易产生细小裂纹；其次，多余的游离水往往先附着在骨料的下部分，使得胶体与骨料黏结面积减小，造成黏结力减小；同时，当剩余的游离水逐渐排出后形成孔隙，混凝土硬化后孔隙率大，密度小。

2. 掺和料

掺加掺和料（如粉煤灰或矿粉）的干硬性混凝土的早期强度增长速度较慢，但中后期强度相对较好。同等掺量下，掺粉煤灰干硬性混凝土的早期强度增长相对较慢，矿粉对干硬性混凝土强度的增长作用快于粉煤灰。

3. 砂率

砂率较低时，水泥砂浆不能完全填充粗骨料间的空隙，拌和物缺浆，混凝土流动性下降，试件成型后内部空隙较多，不密实，故试件强度较低。随着砂率提高，水泥砂浆增多，粗骨料表面能够被浆体充分包裹，流动性增大，试件成型后空隙率减小，内部更加密实，因而干硬性混凝土强度提高。但砂率也不可过高，当砂子的比表面积比粗骨料大，砂率过大时，随着砂率增加，在水泥浆用量一定的条件下，骨料表面包裹的浆量减薄，黏结力降低，润滑作用下降，流动性降低，不易形成理想的骨料嵌锁型结构，使硬化后的混凝土密实性降低，同时过高的砂率也破坏了粗骨料之间的机械咬合力。

4. 成型压力

干硬性混凝土的成型压力宜适当。成型压力的增大，可促进混凝土骨料颗粒间相互运动，排出内部空气，减小空隙率。同时，水泥浆失去稳定状态而流动，填满骨料间空隙，骨料结合更紧密。但压力过大时，试件不仅表现为表面泛浆，而且底部有水泥浆流出，使骨料间水泥浆减少，进而降低了混凝土强度。因此，适当的压力可以使混凝土内部更密实，颗粒结合更紧密。

5. 养护温度

养护温度提高可以加速混凝土的水化过程，使混凝土获得足够高的早期强度，以避免后期吊装、运输等带来的破坏。虽然较高的温度能够使混凝土获得较高的早期强度，但急剧加速了初期水化，使得混凝土初期水化产物分布不均匀，产物稠密程度低的区域降低了混凝土的整体强度。而相比较高的养护温度，20℃的养护温度能够使得水泥水化反应缓慢且充分，水化产物分布均匀，从而提高了整体强度。在实际工程中，混凝土采用高温养护的工艺主要是为了使混凝土获得更高的早期强度，以避免后期混凝土拆模、运输、吊装等带来的破坏，同时混凝土在较高的温度下可以获得较高的早期强度，可缩短脱模时间，以节约养护空间。由于干硬性混凝土可立即脱模，所以从后期强度发展和施工经济性来看，标准养护20℃为最适宜的养护温度。

6. 养护条件

水中养护较标准养护而言环境更加稳定，混凝土受外界温度、湿度的影响较小，从而使混凝土得到更高强度的发展，但两者的抗压强度变化不大，建议根据实际情况加以选择。

第七节　干硬性混凝土的应用

美国SPANCRETE板机主要生产3种构件产品：SP板（图7-1）、楼层板、保温墙板。3种构件产品均采用混凝土强度等级为C40～C45的零坍落度细石混凝土，即干硬性混凝土。此种混凝土砂率大，一般为50%～60%，采用中砂。所用粗骨料为粒径5～10mm的连续粒径的低活性骨料。水泥一般选用P·O 42.5普通硅酸盐水泥，减水剂视情况而定。干硬性混凝土满足板机搓捣和挤压成型工艺，不需模板和蒸气养护，一次成型，其含水量仅为水泥水化作用所需的水量，比一般坍落度较大的混凝土的收缩和徐变值小，构件的标准化程度高。

图 7-1　SP 板

SP 板作为 SPANCRETE 板机重要产品之一，因生产工艺的需要，产品对干硬性混凝土的工作性要求非常高。因为生产过程中无模板支护，当混凝土维勃稠度过小时，容易出现塌边塌孔现象；混凝土维勃稠度过大，在冲捣挤压过程中不易产生水泥浆体，这样就无法保证产品的密实度，进而影响混凝土的强度、耐久性等性能。

楼层板（图 7-2）是美国 SPANCRETE 机械公司机械通过更不同芯管而生产的一种产品，此产品是一种带肋预应力薄板，通过机械搓捣、正打一次成型。该楼层板这种预制构件是在工厂制造，机械化生产，采用干硬性混凝土一次正打、搓捣成型，养护条件好，裂缝易于控制，解决了现浇结构的裂缝问题，机械化程度高，减少人工成本。

图 7-2　楼层板

保温墙板（图 7-3）是以改进后的 SP 板作为内叶墙，外侧挤压成型的混凝土层作为外叶墙，中间夹层保温板作为保温层的新型夹芯墙板。保温墙板采用干硬性混凝土和 SP 板的生产机械，无须特殊设计的模板，也不需要特殊的养护措施，生产方便，生产效率高。

图 7-3　保温墙板

课程思政：感知干硬性混凝土科技发展，
培养工匠精神，树立环保理念

20 世纪 80 年代开始，我国对干硬性混凝土进行试验研究，1990 年，我国对干硬性混凝土的研究完成了阶段性工作。目前，我国已建成很多干硬性混凝土坝、围堰等，同时近些年国内也编制了大量的干硬性混凝土的相关规范、规程等文件。这些规范、规程编制和工程背后都是一项项技术难关的攻克和厚积薄发的呈现，我国干硬性混凝土研究、应用的迅速发展，培养了学生对科学技术的敬畏之心，理解求真务实的本质与精益求精的"工匠精神"。鼓励学生与时俱进，不断关注科技新动向，利用新知识完善自己的知识结构，提升自己的综合能力，更好地为社会主义现代化建设服务。同时，干硬性混凝土具有施工快捷、早期强度高、胶凝材料用量少等特点。将干硬性混凝土用在工程中，可减少单位水泥用量，降低水泥造成的环境污染。因此，在进行混凝土配合比设计时，要顺应时代潮流，节约资源和能源，树立节能、环保的发展理念。

思考题：

1. 干硬性混凝土强度一定高吗？它主要用于哪些领域？

2. 干硬性混凝土对骨料的要求有哪些？

3. 夏期进行大体积干硬性混凝土施工时，掺加什么样的外加剂可以降低混凝土的水化热温升？

4. 北方某工程项目要求采用 C30 混凝土，干硬度控制在 20～30s，压制成型，采用的水泥为 42.5 级普通硅酸盐水泥，表观密度为 $3.1g/cm^3$；砂的表观密度为 $2.60g/cm^3$，细度模数为 2.4；5～20mm 碎石，表观密度为 $2.52g/cm^3$，压碎值 9.8%，吸水率 0.3%，试进行配合比的计算。

5. 在符合技术、经济指标要求的前提下应尽量降低干硬度，但在进行混凝土配合比设计时，不可盲目地追求干硬度。分析其原因。

参考文献

[1] 郭傲. 干硬性混凝土配合比优化及其耐久性研究 [D]. 青岛：青岛理工大学，2014.

[2] 缪庆旭. 多尺度聚丙烯纤维干硬性混凝土拉压性能试验研究 [D]. 重庆：重庆大学，2019.

[3] 刘姬春，崔恩彤，汪恩良，等. 基于混料设计的干硬性混凝土强度模型 [J]. 混凝土与水泥制品，2019（9）：10-14.

[4] 张应立. 现代混凝土配合比设计手册 [M]. 2 版. 北京：人民交通出版社，2013.

[5] 赵世峰. 干硬性混凝土制品成型工艺研究综述 [J]. 四川水泥，2020（1）：34.

[6] 孙磊，杨辉，朱绘美. 干硬性混凝土抗压强度的影响因素研究 [J]. 混凝土与水泥制品，2016（6）：6-9.

[7] 郭傲，赵铁军，王鹏刚，等. 干硬性混凝土抗压强度影响因素试验研究 [J]. 粉煤灰，2015（1）：35-37.

[8] 贲翔. 干硬性混凝土构件在装配式建筑中的应用 [J]. 砖瓦，2017（2）：55-59.

第八章

防水混凝土

第一节 概 述

防水混凝土也称作高抗渗混凝土或刚性防水材料。一般认为防水混凝土的抗渗标号应＞P6，目前已可以配制抗渗标号＞P30 的防水混凝土。

普通混凝土往往抗渗性不良，其主要原因是普通混凝土存在各种渗水"通道"，这些"通道"包括以下几种：

（1）混凝土未凝结硬化前泌水和离析形成的泌水孔；

（2）混凝土收缩变形形成的裂缝；

（3）温度变化或荷载应力造成的裂缝；

（4）施工时因振捣不足、振捣不匀或漏振形成的孔洞；

（5）养护不当形成的塑性裂纹；

（6）混凝土使用过程中由于腐蚀介质的侵蚀使混凝土结构遭到破坏，在混凝土内部形成大量裂缝。

研究表明，不是所有尺寸的孔隙和微裂缝都是渗水"通道"，小于 25nm 的孔和封闭孔对混凝土的抗渗性影响很小。影响最大的是孔径大于 1μm 的开口孔和毛细管道。当然，水压越大，形成渗水通道的孔尺寸越小。

因此，要制备高抗渗性的防水混凝土，必须尽可能地减少混凝土中的孔隙率和微裂缝及各种影响抗渗性的缺陷，尤其是孔径大于 1μm 的开口孔和毛细管道。

目前，可以通过以下几方面的途径制备防水混凝土。

（一）调整混凝土配合比

如果工程对混凝土的抗渗等级要求很高，可以在配制普通混凝土的基础上，通过选择适宜的原料，调整混凝土的配比，从而尽量提高混凝土的致密程度。用这种方法配制的混凝土称为普通防水混凝土，其抗渗等级可以达到 P6～P10。

（二）通过添加各种外加剂来提高混凝土的抗渗性

该方法是在普通混凝土拌和物中掺入少量能够改善混凝土抗渗性的各类外加剂，以适应防水工程需要。一般把掺某种外加剂配制成的防水混凝土称为某种防水混凝土。目前主要有如下品种。

（1）减水剂防水混凝土，是通过配制混凝土时加入减水剂，在满足混凝土拌和物流动性的基础上，尽量减小混凝土的 W/C，从而降低混凝土的孔隙率，改善混凝土的孔分布，以提高混凝土的抗渗性。

（2）膨胀剂防水混凝土。在拌制混凝土时加入膨胀剂，使混凝土具有适当的膨胀和补偿收缩作用，从而减少因收缩而产生的裂缝，以提高混凝土的抗渗性。

（3）氯化物金属盐类防水混凝土，是在混凝土配制时加入氯化物金属盐类为主要成分的外加剂。

（4）有机硅类防水混凝土，是在混凝土中掺加有机硅类防水剂。

（5）无机铝盐防水混凝土，是在混凝土中掺加无机铝盐类防水剂。

（6）金属皂类防水混凝土，是在混凝土中掺加金属皂类防水剂。

（三）使用膨胀水泥配置混凝土增加抗渗性

膨胀水泥防水混凝土，是以膨胀水泥为胶结材料配置而成的一种防水混凝土。其防水机理主要是依靠膨胀水泥水化后产生一定的体积膨胀，来补偿混凝土的干缩变形，从而达到密实混凝土和提高抗渗性的目的。

本章主要介绍减水剂、引气剂、膨胀剂以及有机硅防水剂在防水混凝土中的应用。

第二节 普通防水混凝土

普通防水混凝土是在普通混凝土配制的基础上，通过选择适宜的原料及调整配比，以提高混凝土抗渗性，使混凝土的抗渗标号达到 P6 以上。

一、普通防水混凝土的原料组成

（一）水泥

水泥应选择水化热低，抗水性能好的品种。如果水泥水化热高，在水泥浆体硬化后，混凝土内部会造成较高的温度梯度，从而导致混凝土的不均匀收缩，产生大量的微观裂纹，这对混凝土的防水是很不利的。

（二）骨料

骨料的质量、级配及杂质含量对混凝土的抗渗性有关键的影响。

（1）粗骨料应选择质地坚硬致密，杂质少的碎石或卵石，同时具备下列条件：

① 最大粒径 $d_{max} \leqslant 40mm$，粒径范围以 5～30mm 为宜；

② 软弱颗粒含量小于或等于 10％，如有抗冻性要求，则应小于或等于 5％；

③ 风化颗粒含量小于或等于 1％；

④ 颗粒级配应为连续级配。

（2）细骨料以选用洁净质地坚固的河砂或山砂为宜，同时应达到如下要求：

① 含泥量小于或等于 3％；

② 无风化现象；

③ 细度模数 M_x 为 2.4～3.3 为宜；

④ 平均粒径在 0.4mm 左右。

（三）拌和水和养护水

配制和养护防水混凝土，拌和水应和养护水采用无侵蚀性水，一般采用 pH＝6～7 的洁净水。

二、普通防水混凝土的配合比设计

在配制自防水混凝土时，不仅需要通过控制水灰比、水泥用量、胶凝材料用量、石子粒径、砂率、灰砂比等配合比参数的取值，同时也要注意材料的选用及掺量，抑制混凝土内部孔隙网络的发育，削弱混凝土内部的渗水通路，从而使防水混凝土孔隙结构得到改善，配制具有较高抗渗性能的防水混凝土。

配合比设计的步骤与普通混凝土相同。根据试验研究及有关工程实例中抗渗性和耐久性的要求，对有关参数的选择和确定可参考以下数据。

（一）坍落度

坍落度一般控制为 30～60mm。

（二）水灰比

水灰比与混凝土要求的强度等级及抗渗等级有关，可参考表 8-1。但不高于 0.65。

表 8-1　普通防水混凝土水灰比选择

抗渗标号	强度等级		
	C20	C25	C30
P6	0.60～0.65	0.55～0.60	0.50～0.55
P8	0.55～0.60	0.50～0.55	0.45～0.50
P10	0.50～0.55	0.45～0.50	0.40～0.45

（三）砂率

为保证每一颗粗骨料周围有足够的砂浆包围，普通防水混凝土的砂率应适当高一些。砂率选用与砂的细度模数、平均粒径及石子的孔隙率有关。为了满足富浆要求，在设计防水普通混凝土时，应增大石子拨开系数（砂浆体积与石子空隙体积之比值）。因此，普通防水混凝土砂率，比普通混凝土的砂率要高，一般要求 SP≥35%。对于碎石混凝土而言，砂率一般控制为 38%～40%。具体参考表 8-2。

表 8-2　普通防水混凝土砂率选用表

石子的空隙率/%		30	35	40	45	50	55
砂的平均粒径/mm	0.3	35～37	36～38	36～38	36～39	37～39	38～40
	0.35	35～37	36～38	36～38	37～39	37～39	38～40
	0.40	35～37	36～38	37～39	38～40	38～40	39～41
	0.45	35～37	36～38	38～40	39～41	39～41	40～42
	0.50	35～38	36～39	38～40	40～42	41～43	42～44

注：表中的石子最大粒径为 $d_{max}=20～30mm$，d_{max} 取值较小时砂率取较高值，反之取较低值。

石子的空隙率按式（8-1）计算。

$$P_G = \left(1 - \frac{\rho'_{OG}}{\rho_{OG}}\right) \times 100\% \tag{8-1}$$

式中，ρ_G 为石子的空隙率；ρ'_{OG} 为石子的堆积密度；ρ_{OG} 为石子的表观密度。

（四）用水量

普通防水混凝土的用水量应根据砂率和坍落度要求确定，可参考表 8-3。

表 8-3　普通防水混凝土用水量选取参考表（kg/m³）

坍落度/mm	砂率/%		
	35	40	45
10～30	175～185	85～195	195～205
30～55	180～190	190～200	200～210

普通防水混凝土在检验时，除检测强度外，还应检测抗渗等级。若达不到抗渗等级要求，应进行调整。常用防水混凝土配合比技术要求见表 8-4。

表 8-4　防水混凝土配合比技术要求

项目	配合比要求
水胶比	≤0.5
水泥用量/（kg/m³）	≥260
胶凝材料用量/（kg/m³）	≥320
石子粒径/mm	≤40
砂率	35%～45%，泵送时增至 45%
石砂比	1：1.5～1：2.5

三、普通防水混凝土的施工

普通防水混凝土的施工与普通混凝土相同，但对施工的要求应更为严格。尤其是要注意搅拌和捣实应充分均匀。如果振捣不充分或不均匀，将导致混凝土出现蜂窝或孔洞，从而会引起抗渗性的严重降低。

第三节　专用外加剂防水混凝土

一、掺减水剂的防水混凝土

凡是以提高抗渗性为目的，以各种减水剂拌制的防水混凝土，统称为减水剂防水混凝土。

（一）减水剂防水机理

混凝土中掺入减水剂后，由于减水剂的吸附扩散作用，使得水泥絮凝结构中包裹的游离水释放出来，可显著改善混凝土的和易性。因此，在满足一定和易性要求条件下，减水剂的使用可大大降低拌和用水，从而减少游离水数量和减少水分蒸发后留下的毛细孔体积，使混凝土的密实性得到提高。

减水剂溶于水后离解为阴离子和金属阳离子，阴离子吸附于水泥颗粒表面，使水泥颗粒带负电荷而相互排斥，因而使水泥颗粒彼此分散，分布均匀，从而改变了混凝土中孔结构的分布情况，使孔径及总孔隙率明显下降。

掺入引气型减水剂，在混凝土中会产生大量封闭的气泡，从而降低泌水率，有利于混凝土抗渗性的提高。

（二）减水剂对混凝土混合料性能的影响

1. 改善和易性

由于减水剂对水泥颗粒具有较强的分散作用，从而明显提高混合料的和易性。在配合比不变的情况下，减水剂的掺入可使坍落度明显加大。一般高效减水剂可使坍落度增大 20cm 以上，而普通减水剂也能使坍落度增大 8～10cm。

2. 降低泌水率

不同品种减水剂均能不同程度降低泌水率，这对硬化后混凝土的抗渗性有很大影响。

3. 提高抗渗性

使用减水剂配置混凝土，可使拌和物和易性明显改善，同时可使拌和水用量大幅降低。硬化后混凝土中孔结构得到改善，孔隙率下降，抗渗性明显提高。具有引气型的减水剂，还同时在混凝土中产生大量封闭气泡，进一步提高抗渗性。减水剂对混凝土抗渗性影响见表 8-5。

表 8-5　减水剂防水剂混凝土的抗渗性

减水剂		水泥胶结材料		水灰比	坍落度/cm	抗渗性	
品种	掺量/%	品种	用量/（kg/m³）			抗渗等级	渗透高度/cm
—	0	P·O 42.5	300	0.60	1～3	P8	全透
NNO	1		264	0.60	1～3	P15	全透
—	0	P·S 32.5	380	0.54	5.2	P6	全透
木钙	0.25		380	0.48	5.6	P30	全透
—	0	P·S 32.5	350	0.57	3.5	P8	全透
MF	0.5		350	0.49	8.0	P10	全透
木钙	0.25		350	0.51	3.5	＞P20	10.5
—	0	P·S 32.5	300	0.626	1.0	P8	＜全透
JN	0.5		300	0.550	1.3	＞P20	3.2

（三）减水剂防水混凝土配制要点

减水剂防水混凝土除应遵循普通防水混凝土配制的一般原则，还应注意以下几点。

1. 根据工程具体需要调整配合比

当工程需要混凝土坍落度较大（如自密实混凝土等）时，可不减少或稍减少拌和用水量。当要求坍落度较小（如干硬性混凝土）时，可大大减少拌和用水量，这样可更好地改善抗渗性和其他物理力学性能。

2. 选择最佳减水剂品种和掺量

不同的防水混凝土，其使用的水泥品种也不尽相同。不同品种的减水剂和不同品种的水泥的相容性相差很大。甚至同品种、同强度等级的水泥，不同的生产厂家和不同的生产批次均会对其与减水剂的相容性产生影响。因此在选用减水剂品种时，需经试验验证其与水泥的相容性和最佳掺量。

此外，粉剂减水剂应在拌和前溶于拌和水中，同时要加强混凝土的养护。

(四)应用实例

1. 工程简介

天津干线工程保定市 1 段 TJ2-1 标段是南水北调的中线一期工程，位于河北省保定市的徐水县境内，全长约 9.883km。该工程的主体结构是混凝土，其强度等级是 C30，抗渗等级是 W6，抗冻等级是 F150。

2. 原材料选择

水泥：采用 42.5 级中热硅酸盐水泥（鼎鑫 P·O 42.5 等级的水泥，GB/T 200—2017）；

粉煤灰：采用某电厂Ⅱ级灰；

砂：采用河砂，细度模数为 2.4，表观密度为 2530kg/m³；

石：采用破碎河卵石，粒径 5～31.5mm，连续级配；

外加剂：采用 TY-6A 聚羧酸（泵送），高效减水剂。

3. 配合比

经适配 C30（P8）混凝土配合比见表 8-6。

表 8-6　C30（P8）防水混凝土配合比

水胶比	粉煤灰掺量/%	砂率/%	外加剂		混凝土材料用量/（kg/m³）					
			种类	掺量/%	水泥	粉煤灰	砂子	碎石/mm		水
								2～20	20～40	
0.46	25	43	TY-6A（泵送）	0.7	228	76	803	438	658	140

该施工配合比拌制的混凝土各项指标见表 8-7。

表 8-7　C30W6F150（泵送）推荐混凝土施工配合比的试验结果

混凝土部分	坍落度/mm	含气量/%	凝结时间（h：min）		碱含量/%	抗压强度/MPa			劈裂抗拉强度/MPa	静压弹性模量/（10⁴MPa）	抗冻等级	抗渗等级
			初凝	终凝		7d	14d	28d				
箱涵主体	183	4.1	9：48	12：19	1.56	26.4	34.3	37.7	3.21	3.12	>F150	>W60

根据工程要求，设计为 3 孔 4.4m×4.4m 现浇有压混凝土输水箱涵，起讫桩号为 XW15＋200～XW25＋083，混凝土设计等级为 C30W6F150，混凝土用量约 30.1 万 m²。

二、掺引气剂的防水混凝土

引气剂防水混凝土是在混凝土中掺入微量引气剂配制而成的防水混凝土。引气剂可在混凝土拌和物中引入一定数量的封闭气泡，它可使混凝土混合料具有良好的和易性，使硬化后的混凝土具有良好的抗渗性、抗冻性和耐久性。

(一)引气剂防水机理

引气剂是一种表面活性物质，具有憎水性。它可在混凝土混合料中引入大量封闭结构的气泡，同时还可降低混合料的表面张力。这些气泡的产生具有以下作用：

（1）使混合料中骨料的直接接触点减少，气泡在混合料中起"滚珠"作用，减少了混合料体系的摩擦阻力，改善和易性。

（2）封闭气泡可增加沉降阻力，减少因沉降而引起的混凝土的不均匀性，减少了沉降裂缝。

（3）提高水泥的保水能力，降低了拌和物的泌水量。

（4）由于封闭细小且不连通的气泡的阻隔，使混凝土拌和物中自由水的蒸发路线变得曲折、细小、分散，因而改变了毛细孔的数量和特性，减少了混凝土的渗水路线，提高抗渗性。

（5）使水泥颗粒憎水化，从而使毛细孔壁具有憎水倾向，增加了渗水阻力。

引气剂引入气泡的上述效应，使得混凝土的密实性和抗渗性得到大幅度提高，从而实现防水目的。

（二）引气剂防水混凝土配置要点

1. 引气剂掺量

我国常用的引气剂有松香皂及改性松香皂（松香酸钠和松香热聚物）、烷基磺酸盐和烷基苯磺酸盐、饱和或不饱和脂肪酸纳等。

混凝土的含气量，是影响引气剂防水混凝土质量的决定因素，而含气量的多少又主要取决于引气剂的掺量。引气剂掺量适宜，则混凝土内气泡比较小（直径 $20 \sim 1000\mu m$）、均匀，混凝土的结构比较均匀，抗渗性得以提高。

从提高抗渗性、改善混凝土内部结构及保持应有的混凝土强度出发，引气剂掺量 3%～6%含气量为宜，对于松香酸钠的掺量约 0.01%～0.03%，对于松香热聚物的掺量约 0.01%。

引气剂掺量与含气量和抗渗性等的关系见表8-8。

表 8-8　引气剂掺量对混凝土抗渗性的影响

松香酸钠掺量/10^{-4}	含气量/%	吸水率/%	抗渗压力/MPa	渗透高度/cm
0	1.0	10.0	1.4	—
1.0	4.5	9.1	>2.2	11.5
3.0	5.5	9.3	>2.2	12.0
5.0	6.5	9.2	>2.2	12.5
10.0	8.0	9.7	1.8	—

注：水泥用量为 $280kg/m^3$，混凝土水灰比为 0.55。

2. 水灰比

水灰比在一定的范围内，防水混凝土的含气量和抗渗性才能达到满意的效果。为了保证防水混凝土具有要求的抗渗性和强度，且含气量不超过 6%，引气剂的掺量要适宜。我国中冶建筑研究总院的试验研究结果表明，引气剂防水混凝土水灰比以 0.50～0.60 为宜。

引气剂掺量与水灰比的关系，以及引气剂防水混凝土水灰比与抗渗性的关系见表8-9和表8-10。

表 8-9 引气剂掺量与水灰比的关系

水灰比	0.50	0.55	0.60
引气剂掺量/10^{-4}	1~5	0.5~3	0.5~1

表 8-10 引气剂防水混凝土抗渗等级与水灰比的关系

水灰比	0.40~0.50	0.55	0.60	0.65	备注
抗渗等级	≥P12	≥P8	≥P6	≥P4	此表仅供参考

3. 灰砂比

混凝土的黏滞性很大程度上受灰砂比的影响。灰砂比越大即水泥所占比例越高，混凝土黏滞性越大，含气量越低。为了获得需要的含气量，就要增大引气剂的掺量；反之，灰砂比低，混凝土黏滞性下降，就应考虑减少引气剂掺量。

4. 砂的细度

试验研究表明，砂的粒径越小，引气剂引入气泡越细小且越均匀，对抗渗性能提高较为有利。但砂过细，会增加水泥用量和用水量，收缩也会增高，故引气剂防水混凝土宜选用优质的中砂，细度模数在 2.3 左右为宜。砂的粒径对抗渗性的影响见表 8-11。

表 8-11 砂的粒径对混凝土抗渗性的影响

砂子特性		坍落度 /mm	含气量 /%	拌和物堆积密度 /（kg/m³）	抗渗压力 /MPa
中砂：细砂	细度模数				
100：0	2.88	90	9.1	2300	0.6
50：50	2.335	95	7.35	2320	0.8
0：100	1.79	87	7.1	2360	1.0

注：水灰比＝0.55；水泥用量＝280kg/m³；引气剂掺量＝0.5％。

5. 搅拌时间

引气剂防水混凝土含气量与搅拌时间有明显关系。在一定的时间范围内，随搅拌时间的延长，含气量增加，但超过时间的最佳范围，搅拌时间的继续延长会使含气量下降。试验表明，一般引气剂防水混凝土含气量在搅拌 2~3min 时达最大值，施工时应予以严格控制。

6. 养护

引气剂防水混凝土要在一定的温度和湿度条件下养护。低温养护对引气剂防水混凝土格外不利，而养护湿度越高，对提高引气剂防水混凝土的抗渗性越有利，如在合适温度的水中养护，可获得最佳的抗渗性。

7. 振捣

为了保证引气剂防水混凝土有一定的含气量，振捣时间不宜过长。因为振捣时间越长，含气量损失越大。使用插入式内部振动器，振捣时间不宜超过 20s，使用高频率低振幅的振动器效果较好，可使混凝土内气泡细小均匀，混凝土强度较高，抗渗性较好。

三、掺膨胀剂的防水混凝土

在混凝土中掺入一定比例的膨胀剂，水化生成的水化物结晶体（主要是硫铝酸盐针状晶体等）体积增大，产生膨胀，填充了混凝土的孔隙，使之密实，产生自应力，补偿了混凝土在硬化过程中的体积收缩，提高了抗渗性。

其实膨胀剂防水混凝土的防水原理和补偿收缩混凝土是一致的，因此，本节只讨论在防水混凝土中，使用膨胀剂应注意的问题及应用实例。

（一）防水混凝土应用膨胀剂时应该注意的问题

（1）暴露在大气中有抗冻和防水要求的重要结构混凝土，在选择混凝土膨胀剂时一定要慎重。尤其是露天使用有干湿交替作用，并能受到雨雪侵蚀和冻融循环作用的结构混凝土一般不应设计选用钙矾石类混凝土膨胀剂。

（2）地下水（软水）丰富且流动的区域的基础混凝土，尤其是地下室的自防水混凝土，一般也不应单独设计选用钙矾石类膨胀剂作为混凝土自防水的主要措施，最好选用复合型防水剂配置的混凝土。

（3）潮湿条件下使用的混凝土，如骨料中含有能引发混凝土碱-骨料反应的无定形 SiO_2 时，应结合所用水泥的碱含量的情况，慎重选用低碱度的混凝土膨胀剂。

（4）膨胀混凝土施工时，必须保证正在硬化的混凝土本身的温度在 15℃ 以上和 70℃ 以下的条件下保湿养护 14d 以上，以满足设计所要求的前期膨胀效果。

（5）混凝土膨胀剂在使用前必须根据所用原材料，通过试验确定合适的掺量，以确保达到预期的限制膨胀的效果，这一点也很重要。

（二）应用实例

1. 工程简介

锦州儿童公园改造工程基础底板体积较大，底板厚度为 500mm，总体积近 3000m³，为大体积混凝土施工。地下室墙体为 250mm 厚度剪力墙。设计为一级防水，抗渗等级为 P6。

因为本工程的地下室底板为大体积混凝土，为满足其温度及内力变形收缩需要，应设置后浇带，但后浇带施工时间过长，满足不了已定工期，为使施工进度不受影响，在雨季来临前尽快完成地下工程施工，决定取消后浇带，在底板下设置滑动层，同时设置两道 1m 混凝土加强带（加强带混凝土强度等级提高一级），这样应掺入膨胀剂增大混凝土膨胀系数，避免取消后浇带引起的混凝土收缩裂纹。

由于本工程地下室大体积混凝土工程掺入膨胀剂，取消后浇带的特点，决定不再选取其他外加剂，采用在混凝土内掺入一定比例的膨胀剂，制成膨胀防水混凝土，同时结合骨料级配法和富水泥浆法的机理，使自防水混凝土达到最佳的防水效果。

2. 原材料的选择

水泥：采用抗侵蚀能力强，抗水性好，水化热低的 42.5 级中热矿渣硅酸盐水泥。

掺和料：Ⅰ级粉煤灰。

砂：采用河砂、中砂，含泥量不大于 3.0%，泥块含量不大于 1.0%。

石：选择堆积密度大，空隙率小的碎石，粒径为 10～30mm，连续级配。

3. 配合比的选择

根据富水泥浆法的机理，采用较小的水灰比，较高的水泥用量和砂率。根据 GB 50108—2008《地下工程防水技术规范》的规定，水泥强度等级 32.5 级以上时，水泥用量不得少于 $300kg/m^3$；当水泥强度等级在 32.5 级以上并掺有活性粉细料时，水泥用量不得少于 $280kg/m^3$；砂率宜为 $35\%\sim45\%$，灰砂比宜为 $1:2.0\sim1:2.5$；水灰比不得大于 0.55。普通防水混凝土坍落度宜不大于 50mm，泵送时入泵坍落度宜为 $100\sim400mm$。

工程的水灰比为 0.5，水泥用量 $320kg/m^3$，坍落度 $30\sim50mm$，砂率选择 35%。

地下室工程全部完工后，经做压水检验和长时间使用均未发现混凝土本身配置问题而引起的渗漏缺陷。该工程自防水混凝土的配置达到了要求。

四、有机硅防水混凝土

（一）概述

有机硅防水剂主要成分为甲基硅酸钠、乙基硅酸钠和 MS 溶剂树脂。它们在空气中的 CO_2 和 H_2O 分子作用下形成甲基硅醇、乙基硅醇及 MS 树脂膜。生成物甲基硅醇、乙基硅醇及 MS 树脂膜都含有极性基团—OH，易生成氢键。同时，溶液中存在水解反应，这个水解反应的结果使防水剂溶解呈碱性（pH＝12～15），甲基硅醇、乙基硅醇及 MS 树脂膜在碱性环境下各组分偏聚，分子间脱水，生成甲基氧烷、乙基氧烷和水，其中甲基硅醇、乙基硅醇为非电解质，油状憎水物。这个反应继续下去，生成枝状链，在此基础上又偏聚成网状高分子聚合物甲基树脂，由此构成防水膜，深入混凝土的毛细孔，阻止水分进入。

在混凝土中加入有机硅防水剂后，由于偏聚反应中生成枝状、链状及网状分子是伴随水泥水化反应同时进行的。它们填补了混凝土的微孔隙，使混凝土的微观结构更加致密，提高了混凝土的抗渗性，而且这些高分子聚合物有一定的塑性强度，可以有效减少混凝土的干燥收缩，防止或减少因混凝土的收缩而产生的内力，减轻因此而产生的原始裂缝开展程度，提高了混凝土的抗裂性。再者，还可以分散应力，防止应力集中，改善混凝土的内部界面效应，增加了混凝土的弹塑性，使混凝土的抗渗、抗拉、耐久性得到改善。

（二）有机硅防水混凝土的配制

1. 原料

（1）配制混凝土所用的水泥、砂、石等原料类同于普通防水混凝土。

（2）有机硅防水剂。国内有关生产厂家生产的有机硅防水剂及技术性能见表 8-12。

表 8-12　国内部分厂家有机硅防水剂技术性能

项目	性能指标			
	济南鑫创化工有限公司	苏州滕泰化工科技有限公司	山东广申电子科技有限公司	山东鑫百禾化工科技有限公司
主要成分	甲基硅酸钾	甲基硅酸钠	甲基硅酸钠	甲基硅酸钾
外观	无色粉末	白色粉末	无色～淡黄色液体	无色或浅黄色液体

项目	性能指标			
	济南鑫创化工有限公司	苏州滕泰化工科技有限公司	山东广申电子科技有限公司	山东鑫百禾化工科技有限公司
黏度（25℃）/s	—	—	8～15	8～15
pH 值	13	12～13	≥13	13
相对密度	1.1	1.16～1.2	1.16～1.22	1.3
硅酮含量/%	≥70	—	22%	18%
碱含量/%	≥20	25	5～10	≥20
聚甲基硅倍伴氧烷含量/%	22	55	18	22

2. 配合比设计

混凝土的配合比设计计算同普通防水混凝土。

有机硅必须首先加入拌和水中稀释成有机硅水，用有机硅水作为拌和水加入混凝土或砂浆的拌和物中。

有机硅水中，有机硅防水剂与水的比例视防水混凝土或砂浆的工程部位有所不同，可参考表 8-13 配制。

表 8-13　有机硅防水混凝土（砂浆）中有机硅水的配比（体积比）

混凝土（砂浆）	有机硅水配比	其他材料要求
	防水剂：水	
防水混凝土	1：（12～13）	水泥：普通硅酸盐水泥
结合层防水水流膏	1：（8～9）	砂：中砂
底层防水砂浆	1：（9～10）	石子：碎石
面层防水砂浆	1：（0～11）	$d_{max}＝30～35mm$

3. 施工

施工方法类同普通防水混凝土，但必须注意如下几点：

（1）在混凝土或砖砌体材料表面做有机硅防水砂浆时，必须对基层进行清洁处理，即首先清除表面油污和积水。如基层面过于光滑，应先行凿毛后用水清洗，并用防水剂配成水泥膏（水泥：硅水＝1：0.6）在基层抹 2～3mm 作为结合层，待初凝后再抹防水砂浆。砂浆应分两层施工，每层 8～10mm。第一层初凝时用抹子抹实并用木抹戳成麻面，再做面层。面层初凝时赶光压实，戳出麻面再做保护层。

保护层一般用水泥：砂＝1：2.5 的砂浆，厚度为 2～3mm。

另外，基层过于潮湿或雨天时，均不得进行施工。

（2）有机硅防水混凝土或防水砂浆可在冬期－5℃以上施工。因为有机硅防水剂具有较好的耐低温性能。过于寒冷可能会导致防水剂冻结，但熔融后仍可使用，效果不变。

（3）有机硅防水剂具有较强的碱性，因此，施工时操作人员应注意防护，尽量不要接触皮肤，更不能溅入眼内。如接触皮肤或溅入眼内，应立即用大量洁净水冲洗。

五、掺氯化物金属盐类防水剂的防水混凝土

（一）概述

氯化物金属盐类防水混凝土是一种应用较早的防水混凝土。它是在拌制混凝土时掺入一定量的氯化物金属盐为主要成分的防水剂，使混凝土具有较好的抗渗性。现以目前使用最多的氯化铁防水剂为例介绍该类防水混凝土。

氯化铁防水剂提高混凝土抗渗性的主要原因有以下几个方面：

（1）氯化铁防水剂主要成分是氯化铁（$FeCl_3$）、氯化亚铁（$FeCl_2$）和硫酸铝 $[Al_2(SO_3)_4]$、在水泥水化硬化过程中，这些成分分别与水泥的水化产物 $Ca(OH)_2$ 反应，形成氢氧化铁 $[Fe(OH)_3]$、氢氧化亚铁 $[Fe(OH)_2]$ 和 $[Al(OH)_3]$ 等不溶于水的胶体。这些胶体填充在水泥硬化浆体的孔隙中及一些因各种原因形成的裂缝中，从而降低了孔隙率，减少了微裂缝的数量。

（2）氯化铁防水剂中的氯化铁和氯化亚铁与水泥水化产物 $Ca(OH)_2$ 反应还生成部分 $CaCl_2$。这些新生态的 $CaCl_2$ 有较强的反应活性，可以促使 C_3S 和 C_2S 及 C_3A 的水化速度，并生成水化氯硅酸钙和水化氯铝酸钙晶体，其体积是 $Ca(OH)_2$ 的 2.5～3.2 倍，从而进一步提高了混凝土的密实度。

（3）氯化铁防水剂中的硫酸铝与水泥水化产物 $Ca(OH)_2$ 作用生成 $Al(OH)_3$ 凝胶的同时还生成 $CaSO_4 \cdot 2H_2O$，在有 $Ca(OH)_2$ 的条件下，$CaSO_4 \cdot 2H_2O$ 与水泥中的 C_3A 反应会生成水化硫铝酸钙（$C_4A\bar{S}_3H_{31\sim32}$）晶体，其体积也显著增加，可以降低混凝土的收缩率，增加混凝土的密实度。

（二）氯化铁防水混凝土的配制及施工

混凝土配制所需的水泥、砂、石及水的技术要求与普通水泥混凝土相同。水泥最好选用普通硅酸盐水泥或矿渣硅酸盐水泥。砂用中砂或粗砂，石子的最大粒径 $D_{max} \leqslant 30mm$。

氯化铁防水剂可以从市场购买，也可以自配，自配可参考如下配比及配制工艺。

1. 氯化铁防水剂的配制

（1）原料

① 氧化铁皮可采用轧钢过程中脱落的废料，主要成分为 Fe_2O_3、FeO 和 Fe_3O_4；

② 氧化铁粉为炼钢的吹氧钢灰，即红色铁粉；

③ 盐酸采用工业品，相对密度 1.15～1.19；

④ 硫酸铝采用工业含水硫酸铝 $[Al_2(SO_4)_3 \cdot 18H_2O]$。

（2）配比

氯化铁防水剂原料配比见表 8-14。

表 8-14　氯化铁防水剂原料配比

原料	配比	原料	配比
氧化铁皮	80	工业盐酸	200
氧化铁粉	20	工业硫酸铝	12
[氧化铁皮＋氧化铁粉] ：盐酸＝1：2			

（3）配制工艺

将铁粉投入陶瓷大缸，加入所用盐酸的 1/2 后通入压缩空气搅拌或机械搅拌 15～20min（或人工搅拌 1h），使铁粉全部溶解。然后加入氧化铁皮和剩余 1/2 的盐酸，用压缩空气或机械搅拌 45～60min，再使其反应 3～4h，直至溶液成为浓稠的红褐色。静置 2～3h 后导出上部清液，静置 10～12h 后向清液中加入工业硫酸铝，搅拌使硫酸铝全部溶解，即成氯化铁防水剂。

（4）质量要求

① 相对密度≥1.4；

② $FeCl_2$ 和 $FeCl_3$ 的比例应在 1：1.3 范围内；

③ pH=1～2。

2. 氯化铁防水混凝土的配合比设计

混凝土配合比设计可按普通防水混凝土配合比设计要求进行。在此配合比的基础上，加入氯化铁防水剂即可。在加入氯化铁防水剂时，用水量应适当降低，降低量为氯化铁防水剂用量的 80%～90%。氯化铁防水剂用量一般为水泥质量的 1.5%～3%。

3. 施工

氯化铁防水混凝土施工要求同普通防水混凝土，但应注意以下几点：

（1）须保证氯化铁防水剂的质量。

（2）配制时计量要尽量准确。

（3）配制时首先称取需用量的氯化铁防水剂，用 80% 的拌和水稀释均匀再将此溶液拌入混凝土或砂浆，并加入剩余的水进行搅拌。严禁将防水剂不经稀释直接掺入水泥砂浆或混凝土拌和物。

（4）采用机械搅拌时，必须先投入水泥和粗细骨料，然后投入防水剂的水溶液，以免搅拌机受到腐蚀（搅拌时间不小于 3min）。

（5）施工缝应用氯化铁防水剂配制的防水砂浆填充黏结。

（6）要注意充分适宜地养护。自然养护时，环境温度应不低于 10℃，并保证较高的相对湿度（RH≥95）。蒸汽养护时温度不得高于 50℃，温度过高会引起抗渗性下降。

氯化物金属盐类防水剂的其他主要产品还有用氯化钙、氯化铝和水配制的氯化物金属盐类防水剂，其配比：氯化铝为 4%～7%，氯化钙 43%～46%，水 50%。

将氯化铝、氯化钙加入水中，全部溶解后即成防水剂，其作用原理与氯化铁防水剂类似。该防水剂配制较简单，但相应成本稍高，效果也略逊于氯化铁防水剂。

上述防水剂在混凝土中的掺量为水泥质量的 3%～5%，施工方法同氯化铁防水剂。

六、无机铝盐防水混凝土

（一）概述

无机铝盐防水混凝土是有无机铝盐防水剂的防水混凝土。无机铝盐防水剂是一种以无机铝盐 ［如 $Al(SO_4)_3$］和碳酸钙为主要成分，辅之以其他多种无机盐复合而成的液状物质。在配制混凝土时掺加一定量的无机铝盐防水剂，混凝土中水泥水化产生的 $Ca(OH)_2$ 可与这些盐类发生化学反应，生成 $Al(OH)_3$、$Fe(OH)_3$ 等胶体及其他不溶于水的复盐晶体。这些胶体和晶体填充在水泥砂浆或混凝土内的毛细孔或孔隙中，从而提高了混凝土的密实性和防水抗渗能力。同时，铝分子在混凝土或砂浆表面能形成结构致密的膜，阻止了水的渗透，进一步提高混凝土或砂浆的防水性。

（二）无机铝盐防水混凝土的配制

1. 原料

（1）水泥、砂、石、水等原料，要求与配制普通混凝土的要求相同。

（2）无机铝盐防水剂。目前，市场上使用的无机铝盐防水剂的主要品牌及有关性能见表 8-15。

表 8-15　常用无机铝盐防水剂及其性能［执行标准：《砂浆、混凝土防水剂》（JC 474—2008）］

产品名称及牌号	主要性能						生产厂
	相对密度（20℃）	凝结时间	pH 值	耐湿性	抗压强度比		
拓达牌 TD-LFS 型防水剂	1.8～2.15	初凝≥90min 终凝＜10h	3～5	高温 110℃ 低温 －40℃	3d	≥90	济南拓达建材有限公司
					7d	≥100	
					28d	≥90	
吉田牌 JT-LFS 防水剂	1.3～1.36	初凝≥90min 终凝≤4h	4～6	高温 110℃ 低温 －40℃	3d	≥90	临沂吉田新型建材有限公司
					7d	≥100	
					28d	≥90	
东晟光牌 DG 防水剂	1.1～1.2	初凝＞50min 终凝≤4h	4～5	高温 110℃ 低温 －40℃	3d	≥100	天津东晟光建筑材料有限公司
					7d	≥90	
					28d	≥85	

（3）外加剂。在必要时，可以掺加减水剂、早强剂。但选用的减水剂等外加剂不得与无机铝盐防水剂发生不良反应而影响防水剂的防水效果及混凝土的其他性能。

2. 无机铝盐防水混凝土的配合比设计

无机铝盐防水混凝土及防水砂浆的配合比设计可参考表 8-16。

表 8-16　无机铝盐防水混凝土配合比设计参考表

组成材料	混凝土（C20）	混凝土（C30）	防水素浆	防水砂浆（底层）	防水砂浆（面层）
水泥	1	1	1	1	1
中粗砂	1.7	1.14	—	2.5～3.5	2.5～3.0
碎石	2.4	1.91	—	—	—
水	0.4～0.5	0.4～0.5	2.0～2.5	0.4～0.5	0.4～0.5
防水剂	0.03～0.05	0.03～0.05	0.03～0.05	0.05～0.08	0.05～0.10
混凝土外加剂	0.03	0.03	—	—	—
厚度/mm	根据设计要求	根据设计要求	1～2	20～25	20～25
选用材料要求	1. 水泥：普通硅酸盐水泥、矿渣水泥、火山灰质水泥，强度等级不低于 42.5MPa，不同品种、不同强度等级的水泥不能混合使用；2. 砂：中砂、粗砂质量应符合混凝土用砂要求；3. 水：使用洁净天然水或自来水				

（三）无机铝盐防水混凝土及砂浆的施工

1. 现浇结构楼面及砂浆的施工

（1）对基层进行清理（除灰、除积水、除油污），必要时表面凿毛。

（2）刷防水水泥素浆（水泥∶水∶铝盐防水剂＝1∶0.35∶0.03）作结合层。

（3）待防水素浆初凝后，抹防水砂浆层。砂浆层一般厚25～30mm，分两层涂抹。第1层10～15mm，第2层15～20mm，反复用铁抹子压实压光。每40～60m² 留伸缩缝1道，待完全固化后用韧性沥青油膏嵌缝。

（4）养护温度应在5℃以上，表层应覆盖塑料薄膜或木屑湿草帘，养护期14d。

2. 预制结构楼屋面防水施工

（1）基层清理同前。

（2）用韧性材料对接缝，拼缝进行嵌填。

（3）设置金属网，一般用 φ3mm 的钢筋或 12～14 号铁丝，间距 200mm×200mm。

（4）刷防水素浆。

（5）铺浇防水砂浆层或细石防水混凝土层铺浇时应反复压实压光。

（6）用湿草帘式湿木屑覆盖，养护14d后进行检查，如有裂纹，应及时用防水素浆涂刷处理。

3. 地下室、人防工程、隧道等防水混凝土的施工

（1）严格计量，防水剂应按比例先与水混合。

（2）搅拌时间应比普通混凝土略长。

（3）振捣应均匀充分，严禁漏振。

（4）养护7d后，应在混凝表面做一层 10～15mm 的防水砂浆层，做防水砂浆层前应在混凝土表面刷一层防水素水泥浆。

七、金属皂类防水混凝土

（一）概述

金属皂类防水混凝土是在拌制混凝土或砂浆时掺入金属皂类防水剂，使混凝土具有较高的抗渗性。

金属皂类防水剂目前可分为两类：第一类为可溶性金属皂类（简称可溶皂）防水剂，第二类是沥青质金属皂防水剂。

可溶性金属皂类防水剂是以硬脂酸、氨水、氢氧化钾（或碳酸钠）等为主要原料，按一定比例加入水中加热至一定温度经皂化反应制得的以金属皂类为主要成分的防水剂。制得的防水剂外观呈乳白色浆状液体，故也称防水浆。掺入水泥砂浆或混凝土中后，可填充在硬化砂浆及混凝土的孔隙和毛细管中。另外，还可与水泥中的 $Ca(OH)_2$ 生成硬脂酸钙等不溶性物质，堵塞在孔隙和微裂缝中。金属皂类具有很强的憎水性，可使水泥质点和骨料间形成憎水泥附层并生成不溶性物质，进一步增强了砂浆和混凝土的防水性能。

沥青质金属皂防水剂是由液体石油沥青、生石灰粉（CaO）、氢氧化钾（KOH）和水搅拌，经皂化反应成的以钙皂类物质为主要成分的防水剂。一般成品为烘干磨细后的深灰色粉状物，因此也称防水粉，其防水作用原理与可溶性金属皂类物质基本相同。但

后者以本身填充堵塞砂浆或混凝中的毛细管和孔隙为主。

（二）金属皂类防水剂的配制及技术指标

金属皂类防水剂可以市售，也可以自行配制。

1. 可溶性金属皂类防水剂的配制

（1）原料配比见表 8-17。

表 8-17　金属皂类防水混凝土原料配比　　　　　　　　　　　%

原料	配比	原料	配比
硬脂酸锌	0.1～1	硬脂酸钙	0.5～1
硬脂酸	3.0～4.0	氢氧化钾（工业级）	0.6～0.9
氢水	2.5～0.3	氟化纳（工业级）	0.05
碳酸钠（工业级）	0.2～0.3	水	92～94

（2）制作过程

① 准备两个可加热的容器，如金属锅（甲容器和乙容器）；

② 在甲容器中放入硬脂酸，加热至全部熔化；

③ 在乙容器中加入配制所需水量一半的水（水占容器容量 1/2 以下）；加热至 50～60℃时，依次加入碳酸钠、氢氧化钾和氟化钠，搅拌直至全部溶解，并保持恒温；

④ 将溶化的硬脂酸慢慢加入乙容器，边加入边搅拌（如产生大量气泡，可加大搅拌速度，防止气泡外溢）；

⑤ 皂化液体冷却至 30℃以下时，加入氨水搅拌均匀，用滤网滤去块粒和泡沫。置密闭塑料桶中备用。

2. 沥青质金属皂防水剂配制

（1）原料配比见表 8-18。

表 8-18　沥青质金属皂防水剂原料配比　　　　　　　　　　　%

原料	配比	原料	配比
液体石油沥青	8～10	氢氧化钾	0.5～0.8
生石灰粉	20～25	水	65～70

（2）制作过程

① 在容器中放入水（水的体积不超过容器的 1/3）；

② 向容器中加入石灰粉，边加边搅拌，直至均匀，并使完全反应；

③ 将氢氧化钾加入容器，搅拌均匀；

④ 将液体石油沥青慢慢倒入容器，快速搅拌，使皂化反应完全；

⑤ 冷却后烘干，并磨成粉状，包装待用。

3. 金属皂类防水剂技术要求

（1）对水泥凝结时间的影响，按水泥质量 5% 掺入防水剂，水泥的初凝不得早于 1h，终凝不得迟于 8.5h。

（2）对强度的影响，按水泥质量 5% 掺入防水剂，配制的砂浆或混凝土的 28d 强度降低不得大于 5%。

（3）对水泥安定性影响，不得引起水泥的安定性不良。

（4）对防水性能影响，掺入水泥质量5％的防水剂，配制的混凝土或砂浆的抗渗性应提高50％以上。

（三）金属皂类防水混凝土（砂浆）原料选择配合比设计

防水剂的掺量：防水砂浆中一般掺水泥质量的2％～5％，防水混凝土一般掺水泥质量的1％～3％，配比可参考下列配比方案。

1. 防水水泥砂浆配制

（1）原料

① 水泥为强度等级42.5MPa普通硅酸盐水泥；

② 砂为中砂，M_x＝2.7～3.1；

③ 防水剂为金属皂类防水浆。

（2）配比：水泥：砂：水：防水浆＝1：2.2：0.32：0.035。

（3）配制砂浆技术性能

① 28d抗压强度为49.6MPa；

② 抗渗标号为P16。

2. 防水混凝土配制

（1）原料

① 水泥为强度等级42.5MPa普通硅酸盐水泥；

② 石子为碎石，d_{max}＝30mm；

③ 砂为中砂 M_x＝30；

④ 木钙减水剂；

⑤ 金属皂类防水浆。

（2）配合比

水泥：石子：砂：水：防水浆：减水剂＝1：2.1：3.8：0.50：0.02：0.01

（3）配制混凝土性能

① 新拌混凝土坍落度为8.6cm；

② 28d抗压强度为51.7MPa；

③ 抗渗标号为P16。

（四）金属皂类防水混凝土的施工

1. 防水砂浆的施工

防水砂浆一般用于屋面、地下室墙体，水池壁的防水工程。施工应注意以下问题。

（1）基层应进行清理，清除油迹浮灰，对旧基层应适当凿毛。

（2）基层如有裂缝、缺陷，应用防水砂浆或防水水泥素浆（水泥：水：防水剂＝1：0.3：0.05）填补。

（3）如用防水浆调制砂浆时应先将防水浆倒入桶内，慢慢将砂浆配制所用的全部水加入桶内，边加边搅拌，直至均匀。然后加入经干拌1～2min的水泥和砂的混合物中，湿拌2～3min即可出料使用。如用防水粉，应将防水粉与水泥干拌1min，加入砂干拌1min，最后加入拌和水湿拌2～3min全部出料待用。

（4）防水砂浆的厚度一般为 20～30mm，浇筑完成后应用铁抹子压平收光。

（5）防水砂浆初凝后应在其上加一层 10～20min 的 1∶3 砂浆保护层。

（6）养护同前述其他防水砂浆。

2. 防水混凝土的施工

防水混凝土一般用于地下室墙面和地面及水池、水塔等混凝土工程。施工方法同普通防水混凝土，防水浆及防水粉的掺加方法同防水砂浆。

金属皂类防水剂混凝土较适合用于钢筋混凝土，因为金属皂类防水剂呈中度碱性，不会对钢筋造成锈蚀。

第四节　防水混凝土的应用

防水混凝土适用水池、水塔等贮水构筑物；江心、河心取水构筑物；沉井、沉箱、水泵房等地下构筑物及一般地下建筑，并广泛用于干湿交替作用的工程中，如地下室、地下沟道、交通隧道、城市地铁、水池、水塔、桥墩、海港、码头、桥墩、水坝等。不同类型的防水混凝土具有不同的特点，应根据使用要求加以选择。防水混凝土的适用范围见表 8-19。

表 8-19　防水混凝土的适用范围

种类		最高抗渗等级	优点	适用范围
普通防水混凝土		P＞3	施工简便，材料来源广泛	适用一般工业与民用建筑及公共建筑的地下防水工程
外加剂防水混凝土	加气剂防水混凝土	P＞2.2	抗冻性好	适用北方高寒地区抗冻性、耐久性要求较高的防水工程及一般防水工程，不适用抗压强度大于 20MPa 或耐磨性要求较高的防水混凝土工程
	减水剂防水混凝土	P＞2.2	流动性好	适用钢筋密集或捣固困难的薄壁型防水构筑物，也适用对施工工艺有特殊要求的防水工程（如泵送混凝土工程）
	三乙醇胺防水混凝土	P＞3.8	早期强度高，抗渗性好	适用工期紧迫，要求早强及抗渗性能较高的防水工程及一般防水工程
	三氯化铁防水混凝土	P＞3.8	密实性好，抗渗性好	适用水下工程无筋少筋的防水工程及一般地下工程。$FeCl_3$ 防水砂浆适用防水工程的修补、抹面
膨胀水泥防水混凝土		P＞3.6	密实性好，抗裂性好	适用一般工业与民用建筑及公共建筑的地下，屋面防水工程
矿渣碎石防水混凝土		P＞4.2	矿渣碎石多为封闭孔体	适用一般要求抗渗性能要求较高的防水工程

防水混凝应用案例：兰州地铁

项目介绍：兰州地铁1号线（图8-1）全长25.909km，全部为地下线；共设20座车站，全部为地下车站；其一期工程在奥体中心南站—兰州城市学院站区间和兰州海关站—马滩站区间先后"四穿"黄河，开创了盾构安全下穿黄河的中国国内先例，成为国内第一条下穿黄河的隧道工程。防水混凝土是兰州地铁隧道建设中的重要防水建材，其较高的密实性和抗渗透性为兰州地铁隧道的防水工程增砖添瓦。

图8-1 兰州地铁1号线

课程思政：迎难而上，勇于奉献

红砂岩遇水崩解和膨胀，具有高吸水性、透水性、难以蒸发性、低黏解性、易风化性，多数红砂岩在挖掘或爆破出来后，受大气环境的作用可崩解破碎，甚至泥化。在兰州轨道交通1号线一期工程建设中有4座车站受红砂岩地质条件影响，施工困难，但是兰州轨道交通建设者们先后攻克了盾构下穿黄河，红砂岩地质条件下车站与隧道施工等世界级技术难题，同时还在盾构下穿小西湖立交桥、侧穿解放门立交桥，下穿张掖路地下步行街等城市轨道交通隧道建设中创新了多种工艺工法，取得多项发明专利。其中，科研项目"兰州地铁隧道下穿黄河强透水卵漂石地层关键技术研究"荣获中国城市轨道交通协会城市轨道交通科技进步二等奖。兰州轨道交通建设者们服务人民、迎难而上、勇于奉献的精神值得我们继承和发扬！

思考题：

1. 为什么普通防水混凝土的施工要搅拌和捣实充分均匀？

2. 在拌制混凝土时加入膨胀剂制备的防水混凝土为何能起到防水作用？

3. 结合所学知识解释，防水混凝土在原料选取时为何尽量不要采用硅酸盐水泥和矿渣硅酸盐水泥？

4. 请简述减水剂防水混凝土的防水机理。

5. 结合所学专业知识解释，为何在拌制混凝土时掺入一定量的氯化物金属盐能使混凝土具有较好的抗渗性？

参考文献

[1] 石世权．房建防水混凝土结构防渗漏施工工艺［J］．绿色环保建材，2021（9）：11-12.

[2] 严克凡，骆成生，陈丽．高强抗渗混凝土施工质量控制措施研究［J］．居业，2021（2）：107-108.

[3] 林伟明．浅谈地下室顶板防水施工工艺技术［J］．四川水泥，2021（9）：199-200.

[4] 徐婷怡，梁远路，陈长，等．外加剂对透水混凝土性能影响研究综述［J］．上海公路，2021（3）：98-100＋114.

[5] 陈斯炜．地下室防水工程渗漏的原因与防治措施［J］．住宅与房地产，2021（9）：83-84.

[6] 张晓亮．地下室防水工程渗漏的原因及其防治技术［J］．四川建材，2020，46（11）：102＋109.

[7] 姚亚东，王俊锋，王道春，等．地下室防水工程渗漏原因与防治措施分析［J］．工程技术研究，2020，5（19）：149-150.

[8] 黄海波，陈勇．建筑工程地下室底板渗漏问题及防水抗渗措施［J］．中国高新科技，2020（4）：112-113.

[9] 夏丽萍．高层建筑地下室抗渗混凝土施工质量保证措施［J］．中华建设，2020（34）：116-117.

[10] 刘志森．聚羧酸高性能减水剂在南水北调箱涵混凝土中的应用［J］．山东工业技术，2019（11）：105-106.

[11] 梁经平．浅谈高层建筑中防水工程施工的质量控制［J］．居舍，2018（21）：13＋33.

[12] 林育志，周琦．高层住宅小区怡景苑地下室防水工程渗漏治理［J］．住宅与房地产，2018（2）：36-37.

[13] 孙汉斌．市政污水雨水池抗渗混凝土施工控制分析［J］．建材与装饰，2018（20）：7-8.

[14] 林大明．建筑工程地下室混凝土施工质量控制探究［J］．住宅与房地产，2017（5）：175.

[15] 秦勇华．混凝土质量控制措施探讨［J］．低碳世界，2016（18）：135-136.

[16] 胡建琴，杨兆春．炼化企业污水池高抗渗混凝土的施工质量控制［J］．兰州石化职业技术学院学报，2015，15（3）：36-38.

[17] 殷文涛．浅谈防水混凝土的防水机理和配合比设计［J］．混凝土世界，2015（6）：88-90.

[18] 姜蓉，张鹏，赵铁军，等．内掺金属皂类防水剂对混凝土防水和抗氯离子效果研究［J］．新型建筑材料，2010，37（9）：61-64.

[19] 王福顺．浅谈地下防水混凝土的施工质量控制［J］．城市地理，2015（4）：73.

[20] 王根香．大体积抗渗混凝土浇筑质量控制的研究［J］．科技创新与应用，2014（36）：224.

第九章

聚合物混凝土

第一节 概 述

聚合物混凝土是由有机聚合物、无机胶凝材料、骨料有效结合而形成的一种新型混凝土材料的总称。确切地说，它是混凝土与聚合物的复合材料。聚合物混凝土克服了普通水泥混凝土抗拉强度低、脆性大、易开裂、耐化学腐蚀性差等缺点，扩大了混凝土的使用范围，是国内外大力研究和发展的新型混凝土。

国际上通常将含聚合物的混凝土材料分为 3 种类型。

(1) 聚合物浸渍混凝土（polymer impregnated concrete，PIC）。它是将已硬化的普通混凝土放在有机单体里浸渍，然后通过加热或辐射等方法使混凝土孔隙内的单体产生聚合作用，从而使混凝土和聚合物结合成一体的一种混凝土。按其浸渍方法的不同，又分为完全浸渍和部分浸渍两种。

(2) 聚合物混凝土或称树脂混凝土（polymer concrete，PC）。它是由聚合物代替水泥作为胶结料与骨料拌和，浇筑后经养护和聚合而成的一种混凝土。

(3) 聚合物水泥混凝土（polymer cement concrete，PCC）；也称聚合改性混凝土（polymer modified cement concrete，PMC）。它是将聚合物与水泥复合作为胶结料与骨料拌和，浇筑后经养护和聚合而成的一种混凝土。

将混凝土与聚合物的复合材料（或称含聚合物的混凝土复合材料）称为聚合物混凝土，这种称谓在我国使用非常广泛，在此也采用此称谓。而将只用聚合物作胶结材料的混凝土称为树脂混凝土或纯聚合物混凝土。

将聚合物用于水泥混凝土的尝试开始于 1930 年，但一直局限于小范围，直到 1950 年，它的潜在用途才引起世界各国的重视，并开始了对聚合物用于混凝土的试验研究，此后，聚合物混凝土在建筑领域里逐渐被应用。国际上为开展聚合物混凝土的学术研究与交流，成立了国际聚合物混凝土组织（ICPIC）。1975 年 5 月，在英国伦敦召开了由英国混凝土学会、塑料协会、塑料橡胶协会、美国混凝土协会、国防建筑材料及结构研究试验协会联合举办的第一届国际聚合物混凝土会议，在这次会议上第一次使用"聚合物混凝土"这一专业用语。1978 年 10 月在美国奥斯汀召开了第二届国际聚合物混凝土会议，1990 年 9 月在中国上海召开了第六届国际聚合物混凝土会议。亚洲地区也于 1993 年成立了亚洲聚合物混凝土国际组织（ASPIC），并于 1994 年 5 月在韩国召开了第一届东亚聚合物混凝土会议，第二届东亚聚合物混凝土会议于 1997 年 5 月 12—14 日在日本郡山市日本大学工学部举行，第三届亚洲聚合物混凝土会议于 2000 年在同济大学举行。

上述 3 种类型的聚合物混凝土的生产工艺、物理力学性质、造价和应用范围都有不同程度的区别，下面的章节将分别予以介绍。

第二节 聚合物浸渍混凝土（PIC）

一、概述

普通水泥混凝土是一种非均质多孔材料，由于其抗拉强度低，抗裂性差，抗渗性、抗冻性及耐腐蚀性也较差，使得其使用范围受到了限制。为克服以上缺点，各国学者采取各种措施改善普通混凝土的性能，其中将已硬化的混凝土用有机单体浸渍，然后使其聚合成整体混凝土，即所谓的聚合物浸渍混凝土，这是改性的途径之一。

用有机单体浸渍混凝土并经聚合后形成的有机—无机复合的聚合物浸渍混凝土，减少了水泥混凝土的孔隙，因此其强度得到了提高，密实度得到显著改善，几乎不吸水、不透水，因而其抗冻性、抗渗性及耐化学侵蚀能力都大大提高。这一技术是 1965 年在美国原子能委员会的支持下，由布鲁克海文国立研究所和美国垦务局共同开发，1966 年正式研制成功聚合物浸渍混凝土。日本、苏联、德国、英国、西班牙、意大利、挪威、瑞士、澳大利亚、波兰等国也先后进行研究，并取得了可喜的成果。我国于 20 世纪七八十年代进行聚合物浸渍混凝土的开发研究并在葛洲坝电站等工程中试用。大量研究证明，聚合物浸渍混凝土是一种有发展前途的新型材料。但由于高分子材料价格高昂及制备工艺对产品尺寸的局限，目前大多用于对强度和耐久性有特别要求的小型构件及一些混凝土结构表面的强化处理。

二、聚合物浸渍混凝土的材料组成及制备工艺

（一）材料组成

1. 基材

国内外采用的基材主要是水泥混凝土，其中包括钢筋混凝土制品，其制作成型方法与一般混凝土预制构件相同。作为被浸渍的混凝土应满足下列要求：

（1）有适当的孔隙，能被浸渍液浸填。聚合物浸填量随孔隙率增加而增加，而聚合物浸渍混凝土的强度又随浸填量的增加而增加，但浸填量增高必将使浸渍混凝土的成本增加，这是影响该类材料推广应用的重要因素。

（2）有一定的基本强度，能承受干燥、浸渍、聚合过程的作用应力，并不因搬动而产生裂缝等缺陷。

（3）不含有溶解浸渍或阻碍浸渍液聚合的成分。

（4）构件的尺寸和形状要与浸渍、聚合的设备相适应。

（5）要充分干燥不含水分。

2. 浸渍液

浸渍液的选择主要取决于 PIC 的最终用途、浸渍工艺和制造成本等。在进行局部浸渍时要选用黏度较大的单体，进行完全浸渍时要选用黏度较小的单体。浸渍液可以由一种单体组成，也可由两种及以上的单体组成，当采用加热聚合时，还需要加入引发剂和

其他添加剂。用作浸渍液的单体应满足如下要求：

（1）有适当的黏度，浸渍时容易渗入基材内部。

（2）有较高的沸点和较低的蒸气压力，以减少浸渍后和聚合过程中的损失。

（3）经加热等处理后，能在基材内部聚合并与其形成一个整体。

（4）单体形成的聚合物的玻璃化温度必须超过材料的使用温度。

（5）单体形成的聚合物应有较高的强度和较好的耐水、耐碱、耐热、耐老化等性能。

常用的单体及聚合物有苯乙烯（简称 S）、甲基丙烯酸甲酯（简称 MMA）、丙烯苯甲酯（简称 MA）、不饱和聚酯树脂（简称 P）、环氧树脂（简称 E）等。其性能见表 9-1。

表 9-1　一些常用单体及聚合物的性能

单体或聚合物名称	简称	单体性能			聚合物性能						
		蒸气压（20℃）/kPa	密度（20℃）	沸点（101kPa）/℃	软化温度/℃	密度（20℃）	收缩/（mm·mm⁻¹）	伸长率/%	抗压强度/MPa	拉伸强度/MPa	拉伸弹模量/（×10⁴MPa）
甲基丙烯酸甲酯	MMA	4.665	0.936	100	80～120	1.18～1.19	2～7（体积）	77～130	75～90	80	3.16
苯乙烯	S	0.38	0.909	145	90～120	1.03～1.10	0.002～0.007	1.5～3.7	80～110	35～80	2.8～4.0
丙烯酸甲酯	MA	—	0.953	79.9	—	1.17～1.20	0.001～0.004	2～10.0	77～130	50～77	2.4～3.1
聚酯树脂	UP	0.93（24℃）	1.13～1.15	—	60～100	1.10～1.46	7（体积）	1.3	92～190	42～71	2.1～4.5
环氧树脂	EP	1.12～1.43	—	—	—	1.15	0.004～0.010	1.7	110～130	65～85	3.2
丙烯腈	AN	11.33	0.806	77.5～79.0	270	1.17	—	—	—	—	—

3. 其他添加剂

（1）引发剂。引发剂是用来收发单体聚合的，根据浸渍液的种类不同，聚合反应类型不同，来决定采用引发剂还是固化剂。

（2）促进剂。为加速引发剂在常温下的分解速度，加入适量的还原性促进剂，不同引发剂使用不同的促进剂。

（3）稀释剂。用于降低浸渍液的黏度，改善渗透能力。不同种类的浸渍液可选不同的稀释剂。

（二）制备工艺

聚合物浸渍混凝土的制备工艺：基体（硬化的混凝土）的干燥→抽真空→单体浸渍→聚合。

试验表明，混凝土用高压釜养护较好，因为高压釜养护在混凝土内所形成孔隙的形状和大小对单体浸渍是有利的。其制备工艺过程如图 9-1 所示。

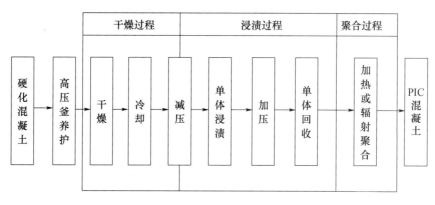

图 9-1　聚合物浸渍混凝土生产工艺

聚合物是否充满基材的孔隙对聚合物浸渍混凝土的强度和耐久性有很大的影响。为了最大限度地改善基体的性能，以确保单体浸填量和聚合物对混凝土的黏着性，必须对基体进行充分的干燥，消除混凝土内孔隙中的游离水，使聚合物能充分浸渍基体的孔隙。

基体一般采用常压下热风干燥的方法，干燥所用的温度和时间取决于基体的形状和大小，一般由试验确定。目前，国内外干燥温度都控制为 $105\sim150℃$。试验表明，超过 $150℃$ 时混凝土和浸渍混凝土的强度都将随温度的升高而下降。

如果基体干燥不充分，单体在基体中的浸渍也就不充分，聚合物的浸填量低，浸渍的改性效果就差。

1. 抽真空

抽真空的目的是将阻碍单体渗入的空气从混凝土孔隙中排除，以加快浸渍速度和提高浸填率。浸填率是衡量浸渍程度的重要指标，以浸渍前后的质量差与浸渍前基材质量的百分比来表示。抽真空在密封容器内进行，真空度以 50mmHg 为宜（1mmHg≈133.32Pa）。

混凝土在浸渍前是否抽真空，应视浸渍混凝土的用途而定。高强度浸渍混凝土需采用抽真空处理，强度要求不高时可不采用抽真空处理。

2. 浸渍

浸渍即将基体混凝土制品在常压或压力状态下浸渍在单体中，目的是使浸渍液渗入混凝土的孔隙与裂缝。试验证明，加压浸渍不但能提高浸渍速度，而且能提高浸渍量，增强浸渍效果，这是由于加压浸渍时混凝土中残留空气的影响大幅度下降，基体中墨水瓶状气孔的气堵现象被克服，减少了浸渍剂在聚合时的体积收缩，增大了聚合物与基体间的界面面积并提高了界面间的粘结。根据浸渍混凝土的不同目的，浸渍又可分为完全浸渍与局部浸渍两种。完全浸渍是指混凝土断面被单体完全浸透，浸填量一般在 6% 左右，可全面改善混凝土的性能和大幅度地提高强度。浸填方式应采用真空-常压浸渍或真空-加压浸渍，并要选用低黏度的单体。局部浸渍的深度一般在 10mm 以下，浸填量 2% 左右，主要目的是改善混凝土的表面性能，如耐腐蚀、耐磨、防渗等。浸渍方式采用涂刷法和浸泡法或两法并用。不同浸渍方法所用的单体及其作用见表 9-2。

表 9-2　不同浸渍方法所用的单体及其作用

浸渍方法	所用单体	作用	适用范围
完全浸渍	MMA S 80%S+20%MA 90%S+10%MA 80%S+20%MMA 90%S+10%MMA AN	提高混凝土的强度及密度	高强度混凝土构件，如管桩、柱、板等
局部浸渍	90%S+10%P 80%S+20%P 70%S+10%P 90%S+10%E 80%S+20%E 70%S+10%E	封闭混凝土表面孔隙，提高其耐久性、抗渗性及抗腐蚀性	耐腐蚀、防渗、耐磨等工程

施工现场进行浸渍处理，多为局部浸渍，现场浸渍的一些工艺参数列于表 9-3。

表 9-3　现场表面浸渍工艺参数

单体	单体黏度/cP	烘干器与受热面距离/cm	受热面温度/℃	烘干时间/h	浸渍时间/h	浸渍深度/cm
90%S+10%P	1.42	60	120	4	14	1.2
90%S+10%P	1.42	60	120	6	14	2.0
90%S+10%P	1.42	60	120	8	14	2.3
90%S+10%P	1.42	60	120	12	14	2.5
90%S+10%P	1.42	60	120	8	12	2.3
90%S+10%P	1.42	60	120	8	8	2.3
80%S+20%P	2.41	60	120	12	12	2.0
70%S+30%P	4.47	60	120	12	12	2.0

3. 聚合

聚合就是使浸渍在基体中的单体通过一定的方式由液态单体转变为固态聚合物的过程。聚合的方法有辐射法、加热法和化学法。

(1) 辐射法，即用辐射线照射，而不加引发剂，聚合时要选择合适的辐射量。

(2) 加热法，加入引发剂加热聚合，常用的化学引发剂有过氧化苯酰、特丁基过苯甲酸盐、偶氮双异丁腈、α-特丁基偶氮异丁腈等。

(3) 化学法，不需辐射及加热，只用引发剂和促进剂引起聚合。

3 种不同聚合方式的优缺点比较见表 9-4。

表 9-4　3 种聚合方式的优缺点比较

聚合方式	优点	缺点
辐射法	常温聚合，单体挥发损失较少；不需加入引发剂，单体可循环使用	聚合速度较慢；开始阶段设备投资较大；对厚壁、异型的大件制品，射线不易透过，处理比较困难
加热法	热源易得到，设备投资较少，使用方便；适于厚壁、异形的大件制品的处理；聚合速度较快	聚合时温度高，单体挥发损失大；引发剂-单体容易过早聚合，单体回收利用较困难
化学法	不需辐射加热；常温聚合，单体挥发损失少，适于现场大面积处理	引发剂和促进剂配比不适易过早聚合；含引发剂的单体回收较困难

注：国内现场施工一般用加热法或化学法，基本不采用辐射法。

三、聚合物浸渍混凝土的性能

混凝土浸渍聚合物后，虽然在外观上与普通混凝土有些相似，但内部是有区别的。混凝土经聚合物浸渍后其物理力学性能发生了显著的变化（表 9-5）。一般情况下，浸渍后的混凝土的抗压强度为普通混凝土的 3～4 倍，抗拉强度为 2～3 倍，抗弯强度提高了 2～3 倍，徐变减少，弹性模量、冲击强度都有所提高，耐久性（抗冻性、耐介质腐蚀）也得到很大的改善。

研究表明，聚合物浸渍混凝土抗压及抗拉强度的提高与浸填量有关，而浸填量又取决于混凝土的孔隙率和毛细管的大小。此外，也与单体的黏性、表面张力、单体分子量大小等有关。因此，孔隙率大而强度低的混凝土用有机单体来浸渍改性，其效果显著，对于孔隙率小而强度高的混凝土，则有机单体浸渍改性的效果不大。

（一）强度

混凝土经聚合物浸渍后强度有大幅度的提高，提高的程度与基材的种类、性质及单体的种类和聚合方式有关。浸渍混凝土强度提高的主要原因是聚合物充填了混凝土内部孔隙和毛细管，包括水泥石的孔隙、骨料的微裂缝、骨料与水泥石之间的接触裂缝等，从而增强了混凝土内部各相的粘结力，并使混凝土变得致密，聚合物所形成的连续网络大大提高了混凝土的强度，不仅使混凝土强度提高，而且其材料的均质性也比普通混凝土好。

（二）弹性模量

浸渍混凝土弹性模量比普通混凝土高，应力-应变曲线近似于直线，延性甚至比普通混凝土还差，原因是普通混凝土破坏时裂缝围绕着骨料展开，裂缝遇到骨料要转向绕道，因而骨料起到阻挡裂缝开展的作用，故普通混凝土表现出有一点延性，而聚合物浸渍混凝土破坏时的裂缝是通过骨料展开，上述作用很小或不存在，特别在受拉时，聚合物浸渍混凝土无任何预兆就会破坏。可通过在浸渍单体里添加丙烯酸丁酯或添加钢纤维的办法来增加聚合物浸渍混凝土的延性，但前者可能使强度有所降低。

（三）吸水率与抗渗性

普通混凝土的孔隙在浸渍之后被聚合物填充，混凝土的密实度大大提高，使得浸渍混凝土的吸水率、渗透率显著减小，抗冻性、抗渗性显著改善。

表 9-5　聚合物浸渍混凝土的物理力学性能

特性	甲基丙烯酸甲酯 (浸渍率4.6%~6.7%)			苯乙烯 (浸渍率4.2%~6.0%)			MMA+10%TMPTMA (浸渍率5.5%~7.6%)			聚丙烯腈 (浸渍率3.2%~6.0%)		
	未浸渍	辐射聚合	加热聚合	未浸渍	辐射聚合	加热聚合	未浸渍	辐射聚合	加热聚合	未浸渍	辐射聚合	加热聚合
抗压强度	37.00	142.4	127.7	37.00	103.40	72.00	37.00	158.10	140.70	37.00	104.70	87.80
弹性模量	2.50	4.4	4.3	2.50	5.40	5.20	2.50	5.90	3.50	2.50	4.40	3.60
抗拉强度	2.90	11.4	10.6	2.90	8.40	5.90	2.90	120	93.80	2.90	9.00	6.40
抗弯强度	5.20	18.5	16.1	5.20	16.80	8.10	5.20	15.90	—	5.20	12.90	4.60
弯曲弹性模量	—	—	—	—	—	—	3.00	4.30	—	3.00	3.40	2.60
吸水率	6.40	1.05	0.34	6.40	0.51	0.70	6.40	1.09	1.21	6.40	2.95	5.68
耐磨深度	1.26	0.41	0.37	1.26	1.01	0.93	1.26	1.12	0.41	1.26	0.69	0.56
耐磨量	14.00	4	4	14.00	9.00	6.00	14.00	9.00	5.00	14.00	7.00	6.00
空气腐蚀	8.13	1.63	0.51	8.13	0.89	0.23	8.13	1.88	—	8.13	2.51	2.34
透水性	0.16	0.02	0.04	1.06	—	0.04	0.16	0.0003	0.0366	0.16	—	—
热导率	1.98	1.94	1.88	1.98	1.91	1.94	1.98	1.97	—	1.98	1.85	1.86
热扩散系数	0.0035	0.0038	0.0036	0.0036	0.0037	0.0038	0.0036	0.0041	—	0.0036	0.0038	0.0036
热膨胀系数	7.25	9.66	9.48	7.25	9.15	9.00	6.70	8.43	3.43	6.70	8.18	7.63
抗冻性	490；25	750；4.0	750；0.5	490；25	620；6.5	620；0.5	740；25	2560；8.0	2560；0	740；25	1840；25	2020；2
荷载作用下应用力，5.6荷载下，龄期270d的应力-应变	—	—	—	—	—	—	−157	−27				
荷载作用下应用力，5.6荷载下，龄期90d的应力-应变	—	—	—	—	—	—	—	—	—	−132	−37	0
冲击强度（L锤）	32.00	55.30	52.00	32.00	48.20	50.10	32.00	542.00	—	32.00	47.50	33.70
耐硫酸盐性浸渍300d（膨胀率%）（浸渍龄期，膨胀率）	0.144	0.00	—	0.144	0.00	—	450；0.45	360；0.004	360；0.002	450；0.45	300；0.088	300；0.006
耐盐酸性15%HCl浸渍84d质量减少（%）（浸渍X龄期，质量减少%）	10.40	3.64	3.49	10.40	5.50	4.20	112；29	363；10.58	363；5.48	112；29	281；13.31	287；8.09
耐蒸馏水性97℃浸渍120d	显著侵蚀	无变化	—	显著侵蚀	无变化	—	—	—	—	—	—	—

（四）耐化学腐蚀性

研究表明，浸渍混凝土对碱和盐类有良好的耐蚀稳定性，对无机酸的耐蚀能力也有一定的改善。

（五）抗磨性

全面研究 PIC 抗磨性的工作尚不多见。目前的研究结果表明，PIC 的抗磨性与单体类型、骨料类型及水灰比有关。在以苯乙烯为基本单体的浸渍混凝土中，引入类似甲基丙烯酸丁酯这样的共聚单体，其聚合物有良好的弹性，可以提高 PIC 的抗磨性能；采用硬骨料可以充分发挥聚合物浸渍处理的作用；较高的水灰比有利于共聚单体的浸渍和获得高抗磨性的 PIC。

此外，温度对聚合物浸渍混凝土的各种性能均会产生影响，研究表明，随着温度的升高，抗压强度、弹性模量、泊松比等皆有所下降。温度对聚合物浸渍混凝土性能的影响，随所用有机单体的种类不同而有所不同，但总的趋势是一致的，因此，目前在高温下使用聚合物浸渍混凝土还存在一定问题。此外，当温度还未达到结构燃点时，聚合物就会产生热分解、冒烟，并产生恶臭气体和燃烧，强度和刚度急剧下降，严重地影响结构的安全。

浸渍混凝土由于工艺过程比较复杂，特别是全浸渍制作费用高。目前尚未能进一步工业化生产，但近年来所开发的表面浸渍工艺（即聚合物作为涂层或封闭剂用于混凝土结构）不需要保留单体，成本大大下降，而且可显著地改善被浸渍表面的强度、硬度、抗渗、抗冻、耐久性，因此，表面浸渍的 PIC 至今主要用在砂浆、混凝土的表面维护工程中。

第三节　聚合物改性水泥混凝土（PMC)

聚合物改性水泥混凝土是指将高分子聚合物加入新拌水泥混凝土或砂浆，从而制得的性能得到明显改善的复合材料。加入高分子材料后，水泥混凝土或砂浆的许多性能如强度、变形能力、黏结性能、防水性能、耐久性能等都会有所改变，改变的程度与聚合物种类、聚合物本身的性质、聚灰比（固体聚合物的质量与水泥质量之比）有很大关系。由于聚合物混凝土制作简单，现有普通混凝土的生产设备就能生产，因而其成本较低，研究历史最长，实际应用也较多。聚合物改性砂浆简称 PMM（polymer modified cement mortar）。

一、聚合物改性水泥混凝土用聚合物

用于水泥混凝土改性的聚合物有 4 类：水溶性聚合物、聚合物乳液（或分散体）、可再分散的聚合物粉料和液体聚合物，如图 9-2 所示。

（一）聚合物乳液（或分散体）

聚合物乳液通常是将可聚合单体在水中进行乳液聚合而获得的，乳液中聚合物粒子很小，直径为 $0.05\sim5\mu m$。根据乳液中粒子所带电荷的类型将其分为 3 类：阳离子型乳液（粒子带正电）、阴离子型乳液（粒子带负电）和非离子型乳液（粒子不带电）。通常，聚合物乳液的固体含量为 $40\%\sim50\%$，其中包括了聚合物和其他助剂。水泥混凝土中最

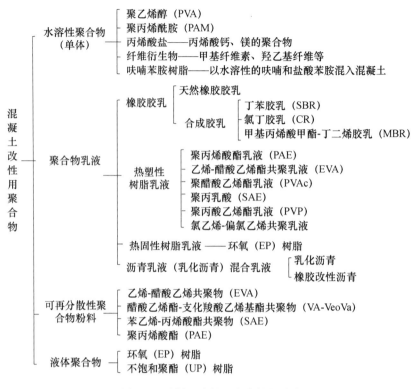

图 9-2　混凝土改性用聚合物的种类

常用的聚合物乳液是丁苯胶乳（SBR）、丙烯酸酯乳液（PAE）、乙烯-醋酸乙烯共聚物（EVA）、氯丁胶乳、聚醋酸乙烯酯乳液（PVAC）、聚偏二氯乙烯（PVDC）等。PVDC中的游离氯化物随时间推移有可能释放出来，对钢筋不利，因此，PVDC胶乳改性水泥砂浆不适合用于钢筋混凝土的修补材料，而PVAC耐水、耐碱性较差，因此，在潮湿碱性条件下不适用。我国 JG/T 336—2011《混凝土结构修复用聚合物水泥砂浆》对混凝土结构修复用聚合物水泥砂浆的技术要求做出了规定（表9-6）。日本 JIS A6203：2000 *Polymer Dispersions and Redispersible Polymer Powders for Cement Modifiers* 标准对水泥改性用聚合物乳液和再分散性粉料的技术要求做出了规定（表9-7）。

表 9-6　混凝土结构修复用聚合物水泥砂浆的质量要求（JG/T 336—2011）

种类	阳离子氯丁胶乳	或聚丙烯酸酯乳液
外观	乳白色无沉淀的均匀乳液	
黏度	10～15MPa·s	11.5～12.5s
总固体含量/%	≥47	39～41
密度/（g/cm³）	≥1.080	≥1.056
储存稳定性	3 个月无明显沉淀	
初凝时间/min	≥45	
终凝时间/min	≤12	
抗渗等级/MPa	≥1.5	

种类		阳离子氯丁胶乳	或聚丙烯酸酯乳液
吸水率/%		≤4.0	≤5.5
使用温度/℃		≤60	
抗压强度/MPa		≥20	≥30
抗拉强度/MPa		≥3.0	≥4.5
黏结强度/MPa	与水泥基层	≥1.2	—
	与钢铁基层	≥2.0	≥1.5
平整度		块材面层的空隙：①厚度不大于 30mm 的耐酸石材面层空隙不大于 4mm；②厚度大于 30mm 的耐酸石材面层空隙不大于 8mm	
		块材面层相邻块材之间的高差：①厚度不大于 30mm 的耐酸石材面层，块材面层相邻块材之间的高差宜不大于 1mm；②厚度大于 30mm 的耐酸石材面层，相邻块材之间的高差宜不大于 2mm	
厚度		①地面 15～20mm，②储槽内衬 20～25mm，③污水池内衬 15～20mm	
平整度		整体面层的平整度应采用直尺检查，其空隙应不大于 5mm	
坡度		整体面层的坡度应符合设计要求，其偏差应不大于坡度的±0.2%，当坡长较大时，其最大偏差值不得大于±30mm且做泼水试验时，水应能顺利排出	
结合层厚度及灰缝宽度		耐酸砖：灰缝宽度 4～6mm，结合层厚度 4～6mm	
		耐酸石材：①厚度≤30mm，灰缝宽度 6～8mm，结合层厚度 6～8mm；②厚度>30mm，灰缝宽度 8～15mm，结合层厚度 10～15mm	

表 9-7 水泥改性用聚合物乳液和可分散粉料的质量要求（JIS A6203：2000）

测试类别	项目	指标
聚合物乳液	外观	无粗粒、杂质和胶凝现象
	不挥发物含量/%	≥35.0
乳液改性砂浆	弯曲强度/MPa	≥5.0
	抗压强度/MPa	≥15.0
	与水泥砂浆黏结强度/MPa	≥1.0
	水渗透量（98kPa，1h，水渗入试样的质量）/g	≤20
	长度变化/%	0～0.150
可分散聚合物粉料	外观	无粗粒、杂质和结团
	挥发分含量/%	≤5.0
粉料改性砂浆	弯曲强度/MPa	≥5.0
	抗压强度/MPa	≥15.0
	与水泥砂浆黏结强度/MPa	≥1.0
	水渗透量（98kPa，1h，水渗入试样的质量）/g	≤20
	长度变化/%	0～0.150

（二）可分散性聚合物粉料

可分散性聚合物粉末一般是由聚合物乳液经喷雾干燥而成的，具有很好的干流动性，在水中很容易重新乳化而得到聚合物乳液，其中聚合物粒子粒径为 $1\sim10\mu m$。也可将可分散性聚合物粉料与水泥和骨料一起干混，然后加水湿拌，在湿拌时，聚合物粉末便重新分散。

（三）水溶性聚合物

水溶性聚合物主要用来改善水泥混凝土的工作特性，可以以粉末或水溶液的形式使用。当以粉末形式使用时，一般先将其与水泥和骨料进行干混，然后加水进行湿拌。使用粉末状水溶性聚合物时，应选择易于在冷水中溶解的品种。水溶性聚合物可以提高水相的黏度，对于大流动性的混凝土，能提高其稠度而避免或减轻骨料的离析和泌水，但又不会影响其流动性。另外，水溶性聚合物还会形成一层极薄的薄膜，从而提高砂浆和混凝土的保水性。一般说，水溶性聚合物对硬化砂浆和混凝土的强度没有大的影响。

（四）液体聚合物

将液体聚合物用于水泥砂浆和混凝土改性时，必须使用能在水状态下固化的系统，且聚合物的固化反应和水泥的水化反应同时进行，从而形成聚合物与水泥凝胶互穿的网络结构。这种结构能使骨料黏结得更为牢固，还提高了砂浆和混凝土的性能。

与聚合物乳液改性相比，使用液体聚合物时聚合物的用量要更多，因为聚合物不亲水，分散不是很容易。所以目前用液体聚合物改性比其他类型聚合物要少得多。

无论何种类型的聚合物，用于水泥混凝土中一般应满足以下要求：

（1）水泥水化和硬化无负影响；

（2）水泥水化过程中释放的高活性离子（如 Ca^{2+} 和 Al^{3+}）有很高的稳定性；

（3）自身有很好的储存稳定性；

（4）有很高的机械稳定性，不因计量、运输和搅拌时的高剪切作用而破乳；

（5）低引气性；

（6）在混凝土或砂浆中能形成与水泥水化产物和骨料有良好黏结力的膜层，且最低成膜温度要低；

（7）形成的聚合物膜应有极好的耐水性、耐碱性和耐候性；

（8）水泥的碱性介质不被水解或破坏；

（9）对钢筋无锈蚀作用。

二、聚合物对水泥混凝土（或砂浆）的改性机理

很多学者都在聚合物改性混凝土的机理研究方面做了大量工作，主要包括聚合物-水泥材料结构形态、聚合物的玻璃化温度对改性砂浆的影响、孔结构和聚合物成膜温度、聚合物掺加对水泥水化作用的影响等。

以下介绍聚合物乳液对水泥砂浆和混凝土的改性作用。

聚合物乳液对水泥砂浆和混凝土的改性作用是通过聚合物在水泥浆与骨料间形成具有较高黏结力的膜，并堵塞砂浆内的孔隙来实现的。水泥水化形成的水泥浆与聚合物颗粒聚集形成的聚合物相互交织在一起，形成一个完整的互相穿透的网状结构，骨料被黏结在其中形成一个复合体，这个过程简化模型如图9-3所示。

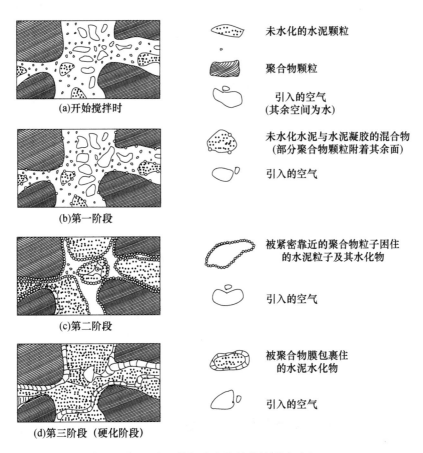

图 9-3 水泥浆与聚合物的结构形成过程

首先，在聚合物乳液改性的水泥砂浆和混凝土的拌和物中，聚合物颗粒均匀分散在水泥浆中形成聚合物-水泥混合体系，随着水泥的水化，水相逐渐被水化产物氢氧化钙所饱和，同时水泥凝胶也逐渐形成，聚合物颗粒部分地沉积在水泥凝胶和未水化水泥颗粒混合体的表面，很可能水相中的氢氧化钙与骨料表面的二氧化硅反应形成硅酸钙层。

随着水泥凝胶结构发展，聚合物颗粒逐渐被封存在毛细管孔隙中，水泥水化的不断进行使得毛细管中的水相应减少，聚合物颗粒逐渐凝聚而趋向连续，并黏附到水泥凝胶、未水化水泥颗粒混合物表面及以上述的硅酸盐层上。一些化学反应可能发生在活性聚合物和 Ca^{2+}、$Ca(OH)_2$ 固态颗粒表面或骨料的硅酸盐表面，如图 9-4 所示。

随着砂浆或混凝土中自由水的排出，聚合物颗粒在水化水泥表面凝聚成一连续的薄膜并黏附在水化水泥上面，形成均匀并互相穿透的网状结构，形成聚合物乳液改性水泥砂浆（混凝土）的复合结构。同时骨料也通过复合结构被黏结接在一起。在这种砂浆中，应力作用产生的裂缝被聚合物薄膜架桥连起来，从而避免了裂缝的进一步扩展，同时水泥水化物和骨料之间的黏结也得到加强。随着聚灰比的增加，这种架桥作用更明显，导致拉伸强度和开裂韧度增加，改性砂浆的防水性、水密性、耐潮湿、耐空气渗透、耐化学介质和冻融性都有所改善。

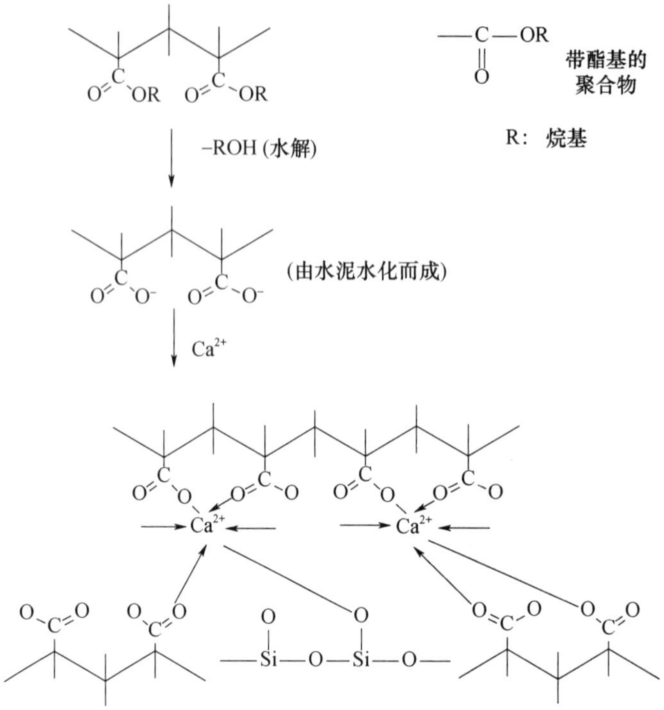

图 9-4　含酯基侧聚合物与水泥和骨料

三、聚合物改性水泥混凝土和砂浆的性能

由于水泥水化物与聚合物两相互穿网络结构的形成，聚合物改性混凝土和砂浆的性能较普通水泥混凝土和砂浆有很大的改善。性能改善的程度受众多因素的影响，如聚合物的性能、类型、聚灰比（聚合物与水泥的质量比）、水灰比、引气量、养护条件等。

（一）新拌聚合物改性混凝土和砂浆的性能

1. 减水性和流动性（或坍落度）

水泥混凝土改性用专用乳液有较好的减水性，通常认为是由于聚合物颗粒、引入的空气滚珠效应和乳液中表面活性剂对水泥颗粒的分散作用，使得混凝土和砂浆的和易性大大改善。因此，在规定的流动度下，加入聚合物乳液可减少用水量，减水率随着聚合物用量（聚灰比）的提高而提高。当水灰比不变时，随聚灰比的提高，流动性增大，或要达到预定的流动性，其所需的水灰比会随聚灰比的增大而降低。这一作用对提高混凝土早期强度及降低混凝土的干缩具有重要的影响，非专用乳液未必有减水效果。

2. 含气量

由于乳液中表面活性剂的作用，会在砂浆和混凝土中引入大量气泡。少量气泡对流动性和抗冻融性是有益的，但过多的气泡会降低混凝土的强度。聚合物改性水泥砂浆中的含气量较高，可达到 $10\%\sim30\%$，采用合适的消泡剂，含气量可控制在 2% 以下，与普通混凝土基本相同。这是因为混凝土与砂浆相比，其骨料颗粒大一些，有利于空气的排除。

3. 保水性、泌水和离析

与普通水泥混凝土相比，乳液改性混凝土有很好的保水性，这是聚合物乳液本身亲水的胶体特性和所形成的聚合物膜的填充及封闭效应所致。保水能力与聚灰比有关，良好的保水性对于提高干养护条件下的长期性能及在高吸水性基底上施工的砂浆和混凝土性能是有益的。

聚合物乳液本身亲水的胶体特性及减水效应还可减少砂浆和混凝土的泌水和离析现象，这有益于提高混凝土和砂浆的强度和抗渗性。

4. 凝结时间

聚合物改性的混凝土和砂浆的凝结时间比普通混凝土和砂浆要长，延长的程度与聚合物的类型和聚灰比有关。随着聚灰比增加，凝结时间有延长的趋势。

(二) 硬化聚合物改性混凝土和砂浆的性能

在聚合物改性混凝土和砂浆中，由于聚合物与水泥形成互穿网络结构，堵塞了砂浆内部的孔隙，强化了作为胶结料的水泥硬化体，加强了骨料之间的黏结，因此，硬化后的聚合物水泥混凝土和砂浆的各种性能都比普通水泥混凝土好。

1. 力学性能

（1）强度

与普通水泥混凝土和砂浆相比，影响聚合物改性混凝土和砂浆的强度的因素更多，除影响普通水泥混凝土和砂浆性能的因素，如水灰比、灰砂比、养护条件、测试方法等外，还受聚合物本身性能、聚灰比等因素的影响，而且这些因素还相互关联。

聚合物品种不同，本身的性能也不同，对改性混凝土强度的影响变化也不同。弹性胶乳有使抗压强度下降的作用，而热塑性树脂乳液有使抗压强度提高的作用。同一种聚合物乳液，其共聚物中单体含量的不同对混凝土强度也有不同的影响。图 9-5 所示为不同聚合物中单体含量对混凝土强度的影响。

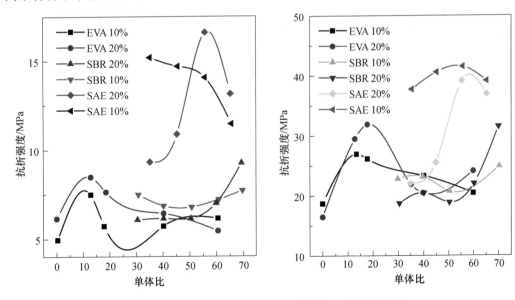

图 9-5　SBR、EVA 和 SAE 乳液中单体比对强度的影响

一种聚合物，聚灰比不同对混凝土和砂浆的强度影响也不同。一般来说，聚合物水泥混凝土的抗压、抗弯、抗拉及抗剪强度均随聚灰比的增加而有所提高，其中以抗拉强度及抗弯强度的增加更为显著（表9-8）。而抗压强度基本不变，有时呈现上升或下降的趋势，下降的原因被认为是聚合物的弹性模量比水泥石低，当复合体受压时起不到刚性支撑作用。聚合物的刚性提高时，则抗压强度可随聚灰比提高而提高。

Ohama 提出了计算乳液改性混凝土和砂浆的抗压强度的公式。

对乳液改性砂浆：

$$\lg\sigma_c = \frac{A}{B^\beta} + C \tag{9-1}$$

对乳液改性混凝土：

$$\sigma_c = \alpha a + b \tag{9-2}$$

式中，σ_c 为抗压强度，$\beta = \dfrac{1}{\alpha} = \dfrac{V_A + V_W}{V_c + V_P}$。

其中，V_c、V_p、V_A、V_w 分别是单位体积改性砂浆和混凝土中水泥、聚合物、空气和水的体积，A、B、C 和 a、b 是经验常数。

养护条件对强度也有影响，对聚合物水泥混凝土和砂浆，理想的养护条件是：早期水中养护以促进水泥水化，而后进行干养护，以促进聚合物成膜。

表 9-8　聚合改性混凝土的强度随聚灰比的变化情况

混凝土种类	聚灰比/%	水灰比/%	相对强度				强度比			
			抗压($\sum c$)σ	抗弯($\sum b$)σ	直接抗拉($\sum t$)σ	剪切($\sum s$)σ	σ_c/σ_b	σ_c/σ_t	σ_b/σ_t	σ_s/σ_c
SBR混凝土	5	58.3	123	118	126	131	7.13	13.84	1.94	0.185
	10	48.3	134	129	154	144	7.13	12.40	1.74	0.184
	15	44.3	150	153	212	146	6.75	10.05	1.49	0.168
	20	40.3	146	178	236	149	5.46	8.78	1.56	0.178
PAE-1混凝土	5	43.0	159	127	150	111	8.64	15.17	1.77	0.120
	10	33.6	179	146	158	116	8.44	16.23	1.96	0.111
	15	31.3	157	143	192	126	7.58	11.65	1.55	0.139
	20	30.0	140	192	184	139	5.03	10.88	2.19	0.170
PAE-2混凝土	5	59.0	111	106	128	103	7.23	12.92	1.81	0.161
	10	52.4	112	116	139	116	6.65	11.40	1.71	0.178
	15	43.0	137	167	219	118	5.64	9.06	1.62	0.148
	20	37.4	138	214	238	169	4.45	8.32	1.88	0.210
PVAC混凝土	5	51.8	98	95	112	102	7.13	12.53	1.78	0.178
	10	44.9	82	105	120	106	5.37	9.76	1.81	0.221
	15	42.0	55	80	90	88	4.69	8.39	1.81	0.274
	20	36.8	37	62	91	60	4.10	5.76	1.38	0.275
普通泥水混凝土	0	69.0	100	100	100	100	6.88	12.80	1.86	0.174

（2）黏结性

一般来说，有机聚合物改性砂浆和混凝土在各种基材中的黏结性能都比普通水泥砂浆有所提高，提高的程度受聚合物品种、聚灰比及被黏基材对聚合物与水泥悬浮体的液相渗透程度影响。

与普通混凝土相比，乳液改性砂浆（混凝土）对各种基材的黏结强度均得到提高，黏结强度随聚灰比的提高而提高。同时也受基底材料性质的影响。黏结强度数据往往相当分散，因试验方法、养护条件和基面孔隙度而变化。

有机聚合物不仅可以改善水泥砂浆的内聚强度及水泥浆与骨料之间的黏结力，而且对旧混凝土或钢板的黏结效果也有显著提高。这种性质使得这种材料很适用老混凝土的修补及表面涂层。

（3）韧性和弹性模量

聚合物改性砂浆韧性比普通水泥砂浆要好得多，断裂能是水泥砂浆的2倍以上。显微研究表明，在胶乳改性砂浆横断面上可清楚地看到聚合物薄膜像桥一样横跨于微裂缝上，有效地阻止裂缝的形成和扩展，所以胶乳改性砂浆的断裂韧性、变形性能较水泥砂浆有很大提高。乳液改性砂浆和混凝土的冲击韧性随聚灰比提高而增大，且弹性胶乳改性优于热塑性树脂乳液改性，但弹性模量明显较普通水泥混凝土和砂浆下降，下降程度也与聚合物种类和聚灰比有关。通常聚灰比增大，弹性模量下降。

（4）耐磨性

普通水泥混凝土和砂浆中加入聚合物可大幅度提高其耐磨性，提高的程度与聚合物种类、聚灰比以及磨损条件有关。一般随聚灰比的提高，耐磨性提高。有学者认为耐磨性提高的原因是磨损表面有一定数量的有机聚合物的存在，对水泥材料的颗粒起粘结作用，可防止它们从表面脱落。

（5）徐变

养护条件、聚合物种类和聚灰比都对改性砂浆和混凝土的徐变有影响，见表9-9。有的研究结果表明，聚合物改性混凝土徐变比普通混凝土大，见表9-10。但也有的研究结果表明，聚合物改性混凝土的徐变比普通混凝土小得多，如图9-6所示。

表 9-9 养护条件和聚灰比对徐变的影响

聚合物含量/%	养护条件	应力（强度）/MPa	徐变（$\times 10^{-6}$）
0	干	0.25	769
15	干	0.25	1054
20	干	0.25	1224
0	湿	0.33	406
15	湿	0.33	887
20	湿	0.33	875

表 9-10 聚合物品种对 90d 徐变的影响

聚合物	丙烯酸酯	改性丙烯酸酯	苯乙烯-丙烯酸酯	丁苯胶乳
徐变（$\times 10^{-6}$）	1224	887	863	694
养护条件	干	干	干	干
应力（强度）/MPa	0.25	0.25	0.25	0.25

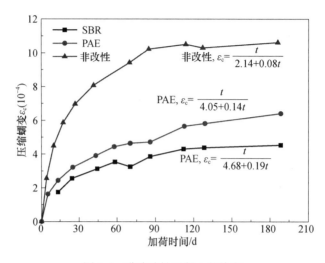

图 9-6　乳液改性混凝土的徐变

2. 物理和化学性能

（1）密度及孔隙率

聚合物水泥混凝土和砂浆的平均密度受诸多因素影响，但在其他因素相同的情况下，聚合物混凝土的密度与聚合物的用量（聚灰比）、聚合物的类型、聚合物的性能（如表面活性的大小，引气量的大小等）有关。有文献报道，当聚合物含量增加时，聚合物混凝土的密度减小，这与空气引入量的增加有关。当聚灰比为 0.2～0.25 时，密度出现极大值可能是由于在此用量下聚合物分散体的塑化作用，提高了成型性，有利于混合物的密实。

加入聚合物乳液引起材料内孔隙的重新分布，使孔隙率提高，因此，聚合物水泥砂浆在（混凝土）密度下降的同时，孔隙变小且在整体中均匀分布。

（2）耐水性

耐水性可用吸水性（试样置于水中一定时间后的吸水量，即质量的增加）、不透水性（材料阻止水渗透的性质）和软化系数（湿试样与干试样的强度比）来描述。由于聚合物填充了孔隙，使总的孔隙量、大直径孔隙量及开口孔隙量减少，使得聚合物混凝土的吸水性大大减小。在较好的情况下，吸水率可下降 50%，软化系数达 0.8～0.85，这样的聚合物水泥混凝土属于水稳定性材料。聚合物种类不同，所制备的改性水泥砂浆吸水率的变化各不相同，聚醋酸乙烯乳液改性砂浆的耐水性最差，这跟乳液本身耐水性差有关。

（3）抗冻性、抗碳化性和耐候性

由于聚合物改性砂浆和混凝土的吸水率大大下降、孔隙率降低以及一定的引气作用，它的抗冻性比普通砂浆要好得多。图 9-7 所示为乳液改性砂浆冻融耐久性试验结果。

乳液改性砂浆和混凝土中，由于聚合物的填充和封闭作用，空气、二氧化碳、氧气的透过性降低，因而抗碳化能力大大提高。一般，聚灰比提高，抗碳化能力也提高。抗碳化作用的大小与聚合物的含量及二氧化碳的暴露条件有关。图 9-8 和图 9-9 所示为不同的聚合物种类、不同的聚合物含量、不同的二氧化碳暴露时间下几种乳液改性砂浆的碳化深度情况。

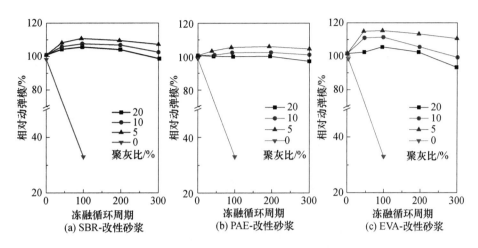

图 9-7 乳液改性砂浆的相对动态弹性模量与冻融循环次数关系

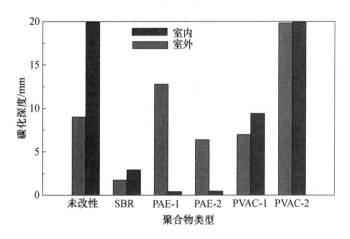

图 9-8 乳液改性砂浆室内外暴露 10a 后碳化深度

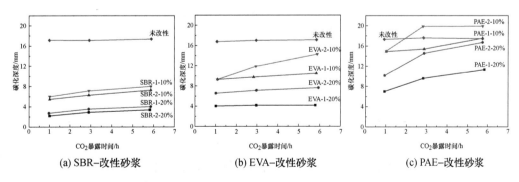

图 9-9 乳液改性砂浆暴露时间对抗碳化能力的影响

改性砂浆的黏结性能也得到了提高,如图 9-10 所示,a、b、c、d、e 是几种不同的聚合物改性水泥砂浆相对普通砂浆混凝土的黏结耐久性图,结果表明聚合物改性混凝土的耐候性大大改善了。

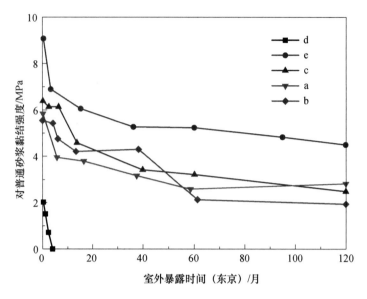

图 9-10　改性聚合物乳液改性水泥砂浆黏结耐久性

（4）抗 Cl^- 渗透性

Cl^- 是影响钢筋锈蚀的重要因素，抗氯化物渗透对保护钢筋有十分重要的意义。因为氯离子是随着水迁移的，聚合物改性混凝土良好的不透水性使其具有很好的抗氯离子渗透性。随聚灰比的提高，氯离子扩散系数降低，氯离子的深度呈线性下降，见表9-11。

表 9-11　乳液改性砂浆和混凝土的表观氯离子扩散系数

砂浆类型	聚合物含量 /%	Cl^- 表观扩散系数 / （cm^2/s）	混凝土类型	聚合物含量 /%	Cl^- 表观扩散系数 / （cm^2/s）
未改性	0	$6.4×10^{-8}$	未改性	0	$2.2×10^{-8}$
SBR-改性	10	$6.4×10^{-8}$	SBR-改性	10	$1.9×10^{-8}$
	20	$3.9×10^{-8}$		20	$0.93×10^{-8}$
EVA-改性	10	$4.4×10^{-8}$	EVA-改性	10	$79×10^{-8}$
	20	$2.4×10^{-8}$		20	$1.0×10^{-8}$
PAE-改性	10	$3.8×10^{-8}$	PAE-改性	10	$62×10^{-8}$
	20	$4.4×10^{-8}$		20	$0.58×10^{-8}$

（5）耐化学介质性

聚合物改性砂浆和混凝土由于聚合物的填充作用和聚合物膜的密封作用使其耐腐蚀性提高，主要可耐油和油脂，但不耐酸。耐蚀性随聚灰比的提高而提高。

（6）干缩

聚合物改性水泥混凝土的干缩受到聚合物种类及聚灰比的影响，有的干缩增加，有的干缩减小。如聚灰比为12％的丙烯酸酯共聚乳液砂浆的收缩率比空白砂浆减少60％，而氯丁胶乳水泥砂浆的干缩较空白砂浆有所增加。

四、聚合物改性砂浆和混凝土的配合比设计

聚合物改性水泥混凝土配合比设计，通常可按普通水泥混凝土进行，除考虑普通混凝土的一般性能外，还应当考虑水灰比、聚灰比（聚合物用量）、乳液种类、水灰比、减水剂的掺量等对聚合物改性水泥混凝土工作性、力学强度及弯曲韧性的影响。

聚合物改性水泥混凝土原材料选取如下：

1. 水泥

一般选用 42.5 级普通硅酸盐水泥。

2. 骨料

矿质骨料及合成级配骨料需满足技术规范外，母岩的抗压强度不应小于 100MPa 且最大骨料粒径不应超过 13.2mm，骨料规格宜按以下 3 档分别生产：1 号料 9.5～4.75mm、2 号料 4.75～2.36mm、3 号料 2.36～0mm。各档骨料的物理力学性质必须满足规范要求，骨料合成级配按表 9-12 所示控制。

表 9-12　聚合物改性水泥混凝土骨料级配

筛孔尺寸	通过下列筛孔（mm）的质量百分率/%								
	13.2	9.5	4.75	2.36	1.18	0.6	0.3	0.15	0.075
级配范围	100	95～100	45～65	30～50	20～40	10～30	10～20	10～15	2～7

3. 水灰比

水灰比对聚合改性混凝土 PMC 工作性能及相关力学性能的影响较大。由于用水量减少后，硬化的聚合物改性水泥混凝土试样中孔洞会减少，试样会变得密实，致使聚合物改性水泥混凝土的抗折抗压强度基本是随着水灰比的减小而增大（有特例）。下面分别是水灰比对 PMC 工作性能（表 9-13）及相关力学性能（表 9-14）的影响。

表 9-13　水灰比对 PMC 工作性能的影响

水灰比	理论密度 / (kg/m³)	实际密度	改进 VC 值	工作性能损失	备注
0.26＋0.6% 萘系	2568	2520	4s	刚出锅偏湿，1h 状态可以，基本能抓成团，能成型，80min 偏干	脱模表面孔洞较少
0.32	2589	2526	10.8s	刚出锅时合适，1h 合适（有点偏干）但能成型	脱模表面孔洞较多
0.34	2596	2500	5s	刚出锅时有点偏湿，1h 合适	脱模表面孔洞较少

表 9-14　水灰比对 PMC 相关力学性能的影响

水灰比	7d			28d		
	抗折/MPa	抗压/MPa	抗压比	抗折/MPa	抗压/MPa	抗压比
0.26＋0.6%萘系	6.01	44.9	0.134	6.67	51.6	0.131
0.28＋0.4%萘系	5.79	43.6	0.133	6.57	50.4	0.13

水灰比	7d			28d		
	抗折/MPa	抗压/MPa	抗压比	抗折/MPa	抗压/MPa	抗压比
0.3+0.2%萘系	5.59	39.5	0.142	6.51	49.1	0.133
0.32	5.1	36.9	0.138	5.99	47.9	0.125
0.34	5.57	36.5	0.153	6.62	47.3	0.14

4. 添加剂

常选用的是共聚乳液，固含量（50%±2%），玻璃化温度小于13℃，改性效果主要通过力学性能以及抗拉黏结强度两个方面表征。按照 JC/T 984—2011《聚合物水泥防水砂浆》中有关抗拉黏结强度的测试方法，测试改性水泥净浆的抗拉粘结强度，确定聚灰比，同时水泥净浆的流动度控制为 180～200mm。此外，水泥净浆能良好的附着在基板界面处，并能保证较大的黏结面积。

按照 DL/T 5126—2021《聚合物改性水泥砂浆试验规程》的相关规定成型、养护和测试方法检测聚合物改性水泥砂浆的抗压及抗折强度，并计算折压比，其要求见表9-15。

表 9-15　聚合物改性水泥砂浆与净浆效果评价

砂浆 28d 抗压强度/MPa	砂浆 28d 抗折强度/MPa	砂浆 28d 折压比	净浆黏结抗拉强度/MPa	
			7d	28d
>30	>9	>0.30	>1.0	>1.5

5. 减水剂

减水剂的选取应满足 GB 8076—2008《混凝土外加剂》。

表 9-16 为我国聚合物水泥砂浆防腐蚀工程技术规程中混凝土结构修复用聚合物水泥砂浆的配合比。

表 9-16　混凝土结构修复用聚合物水泥砂浆的配合比（质量比）（JG/T 336—2011）

项目	氯丁砂浆	氯丁水泥浆	丙乳砂浆	丙乳水泥浆
水泥	100	100～200	100	100～200
砂子	100～200	—	100～200	—
氯丁胶乳	30～40	30～40	—	—
聚丙烯酸酯乳液	—	—	25～38	50～100
稳定剂	0.6～1.0	0.6～2.0	—	—
消泡剂	0.3～0.6	0.3～1.2	—	—
pH 调节剂	适量	适量	—	—
水	适量	适量	适量	

注：1. 表中聚丙烯酸酯乳液的固体含量按 40%计，在乳液中应含有消泡剂、稳定剂，凡不符合以上条件时，应按实际情况调整。

2. 氯丁胶乳的固体含量按 50%计，当采用其他含量的氯丁胶乳时，可按含量比例换算。

第四节　树脂混凝土（PC）

树脂混凝土又称聚合物混凝土，是以合成树脂为胶结材料，以砂石为骨料的混凝土。由于其胶黏材料仅用聚合物，所以也称纯聚合物混凝土。树脂混凝土与普通混凝土相比，具有强度高、耐化学腐蚀、耐磨性、耐水性和抗冻性强的特点，且易于粘结，电绝缘性好。树脂混凝土的研究始于1950年，之后，无论是基础研究还是应用研究均取得显著进展，尤其是德国、日本、美国和苏联等国对树脂混凝土进行了大量的研究和试制工作，并有一定的商业应用。当前我国也在这方面进行着研究开发工作。

一、树脂混凝土的组成材料

（一）胶结料

树脂混凝土所用的胶结料主要是各种树脂，目前最常用的有环氧树脂、不饱和聚酯树脂、呋喃树脂、脲醛树脂及甲基丙烯酸甲酯单体、苯乙烯单体等。其中不饱和聚酯树脂的价格较低，对聚合物混凝土的固化控制较容易。采用甲基丙烯酸甲酯时，由于其黏度低，聚合物混凝土的和易性好，施工方便，其低温（-20℃）固化性能也较优良。

在选择胶结料时，应考虑以下要求：

（1）在满足使用要求的前提下，尽可能采用价格低的树脂；

（2）黏度较低，并且可进行适当的调整，便于同骨料混合；

（3）硬化时间可适当调节，硬化过程中不会产生低分子物质及有害物质，固化收缩小；

（4）固化过程受现场环境条件如温度、湿度等的影响要小；

（5）与骨料黏结性好，有良好的耐水性和化学稳定性，耐老化性能好，不易燃烧。

（二）骨料

树脂混凝土所用的骨料与普通混凝土相同，最大粒径在20mm以下，且应满足以下要求。

（1）骨料要干燥，含水率应在0.1％以下，以使骨料能与树脂牢固地黏结。试验表明，树脂混凝土的强度随骨料及粉料含水量的增加而显著下降。强度下降的原因主要是骨料（及粉料）表面极易被水浸润，不同程度地形成水膜，严重地影响了骨料（粉料）与树脂之间吸附效应和黏结效果。且填料中含有水分，可造成树脂的不完全交联，甚至影响聚合反应的正常进行，从而导致树脂混凝土的强度显著下降。同时，填料含水量增加时，拌和物失去黏性，流动性差而且干，施工比较困难。此外，硬化后的混凝土的收缩也随含水量的增加而增大。

（2）骨料要有一定的强度。

（3）骨料要有一定级配和密实度，且表面吸附性小，以减少树脂的用量。

（4）不允许含有阻碍树脂固化反应的杂质及其他有害杂质。

（三）填充材料

为减少树脂的用量以降代成本，同时提高黏结力、强度、硬度、耐磨性、增加热导率、减少收缩率及膨胀系数，宜加入粒径为200目左右的粉状填料，如石英粉、滑石粉、玻璃纤维、玻璃微珠、粉煤灰、火山灰等。

（四）增强材料

为了改善树脂混凝土的抗冲击韧性和抗裂性，可加入增强材料，它们主要是一些短纤维，如钢纤维、玻璃纤维、碳纤维、聚合物合成纤维等，它在 PC 中的增强作用及增强机理与在普通混凝土中是类似的。

（五）添加剂

为了改善树脂混凝土的某些性能，可加入一些添加剂，它们主要有消泡剂、浸润剂、增塑剂、减缩剂、防老剂、阻燃剂、偶联剂、固化剂等。消泡剂和浸润剂主要用来排出混合时包裹的空气和减少聚合物的含量（当配制要求聚合物用量少的树脂混凝土时）；增塑剂用于减小弹性模量和增加韧性；减缩剂是为了降低树脂固化过程中产生的收缩，因为过高的收缩率容易引起混凝土内部的收缩应力，导致收缩裂缝的产生，从而影响混凝土的性能；防老剂是用于防止树脂在紫外线的作用下产生老化；阻燃剂是为了提高树脂含量体系中树脂的阻燃性能；偶联剂是为了提高胶结料与骨料界间的黏合力，以利于提高树脂混凝土的耐久性并提高其强度。为使液态树脂固化，需要加入适合树脂的固化剂及固化促进剂，其用量要依据施工现场环境温度进行适当调整，一般只能在规定的范围内变动。

二、树脂混凝土的配合比设计

树脂混凝土配合比直接关系到树脂混凝土的性能和造价。配合比设计应注意以下几部分。

（1）树脂与固化剂之间的适当比例，使固化后的聚合物材料有最佳的技术性能，并可适当调整拌和物的使用时间。

（2）按最大密实体积法选取骨料（粉状、砂、石）的最佳级配。骨料级配可采用连续或间断级配。

（3）确定胶结材料与填充材料之间的配比关系，根据对固化后树脂混凝土技术性能的要求和对拌和物施工工艺性能（主要是和易性）的要求确定两者的比例。在配比设计时常把树脂和固化剂一起算作胶结料，按比例计算填充材料，填料应采用最密实级配。配比中骨料的比例要尽量大，颗粒级配要适当。根据选用的树脂不同，使用的目的不同，各种树脂混凝土的比例不同。表 9-17 是几种树脂混凝土的配比，表 9-18 是目前常规不饱和聚酯树脂（UP）混凝土配置过程中的各组成部分对应的配比。

表 9-17　几种树脂混凝土的配合比

材料名称		树脂混凝土的种类和质量配合比					
		聚酯混凝土		环氧混凝土	酚醛混凝土	聚氨基甲酸酯混凝土	呋喃树脂混凝土
胶结料	液态树脂	不饱和聚酯 10	不饱和聚酯 11.25	环氧树脂（含固化剂）10	酚醛树脂 10	聚氨基甲酸酯（含固化剂、填充材料）20	FA 单体 5.0
	填充材料	碳酸钙 12	碳酸钙 11.25	碳酸钙 10	碳酸钙 10		粉砂 32.9

材料名称		树脂混凝土的种类和质量配合比				
		聚酯混凝土		环氧混凝土	酚醛混凝土	聚氨基甲酸酯混凝土	呋喃树脂混凝土
骨料/mm	细砂	(0.1~0.8) 20	(<1.2) 38.8	(<1.2) 20	(<1.2) 20	(<1.2) 20	安山岩碎石
	粗砂	(0.8~4.8) 25	(1.2~5) 9.6	(1.2~5) 15	(1.2~5) 15	(1.2~5) 15	(5~20) 27.0
	石子	(4.8~20) 33	(5~20) 29.1	(5~20) 451	(5~20) 451	(5~20) 451	(20~40) 33.3
其他材料		玻璃纤维适量；过氧化物催化剂适量；早强剂适量	过氧化甲基乙基适量；辛烯酸钴适量	邻苯二甲酸二丁酯适量			苯磺酸 1.6 丙帕 0.2

表 9-18　不饱和聚酯树脂混凝土 UPC 材料组成设计表

作者	UP 掺量质量百分比/%	骨料	
		掺量/%	组成
Vipulanandan C et al.	10~20	80~90	2.65mm 石英砂
A. Osburg et al.	13.6~14.3	85.7~86.4	砂
Ricardo Barbosa et al.	16	84	砂：1.0~2.5mm 为 50%，0.1~1.0mm 为 30%，0~150μm 为 20%
Sung, Chan Yong et al.	6.94~8.34	91.66~93.06	砂
Jin-Man Kim et al.	9~11	89~91	粗骨料（小于 8mm），细骨料（小于 2.5mm），球形钢渣（小于 2.5mm）
Nur Hafizah A. Khalid et al.	6.57	93.43	ISO 级配
Kyu-Seok Yeon et al.	20	80	0~10mm 骨料级配
Header Haddad et al.	17	80	粗骨料 49.8%，中骨料 24.9%，细骨料 8.3%
M. J. Hashemi, et al.	12	88	2~10mm 为 60%，0~2mm 为 14%
Byung-Wan Jo et al.	9	91	EN 12620：2009 水泥混凝土标准设计
Nur Hafizah A. Khalid et al.	12	88	粗骨料 30%，填料 8%~16%
K. S. Rebeiz	10	90	45%碎石，32%沙和 13%的粉煤灰
J. P. Gorninski et al.	12，13	87~88	中砂 80%~68%，粉煤灰 8%~20%
Chan—Yong Sung	6~9	91~94	粗骨料为 69%~72%，细骨料为 14%，填料为 8%

三、树脂混凝土生产工艺

树脂混凝土的生产工艺如图 9-11 所示。由于树脂混凝土黏度很高，所以必须采用机械搅拌，搅拌时间比普通混凝土长，3~4min。搅拌时，先用搅拌机将树脂和固化剂预先充分混合，然后与混合过的骨料和填料进行强制搅拌。由于黏度高，搅拌中不可避免地会混进气体形成气泡，所以在抽真空状态下进行搅拌会更好。

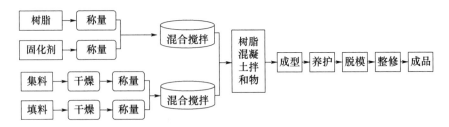

图 9-11　树脂混凝土的生产工艺

目前，国外生产的搅拌设备大体可分连续式和非连续式两类。

构件的成型可用振动法、离心法、压轧法、挤压法等成型工艺。

构件的养护有两种方式：一是常温自然养护；二是加热养护。自然养护适用大构件制品或形状复杂的制品。这种养护方式使树脂混凝土硬化收缩小，生产中由于不需加热设备，节省能源，费用较低。加热养护多用于压缩成型和挤出成型的制品。这种方式不受环境温度的影响，但需加热设备，消耗能源，因而费用增加。

四、树脂混凝土的性能

与普通混凝土相比，树脂混凝土是一种具有极好耐久性和良好力学性能的多功能材料。其抗压、抗拉、抗弯强度均高于普通混凝土，其抗冲击性、耐磨性、抗冻性、抗渗性、耐水性、耐化学腐蚀性能良好，因此得到广泛的重视和应用。表 9-19 为各种树脂制作的树脂混凝土的性能比较。树脂混凝土与普通混凝土的性能差别主要是树脂性能的差别，不同性能的树脂使得树脂混凝土具有许多新的特点。

表 9-19　几种混凝土的物理力学性能比较

测试项目	树脂混凝土胶结料的种类					对比混凝土	
	呋喃	聚酯	环氧	聚氨酯	酚醛	沥青混凝土	普通混凝土
密度/(kg/m³)	2000～2200	2200～2400	2100～2300	2000～2300	2000～2100	2100～2400	2300～2400
抗压强度/MPa	50.0～140.0	80.0～160.0	80.0～120.0	65.0～72.0	24.0～25.0	2.0～15.0	10.0～60.0
抗拉强度/MPa	6.0～10.0	9.0～14.0	10.0～11.0	8.0～9.0	2.0～3.0	0.2～1.0	1.0～5.0
抗弯强度/MPa	16.0～32.0	14.0～35.0	17.0～31.0	20.0～23.0	7.0～8.0	2.0～15.0	2.0～7.0
弹性模量/(×10⁴kg/cm³)	20～30	15～35	15～35	10～20	10～20	1～5	20～40
吸水率（质量百分比）/%	0.1～1.0	0.1～1.0	0.2～1.0	0.1～0.3	0.1～1.0	0.1～3.0	4.0～6.0

（一）树脂混凝土的力学性能

1. 强度

树脂混凝土的抗压强度一般为 60～180MPa。MMA 制成的树脂混凝土抗压强度最高可达 210MPa，其数值取决于所用聚合物的类型和骨料的尺寸、类型及级配。

树脂混凝土的抗弯强度受聚合物的种类影响。通常，高度交联聚合物有更高的弯曲强度和弹性模量，也更倾向于脆性断裂。未增韧的树脂混凝土的抗弯强度为 14～28MPa 或更高些。用柔性聚合物制作的树脂混凝土比用刚性聚合物制作的树脂混凝土有更好的韧性。树脂混凝土的抗拉强度一般用劈裂拉伸试验方法（ASTMC496）来测定，典型数值为 10.3～17.2MPa。目前，所测的树脂混凝土的剪切强度为 2～26MPa，处于抗拉强度和抗压强度之间。

树脂混凝土梁的疲劳寿命比水泥混凝土梁要长。疲劳强度与所用应力及最大应力与最小应力的差值有关，应力越高或差值越大，疲劳寿命也越短。

树脂混凝土对金属及非金属（如水泥混凝土、石材、木材及其他材料）都有很好的黏结强度，树脂混凝土对钢的黏结强度为 40～140kg/cm^2，对混凝土的黏结强度为 40～60kg/cm^2。

2. 弹性模量

树脂混凝土的弹性模量可以在较大的范围内变化。它一般依赖于所用树脂黏结剂的种类（树脂本身的弹性模量和最大延伸率）及树脂所占的分量。其弹性模量最小为柔性树脂系统的 4GPa，最高达刚性树脂系统的 40GPa，弹性模量随温度变化，也因主要应力状态不同而不同。

3. 抗冲击韧性及耐磨性

树脂混凝土的抗冲击性、耐磨损性高于普通混凝土，分别为普通混凝土的 6 倍和 2～3 倍。试验表明，加入玻璃纤维可进一步提高其冲击韧性，长纤维的冲击韧性更高。

4. 徐变

树脂混凝土的徐变比水泥混凝土大得多，为其 2～3 倍，但受温度的影响十分明显。这是因为树脂类高聚物不是脆性材料，其变形性能比较好，在一定荷载作用下，除弹性形变外还产生随时间缓慢增加的非弹性形变，这是由于高聚物的分子链被拉长或压缩的结果。

试验结果表明，徐变变形随树脂混凝土中树脂含量的增加而增加，并随应力的增加、弹性模量的增大、温度的升高及时间的延长而增大；徐变变形随弹性模量的增大而减小。

如果要使徐变变形最小，应选用级配良好的骨料以减少聚合物的量。不应在环境温度接近树脂热变形温度的场合使用；当设计负荷连续加载时，应把设计应力定在极限强度的 50％或更低。

（二）树脂混凝土的物理化学性能

1. 耐老化性

当聚合物受到紫外线照射和高温作用时会产生不同程度的老化，聚合物种类不同，老化程度也各异。因此，当树脂混凝土的使用环境将受到紫外线照射和高温作用时，应根据其耐老化性能来选用。因为高填充料增加树脂混凝土的不透明性，所以树脂黏结料本身的耐老化性能也许不是紫外线稳定性的一个好的判据。在美国，某些树脂混凝土的建筑幕墙板和地下的公用设施构件已经用了 30 多年，其使用性能仍丝毫没有降低。

2. 吸水性、抗渗性、抗冻性

树脂混凝土的吸水率很小，一般为 1%（质量百分比）或更小，这是因为新拌和的所有液体组分在固化时都聚合成为固体，不产生初始毛细孔，表面或近表面的不连续孔是在混合时或浇筑时由夹入的空气产生的，因此其抗渗性、抗冻性都很好。有学者对树脂混凝土进行了 1600 次冻融循环试验都没有发现质量损失。

3. 收缩性

树脂的聚合反应是放热反应，随温度升高其体积膨胀，当树脂混凝土硬化时，温度下降便产生收缩。树脂品种不同，收缩值也不同。树脂混凝土的收缩率是水泥混凝土的几倍到几十倍，因此，在工程应用中经常发生树脂混凝土开裂和脱空等问题。为降低收缩率，可通过添加热塑性高分子弹性体或加入减缩剂、适当增加填料量、降低固化过程的温度升高等方法来降低收缩率。

4. 热性能

对于有机聚合物来说，其性能受温度的影响较大，当温度升高到某一值时，高聚物由玻璃态转变为高弹态，对应的温度称为玻璃化转变温度（T_g），聚合物的力学性能发生突变。不同的聚合物玻璃化转变温度值有很大的差别。因此，在配制树脂混凝土时，应测量其在预计的高温和低温下的物理性能。对结构方面的应用来说，应规定热变形温度高于结构应用环境的预计最高的温度。

树脂混凝土的热膨胀系数随聚合物的含量而变化，聚合物含量增加，热膨胀系数逐渐接近聚合物的数值。不同的树脂配制的混凝土热膨胀系数不同，可在（13～126）×$10^{-6}K^{-1}$内变化。树脂混凝土的线膨胀系数通常是钢或硅酸盐水泥混凝土的 1.5～2.5 倍。这种性能对于与其他材料作刚性连接的树脂混凝土结构是很重要的。

5. 耐化学介质性

大多数树脂混凝土都耐碱、酸和许多其他的腐蚀性介质的侵蚀，但不耐氧化性的酸和有机溶液剂。

6. 密度

当使用通常的混凝土骨料并且树脂含量<15%（质量百分比）时，其密度为 2200～2400kg/m³，树脂砂浆的密度接近上述值的下限。使用轻骨料的轻质树脂混凝土，其密度的典型值为 1100～1400kg/m³。目前也开发了某些密度为 640kg/m³ 的特殊材料。

五、常用树脂砂浆和树脂混凝土

三类聚合物混凝土与普通水泥混凝土相比都具有许多优异的物理力学性能，其中尤以 PIC 的性能改善最为显著。目前，PIC 的最大抗压强度已达到 280MPa，但它的生产工艺过于复杂；PMC 生产工艺非常简单，但性能改善不够显著；而 PC 则兼具两者的优点，性能改善较为明显，不但抗压强度和拉压比都有所提高，而且 PC 的生产工艺比较简单，所以 PC 成为近年来聚合物混凝土材料中发展最快的一个品种。

由于树脂混凝土的胶结料为纯聚合物，因此其性能与聚合物的品种、性能和用量有很大的关系。按胶结材料类型分，树脂混凝土主要有环氧树脂混凝土、不饱和聚酯混凝土、甲基丙烯酸酯混凝土、呋喃树脂混凝土等。其中不饱和聚酯树脂价格较低，是目前应用最多的品种。

（一）环氧树脂（EP）混凝土和砂浆

环氧树脂具有胶接强度高、收缩率小、稳定性较好、加工操作工艺简单等优点。用于树脂混凝土的环氧树脂通常是双组分的，一个组分是环氧树脂，大多是双酚 A 与环氯丙烷的缩聚物；另一个组分是固化剂，通常是有机胺类、有机酸和含有活性基团的合成树脂。两者的比例一般按 1∶1 或 2∶1 的体积比混合，改变两个组分的比例会明显影响材料的力学和物理性能。环氧树脂混凝土可根据工程性质由用户按配方进行配制。

（二）不饱和聚酯树脂混凝土和砂浆

不饱和聚酯树脂黏度小，常温能固化，浸润速度快，使用方便，耐酸、耐碱性较好，自身有一定的强度，价格低。不饱和聚酯树脂是由不饱和二元酸和二元醇在引发剂的作用下缩合而成的，以不饱和聚酯树脂为胶结料，与砂石混合搅拌可制成不饱和聚酯砂浆及混凝土，与普通水泥砂浆相比性能有显著提高，其抗冻性、抗气蚀性能也较好。

（三）呋喃树脂混凝土和砂浆

制备呋喃树脂的原料主要是一些农副产品，该树脂有优良的耐化学药品性能、较高的耐热性、良好的电绝缘性。以呋喃树脂为胶结剂的树脂混凝土比以环氧树脂为胶结剂的树脂混凝土及砂浆的抗磨损性好，但力学强度差。由于呋喃树脂使用酸性固化剂，故对碱性基面（如混凝土和金属基底）使用之前应以环氧涂料做隔离层。呋喃树脂较脆，涂于金属表面时受外力冲击容易脆裂。另外，固化的呋喃是黑色的，所以限制了呋喃树脂的使用。

第五节　聚合物混凝土的应用

一、聚合物浸渍混凝土（PIC）的应用

聚合物浸渍混凝土由于具有良好的力学性能、耐久性及抗侵蚀能力，主要用于受力的混凝土及钢筋混凝土结构构件，和对耐久性及抗侵蚀有较高要求的地方，如混凝土船体、近海钻井混凝土平台等。

把聚合物浸渍混凝土应用在水工建筑物的某些单位普遍性较高。美国的德沃夏克坝3 个泄水孔均发生了不同程度的气蚀破坏。修复材料要能抗冲蚀和抗气蚀，并要有较高的物理力学性能，所以较大规模地使用了浸渍混凝土方法来修补。这在水工建筑物的设计和施工上还是首次。我国葛洲坝二江泄水闸闸室底板浇筑的混凝土，施工后部分表面干缩裂缝，要求对重点部位进行补强处理，同时提高抗气蚀、抗冲刷能力。据此，葛洲坝工程局学习和总结国内外的成功经验，对底板混凝土大面积表面浸渍处理，共处理 $3078m^2$，是目前世界上浸渍面积最大的工程。

虽然聚合物浸渍混凝土具有良好的力学性能，但由于聚合物浸渍工艺复杂，成本较高，混凝土构件需预制并且尺寸受到限制，因而主要在特殊情况下使用。

二、聚合物改性砂浆和混凝土（PMC）的应用

聚合物改性水泥混凝土与树脂混凝土和聚合物浸渍混凝土相比，研究历史较长，商品化的时间也较长。在各种改性用聚合物中乳液应用得最多，主要为氯丁胶乳、丁苯胶乳（SBR）、丙烯酸酯类及丙烯酸酯类共聚乳液、乙烯-醋酸乙烯酯类（EVA）、环氧乳液、氯乙烯-偏氯乙烯乳液（PVDC）和呋喃类等。其主要应用于修补材料，用作黏结剂用于工业及民用建筑地面及路、桥铺面材料，用于防腐蚀涂层，用于表面装饰和保护、预应力聚合物改性水泥混凝土、水下不分散聚合物改性混凝土等。

三、树脂混凝土（PC）的应用

树脂混凝土的应用较多，加拿大 Rockies 地区成千上万的轨道枕木腐蚀破坏，要求现场快速修复。对甲基丙烯酸甲酯、聚酯-聚氨酯、环氧类 3 种 PC 的固化时间，与混凝土的黏结力，以及耐久性进行综合评估后选择了环氧类 PC，修补时先将混凝土枕木清洗干净，然后用环氧砂浆抹平修补。试验和施工表明，这 3 种 PC 最适合改轨枕修补的是环氧砂浆。我国长沙理工大学公路工程学院李宇峙教授带领的钢桥面铺装课题组经过多年的试验研究和工程实践应用，在环氧树脂脂胶粘剂方面取得了一些宝贵成果，先后开发出两种应用于钢桥面界面黏结层的环氧树脂胶粘剂，分别称为 1 号胶、2 号胶（已获国家专利），2 号胶已成功应用于佛山市和顺至北滘公路主干线工程海八路立交 WN 匝道钢桥面黏结层中。

由于制备树脂混凝土所用原料不同，其性能不同，应用领域也有差异。其中环氧树脂混凝土由于其抗压、劈裂、弯曲和抗拉性能优异，因此利用环氧树脂混凝土作为桥面薄层铺装材料，其水稳定性、高温稳定性以及弯曲性能可以满足实际路用需求，但是环氧树脂混凝土对施工条件以及温度等要求较高，而且造价较高，目前常将其用作桥面铺装材料、路面、桥梁局部构件（如伸缩缝、路面裂缝）修补材料。此外，与传统建筑材料相比而言，不饱和聚酯树脂混凝土具有强度高、可塑性好、耐腐蚀性能强以及固化成型快等优点，目前在建筑、冶金等行业获得了较多的关注以及应用。在道路行业方面，直接将不饱和聚酯树脂混凝土作为路面铺装材料的研究较少，目前多集中于不饱和聚酯改性沥青以及降温涂层方面的研究。已有研究表明，不饱和聚酯可以对沥青进行改性，并且获得高温稳定性，低温抗裂性以及水稳定性能优异的不饱和聚酯改性沥青混合料。

聚合物混凝土应用案例：重庆朝天门长江大桥

项目介绍：重庆朝天门长江大桥（图 9-12）又名石板坡长江大桥，位于重庆渝中区石板坡和南岸区黄葛渡立交之间，属于 T 形刚构桥，是横跨长江的第一座公路大桥，也是重庆主城区在长江上的第一座桥梁，正桥全长 1120m，最大跨度 174m，桥宽 21m，四车道，两边各有 2m 人行道。桥面采用聚合物混凝土，由于聚合物填充了水泥混凝土中的孔隙和微裂缝，可提高混凝土的密实度，增强水泥石与骨料间的黏结力，并缓和裂缝尖端的应力集中，使之具有高强度、抗渗、抗冻、抗冲、耐磨、耐化学腐蚀、抗射线等显著优点。

课程思政：改革创新，促进发展

一般而言，聚合物属有机化学学科的研究对象，混凝土是建筑材料的研究对象，将有机化学中聚合物运用到建筑材料中，突破了单一学科的限制，为传统混凝土提供更多元的理论基础和视角，从而获得创造性成果。当今世界，变革创新的潮流滚滚向前。改革创新是推动人类社会向前发展的根本动力。排斥改革，拒绝创新，就会落后于时代，就会被历史淘汰。一个国家、一个民族要振兴，就必须在历史前进的逻辑中前进、在时代发展的潮流中发展。作为学生，我们应努力学习专业文化知识，开阔自己的眼界，方能厚积薄发，做到突破陈规，改革创新。

思考题：

1. 请根据所学知识分析 PIC、PMC、PC 三种含聚合物的混凝土之间的区别。

2. 请概括制备聚合物改性水泥混凝土对混合物的要求有哪些？并列举用于水泥混凝土改性的聚合物有哪几类？

3. 请概括聚合物改性水泥混凝土（或砂浆）具有哪些性能？该类混凝土能否用在矿井内壁上，并解释原因？

4. 请列举一些聚合物混凝土的运用案例，并尝试说明其属于哪类聚合物混凝土？又具有哪些性能？

5. 请结合聚合物改性砂浆或混凝土的应用，解释为何聚合物改性砂浆或混凝土施工时大多采用喷涂技术？

参考文献

[1] Tafadzwa Nyereyemhuka. 聚合物改性混凝土聚合物含量优化及抗裂机理研究 [D]. 长春：吉林大学，2021.

[2] 嵇誉，赵方冉. 聚合物结构快速修补料在混凝土场道的应用 [J]. 山西建筑，2021，47（13）：98-100+129.

[3] 张业兴. 聚合物混凝土强度形成规律及开放交通时机预测模型研究 [D]. 北京：北京建筑大学，2021.

[4] 李威睿. 北京务滋村大桥聚合物混凝土桥面铺装层间力学响应分析与粘层材料性能评价 [D]. 北京：北京建筑大学，2021.

［5］Su Ningyi，Lou Liangwei，Amirkhanian Armen，et al. Assessment of effective patching material for concrete bridge deck-A review ［J］. Construction and Building Materials，2021（293）：123520.

［6］侯圣均，蒋晨晨，汤维宇，等. 聚合物改性自密实混凝土的工作性能及力学性能［J］. 硅酸盐通报，2021，40（5）：1489-1496.

［7］Liao Yutian，Ma Dongpeng，Liu Yiping，et al. An Experimental Study on the Dynamic Mechanical Properties of Epoxy Polymer Concrete under Ultraviolet Aging ［J］. Materials（Basel，Switzerland），2021，14（8）：2074

［8］Kiruthika C.，Lavanya Prabha S.，Neelamegam M.. Different aspects of polyester polymer concrete for sustainable construction ［J］. Materials Today：Proceedings，2021，43（2）：1622-1625.

［9］王文峰. 水利工程中聚合物混凝土力学性能试验与实践分析［J］. 工程技术研究，2020，5（21）：131-132.

［10］刘纪伟，李晶晶，周明凯. 聚合物改性混凝土摊铺成型工艺研究［J］. 新型建筑材料，2021，48（4）：32-35＋58.

［11］付涛，王志军，荆禄波. 有机高分子聚合物对多孔混凝土力学性能影响试验分析［J］. 山东交通科技，2021（4）：18-21.

［12］刘嘉欣. 聚合物改性透水混凝土渗透性和强度的试验研究［J］. 北方交通，2021（8）：48-51＋55.

［13］李艳玲，李军阳. 硫酸钠掺量对高分子聚合物混凝土增强剂的性能影响分析［J］. 粘接，2021，47（7）：34-37.

［14］Kim Kwan Kyu，Urgessa Girum S.，Yeon Jung Heum. Analysis and modeling of uniaxial compressive creep of MMA-modified unsaturated polyester polymer concrete ［J］. Journal of Materials Research and Technology，2020，9（6）：12773-12782.

［15］Gagandeep. Experimental study on strength characteristics of polymer concrete with epoxy resin ［J］. Materials Today：Proceedings，2021，37（2）：2886-2889.

［16］Liu Baoju，Shi Jinyan，Sun Minhua，et al. Mechanical and permeability properties of polymer-modified concrete using hydrophobic agent ［J］. Journal of Building Engineering，2020，31：101337.

［17］高阳. 不饱和聚酯树脂混凝土设计、性能及动力学研究［D］. 西安：长安大学，2020.

［18］王荣伟. 聚合物混凝土桥面铺装材料施工和易性研究及性能评价［D］. 北京：北京建筑大学，2020.

［19］华先乐，王鑫鹏，胡晓霞，等. 聚合物水泥混凝土的研究和应用进展［J］. 青岛理工大学学报，2020，41（5）：133-140.

［20］Zhang H.，Zhang G.，Han F.，et al. A lab study to develop a bridge deck pavement using bisphenol A unsaturated polyester resin modified asphalt mixture ［J］. Construction and Building Materials，2018（159）：83-98.

第十章

沥青混凝土

第一节　概　　述

沥青是一种有机胶结料，是由一些极其复杂的高分子碳氢化合物及其非金属（氧、氮、硫）的衍生物所组成的混合物。沥青的产地和加工方法不同，致使沥青材料的种类繁多，在工程上常用的沥青主要是指石油沥青，其他沥青要在"沥青"两字之前加上名称加以区别，如煤沥青、页岩沥青等。

沥青混凝土是以沥青（主要是石油沥青）为胶结材料，与粗骨料、细骨料和矿粉适量配合，在一定条件下混合均匀，然后经铺筑、碾压或捣实成为密实的混合物。沥青混凝土主要用于铺筑路面、防腐工程及海港工程中的护面，也可用于建筑工程的防水等。

一、沥青混凝土的特点

沥青混凝土具有以下特点。

（一）优点

（1）具有良好的力学性能。沥青混凝土是一种黏弹性材料，用它修筑的路面，表面平整无接缝，汽车高速行驶时平稳、舒适，而且轮胎磨耗低。

（2）噪声小。在繁忙密集的汽车交通条件下，噪声是主要的公害之一，它对人体的健康有一定影响。沥青混凝土路面具有柔性，能吸收部分噪声。

（3）良好的抗滑性。沥青混凝土路面平整而且粗糙，色黑无强烈反光，能保证汽车行驶的安全性。

（4）经济耐久。沥青混凝土中胶结材料用量比较小，且属于工业副产品加工利用，旧路面还可再生利用，造价比水泥混凝土低得多。采用现代工艺配制的沥青混凝土可以保证15～20年不大修。施工操作方便、进度快，施工完毕后可以立即开放交通。

（5）排水性良好。沥青混凝土具有良好的排水性，而且晴天无尘、雨天不泞，可保证顺利通车。

（6）可分期加厚路面。沥青混凝土路面可以在旧路面上加厚加强，充分发挥原有路面强度，符合分期改造原则。

（二）缺点

（1）易老化。由于沥青材料是一种高分子碳氢化合物，在大气因素的影响下易产生化学组成的变化，使沥青混凝土老化，脆性加大，路面易造成裂缝，使路面强度降低而破坏。因而使用年限较水泥混凝土路面短，需要经常养护修补。

（2）感温性大。沥青混凝土路面夏期高温时易软化，使路面易产生车辙、纵向波浪、横向推移的现象。冬期低温时，又变得硬而脆，凸凹处受车辆冲击产生的重复荷载的作用，路面易产生裂缝。

二、沥青混凝土的分类

沥青混凝土常用的分类方法有如下几种。

（1）按沥青胶结料的种类分。可分为石油沥青混凝土和煤沥青混凝土。

（2）按沥青混凝土的密实度分。沥青混凝土经摊铺、标准压实后，按其密实度的大小分为密实型沥青混凝土（其残留空隙率为 3%～6%）和空隙型（间断级配）沥青混凝土（其残留空隙率为 6%～10%）。

（3）按施工条件分。可分为热铺沥青混凝土、热拌冷铺沥青混凝土和冷拌冷铺沥青混凝土。

（4）按混合料中矿质料的最大粒径分。可分为粗粒式沥青混凝土（矿质料最大粒径为 35mm 或 30mm）、中粒式沥青混凝土（矿质料最大粒径为 25mm 或 20mm）、细粒式沥青混凝土（矿质料最大粒径为 15mm 或 10mm）和砂粒式沥青混凝土（矿质料最大粒径为 5mm）。粗粒式沥青混凝土适宜作面层的下层，中粒式沥青混凝土适宜作面层的下层或单层式的路面，细粒式和砂粒式多用于面层的上层。

（5）按矿料级配分。可分为连续级配沥青混凝土和间断级配沥青混凝土。

第二节　沥青混凝土的原料组成

一、沥青混凝土的材料组成

如图 10-1 所示，沥青混凝土高等级公路的断面由面层、基层、垫层和路基构成，其中只有面层使用沥青混凝土，所以面层又称为沥青材料层。

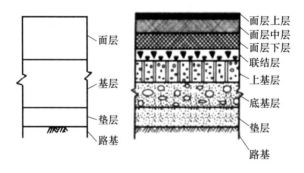

图 10-1　沥青混凝土高等级公路的断面构成

沥青混凝土的主要组成材料是沥青、粗细骨料和矿粉填料。粗细骨料和矿粉填料均属于矿质材料。沥青混凝土中矿质材料占其体积的 90% 以上，起骨架和填充作用，沥青混凝土的受力性能几乎完全取决于粗细骨料所形成的骨架。在普通水泥混凝土中，骨料占其体积的 70%～80%，硬化后的水泥石本身比较坚硬，水泥石与骨料同时承担着抵抗外力的作用。而沥青与水泥石相比，本身强度不高，又容易变形，所以在沥青混凝土中，沥青只起到将骨料黏结起来、传递荷载的作用。所以骨料对整体的强度和刚度起到重要作用。

（一）沥青

沥青材料分为地沥青和焦油沥青（煤沥青）两大类。用于道路的沥青主要以经过改性的石油沥青为主。目前沥青的改性有很多方法，主要有氧化改性沥青和合成高分子改性沥青。道路用沥青一般以高分子改性沥青为主。

（二）骨料

1. 粗骨料

沥青混凝土的粗骨料可以采用各种岩石轧制的碎石、由卵石轧制的碎卵石以及各种冶金钢渣等。粗骨料规定粒径应大于 2.5mm，在沥青混凝土中起骨架作用。对于力学性能，首先要求其母体岩石具有较高的抗压强度，根据使用条件选择立方体岩石的饱水极限抗压强度等级，其次还要求其压碎值和磨耗率。

压碎值反映粗骨料在外力作用下抵抗压碎的性能。压碎值直接影响沥青混凝土的整体受力性能。压碎值越大，说明碎石的坚硬性越差。根据道路的等级和交通量大小，粗骨料的压碎值有不同的要求，一般要求在 35% 以下。

磨耗率反映粗骨料抵抗摩擦、撞击和剪切等综合作用的性能。通常道路用沥青混凝土粗骨料的磨耗率要求不大于 6%。

沥青混凝土中的粗骨料应尽量采用碱性石子，避免使用酸性石子。由于碱性石子与沥青具有较好的黏附性，可使沥青混凝土获得较高的力学强度和抗水性。对沥青混凝土中的粗骨料级配不单独提出要求，只要求粗、细骨料以及矿质材料混合料总体符合相应的沥青混凝土矿料级配范围即可。

2. 细骨料

沥青混凝土细骨料可采用天然砂，砂质应坚硬、洁净、干燥、无风化、不含杂质。并具有适当的级配，粒径范围为 0.074～2.5mm，其作用是填充粗骨料的空隙。如果一种细骨料不能符合级配要求，可采用两种及以上细骨料进行组配使用。

3. 矿粉填料

为了改善沥青混凝土的某些性能，还要掺入一种粒径小于 0.074mm 的矿物质材料，称为矿粉填料。

由于矿粉填料颗粒微细，具有很大的表面能，与沥青混合后可产生物理吸附和化学吸附作用，提高沥青混凝土的温度稳定性和黏滞性，改善使用性能。常用的矿粉填料有石棉粉、粉煤灰、石灰石粉、大理石粉和白云石粉等。在矿粉缺乏的条件下可采用水泥代替矿粉。也可采用橡胶或合成高分子、人工棉等材料。矿粉填料应干燥、疏松，不含泥土杂质和团块，含水量应在 1% 以下，并希望矿料为碱性。

二、沥青混凝土的组成结构

沥青混凝土组成结构有悬浮密实结构、骨架空隙结构、骨架密实结构 3 类。

（一）悬浮密实结构

组成的矿质材料由大到小形成密实混合料。较小颗粒存在于较大颗粒之间，由于矿质材料颗粒从大到小连续存在，并且各有一定数量，同一档较大颗粒被较小一档颗粒挤开，犹如悬浮状态处于较小颗粒之中，这种结构通常按最佳级配原理进行设计，因而密实度及强度较高。由于这种结构中大颗粒含量较少，不能形成骨架，内摩擦阻力较小，受沥青材料的性质和物理状态的影响较大，故热稳定性较差。这种结构类型的沥青混凝土中矿质材料是连续级配，即属密实型。我国大多数采用此连续级配型的沥青混凝土路面。

（二）骨架空隙结构

此类结构中粗石料较多，彼此紧密相接，而细粒料的数量较少或基本没有，不足以充分填充空隙。因此，混合料的空隙率较大。石料能充分形成骨架，粗骨料之间的嵌挤力和内摩擦阻力起重要作用，按级配角度分属连续型开级配。此结构的混凝土受沥青性质的影响较小，因而热稳定性较好，沥青与矿料的黏结力小、空隙率大、耐久性差。

（三）骨架密实结构

此类结构是综合了以上两种结构所长，既有一定的粗骨料形成的骨架，又根据粗骨料空隙的多少加入了细料，形成较高的密实度。加入适量沥青材料组成既密实又有较大黏聚力的整体结构。间断级配就是按此原理构成。骨架密实结构比骨架空隙结构和悬浮密实结构的强度高，内摩擦阻力、黏聚力都较高，是理想的结构类型。沥青混合料结构如图 10-2 所示。

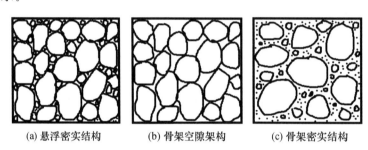

(a) 悬浮密实结构　　　(b) 骨架空隙架构　　　(c) 骨架密实结构

图 10-2　沥青混合料结构

三、沥青混合料的强度理论及影响强度的因素

沥青混凝土的强度随温度而变化。在高温下沥青混凝土处于塑性状态，抗剪强度大大降低，且塑性变形过剩会产生堆挤现象；而在低温时，沥青混凝土的强度虽高，但抗裂性变差，容易开裂。关于沥青混凝土的结构，目前较普遍地认为，沥青混凝土是由矿质骨架和沥青胶浆所组成的，具有空间网络结构的分散体系。其中矿质骨架由粒度不同的粗细骨料构成，沥青胶浆由沥青和矿粉填料组成。所以沥青混凝土受力抵抗破坏的性能主要取决于其抗剪强度和高温下抵抗变形的能力。目前对于沥青混凝土的破坏机理的研究不够深入，一般倾向于采用库仑内摩擦理论分析强度，并根据三轴试验结果提出。沥青混凝土的抗剪强度 τ 主要取决于沥青与矿质材料之间由于物理-化学交互作用而产生的黏聚力 c，以及矿质材料在沥青混凝土中分散程度不同而产生的内摩擦角 φ。如式 10-1 所示，抗剪强度 τ 是黏聚力和内摩擦角的函数。

$$\tau = f(c, \varphi) \tag{10-1}$$

影响沥青混凝土的黏聚力 c 和内摩擦角 φ，从而影响其抗剪强度的因素，可从以下两方面讨论。

（1）影响沥青混凝土的黏聚力和内摩擦角的内因主要有沥青的黏度、矿粉的性质、沥青与矿粉的比例，以及矿质材料骨架的特征等。

沥青的黏度越高，沥青混凝土的黏聚力越大。当受到剪切应力作用，特别是受到短暂的瞬时荷载作用时，具有高黏度的沥青能使沥青混凝土的黏滞阻力增大，因而具有较高的抗剪强度。在沥青用量相同的条件下，矿粉越细，即比表面积越大，则矿粉周围的沥青膜越薄，形成的结构沥青膜的比例越大，因此沥青混凝土的黏聚力也就越高。一般矿粉填料的比表面积可达到 $300 \sim 2000 \mathrm{m}^2/\mathrm{kg}$。所以矿粉用量较小，仅占矿质材料总量的 7% 左右，但对沥青混凝土的抗剪强度影响很大。

沥青的用量对黏聚力和内摩擦角均有影响。沥青用量过少，不足以形成沥青膜来黏结矿料。随着沥青用量的增加，结构沥青膜逐渐形成，当沥青用量足以形成薄膜并充分黏附矿料颗粒表面时，沥青胶浆具有最优的黏聚力。如果沥青用量继续增加，则由于沥青用量过多，逐渐将矿料颗粒推开，在颗粒间形成未与矿粉交互作用的"自由沥青"，沥青胶浆的黏聚力随着自由沥青的增加而降低。当沥青用量增加至某一用量后，沥青混合料的黏聚力主要取决于自由沥青，所以抗剪强度不再随沥青用量的增加而变化。此时，沥青不仅具有黏结剂的作用，而且具有润滑剂的作用，降低骨料之间相互啮合的作用，因而减小了沥青混合料的内摩擦角，导致沥青混凝土的强度降低。可见沥青用量不仅影响混合料的黏聚力，同时也影响内摩擦角大小。

通过以上分析可知，在沥青和矿料的性质一定的条件下，沥青与矿料的比例是影响沥青混凝土抗剪强度的重要因素。微小地调整矿粉填料的用量，可以明显地改变矿料材料的总表面积，形成不同的沥青混凝土结构，从而具有不同的黏聚力和内摩擦角。图 10-2（a）所示的悬浮密实型结构，矿料之间的沥青膜较厚，通过自由沥青层相连，黏聚力和内摩擦角较小，所以整体抗剪强度不高；图 10-2（b）所示的骨架空隙型结构，骨料之间沥青层过薄，有些部位甚至不能形成完好的包裹层，所以沥青混凝土的黏聚力差，内摩擦角较大；而图 10-2（c）所示的骨架密实型结构，沥青用量适中，矿料之间主要以结构沥青膜黏结，既有较好的黏聚力，内摩擦角也比较大，沥青混凝土整体的抗剪强度最好。所以沥青和矿粉填料的用量要适宜。

此外，骨料的颗粒形状、级配、表面粗糙程度以及在混合料中的分布状态对沥青混凝土的抗剪强度影响也很大。采用表面较粗糙、有棱角、三维尺寸相近的颗粒形状的骨料，有利于提高混合料的黏聚力和内摩擦角，从而提高抗剪强度。

（2）影响沥青混凝土强度的外因有环境温度和变形速率。沥青混凝土的黏聚力随温度升高和变形速率减慢而显著降低，而内摩擦角受这些因素的影响较小。

第三节 沥青混凝土的性能

一、高温稳定性

用于路面材料的沥青混凝土在夏期高温条件下，经车辆等长期荷载的作用，不产生拥包、车辙、泛油、黏轮等病害，高温稳定性良好，即高温条件下路面具有足够的强度和刚度。目前，我国采用马歇尔稳定度和流值作为评价沥青混凝土高温稳定性的指标。试验装置及加载方式如图 10-3 所示。

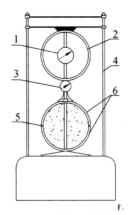

图 10-3 马歇尔稳定度仪装置

1—百分表；2—应力环；3—流值表；4—压力架；5—试件；6—半圆形压头

将沥青混合料在规定的条件下加热搅拌，并成型 $\phi101.6mm \times 63.5mm$ 的圆柱体试件，在 60℃ 下保温 45min，然后侧放在加荷压头内，对试件以（50±5）mm/min 的变形速率加荷，达到破坏时的最大荷载 N 为马歇尔试验稳定度，达到最大荷载瞬间试件的流动变形值，称为流值（单位 1/100cm）。

为了提高沥青混凝土的高温稳定性，可在混合料中增加粗矿料含量或限制剩余孔隙率，使粗矿料形成空间骨架结构，以提高沥青混合料的内摩擦力；适当提高沥青材料的黏度，控制沥青与矿粉的比例，严格控制沥青用量，采用活性较高的矿粉，以改善沥青与矿料之间的相互作用，从而提高沥青性能，也可获得满意的效果。

二、低温抗裂性

开裂是沥青混凝土路面的一种主要破坏形式，而裂缝出现往往是路面急剧损坏的开始。沥青路面发生开裂分为两种类型：一种是在交通荷载反复作用下的疲劳开裂；另一种是由于降温而产生的温度收缩裂缝，或由于半刚性基层开裂而引起的反射裂缝。由于沥青路面在高温时变形能力较强，低温时较差，无论哪种裂缝，以低温时发生的居多。从低温抗裂性的要求来考虑，沥青路面在低温时应具有较低的劲度和较好的抗变形能力，且在行车荷载和其他因素反复作用下不致产生疲劳开裂。

使用黏滞度较高、温度稳定性较好的沥青，可提高路面的低温抗裂性能。沥青材料的老化使其低温性能恶化，所以应选用抗老化性能较强的沥青。在沥青中掺入聚合物，对提高路面的低温抗裂性能具有较为显著的效果。在沥青路面结构层中铺设沥青橡胶或土工布应力吸收薄膜，对防止沥青路面低温开裂具有显著作用。

目前，评价沥青混凝土的低温抗裂性的指标尚处于研究阶段。多数学者采用混合料在低温时的纯劲度和温度收缩系数来预估沥青混凝土的低温抗裂性。

三、耐久性

耐久性是沥青混凝土在长期大气因素以及荷载的作用下能维持结构物正常使用所必需的性能。沥青混凝土的耐久性与组成材料的性质密切相关，其中沥青材料的老化特性是影响沥青混凝土耐久性的重要因素。沥青是由多种分子量不同的碳氢化合物及其衍生物所组成。在大气因素作用下，由于沥青中分子量小的组分挥发或氧化、缩合、聚合等作用，分子量较小的油分和树脂含量减小，分子量较大的沥青含量增多，平均分子量增高，使得沥青的黏性增大，塑性下降，脆性增大，导致沥青混凝土开裂，使用功能降低甚至破坏，这种现象称为老化。

影响沥青混凝土耐久性的主要因素有沥青材料的抗老化性能、矿料与沥青材料的黏结力以及沥青混凝土的孔隙率等。选用合适的沥青品种以及用量，在矿料表面形成一定厚度的结构沥青膜，保证混合料的黏聚力和密实度，可提高空气和水渗透的能力，减少沥青与大气接触的面积，减缓氧化、缩合等反应的速度，同时防止水对沥青的剥落作用，可提高沥青混凝土的耐久性能。研究结果表明，当沥青混合料的孔隙率小于 5% 时，沥青材料只有轻微的老化现象。所以道路沥青混凝土可以用孔隙率反映其耐久性。

四、水稳定性

沥青混凝土的水稳定性不足主要表现为沥青路面的水损害破坏，是沥青路面早期损坏的主要类型之一，其表现形式主要有网裂、唧浆、掉粒、松散及坑槽，它不仅导致了路表功能的降低，而且将直接影响路面的耐久性和使用寿命。

沥青混凝土的水稳定性是通过浸水马歇尔试验和冻融劈裂试验来检验。试验对不同年降雨量气候区的浸水马歇尔试验残留稳定性及冻融劈裂试验的残留强度比指标提出了相应要求，且两者需同时符合规定。达不到要求时必须采取措施，调整配合比后再次试验。

减小沥青混凝土路面水害的技术措施：路面结构隔水，加强路面排水设计；骨料选用粗糙洁净的碱性骨料，沥青选用较低标号的沥青，或选用黏度大、与骨料黏附性好的改性沥青；掺加抗剥离剂；合理选用沥青混凝土的类型，优化沥青混凝土配合比设计；加强施工质量控制，保证沥青混凝土施工的均匀稳定，严格控制路面压实度，严禁雨天施工等。

五、施工和易性

为了保证施工的顺利进行，沥青混合料还应具备适宜的施工和易性，即工作性。影响沥青混凝土和易性的因素很多，如当地气温、施工条件以及原材料因素等。影响和易性的主要原材料因素有骨料的级配、沥青的用量和矿粉的质量等。如果采用间断级配，粗、细骨料颗粒的大小相差悬殊，混合料容易分层，如果细骨料太少，则粗骨料表面不容易形成沥青砂浆层；如果细骨料过多，则拌和困难。沥青用量过少或矿粉用量过多时，混合料容易疏松，不易压实；反之，沥青用量过多或矿粉质量不好，则容易使混合料黏结成块，不易摊铺。

六、抗滑性

随着现代社会交通流量的增大、车速的提高，要求路面有更高的抗滑能力，并且这种抗滑能力不至于很快降低，以保证车辆的安全行驶。

影响沥青混凝土抗滑能力的主要因素有矿质骨料的品种与颗粒形态、粗糙程度、微表面性质、沥青的用量以及混合料的级配。研究表明，沥青用量超过最佳用量 0.5% 时，会使路面的抗滑动能力大大降低。选用硬质、有棱角的骨料有利于提高混合料的抗滑性，但是这类骨料往往与沥青的黏附性较差，所以，采用适宜的复合骨料，并掺入抗剥离剂等措施，有利于提高路面的抗滑性。

第四节 沥青混凝土的配合比设计

在组成沥青混凝土的原材料选定后，沥青混凝土的技术性能在很大程度上取决于混凝土的配合比。沥青混凝土由于组成材料的比例不同，可形成不同的组成结构。如粗骨料比例少时，可形成悬浮密实结构；细骨料少时，可形成骨架空隙结构；中间颗粒骨料少时，可形成间断级配的骨架密实结构。在其他材料的比例确定的情况下，沥青混凝土中矿粉的含量过低时，矿料与沥青相互作用的比表面积减少，也会导致强度与稳定性降低；反之，矿粉含量过多，影响沥青混凝土的施工和易性，特别是降低了高温稳定性。因此，正确设计沥青混凝土的组成是保证沥青混凝土技术质量的重要一环。

沥青混凝土的配比设计包括两大部分：首先选择矿料的颗粒组成符合级配规范要求，即石料、砂、矿粉应有适当的比例；然后确定矿粉与沥青用量比例，即最佳沥青用量。在确定矿粉配合比例后，通过稳定性、流值、空隙率、饱和度等试验数值选择出最佳沥青用量。

一、选择矿粉配合比

以沥青混凝土混合料的矿料级配范围为标准，根据沥青材料的情况及使用要求可以选择Ⅰ或Ⅱ型级配范围，采用试算法确定矿料配合比例。

根据矿料最大粒径尺寸确定级配曲线范围，以此范围的中间值为标准，与各级矿料筛分结果对照，按每种矿料在某个筛孔尺寸的级配范围内起决定作用的数据初步估算配合比。如设计的配合比通过计算均在要求级配范围内，证明设计合理；如果超出级配允许的范围内，则需调整矿料用量百分比，重新计算，直至符合要求为止。

二、确定沥青最佳用量

以矿料（粗、细骨料和矿粉填料）总量为100，沥青用量按其占矿粉总质量的百分率计。对一定级配的矿料而言，沥青用量就成为唯一的配比参数。为了确定级配，对一组级配的矿料按0.5%的间隔选取4~5组沥青用量，在实验室初步配制混合料，以相同的成型方法制作沥青混凝土试件，测定各组试件的马歇尔稳定度、流值、饱和度、表观密度和空隙率，记录试验结果，见表10-1。选取指标满足要求又比较经济合理的沥青用量作为最佳沥青用量。

表 10-1 不同沥青用量的混凝土性能指标测试结果

测定指标	满足要求○，不满足要求×					
空隙率	×	×	○	○	○	○
稳定度	×	×	○	○	×	×
流值	×	×	○	○	○	○
沥青用量/%	6.5	7.0	7.5	8.0	8.5	9.0

根据试验结果，沥青用量为 7.5% 或 8.0% 均满足设计要求，取 7.5% 为最佳沥青用量。

三、配比验证试验，确定实验室配比

再根据设计规定的各项技术指标要求（如水稳定系数、热稳定系数、渗透系数以及低温抗裂性、强度、柔性等）对初步选定的配比进行检验，如均能满足设计要求，则可确定为实验室配合比。

四、现场铺筑试验，确定施工配比

实验室配比必须经过现场试铺加以检验，必要时做出相应的调整。最后选定技术性能符合设计要求，又保证施工质量的配合比，即施工配比。

第五节　沥青混凝土的施工

沥青混凝土通常在工厂集中拌制，在公路建设中也可采用移动式拌和机拌制。当路面维修用量较少时，也可在公路上用移动式龟形炉拌和。

一、厂拌沥青混凝土的制备工艺

（1）选择拌制设备，从拌制设备上保证厂拌沥青的质量。对于以拌和机为中心的沥青拌和厂，沥青混凝土拌和机的性能是保证生产能力是一个主要方面，要保证拌和楼的生产能力与工程规模相互匹配，拌和楼必须具备全过程自动控制，能够分析数据，核定生产量，能够进行拌和质量分析，最好具备匹配的二级除尘装置。选好了拌和机，再优选沥青加热设备、矿粉的外加剂添加设备及装载机等附属设备，从它们的性能和供需能力上确保与拌和机配套，以满足拌和机生产要求为准。

（2）选择原材料，确保原材料质量。首先抓骨料检验，从加工性、结构性两大指标进行落实。粗骨料要注重颗粒尺寸、形状、松软质和黏附性指标。要保证粗骨料筛分级配变异小，保证石料软弱颗粒、白云石、长石的含量控制在合理范围内。细骨料应注重砂当量（或 0.075 含量）和黏附性等指标。砂石进场后及时搭棚防雨、防晒。所有骨料分级存放，不得串混。沥青原材料应从黏度等指标着手，确保沥青指标优良，符合设计要求。

（3）在拌制工艺上保证成品质量。按照组成设计的配合比将各种砂石料按照质量（或体积）搭配起来，打成堆子，用冷料升运带送到加热滚筒内加热。

（4）砂石料在加热滚筒内烘干，并加热到要求的温度。砂石料的加热温度根据沥青的种类、混合料的品种以及施工温度等因素决定。

（5）砂石料加热后再用热料升运带送到拌和机顶上的筛液筒内过筛，分别筛入大、中、小 3 个仓内，再分别称出每盘拌和料所需各种大小的砂石料质量放入总仓内储存。

（6）与在准备砂石料的同时，将沥青熔池内的沥青用蒸汽加热到要求的温度。沥青的加热温度根据沥青种类、混合料类型和施工温度等因素决定。

（7）将总仓内的砂石料放入拌和机，开动拌和机，将矿料先干拌 30s，再将沥青容器内的沥青按要求数量放入，最后放入矿粉，搅拌 1min，使沥青完全包裹矿质混合料。

拌好后开启拌和机下面的活动铁门，混合料即卸入预先停放在下面的自动倾卸汽车上，用帆布盖好，运往工地铺筑。图 10-4 为厂拌沥青混凝土拌制工艺流程示意图。

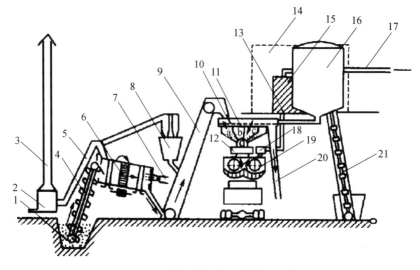

图 10-4　厂拌沥青混凝土拌制工艺流程

1—料坑；2—泡沫除尘器；3—烟囱；4—冷料升送机；5—烟道；6—干燥转筒；7—火焰喷射器；
8—四管除尘器；9—热料升送机；10—振动筛；11—集料斗（a—小仓，b—中仓，c—大仓，d—总仓）；
12—称料斗；13—螺旋送粉器；14—操纵室；15—沥青仓（容量 3t）；16—石粉仓（容量 50t）；
17—热沥青输送管道；18—沥青称料斗；19—拌和机；20—大石块卸料管；21—石粉升送机

二、沥青混凝土现场铺筑施工工艺

（一）现场铺筑前的准备

现场施工前，先进行上一道工序的验收，进行高程测量、沉降稳定检验等检查验收工作。检查下封层的完整性，清理基层表面污染、杂物，进行水冲洗。水冲洗后要持续一定时间，确保施工时基层干燥。

（二）混合料的运输

运输过程中车辆的安排必须满足运力的要求，车辆载质量应大于 15t，运料前打扫干净车槽，并涂 1：3 油水混合液，车槽侧面打温度检查孔，备有盖成品混合料的油毡布。在混合料装车时指挥驾驶人员前后移动车辆，分 3 堆装料以减少混合料离析，在沥青混凝土摊铺时，运输车辆要在离摊铺机 30cm 处停车，停车时不能撞击摊铺机。

（三）混合料的摊铺

现场工程人员要懂得摊铺机的主要构造并能做出相应的调整。摊铺机应具有受料系统、输送-布料系统、压实-平整系统、行走系统和操纵控制系统等。摊铺机应能在规定的自卸车配合受料状态下以各种作业组合状态铺筑沥青混合料路面层。供料系统的受料斗空板不能每 1 车料收 1 次，要利用刮板输送器和料斗阀门控制好进入摊铺室的供料量，布料高度一般占 2/3，并确保沿螺旋全长布料一致。要选择合适的料斗阀门开度，使其与供料速度恰当配合，进而达到刮板输料器连续均匀地供料。在压实-平整系统中，如果振捣梁预先捣实、熨平装置整面熨平，则密实度低；如果振捣熨平装置同时进行振实整面熨平，则密实度也低；要利用摊铺机自动找平系统调平路拱；要及时调整熨平板和拱度等结构参数，确定松铺系数，调整布料高度、夯锤频率及供料系统。

摊铺速度一般不得小于 1.5m/min，以确保碾压温度不至于降低至低于完成碾压充分的时间（即在 80℃ 以前的时间），如摊铺速度过快，则混合料疏度不均、预压密度不一，表面出现拉沟，造成预压效果较差。所以上层摊铺速度最好不超过 3m/min，中下层不超过 4m/min。在摊铺时要恒定连续，不能时停时开，防止混合料冷凝及产生台阶状不平。

（四）碾压

常用的压实机械有静压、轮胎、振动 3 种。碾压分初压、复压和终压 3 种。初压要求平整、稳定；复压要求密实、稳定、成型；终压要求消除轮迹。初压用双驱双钢轮 7～10t 静压；复压要求提高密实度并揉压以减少表面细裂纹和孔隙，根据其具体要求一般采用 11～13t 振动和 20～25t 轮胎，25t 轮胎施工能达到密实度 95%，振动设备施工则能达到 96%～98%；终压采用宽幅钢轮 2～2.2m、重 16t 的碾压设备。碾压要掌握好碾压时间，碾压有效时间是从开始摊铺到温度下降到 80℃ 之间的时间，混合料开始摊铺后；温度下降最快，每分钟 4～5℃，所以在摊铺开始后要紧跟摊铺机作业，争取有足够的压实时间。施工中往轮碾上洒水时要注意控制喷洒量，以防降低混合料温度，要采用雾状喷洒器。

（五）接缝处理

由于机械修整等多种原因，沥青混合料的铺筑必然会产生接缝，而接缝的处理好坏将直接影响路面平整度、行车的舒适性。接缝也是路面整个平整度最薄弱的环节，所以必须仔细、认真对待。在组织施工时，应尽可能避免产生过多的接缝。

在前一工作段施工结束时，摊铺机可将混合料铺完，并向前驶出 10～20m，人工稍作修整即可碾压，碾压完毕后，及时检测平整度和标高，在符合要求的断面上沿中线的法线方向将不合格部分切除并清理干净。下一段摊铺时，将熨平板置于接缝端部即可初步摊铺，待摊铺机正常摊铺后，在接缝处用人工修出比前一段高出 3～5mm 的台阶即可碾压。

横缝可用双轮双振压路机横向碾压，碾压时将压路机位于已压完的混凝土层上，深入新铺层的宽度为 15～20cm，然后逐层横移，直至整个钢轮全部进入新铺层，最后改纵向碾压。

第六节　沥青混凝土的应用

沥青混凝土主要应用于道路路面和水工结构物，不同的用途对它的性能要求也不完全相同。在水工结构物中，沥青混凝土主要用于防水、防渗及排水层材料，所以要求具有较高的防水性能，表面比较光滑，连续性好，不容易开裂；而用于道路路面的沥青混凝土则应在车辆荷载作用下，具有较强的强度、耐磨性和防滑能力、承受冲击荷载和耐疲劳的性能及耐久性，以保证长期荷载作用下路面完好，而对于不透水性并没有严格的要求，有时还需要有一定的透水能力。

课程思政：传承前辈精神，做社会主义合格接班人

港珠澳大桥是中国境内一座连接香港、广东珠海和澳门的桥隧工程，桥隧全长55km，其中主桥29.6km、香港口岸至珠澳口岸41.6km；桥面为双向六车道高速公路，设计速度100km/h；工程项目总投资额1269亿元。港珠澳大桥作为一个国家装备制造业、材料业的代表，集成了前端设计、材料、工程、装备等一系列产业链，代表了中国制造的集成实力。为了达成120年使用寿命的标准，工程对质量和细节的追求也达到了前所未有的程度。

港珠澳大桥创下了多个"首次""之最"，它是世界上首座跨三个行政司法管辖区、三个关税区的桥梁，是世界最长的跨海大桥、世界最大规模钢桥面铺装工程、世界唯一深埋沉管隧道，在世界上首创大圆筒快速成岛技术、世界首次采用半刚性沉管隧道结构体系、世界首次完成沉管隧道曲线管节预制、世界首创主动式压接沉管隧道最终接头技术、国内首次采用GMA浇注式沥青技术等。

在港珠澳大桥建设者朱永灵看来，港珠澳大桥的成功，源于全体建设者坚定的信念和强健的身体；团队的奉献精神和牺牲精神、包容精神和团队精神、敬业精神和工匠精神。

当代大学生应当传承这种精神，为实现中华民族的伟大复兴做出自己的贡献。

思考题：

1. 什么是沥青混凝土？沥青混凝土都有哪些种类？
2. 沥青混凝土的优缺点都有哪些？
3. 沥青混凝土的结构类型有哪几种？各种结构类型的沥青混凝土各有什么特点？
4. 影响沥青混凝土强度的因素有哪些？
5. 简述沥青混凝土的性能及其影响因素。

参考文献

[1] 李继业，刘经强，徐羽白．特殊材料新型混凝土技术［M］．北京：化学工业出版社，2007．

[2] 朱宏军，程海丽，姜德民．特种混凝土和新型混凝土［M］．北京：化学工业出版社，2004．

[3] 张君，阎培渝，覃维祖．建筑材料［M］．北京：清华大学出版社，2008．

[4] 苏达根．土木工程材料［M］．4版．北京：高等教育出版社，2019．

[5] 申爱琴．道路工程材料［M］．2版．北京：人民交通出版社，2016．

[6] 中华人民共和国交通运输部．JTG E 20—2011 公路工程沥青及沥青混合料试验规程［S］．北京：人民交通出版社，2011．

[7] 中华人民共和国交通部．JTG F 40—2004 公路沥青路面施工技术规范［S］．北京：人民交通出版社，2005．

第十一章

补偿收缩混凝土

第一节 概　　述

补偿收缩混凝土是一种适度膨胀的混凝土，利用产生的膨胀来抵消混凝土由于干燥、温变以及荷载等作用引起的全部或大部分收缩，因此，可避免或大大减轻混凝土的开裂。此外，补偿收缩混凝土还具有良好的抗渗性和较高的强度，是一种比较理想的结构抗渗材料。

有关膨胀混凝土的补偿收缩机理，各国学者都提出了不同的看法，但混凝土抗裂性是一个综合指标，它与混凝土的抗拉强度、极限延伸率、弹性模量和收缩等均有关。

配制补偿收缩混凝土既可用普通骨料，也可用轻质骨料；补偿收缩混凝土既可用于现浇的混凝土结构，也可用于预制构件和装配整体式结构。由于其具有抗裂性好、抗渗性好及早期强度高等特点，广泛用于地下建筑、液气贮罐、屋面、楼地面、路面、机场、接缝和接头中。随着建筑业的发展，补偿收缩混凝土的应用范围还会不断扩大，将来在许多方面会取代普通水泥混凝土。

第二节　补偿收缩混凝土的原料组成

一、水泥

补偿收缩混凝土中的主要材料，水泥的掺加量对于膨胀率影响很大，在配置混凝土过程中，必须严格控制水泥称量的准确性，误差不超过 1％，并且所用水泥均应符合设计要求以及现行的国家标准。为了保证补偿收缩作用的发挥，混凝土中水泥的用量不少于 $280kg/m^3$，水泥的风化程度对膨胀率有显著影响，在正常情况下，储存期不超过90d，对超期水泥，需通过膨胀率试验后才能使用。

二、膨胀剂

选择膨胀剂以限制膨胀率作为主要控制指标，不同厂家、不同类别的产品存在质量差异。因此，有必要对产品进行复核。

膨胀剂的品种和性能应符合现行行业标准的规定，膨胀剂应单独存放，防止受潮，当膨胀剂在存放过程中发生结块、膨胀现象时，应进行品质复验。在配置混凝土过程中如直接掺入膨胀剂，对膨胀剂的称量应当严格控制，误差不超过 0.5％。同时，要求膨胀剂掺量不宜大于 12%，不宜小于 6%。

三、外加剂和矿物掺和料

化学外加剂对补偿收缩混凝土的新拌状态和硬化后性质的影响与普通混凝土的情况大致相同，不宜选用收缩率比偏大的化学外加剂，早强剂、防冻剂会使膨胀性质产生差别，使用时应该予以注意。

对补偿收缩混凝土，高钙粉煤灰中的游离氧化钙对体积稳定性具有很大的不确定性，无法控制其膨胀，故谨慎使用。

对硅粉、沸石粉、石灰石粉、高岭土粉等掺和料，对发泡剂、速凝剂、水下不分散混凝土外加剂等外加剂，与膨胀剂共同使用时应在使用前进行试验、论证。

四、骨料

与一般混凝土相同，在混凝土中起骨架或填充作用的粒状松散材料。分粗骨料和细骨料。粗骨料指卵石、碎石等；细骨料指天然砂、人工砂等。

第三节 补偿收缩混凝土的性能

一、膨胀特性

图 11-1 为补偿收缩混凝土的膨胀特性。理想的补偿收缩混凝土，伴随着空气中养护龄期的增加收缩变形应该为零，但实际的补偿收缩混凝土，在保持干燥条件时，仍然显示了收缩。

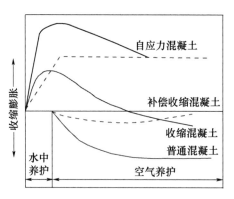

图 11-1　补偿收缩混凝土的膨胀收缩特性

（一）限制膨胀率

限制膨胀率是补偿收缩混凝土最为重要的性能。在采用"试验-估算"法进行补偿收缩混凝土设计时，为了使其能符合设计要求，通常需要作一些试验和调整，因此需了解影响其限制膨胀率的因素。

根据有关试验资料介绍，影响补偿收缩混凝土限制膨胀率的因素很多，诸如膨胀剂的种类（性质及化学成分）和掺量、约束条件和配筋率、水泥种类和质量、骨料性质、配合比、养护条件等。其中影响最大的是前两者：膨胀剂掺量越大，则水中养护时的限制膨胀率明显增大；在无约束状态下具有最大的膨胀，随着约束钢筋比的增大，其膨胀量相应减小。

（二）自由膨胀率

自由膨胀率对限制膨胀率有一定影响，一般 $\frac{\varepsilon_1}{\varepsilon_2}=2\sim10$，视水泥种类、限制程度和龄期等而变化。

自由膨胀率太大时，混凝土的强度和耐久性会显著降低，在钢筋混凝土中甚至会使钢筋保护层脱落。所以，为了保证补偿收缩混凝土的性能，应对自由膨胀率加以适当的控制。

影响自由膨胀率的因素很多，有水泥与骨料种类、水泥用量、膨胀剂掺量、养护条件及拌和方法等。随着膨胀剂使用量的增加，与水灰比无关的自由膨胀率极大地增加；膨胀剂掺量越大，则水中养护时的膨胀率明显增大；自由膨胀率随水泥的强度而显著不同。

二、力学性质

（一）强度

补偿收缩混凝土的强度，不像普通混凝土那样仅受水灰比的支配，还受膨胀率的支配。其规律是增加膨胀剂的使用量而增大膨胀率，则强度和其他力学性能都要下降。

补偿收缩混凝土的强度均能超过 20.0MPa。普通混凝土的水灰比法则也同样适用补偿收缩混凝土。表 11-1 是美国土木学会（ACI）提出的强度与水灰比的大致关系。

表 11-1　补偿收缩混凝土强度与水灰比的关系

抗压强度 f_{c28}/MPa	水灰比		抗压强度/MPa	水灰比	
	不加气	加气	—	不加气	加气
42	0.42～0.45	—	28	0.60～0.63	0.50～053
35	0.51～0.53	0.42～0.44	21	0.71～0.75	0.62～0.65

我国常用的明矾石膨胀水泥混凝土，当水灰比为 0.52、水泥用量为 $350kg/m^3$ 时，28d 抗压强度大于 30.0MPa，6 月强度为 28d 强度的 150%。在限制条件下，强度还能增加 10%。

强度与膨胀率之间存在着矛盾。当自由膨胀率超过 0.1% 时，强度即有明显下降，如图 11-2 所示。

（二）收缩与徐变

膨胀结束后的收缩与徐变值，与普通混凝土相似。但是在限制条件下，干缩略低于普通混凝土。

（三）握裹力、弹性模量与泊松比

黏结力及与钢筋的握裹力，与同强度等级的普通混凝土相近或偏高。弹性模量与泊松比，当膨胀率不大时与普通混凝土相近。

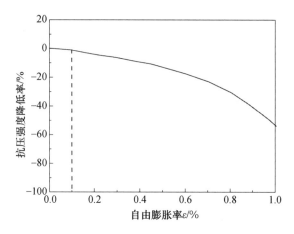

图 11-2　抗压强度与自由膨胀率的关系

三、施工和易性

补偿收缩混凝土的需水量较大，拌和物有较大的黏性，所以不泌水，不易离析，泵送性能较好，但坍落度损失较大。

四、耐久性

（一）抗渗性与抗冻性

在限制条件下，抗渗性及抗冻性均优于普通混凝土。加气剂的影响与普通混凝土相同。

（二）抗硫酸盐性

如补偿收缩混凝有抗硫酸盐性要求，可选用铝酸三钙（C_3A）低的熟料，并注意限制条件，以提高密实性。

（三）钢筋锈蚀

以硅酸盐水泥熟料为主要组合的补偿收缩混凝土，如明矾石膨胀水泥混凝土、硅酸盐自应力水泥混凝土等，由于碱度较高，钢筋在其中无产生锈蚀的危险。碱度较低的补偿收缩混凝土，如果膨胀率较小，在限制条件下密实性较好，锈蚀也较轻微。如果膨胀率较大，尤其是当钢筋保护混凝土强度和密实性下降较多时，将引起钢筋的严重锈蚀。

第四节　补偿收缩混凝土的配合比设计及施工

在进行补偿收缩混凝土的配合比设计时，除遵循 JGJ 55—2011《普通混凝土配合比设计规程》、JGJ/T 178—2009《补偿收缩混凝土应用技术规程》进行常规的试验外，还应增加对混凝土的限制膨胀率的设计、测试。

一、补偿收缩混凝土配合比设计原则

研究表明，在固定膨胀剂掺量的情况下，混凝土的限制膨胀率远小于砂浆的限制膨胀率，而砂浆的限制膨胀率又远小于净浆的限制膨胀率，这是因为影响混凝土的限制膨胀率的

因素远多于砂浆净浆。除砂、石、水泥品种、水灰比、砂率等对混凝土的限制膨胀率有影响外，如膨胀剂的掺量、外加剂、混凝土塌落度、混凝土凝结时间、混凝土强度等级及每立方米混凝土中水泥的用量、粉煤灰掺量等，也对混凝土的限制膨胀率产生显著的作用。

（一）总则

补偿收缩混凝土所用材料如水泥、砂、石、掺和料、外加剂（膨胀剂、减水剂、泵送剂等）均应符合国家现行的有关标准和规定，不得掺加早强剂。

（二）水泥

应选用低水化热的水泥。一个工程宜采用同一种类的水泥、同一水泥厂的水泥，并需提供水泥原材料常规项目质量检验报告（含安定性）。确定水泥品种后，应提供《混凝土外加剂对水泥的适应性》的检验报告。

（三）粗细骨料

应选用含泥量小的优质砂石料，并需提供所用优质砂、石料原材料的常规项目质量检验报告。

细骨料用的砂子须采用级配良好的天然河砂（中砂），含泥量≤2.0%（按质量计），泥块含量≤1.0%（按质量计）；

粗骨料选用粒径为5～25mm的石子必须清除所含粉末，以卵石为佳，其含泥量≤1.0%（按质量计），泥块含量≤0.5%（按质量计）。

（四）膨胀剂

（1）膨胀剂应选择低碱、高效的膨胀剂，并根据限制膨胀率测试比较确定，且7d的混凝土抗压强度应≤70%设计强度。膨胀率高，但干空的收缩率也很大，存在膨胀与收缩"落差"太大的膨胀剂应避免使用。

（2）膨胀剂掺量：膨胀剂掺量不足或膨胀剂的膨胀率偏低时，其产生的少量的钙矾石晶体仅起填充混凝土的毛细孔的作用，即提高了混凝土的抗渗性。所产生的微膨胀非常小，补偿收缩混凝土收缩的能力远远不够，混凝土剩余的收缩变形远大于混凝土的极限延伸率。只有生成较多的钙矾石晶体产物时，混凝土才会产生良好的微膨胀性。膨胀剂掺量越低，混凝土的限制膨胀率越小。提高膨胀剂的掺量能显著提高混凝土的膨胀率。因此，应根据所配制的混凝土的限制膨胀率的大小来确定膨胀剂的掺量。

（3）当膨胀剂与其他外加剂复合使用时，应注意其相容性及对混凝土性能的影响，使用前应进行试验，在满足要求后方可使用。

（五）减水剂

工程混凝土中使用的减水剂除质量应符合国家相关标准和要求。实际施工中，当坍落度损失后不能满足施工要求时，应加入原水灰比的水泥浆或二次掺加减水剂，严禁任意加水。

（六）混凝土坍落度

混凝土的坍落度越大，在同一膨胀剂掺量下，混凝土的限制膨胀越小。故采用泵送混凝土时，要配制抗裂性好的补偿收缩混凝土，应提高膨胀的掺量。

（七）混凝土凝结时间

混凝土的凝结时间太短，水泥的水化反应较快，混凝土的早期收缩现象较明显，混凝土的凝结时间太长，膨胀剂的膨胀能大部分消耗在塑性阶段。掺膨胀剂的混凝土的凝结时间宜控制在 10～20h 的范围内，一般厚度的构件采用下限，大体积混凝土采用上限。

（八）混凝土强度等级和每方混凝土中的水泥用量

纵观混凝土的裂缝情况，低强度等级的混凝土开裂较轻，高强度等级的混凝土开裂较严重。混凝土强度等级越高，每方混凝土中的水泥用量越大，混凝土的收缩越大，因此，必须相应提高膨胀剂的掺量。

（九）掺和料

为控制混凝土抗裂防渗能力，减少混凝土水化热，还应掺加粉煤灰、矿粉等掺和料，掺量由试验定，通过试验确定混凝土的配合比。应提供粉煤灰、矿粉原材料常规项目质量检验报告。

在混凝土中掺加适量的粉煤灰，可明显改善混凝土的和易性，降低大体积混凝土的水化热，控制混凝土的温差收缩应力。但粉煤灰对混凝土干缩率的影响目前还没有统一的观点，有学者认为粉煤灰增大混凝土的干缩率，有学者认为基本无影响。无论粉煤灰是增大还是不影响混凝土的干缩率，它对掺膨胀剂的混凝土的膨胀率都是有影响的。在配制补偿收缩混凝土时，应把粉煤灰的量计入胶凝材料，即计算膨胀剂掺量时，应把粉煤灰的量一并加到水泥中计算。否则，混凝土的限制膨胀率明显偏低。因此，在配制补偿收缩混凝土配合比时，应增加混凝土限制膨胀率的检测项目，对混凝土是否具有微膨胀性进行实际检测。只有这样，才能更好地用补偿收缩混凝土来控制混凝土的裂缝。同时，在进行补偿收缩混凝土配合比设计时，膨胀剂的掺量要根据所要求的限制膨胀率进行确定。

二、补偿收缩混凝土的施工及养护方法

在施工过程中，应严格控制混凝土的原材料质量和用量，严格按混凝土的配合比拌制混凝土。混凝土的坍落度要控制好，泵送混凝土的入模坍落度不宜超过 200mm。为防止或减少混凝土表面的龟裂现象，应重视混凝土表面的二次抹压工作。抹压的次数和时间要掌握好，可有效地减少混凝土表面的龟裂现象。

补偿收缩混凝土的养护工作很重要。特别是一些大体积混凝土，掺加膨胀剂后，应严格控制混凝土的降温速率和混凝土的内外温差，做好养护工作。如果养护不好，补偿收缩混凝土会与普通混凝土一样，产生裂缝。因此，可以对模板保持延长留置，并采取在水平施工缝上浇水，对混凝土实施养护，模板的留置时间一般要求不得低于 7d。采取这种养护方式不仅降低了混凝土的水分散发的速度，在保证了墙体混凝土有一个稳定的湿度环境，可以有效地控制混凝土产生裂缝。

第五节　补偿收缩混凝土的应用

补偿收缩混凝土的用途主要有两方面：做混凝土的补偿收缩；填充砂浆或混凝土用。

一、补偿收缩

补偿收缩混凝土的目的是防止裂缝。即在短龄期混凝土强度较小时使用，使混凝土膨胀，不产生拉应力；即使在长龄期时混凝土产生干缩，也比普通混凝土的干缩值要小，从而防止混凝土产生裂缝，同时其抗渗性、耐久性也获得改善，有时可以省去其他

防水措施。

这种以防止产生裂缝为主要目的的混凝土，目前主要用于防裂要求较高的建筑物（如原子能发电及防射线混凝土结构），特别是建筑物的屋面板中，或用在高架桥或桥梁的板面、停车场板面、道路路面、水道等。结构物本身要求防水性强，在充分进行养护条件下，均可运用这种混凝土，例如水槽、游泳池、贮水池、地下结构物等。

二、填充砂浆、混凝土

在设计上不考虑预应力值，而是用膨胀力提高两端或周边的混凝土、钢材、岩基的黏结强度，这就是膨胀砂浆及混凝土的用途。基于此，过去一般采用铁粉系膨胀材料，而目前膨胀水泥也是较适用的。

作为填充砂浆、混凝土的应用有很多，大规模使用场合如钢筋混凝土的衬里；特殊应用如海底基础桩的固定等。其他还有水中浇筑的钢管桩和型钢的接头以及地下结构物的倒衬砌法。

三、补偿收缩混凝土应用案例

（一）杭州某广场商业办公用房项目

项目介绍：该项目是杭州市浙商回归投资的重点项目之一。总建筑面积 $326000m^2$，其中地上 $184000m^2$，地下 $142000m^2$；其整体地下室双向超长（总长度达 446～449m），宽度（西端37m→中段78m→东端138m）；超深（地下5层，平均深度达20.8m）、总面积大（地下室总面积达14.2万 m^2），且采用整体地下室双向超长钢筋混凝土无缝设计，其整体地下室不设置永久变形缝，地下共5层，墙厚为600mm，外墙板周长约1080m，仅设4条宽800mm的竖向后浇带，其结构长度远超现行规范限值；混凝土设计强度：－1F～－2F层外墙为C30P6；－3F～－5F外墙为C30P8；后浇带为C35P8；底板为1200mm厚（C30P8混凝土）板式结构；地下室结构混凝土总工程量约12万 m^3。地下室底板、墙板及顶板均采用（按60d的强度指标进行配合比设计）补偿收缩混凝土；补偿收缩混凝土水中14d的限制膨胀率为 2.0×10^{-4}～2.3×10^{-4}；填充用膨胀混凝土水中14d的限制膨胀率为 2.5×10^{-4}～3.0×10^{-4}；限制干缩率（水中14d，空气中28d）均应≤3.0×10^{-4}。

本案例项目地下室超长墙体结构混凝土施工配合比见表11-2。

表 11-2　地下室超长墙体结构混凝土施工配合比

设计强度	水胶比	砂率/%	坍落度/mm	水泥	水	外加剂	砂	碎石	矿粉	粉煤灰	膨胀剂HEA	抗裂纤维
C30P6	0.48	42.8	140±30	287	190	9.10	741	990	44	32	30	1
C30P8	0.49	42.8	140±30	281	190	9.10	740	990	43	32	36	1
C35P8	0.43	42.5	130±20	294	187	10.10	720	973	54	50	40	1
备注	C30P6 用于－1F～－2F层外墙；C30P8 用于－3F～－5F外墙；C35P8 用于地下室后浇带											

表 11-2 的内容说明如下：

（1）C30P6（按60d的强度指标进行配合比设计），补偿收缩混凝土中膨胀剂的替换量为8%；补偿收缩混凝土水中14d的限制膨胀率为 2.1×10^{-4}；限制干缩率（水中

14d，空气中 28d）为 0.7×10^{-4}；水胶比（水与水泥、掺和料和膨胀剂的比）为 0.48。

（2）C30P8（按 60d 的强度指标进行配合比设计），补偿收缩混凝土中膨胀剂的替换量为 10%；补偿收缩混凝土水中 14d 的限制膨胀率为 2.2×10^{-4}；限制干缩率（水中 14d，空气中 28d）为 0.7×10^{-4}；水胶比（水与水泥、掺和料和膨胀剂的比）为 0.49。

（3）C35P8（按 60d 的强度指标进行配合比设计），补偿收缩混凝土中膨胀剂的替换量为 10%；补偿收缩混凝土水中 14d 的限制膨胀率为 2.6×10^{-4}；限制干缩率（水中 14d，空气中 28d）为 0.5×10^{-4}；水胶比（水与水泥、掺和料和膨胀剂的比）为 0.43。

（二）赣江二桥项目

赣江二桥项目位于江西省樟树市，主桥为宝瓶形双塔双索面钢筋混凝土索塔斜拉桥，引桥为 50m 左右及 30m 跨度的预应力混凝土连续梁桥，匝道桥为 25m 跨的钢筋混凝土连续梁桥。结合梁主梁预制桥面板间设置现浇混凝土接缝接头连接，现浇接缝混凝土采用补偿收缩混凝土，设计限制膨胀率为 0.020%。其配合比见表 11-3。

表 11-3　现浇接缝补偿收缩混凝土配合比

水胶比	水中 14d 限制膨胀率/%	水泥/kg	砂/kg	4.75～9.5mm 碎石/kg	9.5～19mm 碎石/kg	水/kg	粉煤灰/kg	膨胀剂/kg	外加剂/kg	坍落度/mm
0.38	0.029	455	609	453	679	155	55	44	5.54	160
0.31	0.027	410	646	460	689	155	50	40	5.00	165
0.34	0.025	376	679	463	694	155	46	37	4.59	170

（三）新疆医科大学新校区

新疆医科大学新校区校址位于乌鲁木齐市水磨沟区苏州路东延以南、东二环路以东一片开阔的山坳丘陵地带；新校区建设规划占地 1900 亩①，总建筑面积 74 万 m^2，总投资达 40.76 亿元。校区部分楼体结构采用补偿收缩混凝土，补偿收缩混凝土具有一定的预应力，可以改善混凝土的内部应力状态，提高混凝土的抗裂能力，并且同时具有良好的抗渗透性及力学性能（图 11-3）。

图 11-3　补偿收缩混凝土应用案例

---

① 1 亩≈667m^2。

课程思政：不忘初心，坚守本心

补偿收缩混凝土在施工中遇到雨、雪、冰雹时，工人们在顶着风雪作业的同时，心中依旧紧记要留施工缝，并立即用塑料薄膜对新浇混凝土部分进行覆盖；在风雪后继续施工时，先在出现已硬化的混凝土上方铺设 30～50mm 厚的同配合比无粗骨料的膨胀水泥砂浆，再浇筑。正是有这些认认真真、尽职尽责、兢兢业业的劳动者，才有今天众多像新疆医科大学新校区这种抗裂建筑，为学子、为成千上万的家庭、为社会提供了安全保障。因而，作为当代大学生，学习上有问题一定要钻研到底，工作上认真对待每一个任务，力求做到最好，同时在成功之后能够不忘初心，坚守本心。

思考题：

1. 结合所学知识说明应用补偿收缩混凝土的目的是什么？

2. 结合所学知识，概括补偿收缩混凝土的特性。

3. 补偿收缩混凝土主要掺入的外加剂是什么？膨胀剂的作用是什么？

4. 请解释补偿收缩混凝土的施工为何必须严格控制水泥和膨胀剂的称量准确性？

5. 结合补偿收缩混凝土的性能解释，为何补偿收缩混凝土代替后浇带的无缝施工技术能防止混凝土构件产生裂缝？

参考文献

[1] 李茂楠. 补偿收缩混凝土在桥梁合龙段的应用 [J]. 工程机械与维修，2021 (3)：268-270.

[2] 周孝军，庞帅，丁庆军，等. 自密实补偿收缩高强钢管混凝土的制备及应用 [J]. 混凝土与水泥制品，2021 (6)：25-29.

[3] 何庆旭. 补偿收缩混凝土技术在缩短超长结构施工中的应用 [J]. 工程技术研究，2021，6 (6)：80-81.

[4] 梁宇，王大永，谢丽霞，等. 补偿收缩混凝土在地铁车站装配式结构中的应用研究 [J]. 中国港湾建设，2020，40 (9)：67-70.

[5] 张畅. 磷石膏与菱镁矿尾矿粉对砂浆及混凝土收缩性能的影响 [D]. 长春：吉林建筑大学，2020.

[6] 张世伟. 双膨胀源补偿收缩混凝土抗裂性能研究 [D]. 郑州：郑州大学，2020.

[7] 梁剑. 补偿收缩混凝土在环保电站垃圾池中的应用与研究 [J]. 中国水能及电气化，2020 (2)：55-58.

[8] SHI W Z, NAJIMI M, SHAFEI B. Chloride penetration in shrinkage-compensating cement concretes [J]. Cement and Concrete Composites，2020，113：103656.

[9] SHI W Z, SHAFEI B, LIU Z, et al. Early-age performance of longitudinal bridge joints made with shrinkage-compensating cement concrete [J]. Engineering Structures，2019，197：109391

[10] 唐苏滇，王德民，钱晋玉，等. 补偿收缩混凝土在某地下工程超长无缝施工技术中的应用 [J]. 新型建筑材料，2019，46 (5)：120-123＋160.

[11] 曹润倬. 胶凝材料组成及温湿度影响下补偿收缩混凝土性能研究 [D]. 兰州：兰州理工大学，2019.

［12］Qosai Sahib Radi Marshdi，Ahlam Hamid Jasim，Haider Abass Obeed. Effect of Dolomite as Expansive Agent and Shrinkage Reducing Admixture in Self-Compacting Shrinkage-Compensating Concrete ［J］. Journal of University of Babylon，2018，26（5）：1-8.

［13］陈莉 . C30 补偿收缩混凝土配合比设计及质量控制 ［J］. 四川水泥，2018（1）：67.

［14］曾亮 . 补偿收缩混凝土在某地下工程中的应用 ［J］. 四川水泥，2017（12）：271-272.

［15］陈丽 . 公路桥面补偿收缩混凝土配合比设计 ［J］. 工程质量，2018，36（4）：74-77.

［16］樊桂明，王熙杰，孙春晓，等 . 浅谈地下室超长墙体补偿收缩混凝土配合比的优化与应用实践 ［J］. 浙江建筑，2016，33（11）：42-45.

第十二章

喷射混凝土

第一节 概 述

喷射混凝土（jet concrete）是将胶凝材料、骨料等按一定比例拌制的混凝土拌和物送入喷射设备，借助压缩空气或其他动力输送，高速喷至受喷面所形成的一种混凝土。

喷射混凝土最早起源于喷射砂浆技术。早在 1907 年，美国某地区喷枪公司完成了第一批喷射砂浆工程。1914 年，德国托克雷特公司将喷射水泥砂浆通过生产的水泥喷枪喷射，用于地下矿井巷道支护工程。随着锚喷支护的不断发展，喷射混凝土被大量应用于隧道工程。在应用过程中水泥凝结硬化速度慢，黏结力不够，隧道早期刚度低导致塌方等问题逐渐暴露，喷射混凝土的发展遭遇到了瓶颈，停滞不前。随着研究的深入，速凝剂被研发出来，大大缩短了喷射混凝土的凝结时间，早期强度大幅度提升。20 世纪四五十年代，喷射混凝土技术得到飞速发展。德国、美国、瑞士等国家相继研发出了喷射机械，喷射机械的发展加快了喷射混凝土的施工进度，同时速凝剂的快速发展，提高了混凝土的喷射厚度，降低了回弹率。

我国喷射混凝土技术的研究发展相比国外要晚。直到 20 世纪 60 年代，水利和冶金工业部门才开始对地下喷射混凝土支护技术及喷射机械展开研究。1965 年，我国首次运用喷射混凝土支护技术建成了鞍钢弓长岭铁矿，并取得了较好的效果。20 世纪 70 年代以后，国内加快了喷射混凝土支护技术的研发，加强了国际喷射混凝土学术交流，在研究方面取得了重大突破。煤炭科学研究总院和中冶建筑研究总院有限公司先后研发出了低碱和无碱速凝剂，减少了喷射施工中产生的粉尘及回弹率，混凝土的早期强度增加后期强度损失降低。喷射机械也有了长足的发展，干式喷射机有中冶建筑研究总院有限公司研发的冶建 65 型、扬州机械厂生产的 PH30-74 型、煤炭科学研究总院研发的HLP-701 型。湿式喷射机主要有 GYP-90 液压式湿喷机。喷射机械向着体积更小、施工效率更高、回弹量更小的方向发展。随着喷射混凝土的快速发展，喷射方式由原来的干喷发展为湿喷、潮喷、纤维喷射等。到目前为止，湿式喷射是最主要的喷射方式。

喷射混凝土与普通混凝土相比有以下优点：

（1）喷射混凝土是将混凝土拌和物直接喷射在施工面上，可以不用模板或少用模板。不仅节省了模板材料，而且节省了支模、拆模时间，缩短了工期。

（2）喷射混凝土施工是使混凝土拌和物在施工面上反复连续冲击而使混凝土得以压实，密实性强，因此具有较高的强度和抗渗性能。而且混凝土拌和物还可以借助喷射的压力黏结到旧结构物或岩石的一些缝隙中，因此混凝土与施工基面有较高的黏结强度。

（3）在施工时混凝土喷射的方向可以任意调节，所以特别适于在高空顶部狭窄空间及一些复杂形状的施工面上进行操作。

由于上述优点，喷射混凝土目前主要用于地下建筑工程（如矿山竖井、平巷的支护、隧道及大型涵洞的衬砌）、公路、铁路、建筑物的护坡及建筑结构的加固和修补等。

第二节 喷射混凝土的原料组成

一、胶凝材料

配置喷射混凝土宜采用硅酸盐水泥或普通硅酸盐水泥，并应符合现行国家标准 GB 175—2007《通用硅酸盐水泥》的规定。当采用其他品种水泥时，其性能指标应符合国家现行有关标准的规定。用于永久性结构喷射混凝土的水泥强度等级应不低于 42.5 级。

矿物掺和料可选用粉煤灰、粒化高炉矿渣粉和硅灰等，但应满足相应的国家标准。

喷射混凝土，一般多掺加速凝剂，借以缩短混凝土的初凝和终凝时间。因此，在选择水泥品种时，要注意水泥与速凝剂的相容性问题，以保证喷射混凝土的质量。若水泥品种选择不当，水泥与速凝剂作用后，可能造成"闪凝"现象，或引起破坏，凝结速度慢，初凝与终凝间隔时间长等不利因素而增大回弹量，也会影响喷射混凝土的强度。掺入速凝剂时，绝不能用高铝水泥。因速凝剂中的碱性碳酸盐与水泥中的水化铝酸钙作用后会引起混凝土的破坏。

二、骨料

粗骨料宜选用连续级配的碎石或卵石，最大公称粒径宜不大于 12mm；对于薄壳、形状复杂的结构及有特殊要求的工程，粗骨料的最大公称粒径宜不大于 10mm；喷射钢纤维混凝土的粗骨料最大公称粒径宜不大于 10mm。当使用碱性速凝剂时，不得使用含有活性二氧化硅的骨料。粗骨料的针、片状颗粒含量、含泥量及泥块含量，应符合表 12-1 的要求，其他性能及试验方法应符合现行行业标准 JGJ 52—2006《普通混凝土用砂、石质量及检验方法标准》的规定。

表 12-1　粗骨料的针、片状颗粒含量、含泥量及泥块含量

项目	针、片状颗粒含量		含泥量	泥块含量
	C20～C35	≥C40		
指标/%	≤12.0	≤8.0	≤1.0	≤0.5

细骨料宜选用Ⅱ区砂，细度模数宜为 2.5～3.2；干拌法喷射时，细骨料的含水率宜不大于 6％。天然砂的含泥量和泥块含量应符合表 12-2 的要求；人工砂的石粉含量应符合表 12-3 的要求。细骨料其他性能及试验方法应符合现行行业标准 JGJ 52—2006《普通混凝土用砂、石质量及检验方法标准》的规定。

表 12-2　天然砂的含泥量和泥块含量

项目	含泥量	泥块含量
指标/%	≤3.0	≤1.0

表 12-3　人工砂的石粉含量

项目		≤C20	C25～C35	≥C40
石粉含量/%	MB<1.4	≤15.0	≤10.0	≤5.0
	MB≥1.4	≤5.0	≤3.0	≤2.0

三、外加剂

（一）速凝剂

如前所述，当使用硅酸盐系列的水泥时，速凝剂是必不可少的外加剂。国家标准 GB/T 35159—2017《喷射混凝土用速凝剂》的技术要求见表 12-4，行业标准 JC 477—2005《喷射混凝土用速凝剂》的技术要求见表 12-5。

表 12-4　GB/T 35159—2017《喷射混凝土用速凝剂》技术指标

项目		指标	
		无碱速凝剂 FSA-AF	有碱速凝剂 FSA-A
净浆凝结时间	初凝时间/min	≤5	
	终凝时间/min	≤12	
砂浆强度	1d 抗压强度/MPa	≥7.0	
	28d 抗压强度比/%	≥90	≥70
	90d 抗压强度保留率/%	≥100	≥70

表 12-5　JC 477—2005《喷射混凝土用速凝剂》技术指标

试验项目	净浆凝结时间/min		1d 抗压强度/MPa	28d 抗压强度比/%
	初凝	终凝		
一等品	≤3	≤8	≥7	≥75
合格品	≤5	<12	≥6	≥70

（二）减水剂

在喷射混凝土中掺加减水剂，可以和普通混凝土一样提高混凝土的强度及耐久性，还可以减少施工时的回弹量。减水剂应尽量选用非引气型及非缓凝型的减水剂，对减水率无特殊要求。

（三）增黏剂

为增加喷射混凝土对施工面的黏结力，同时减少喷射施工时的回弹率，可在拌制混凝土时掺加少量增黏剂。增黏剂一般由对混凝土性能无有害影响的水溶性树脂组成，掺量可通过试验确定。

（四）早强剂

当采用硅酸盐系列的水泥时，为增加喷射混凝土的早期强度，往往需要掺入一些早强剂。早强剂的选用也应通过试验，例如与速凝剂的相容性。钢筋混凝土则应选用对钢筋无锈蚀作用的早强剂。由于本身早期强度很高，使用喷射水泥和高铝水泥时不需掺早强剂。

（五）防水剂

当要求喷射混凝土具有较高的抗渗性时（如有地下水渗漏的地下工程），应在混凝土中掺入一些防水剂。

第三节　喷射混凝土的性能及其影响因素

一、拌和物性能

喷射混凝土应具有良好的黏聚性，并应满足工程设计和施工要求。

湿拌法喷射混凝土拌和物坍落度应为 80～200mm。

引气型湿拌法喷射混凝土喷射前，应测试混凝土拌和物含气量，含气量宜为 5%～12%。

有预防混凝土碱骨料反应设计要求的工程，喷射混凝土中总碱含量应不大于 $3.0kg/m^3$。

二、力学性能

喷射混凝土的力学性能主要为抗压强度、抗拉强度和黏结强度。

喷射混凝土的抗压强度和抗拉强度除与水泥的强度等级和各种原料的配合比有关外，还与施工工艺有关（施工的机具、喷出的压力、施工操作等）。一般来说，混凝土喷出的压力较高，由于冲击力和压实力较高，混凝土密实性增加，可以得到较高的抗压强度。但过高的喷射压力会使回弹率增加。

应特别注意的是，速凝剂及速凝剂的加入量对混凝土的抗压、抗拉强度都有较大的影响。适量速凝剂可以较大程度地提高混凝土的早期（1～3d）强度，但对 28d 后的强度有不良影响。一般情况下，掺速凝剂的喷射混凝土与不掺速凝剂的喷射混凝土相比，1～3d 前者强度比后者可高 20%～40%，而 28d 后，前者比后者低 30%～45%。

喷射混凝土与受喷面的黏结强度与喷射混凝土的抗压强度、抗拉强度有关，抗压、抗拉强度越高，黏结强度也高，同时，黏结强度还取决于受喷面的粗糙程度和受喷面本身的强度。较为粗糙、强度较高的受喷面与喷射混凝土的黏结强度也较高。

三、耐久性能

（一）水泥种类对耐久性能的影响

如前所述，配制喷射混凝土可以用硅酸盐水泥系列的水泥加速凝剂，也可以用硫铝酸盐水泥或氟铝酸盐水泥。就混凝土的抗蚀性而言，用硫铝酸盐水泥和氟铝酸盐水泥所配制的混凝土比用硅酸盐系列配制的混凝土强，尤其是抗硫酸盐性。其主要原因是前两种水泥水化产物中 $Ca(OH)_2$ 的量很少，而硅酸盐系列水泥的水化产物中 $Ca(OH)_2$ 量较多。对于抗渗性和抗冻性，如果相同的 W/C，也是前两种水泥配制的混凝土优于硅酸盐系列所配制的混凝土。但如果 W/C 有较大的差异，则 W/C 较小时抗冻性和抗蚀性会更好一些。

（二）施工工艺对耐久性的影响

湿法喷射工艺与干法喷射工艺相比较，由于前者 W/C 较大，因此一般情况下孔隙率较高，抗蚀性、抗冻性和抗渗性相应也差一些。

无论是何种施工工艺，喷射混凝土施工时，高压空气有少量空气留存在混凝土中形成了一些封闭的气泡，在一定程度上可以提高混凝土的抗冻性。

因为混凝土的耐久性本身就是一个比较复杂的问题，上述两个方面仅仅是针对喷射混凝土而言的影响因素。如果工程对喷射混凝土耐久性的某一方面有特殊的要求，应该根据要求采取相应的措施。例如，对于一些要求高抗渗的地下工程，可以掺加减水剂和防水剂及适当加大混凝土层的厚度，以提高喷射混凝土的抗渗能力。

四、有关性能研究进展

有研究表明：掺有粉煤灰的喷射混凝土可以小幅度提升其工作性能，早期强度相对有所偏低，但当粉煤灰的活性被激发后，有利于后期强度的增大；硅灰不利于喷射混凝土的工作性，混凝土的早期强度会有所增大；合理地复掺粉煤灰和硅灰可以充分发挥掺和料各自的优势，改善喷射混凝土的性能。硅灰可以极大地缩短喷射混凝土的凝结时间，使混凝土的早期（6h、12h、24h）抗压强度提升 30％～50％；掺有硅灰的喷射混凝土的后期抗压强度提升 6％。

有学者研究了偏高岭土取代部分水泥对喷射混凝土性能的影响，研究结果显示：当偏高岭土的取代率由 5％～25％递增时，喷射混凝土的凝结时间变短，且后期强度也出现持续增加的现象；当偏高岭土掺量为 15％且速凝剂掺量减少 1/2 时，喷射混凝土的抗压强度提高 40％～50％。

$C_{12}A_7$ 矿物基速凝剂的掺入、纳米 SiO_2 和纳米 Al_2O_3 的掺入等都对喷射混凝土的性能有较好的改善。

此外，还有研究人员通过对混凝土扩散射流的运动规律研究，以最佳喷射状态和零回弹为前提，建立了喷射混凝土最佳喷射公式和最佳喷射厚度。研究结果表明：最佳喷射速度与喷射角度有关，最佳喷射厚度主要取决于骨料的颗粒最大粒径及体积系数。理论公式与实际喷射进行了对比，为降低回弹率指明了方向。通过喷射试验研究了喷射角度、喷射距离及速凝剂对喷射混凝土回弹率的影响，研究结果表明：喷射角度越小，回弹率越高，最佳喷射角度应大于 70°；喷射距离偏大或者偏小均不能较低回弹，最佳喷射距离为 1m；速凝剂最佳掺量为 5％。

第四节 喷射混凝土的配合比设计

一、喷射混凝土配合比设计原则

喷射混凝土配合比设计时，应考虑以下几条原则：

（1）满足施工基层对喷射混凝土各种性能（力学性能、抗渗性、抗冻性等）的要求；

（2）混凝土拌和物对施工基层应有足够的黏附力；

（3）施工时混凝土的回弹率相对较小。

喷射混凝土应根据工程特点、施工工艺及环境因素，在综合考虑喷射混凝土配置强度、拌和物性能、力学性能和耐久性能要求的基础上，计算初始配合比，经实验室试配、试喷、调整得出满足喷射性能、强度、耐久性要求的配合比。

喷射混凝土的水泥用量应不小于 $300kg/m^3$，最小胶凝材料用量应符合表 12-6 的规定。喷射钢纤维混凝土的胶凝材料用量宜不小于 $400kg/m^3$。

表 12-6　喷射混凝土的最小胶凝材料用量

最大水胶比	最小胶凝材料用量/（kg/m^3）
0.60	360
0.55	380
≤0.50	400

矿物掺和料的掺量应通过试验确定，有早期强度要求时，应进行早期强度试验。采用硅酸盐水泥或普通硅酸盐水泥时，矿物掺和料最大掺量宜符合表 12-7 的规定。

表 12-7　喷射混凝土的矿物掺和料最大掺量

矿物掺和料	最大掺量/%	
	硅酸盐水泥	普通硅酸盐水泥
粉煤灰	30	20
粒化高炉矿渣粉	30	20
硅灰	12	10
复掺	50	40

注：1. 采用其他通用硅酸盐水泥时，宜将水泥混合材掺量的 20% 以上的混合材计入矿物掺和料。
　　2. 在混合使用两种或两种以上矿物掺和料时，矿物掺和料的总掺量应符合表中复掺的规定，且各组分的掺量不宜超过单掺时的最大掺量。

二、配置强度的确定

喷射混凝土应先进行试配，并根据试配结果进行混凝土试喷，试喷强度应满足其配置强度的要求。喷射混凝土的配置强度宜按式（12-1）计算：

$$f_{cu,0} \geqslant f_{cu,k} + 1.645\sigma \tag{12-1}$$

式中，$f_{cu,0}$ 为混凝土配置强度值（MPa）；$f_{cu,k}$ 为混凝土立方体抗压强度标准值，这里取喷射混凝土的设计强度等级值（MPa）；σ 为混凝土强度标准差（MPa）。

喷射混凝土强度标准差 σ 应按现行行业标准《普通混凝土配合比设计规程》（JGJ 55—2016）确定。

三、配合比计算

喷射混凝土试配的水胶比应考虑喷射工艺、速凝剂对强度的影响。在无配置经验时，喷射混凝土试配的水胶比宜按式（12-2）计算：

$$W/B = \frac{\alpha_a f_b}{f_{cu,0} k_1 k_2 + \alpha_a \alpha_b f_b} \tag{12-2}$$

式中，W/B 为混凝土水胶比；α_a、α_b 为回归系数，按现行行业标准《普通混凝土配合比设计规程》（JGJ 55—2011）确定；k_1 为混凝土密实度系数；k_2 为速凝剂强度影响系数；f_b 为胶凝材料 28d 胶砂抗压强度（MPa），可实测，试验方法应按现行国家标准 GB/T 17671—2021《水泥胶砂强度检验方法（ISO 法）》执行，也可按现行行业标准 JGJ 55—2011《普通混凝土配合比设计规程》确定。

喷射混凝土密实度系数 k_1 可按表 12-8 进行取值。

表 12-8　喷射混凝土密实度系数 k_1 取值

喷射工艺	湿拌法工艺	干拌法工艺
喷射混凝土密实度系数	1.05～1.25	1.20～1.45

喷射混凝土速凝剂强度影响系数 k_2 可按表 12-9 进行取值。

表 12-9　速凝剂强度影响系数 k_2 取值

速凝剂	不掺速凝剂	无碱速凝剂	低碱速凝剂	碱性速凝剂
速凝剂强度影响系数	1.00	1.00～1.10	1.05～1.25	1.25～1.40

喷射混凝土的水胶比除应按上述方法计算外，还应对其进行校核，并应以水胶比的最小值为确定值。

根据喷射混凝土结构暴露的环境类别得到水胶比限制要求；有早期强度要求时，应根据早期强度指标进行试验得到水胶比。

干拌法喷射混凝土的表观密度可取 2200～2300kg/m³，湿拌法喷射混凝土的表观密度应不低于 2300kg/m³。

喷射混凝土砂率宜为 45％～60％。

喷射钢纤维混凝土中钢纤维掺量宜根据弯曲韧性指标确定，钢纤维的最小掺量可根据钢纤维的长径比按表 12-10 选取，并应经试配确定。

表 12-10　喷射钢纤维混凝土中钢纤维的最小掺量

钢纤维长径比	40	45	50	55	60	65	70	75	80
最小含量/（kg/m³）	65	50	40	35	30	25	25	25	25
最小体积率/％	0.83	0.64	0.51	0.45	0.38	0.32	0.25	0.25	0.25

喷射混凝土的配合比计算除应满足该要求外，应符合现行行业标准 JGJ 55—2011《普通混凝土配合比设计规程》的有关规定。

四、配合比试配、试喷、调整与确定

喷射混凝土试配应采用强制式搅拌机进行搅拌，搅拌方法宜与施工采用的方法相同。

在计算配合比的基础上应进行试拌，试拌的最小搅拌量每盘不应小于 20L。计算水灰比宜保持不变，并应通过调整配合比其他参数使混凝土拌和物性能符合设计及施工要求，然后修正计算配合比，提出试配配合比。

应采用 3 个不同的配合比，其中一个为试配配合比，另外两个配合比的水胶比宜较试配配合比分别增加和减少 0.05，用水量应与试配配合比相同，砂率可分别增加和减少 1％，3 个配合比均应满足喷射混凝土施工要求。

用上述确定的 3 个配合比进行试喷，不能满足喷射施工要求的配合比应进行配合比优化，其水胶比应保持不变。喷射混凝土试喷的最小搅拌量每盘应不小于 100L。

对试喷满足喷射施工要求的 3 个配合比应进行大板喷射取样和试件加工。

在配合比试喷的基础上，喷射混凝土配合比应按现行行业标准 JGJ 55—2011《普通混凝土配合比设计规程》的规定进行混凝土配合比调整和校正。

校正后的喷射混凝土配合比，应在满足混凝土施工要求和混凝土试喷强度的基础上，对耐久性有设计要求的混凝土进行耐久性试验验证，符合要求的，可确定为设计配合比。

喷射混凝土设计配合比确定后，应进行生产适应性验证。

五、高强度喷射混凝土

（1）高强喷射混凝土原材料应符合下列规定：

① 水泥应选用硅酸盐水泥或普通硅酸盐水泥；

② 粗骨料宜采用连续级配，其最大公称粒径不宜大于 12mm，针片状颗粒含量不宜大于 5.0％，含泥量不应大于 0.5％，泥块含量不应大于 0.2％；

③ 细骨料细度模数宜为 2.6～3.0，含泥量应不大于 2.0％，泥块含量应不大于 0.5％；

④ 宜采用减水率不低于 25％的高性能减水剂；

⑤ 宜采用液态无碱速凝剂；

⑥ 宜掺用硅灰。

（2）高强度喷射混凝土配合比应经试验确定，配合比设计应符合下列规定：

① 水胶比应不大于 0.45，胶凝材料用量应不小于 450kg/m³；

② 外加剂和矿物掺和料的品种、掺量应通过试验确定；硅灰掺量不宜大于 10％。

应采用 3 个不同的配合比进行试喷，其中一个为试配配合比，另外两个配合比的水胶比较试配配合比宜分别增加和减少 0.02。

高强度喷射混凝土设计配合比确定后，应采用该配合比进行不少于 3 盘混凝土的重复性试喷，每盘混凝土应至少成型一组试件，每组混凝土的抗压强度不应低于配置强度。

第五节 喷射混凝土的施工

喷射混凝土的施工根据配料方式、搅拌工艺和喷射方式，可以分为干式喷射施工和湿式喷射施工两种方式。近几年来，又在水泥裹砂混凝土施工方法的基础上发展起一种新的施工方法——造壳喷射工艺。

一、主要的施工设备

不论用何种施工工艺，喷射混凝土的施工的设备大体上相同。除配料计量设备外，还有搅拌机、混合料输送机、空气压缩机、水箱或水泵、混凝土喷射机等。

（一）搅拌机

不论干式喷射施工还是湿式喷射施工，都应选用强制式搅拌机，以便在较短时间内使混凝土得到均匀的搅拌。无条件时，也可采用自落式搅拌机。

（二）混合料输送机

一般选用带式输送机，该输送机运转平稳，易保养维修。为防止过大的石子和异物混入喷射机而导致堵塞，在带式输送机的前端应设置筛分设备（如振动筛）。

（三）空气压缩机

空气压缩机是制造高压空气以供喷射机喷射用的设备，空压机的风压和风量应根据喷射机的要求选择。

（四）水箱或水泵

为使施工喷嘴处的水压保持稳定的压力（一般应大于 0.15MPa），可采用水泵或高位水箱供水。如水箱的出水压力达不到要求时，应通过空压机对密闭水箱充气加压。

（五）混凝土喷射机

喷射机是影响施工速度和施工质量的关键设备，在操作环境比较恶劣或人工手持喷射机有困难时，可以用机械手替代人工操作。

（1）依据喷射方法分类，喷射机械可分为湿式喷射机、干式喷射机和干湿两用喷射机。

（2）依据工作原理分类，喷射机械可分为转子式喷射机和混凝土泵式喷射机。

（3）依据喷射装置的控制方法，喷射机械可分为手动控制和固定在喷射臂上的机械控制。

（4）依据移动方式，喷射机械可分为自行式（轮式或履带式）、拖式、轨道式和手推式。

（5）依据动力形式，喷射机械可分为电动式、点火式内燃机式、压燃式内燃机式、混合动力式。

二、施工工艺

在 20 世纪 80 年代以前，喷射混凝土的喷射方式主要为干喷为主。此后，瑞士等国家相继研发出了潮喷、湿喷、纤维喷射等喷射方式，将喷射混凝土在地下支护工程中的应用推向了新的高度。

（一）湿式喷射工艺

湿式喷射工艺流程如图 12-1 所示。

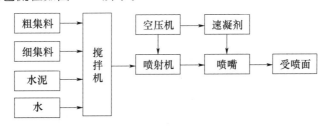

图 12-1　湿式喷射工艺流程

与干式喷射相比，湿喷可以减少 10％～15％的回弹，且在喷射过程中减少粉尘排放，改善环境。在速凝剂的快速固化后，喷射混凝土的一次喷射厚度增加。湿喷还可以合理地控制水灰比，减少由人工操作带来的实际水灰比的改变，保证喷射混凝土的实际强度。因此，湿式喷射可以提高施工效率，减少环境污染，提高经济效益。

（二）干式喷射工艺

干式喷射工艺流程如图 12-2 所示。

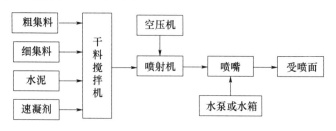

图 12-2　干式喷射工艺流程

干式喷射工艺的最大优点是能进行远距压送，加速凝剂方便、喷射压力和喷射量较均匀，最大的缺点是操作粉尘大，回弹率高。

三、施工过程中的注意事项

（1）受喷面的状况是影响施工质量的关键之一，原则上要求受喷面应具备下列基本条件：

① 应具有一定的强度，如为土层，应先行夯实；

② 如受喷面为岩石或旧混凝土，表面应无杂质灰尘或松散物，如有则应用高压水清洗，但如为风化岩石，不能用高压水而只能用高压风；

③ 受喷面无冻结现象，如有应先用热风使其溶融，溶融后水分较多时应予以清除；

④ 对吸水强的受喷面（如混凝土或砖）受喷前应适当喷湿。

（2）如需安装模板，安装应牢固，避免喷射作业时冲击力使模板脱落。

（3）如受喷面设置钢筋，应将钢筋网固定在受喷面基层上，钢筋的间距不得小于80mm。

（4）喷射作业应分区分段分层进行，即一次作业面积不宜过大。喷射施工的厚度也不宜太厚，一般一次喷射厚度对垂直面宜不超过7cm，顶面（如拱顶）宜不超过5cm，每个区段的间隔喷射时间和每层的间隔时间应为10～15min。如间隔时间超过2h，再次施工时表面应予润湿，以保证前后次混凝土的黏结。

（5）喷射机操作时应做到以下几点：

① 作业开始应先开风，后给料；作业停止应先停料，并待料完全喷完后再停风。

② 喷射时应连续均匀，喷嘴的运动轨迹应为螺旋形（半径300mm左右），前后相交半圈移动，并先喷低凹处最后找平。喷嘴与受喷面距离应一般为1m左右（如采用双环的喷嘴，可缩小至0.3m左右）。

③ 施工中因各种故障突然中止作业，应尽快清除管道和喷射机中的积料，避免在管道和喷射机中凝结硬化。

④ 应保证喷射时有适宜的风压和水压。一般在喷嘴处应保证0.1MPa的风压和0.1MPa的水压。因为风压和水压过小都会影响混凝土的密度，而风压水压太高又会增加混凝土的回弹率。

（6）如为隧道工程或矿井工程，应做到喷射混凝土施工紧随掘进进度进行。

第六节 喷射纤维混凝土

喷射纤维混凝土是以纤维材料作混凝土的增强材料，用喷射技术施工的一种新型混凝土。目前，用作喷射纤维混凝土的纤维主要有钢纤维、玻璃纤维，也可用聚丙烯等合成纤维作增强纤维。

喷射纤维混凝土具有纤维混凝土所具有的高韧性、高抗拉强度等性能，还具有与受喷结构或构件结合牢固的优点。特别适合要求强度较高、韧性较大的建筑工程及制作一些薄板薄壁类混凝土制品。

一、原材料组成和配合比设计

喷射纤维混凝土的原料与一般喷射混凝土类似，主要差别是在混凝土中加入纤维材料。其中钢纤维一般采用异型钢纤维，玻璃纤维主要采用中碱无捻粗纱（在使用硫铝酸盐水泥、氟铝酸盐水泥时）和高抗碱无捻粗纱玻璃纤维（用硅酸盐系列水泥时）。粗骨料的最大粒径不大于10mm，细骨料一般采用中砂，水泥用普通硅酸盐水泥或硅酸盐水泥。

喷射纤维增强混凝土的配合比设计可以参考一般喷射混凝土。

二、喷射纤维混凝土的施工

喷射纤维混凝土的施工基本类同于普通喷射混凝土的施工，但应注意做到以下两点。

（1）喷射机应根据喷射纤维混凝土的特点稍作改进，例如，为了防止加入纤维后引起的管道堵塞，应将输料管道中小于或等于90°的弯头取消或改成≥120°的弯头。管道内径应为钢纤维长度的2倍，内径突变应改为长锥形。

（2）要尽量使纤维在混凝土中均匀分布并尽量避免纤维缠绕结团，可采取如下措施：

① 对于钢纤维，可采用振动筛或振动装置使钢纤维松散后再撒入正在搅拌的混合料中，并注意加入点不要离搅拌机叶片太近。

② 对于玻璃纤维或类似的有机合成纤维，应配置一台喷射切割机，在施工时切割机根据需要将连续玻璃纤维无捻粗纱切割成10~50mm的短切纤维，喷出后与混凝土喷射机喷出的混凝土或砂浆混合。

第七节 喷射混凝土的应用

喷射混凝土一般应用于下列工程：

（1）新型结构工程

喷射混凝土适用薄壁结构和有特殊曲线或折线形截面的屋面，如壳体、岩巷洞体结构、墙壁、预应力储罐、游泳池、隧道洞、峒室等地下建筑物的混凝土支护或喷锚支护。

（2）面层和地下工程

喷射混凝土喷在砌体、砖石、混凝土、岩石及钢材、木材的表面面层；如矿山竖井、巷道支护、交通或水工隧道衬砌、地下电站衬砌等。

（3）防护层工程

喷射混凝土用于耐水、防水的钢结构及钢筋混凝土结构的防护层或防水层。

（4）修复工程

喷射混凝土适用建筑结构的修复工程，如修复地震及火灾破坏的砖石及混凝土、钢筋混凝土结构，修复贮液池衬里、堤坝、隧道、竖井、电梯井、挡水结构及管道等损坏的混凝土。

（5）耐火衬里工程

喷射混凝土适用各种耐火工程，重点用于烟囱炉墙及锅炉等耐火衬里和修补。

（6）加固工程

喷射混凝土适用边坡加固或基坑护壁，尤其是厂房边坡、路堑、露天矿边坡加固，挖孔桩及各类基坑的护壁，用于混凝土板、混凝土与砖石墙壁。

（7）除锈工程

喷射混凝土喷砂除锈，效率较高，可以较彻底地清除钢材上的锈蚀与油污。

（8）其他工程

21世纪以来，喷射混凝土衬砌不仅广泛应用于一般地质条件（岩石坚固系数 $f>3$）的地下工程中，在一些不良地质岩层（松软的、破碎严重的，或松软而无黏结性的极易坍塌、需要临时支撑，岩石坚固系数 $f<3$）中也开始采用喷射混凝土或喷射混凝土同锚杆、钢丝网、钢拱架联合应用，并取得了良好的效果。

乌鲁木齐轨道交通线网由10条线路组成，其中主城区规划线路8条，共计261.8km，市域线2条（乌昌线、南山线），共计78.4km。目前已经开工建设的有地铁2号线、3号线和4号线一期工程，1号线已全部竣工并运营。喷射混凝土一般用于地铁进出站口开挖后的护坡支护部分，可以有效地加固护坡，大大提升了地铁轨道的耐久性及使用年限（图12-3）。

图12-3　乌鲁木齐地铁

课程思政：锐意进取，不负时代

我国经济建设"三步走"发展战略的第三步目标是到21世纪中叶基本实现现代化，这就要求我国城市化水平要达到65％以上。要达到这个标准，不仅要推进城镇的城市化，还要对现有城市进行进一步的改造。在这一进程中，人与地的矛盾不可避免地凸显出来，而地下空间的利用能够很好地缓解这个矛盾，因此，城市地下空间的开发利用将进入大规模发展时期。

2019 年 12 月，广州市和厦门市相继发生地面塌陷事故，这两起事故均是地铁施工不当造成的。2020 年 1 月，西宁市发生路面坍塌，此次事故导致 9 人死亡、17 人受伤、1 人失联。通过查询当地政府网站可知，近年来西宁市曾发生多起地面塌陷事件，塌陷原因不外乎市政埋设地下管道后，连日降雨或者气温降低造成地面沉降。

这一系列的城市地质灾害不断警醒我们，宜居城市首要保证安全。要保证被利用的地下空间的安全，减少城市地质灾害的发生，在开发地下空间的过程中，我们的建筑材料——用量较大的喷射混凝土一定要满足相应的条件，并且可以随着不同的地质条件、不同的要求做出相应的改变。这对喷射混凝土的发展来说，是大有可为的历史机遇期，需要当代大学生紧紧抓住机遇，"快干""实干""会干"，锐意进取、埋头苦干、勇于创新、永不懈怠、才能不负时代的馈赠和历史的厚待。

思考题：

1. 喷射混凝土一般应用在哪些工程中？
2. 喷射混凝土与普通混凝土相比具有哪些特点？
3. 喷射混凝土对原材料有哪些特殊要求？
4. 喷射混凝土的施工工艺方法有哪些？区别在哪里？各有什么特点？
5. 喷射纤维混凝土对纤维有什么要求？

参考文献

[1] 朱宏军，程海丽，姜德民．特种混凝土和新型混凝土［M］．北京：化学工业出版社，2004.

[2] 胡志明．轻骨料喷射混凝土性能试验研究［D］．成都：西南交通大学，2020.

[3] 中华人民共和国国家质量监督检验检疫总局，中国国家标准化管理委员会．喷射混凝土用速凝剂：GB/T 35159—2017［S］．北京：中国标准出版社，2017.

[4] 中华人民共和国国家发展和改革委员会．喷射混凝土用速凝剂：JC 477—2005［S］．北京：中国建材工业出版社，2005.

[5] 中华人民共和国国家能源局．水工喷射混凝土试验规程：DL/T 5721—2015［S］．北京：中国电力出版社，2015.

[6] 中华人民共和国住房和城乡建设部．喷射混凝土应用技术规程：JGJ/T 372—2016［S］．北京：中国建筑工业出版社，2016.

[7] 丁鹏，杨健辉，李燕飞，等．硅灰粉煤灰对喷射混凝土物理力学性能影响的试验研究［J］．粉煤灰综合利用，2013（2）：3-7.

[8] 徐永红．偏高岭土在煤矿喷射混凝土中的应用研究［D］．焦作：河南理工大学，2009.

[9] 颜永弟．喷射混凝土最佳喷速及一次喷层厚度的理论解［J］．岩土工程学报，1998，20（4）：105-108.

[10] 姜波．湿喷混凝土回弹率影响因素［J］．辽宁工程技术大学学报（自然科学版），2016，35（3）：270-273.

[11] 中华人民共和国国家市场监督管理总局，中国国家标准化管理委员会．建筑施工机械与设备 混凝土喷射机械 术语和商业规格：GB/T 36255—2018［S］．北京：中国标准出版社，2018.

第十三章 | 水下不分散混凝土

第一节 概　　述

　　水下不分散混凝土也称为水下浇筑混凝土，是一种可以在水下浇筑的新型混凝土，不会像普通水泥混凝土那样在水的作用下骨料与水泥浆发生分离。

　　很多混凝土工程是需要在水下进行施工的。例如混凝土桥墩、海上油气井台的桩基、海岸的防浪堤坝、混凝土码头和船坞等。还有一些水下混凝土构筑物的修补及加固工程也需要在水下进行混凝土的浇筑施工。

　　普通混凝土在硬化后是一种水硬性材料，但在施工时只是水泥、骨料和水的混合物（即混凝土拌和物），若将其直接在水中浇筑，骨料与水泥浆必定会因水的分散作用而产生骨料与部分水泥浆的分离。其中骨料与部分水泥浆沉落水底，大部分水泥浆将被水分散带走。尤其在流动水中，即使沉落到水底的水泥浆也会被流动的水冲走很多。

　　长期以来，人们一直在研究寻找一种解决混凝土能在水下浇筑施工而不分散的措施。常用的措施是在施工过程中尽量减少水与混凝土拌和物的接触。已经应用的施工方法有开底容器法、混凝土泵压法、导管法、袋装叠置法、预埋骨料压浆法等。其中最常用的是导管法和预埋骨料法。导管法是先将一根有底盖的导管放入水底，然后将混凝土拌和物注入导管。导管中填满混凝土拌和物后，将管上提 20～30cm，管内混凝土即将底盖压开而注入水底，随即将混凝土不断注入管内，随着混凝土不断堆积变厚而相应地提升导管。每提一根，卸掉一根，如此反复进行，直至混凝土达到设计高度为止。图 13-1 是导管法水下浇筑混凝土装置示意图。

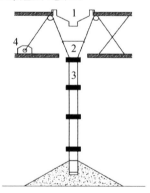

图 13-1　导管法水下浇筑混凝土装置示意图

1—储料斗；2—承料漏斗；3—导管；4—提升机具

虽然这种方法在一定程度上避免了拌和物与水的接触，使混凝土拌和物直接从水底向上浇筑。但混凝土拌和物脱离导管后仍然受水的冲刷，使表层混凝土中的水泥浆流失而使表层混凝土强度严重下降。另外，底层与基础粘结也不牢。有研究表明，用普通混凝土导管法施工，表层强度损失可达 50% 以上，而且如施工不是连续进行，第二次浇筑时必须将第一次浇筑的强度降低的混凝土表层清除，其厚度视不同情况达 15～45cm，由此造成了混凝土的浪费。而压浆法施工（也称预填骨料压浆施工）是先将粗骨料沉放到工程指定位置，然后将水泥浆通过灌浆管压入骨料之间，其中的水被挤走，逐渐全部被砂浆代替。这种方法较导管法有一定的进步，但砂浆压入骨料之间将水挤走时，一部分水泥浆仍然被水一起带走，造成了水泥的浪费和混凝土强度的降低。

由此可知，采用一种适宜的施工方法只能解决混凝土水下分散的部分问题。如果混凝土接触到水时，不会因水泥浆与骨料的分离而分散，必将大大提高混凝土的质量，同时也可以减少混凝土的浪费，降低工程成本。

从 20 世纪 70 年代初开始，一些国家着手研究这种水中不分散混凝土。1974 年，德国首先研制出这种混凝土，并以"不分散混凝土"（non dispersible concrete）的缩写（NDC）为其定名。NDC 除了在水中不分散外还有优良的流动性和填充性，通过导管法或压浆法对 NDC 施工，可以在水下高质量地浇筑如桥墩这样的大体积钢筋混凝土构件，还可以进行大面积的薄壁水下施工及对水下混凝土构筑物进行抢修和补强。

NDC 问世后，很快在世界各国得到推广应用，日本在 1981 年从德国引进该技术，迄今已浇筑约 100 多万立方米的水下混凝土，英、美等国也相继研制出与此类似的产品。

NDC 的关键技术是在混凝土搅拌时掺入一种"水下不分散外加剂"即 NDCA（non dispersible concrete admixture）。近年来，我国也对 NDCA 进行了研制，1983 年，中国石油集团科学技术研究院和锡伯公司展开合作，经过 4 年的研究于 1987 年研制出丙烯系的 UWB－Ⅰ型水下不分散混凝土絮凝剂，成为继德国和日本之后第三个成功开发水下不分散混凝土技术的国家。

1993 年，河海大学在建工-Ⅰ号补强砂浆基础上，研发出以水溶性高分子化合物为主要成分的新型絮凝剂 HAWA，采用 HAWA 配制的水下不分散混凝土在坍落度为235m。坍落扩展度（简称坍扩度）480mm 的情况下仍能保证 pH 值和悬浊物含量远小于国家规范的上限值，这体现出 HAWA 具有良好的抗分散性能。2001 年，贵州中建建筑科研设计院研发出具有高强度高抗离析性能 ZJ-1 型絮凝剂，利用该絮凝剂配制的水下不分散混凝土抗离析指标高达 92.6%，水陆强度比超过 85%。2003 年，中国石油集团工程技术研究院在 UWB-Ⅰ及 SCR 型絮凝剂的基础上，结合国内外先进的技术，研发出 UWB-Ⅱ型絮凝剂。这种絮凝剂以水溶性糖类高分子聚合物为主要成分，混凝土流化剂和调凝剂为辅助成分，新絮凝剂基本解决了 UWB-Ⅰ型絮凝剂相容性差、需水量异常增大等问题。目前，UWB-Ⅱ型的水下不分散混凝土絮凝剂已经在全国多个工程中成功应用。

此外，同济大学、广东中山市新型建筑材料总厂等单位也都相继研制成功絮凝剂。烟台大学研究生邹文静尝试采用无机增黏剂钠基膨润土作为水下不分散混凝土絮凝剂，结果显示钠基膨润土增黏效果虽然不如聚丙烯酰胺类絮凝剂，但是当掺量高于 0.2% 时，水下不分散混凝土的悬浊物含量、pH 值、水陆强度比都满足规范要求。其研究结果还显示，钠基膨润土的掺入对水下不分散混凝土的耐蚀性和抗水渗透性能无不利影响，钠基膨润土可以作为絮凝剂用来制备水下不分散混凝土。由于钠基膨润土价格低，所以可以有效降低水下不分散混凝土的工程造价。清华大学的郭自利也利用膨润土同纤维素复配出性能良好的 SHB 型絮凝剂。湖南大学黄振宇教授及其学生刘娟通过泥净浆流变试验、砂浆抗散性能试验确定分子量为 1000 万的聚丙烯酰胺最适合做水下不分散混凝土絮凝剂，再辅以减水剂、硅灰和三乙醇胺，可以配置工作性、抗分散性能都符合国家规范的水下不分散混凝土。南京水利科学研究院的陈迅捷利用经过杀菌消毒干燥磨细后的沉淀污泥作为絮凝剂用来拌制水下不分散混凝土，龄期为 28d 时水陆强度比能超过 75%，沉淀淤泥之所以具有絮凝效果是因为沉淀淤泥中含有聚丙烯酰胺、聚铁或者聚铝，这些物质具有一定的絮凝作用。另外试验显示采用沉淀淤泥作为絮凝剂对周围水质没有不良影响。解放军后勤工程学院唐军务以多聚糖类高分子和矿物调凝剂为主要成分，同时复掺分散剂和混凝土增强剂等成分研制出 HF-Ⅰ早强型絮凝剂，实验显示 HF-Ⅰ早强型絮凝剂掺量为 10% 时，水下不分散混凝土 1d 内最低强度达到 15.1MPa 水陆强度比可达 75%，3d 时可达 85%，并在旅顺东港码头维修工程中成功应用。

第二节　水下不分散混凝土的原料组成

水下不分散混凝土的主要原料有水泥、砂石、水下不分散外加剂（NDCA）及其他一些外加剂（减水剂）等。

一、水泥

水泥强度一般应大于或等于 42.5MPa。对于海水和工业废水中的工程，应选用耐硫酸盐侵蚀的混凝土，如火山灰硅酸盐水泥、粉煤灰硅酸盐水泥等。在一般江河水中可选用普通硅酸盐水泥或硅酸盐水泥。有时为增加混凝土的流动性、黏性及强度，还可以用一些超细粉掺和料（如超细粉煤灰、超细矿渣粉、硅灰等）替代一部分水泥。

二、骨料

（一）粗骨料

粗骨料应优先选用卵石。如需增加水泥砂浆和骨料的黏结力，也可在卵石中掺入少量（20%～30%）碎石。粗骨料的最大粒径 d_{max} 一般应小于或等于 40mm，因为粒径太大，易产生沉淀，影响混凝土的均匀性。另外，在具体确定最大粒径时，还要考虑所采用的施工方法。如果采用导管法，D_{max} 应小于导管直径的 1/5（卵石）和 1/4（碎石），而泵送则应小于输送管道直径的 1/3（卵石）。粗骨料的级配应采用连续级配。

（二）细骨料

细骨料宜选用细度模数 M_x=2.6～3.1 的中砂。为满足流动性和黏性要求，砂子应选用表面较光滑、外观浑圆的石英砂。有关其他质量指标应符合混凝土用砂标准。

三、水下不分散外加剂（NDCA）

水下不分散外加剂即絮凝剂，是指在水中施工时能增加混凝土聚合物黏聚性、减少水泥浆体和骨料分离的外加剂。

絮凝剂主要有 3 种类型：纤维素类、聚丙烯酰胺类、多聚糖类。常见的纤维素类有甲基纤维素、羧甲基纤维素、羟乙基纤维素、羟丙基甲基纤维素；常见的多聚糖类有壳聚糖、韦兰胶、黄原胶。在水下不分散混凝土应用初期，多用纤维素类和聚丙烯酰胺类絮凝剂，由于聚丙烯酰胺价格相对低，所以应用更为广泛。但是采用聚丙烯酰胺拌制混凝土时黏性较大，对搅拌设备动力要求较高，还常常黏在搅拌机和罐车中难以清洗，而且搅拌时间比较久、坍落度损失快，水下浇筑时黏聚性下降较多造成水陆强度比较低难以保证施工质量。UWB-Ⅱ型絮凝剂彻底解决了聚丙烯酰胺类絮凝剂的缺陷，成为当下施工中使用最多的絮凝剂。

絮凝剂按照泌水率、悬浊物含量、水下成型试件的抗压强度和水陆强度比分为合格品和一等品，见表 13-1。

表 13-1 掺抗分散剂水下不分散混凝土的性能要求

项目		指标	
		合格品	一等品
泌水率/%		≤0.5	0
含气量/%		≤6.0	
1h 扩展度/mm		≥120	
凝结时间/h	初凝	≥5	
	终凝	≤24	
抗分散性能	悬浊物含量/（mg/L）	≤150	≤100
	pH 值	≤12.0	
水下成型试件的抗压强度/MPa	7d	≥15.0	≥18.0
	28d	≥22.0	≥25.0
水陆强度比/%	7d	≥70	≥80
	28d	≥70	≥80

目前测定水下不分散混凝土的抗分散性的方法较多。根据 DL/T 5117—2021《水下不分散混凝土试验规程》的规定，水下抗分散性主要通过称重法测水泥流失量、悬浊物含量测定和 pH 值测定的方法来评定，用红外分光光度计对取自倒入不同混凝土的水样测定其相对于清水的透明度（清水透明度以 100％计），同时用 PSH-2 型酸度计测其 pH 值，并将混凝土装入一个具有很多孔的圆筒，在深 50cm 的水槽中反复提升 5 次后测定其质量变化，得出水泥砂浆的流失量。透明度越低，pH 值越高或水泥砂浆流失量越大，表明抗分散性越差。

四、其他外加剂

其他外加剂主要有高效减水剂、早强剂等，其作用是增加混凝土的流动性、强度及早期强度，但使用前必须进行试验，确定这些外加剂与所使用的水下不分散剂的相容性。

第三节　水下不分散混凝土的性能

一、新拌水下不分散混凝土的性能

新拌水下不分散混凝土应具备如下性能：

(1) 良好的抗分散性；

(2) 良好的流动性和填充性；

(3) 有一定的缓凝特性。

如配合比设计合理，并采用符合质量要求的水下不分散剂（NDCA），完全可以达到上述要求。

新拌水下不分散混凝土基本性能主要包括流动性、抗分散性。有众多学者对新拌水下不分散混凝土基本性能及其影响因素做过大量的研究。

水下不分散混凝土施工时不能振捣，所以必须具有自密实性能，因而对流动性有较高的要求。流动性的测试指标有坍落度和坍扩度，测试方法依据 DL/T 5117—2021《水下不分散混凝土试验规程》。絮凝剂的掺量和种类对水下不分散混凝土的性能有很大的影响。在絮凝剂用量一定的情况下，对水下不分散混凝土流动性影响最大的是混凝土单方用水量。砂率也是影响流动性的一个因素，水下不分散混凝土流动性随着砂率的增加呈现出先增加后降低的趋势，最优砂率一般为 38%～45%。粉煤灰的掺入可以有效提高水下不分散混凝土的流动性。在一定范围内，随着粉煤灰掺量的提高，流动性不断增加。当粉煤灰掺量超过 30%，水下不分散混凝土坍扩度出现下降趋势。粉煤灰的掺入还可以减少水下不分散混凝土的经时损失，这是因为粉煤灰可以降低水泥在整个胶凝体系中的比率，减缓水化进程。矿粉的掺入也可以提高水下不分散混凝土的流动性，不过提高程度不如粉煤灰，但是粉煤灰和矿渣粉复掺时混凝土流动性低于单掺。硅灰的掺入则会使新拌水下不分散混凝土流动性明显下降，不适宜用来提高水下不分散混凝土的工作性能。

抗分散性能是水下不分散混凝土最关键的性能，也是水下不分散混凝土同普通混凝土区别最大的性能。抗分散性能主要指标有 pH 值、悬浮物含量和水泥流失量，也有学者尝试利用悬浊液浊度值和 Stream test（流动性试验）来判定水下不分散混凝土抗分散性能。目前，在我国主要通过 pH 值和悬浮物含量来判定水下不分散混凝土抗分散性能。絮凝剂的种类和掺量决定着水下不分散混凝土的抗分散性能。随着絮凝剂掺量的提高，水下不分散混凝土抗分散性能不断提高。减水剂对絮凝剂有解絮的作用，随着减水剂掺量的增加，水下不分散混凝土的黏聚性逐渐降低。提高水灰比或增加粉煤灰、粒化高炉矿渣矿渣掺量都能有效降低水下不分散混凝土抗分散性能。硅灰的掺入可以有效提高水下不分散混凝土的抗分散性能，M. Sonebi 和 K. H. Khavat 的研究表明，当水下不分散混凝土流动性一定时，不论添加多少减水剂，相对于 20% 的硅灰掺量，复掺 6% 的硅灰和 20% 的粉煤灰都能获得更高的抗分散性能。

二、硬化水下不分散混凝土的性能

(一) 水下不分散混凝土的强度

硬化后水下不分散混凝土力学性能主要包括抗压强度、劈裂抗拉强度、弹性模量与钢筋的黏结性能等。劈裂抗拉强度因为数据波动较大，可参考性不强，因此使用较少。

抗压强度的测定方法相对比较简单，同时在实际应用中，水下不分散混凝土主要是承受压力，因此，水下不分散混凝土的抗压强度就成为评价其质量最通用也是最重要的一项指标。絮凝剂的种类和掺量对水下不分散混凝土力学性能有较大的影响，纤维素类、多聚糖类和聚丙烯类絮凝剂都会造成水下不分散混凝土严重的缓凝，缓凝作用随着絮凝剂掺量的增加而增加，严重影响水下不分散混凝土早期强度。但是多聚糖类絮凝剂可以通过添加无氯调凝剂，调节混凝土初凝时间在 5h 以上，终凝时间在 30h 以内，较大程度上提高了早期强度。水下不分散混凝土的抗压强度随着絮凝剂掺量的增加也呈现出先增加后降低的趋势。开始添加絮凝剂时，水下不分散混凝土抗分散性能提高，因此提高了水下不分散混凝土抗压强度，随着掺量的增加抗分散性能越来越强，单流动性损失较多，浇筑成型时水下不分散混凝土不能很好地密实成型，造成水下不分散混凝土强度下降。此外，絮凝剂尤其是纤维素类和聚丙烯类絮凝剂，还有较大的引气作用，进一步削弱了水下不分散混凝土的抗压强度。当水下不分散混凝土中同时掺入抗分散剂和引气减水剂时，抗分散剂会包裹水泥颗粒，导致水泥颗粒吸附的引气减水剂的量有所减少，引起浆体中引气减水剂含量的增加，造成水下不分散混凝土缓凝。

多聚糖类絮凝剂同聚丙烯类絮凝剂相比，能使水下不分散混凝土获得更理想的抗压强度。掺入粉煤灰和粒化高炉矿渣都会降低水下不分散混凝土的抗压强度，而且随着掺量的增加其强度下降得越来越快。但是随着龄期的增加，掺入粉煤灰的水下不分散混凝土强度逐渐增长并能接近或者超过未掺粉煤灰的水下不分散混凝土。

在有限的掺量内，硅灰的掺入可以有效提高水下不分散混凝土的抗压强度，可以被用来制备高强度水下不分散混凝土。絮凝剂的掺入会提高水下不分散混凝土的弹性模量并降低与钢筋的黏结性能，但是这种影响是有限的。水下不分散混凝土配筋梁的抗剪性能和柱抗震性能与普通钢筋混凝土梁的抗剪性能和柱抗震性能接近，可以利用设计普通混凝土梁抗剪性能和柱抗震性能的理论来设计普通混凝土的梁和柱。

(二) 水下不分散混凝土的耐久性

水下不分散混凝土耐久性能主要有抗渗水、抗氯离子渗透、耐海水侵蚀等性能。

由于水下浇筑时部分水分进入水下不分散混凝土，造成其抗水渗透性能弱于陆地成型的不分散混凝土。通过掺入矿物掺和料可以提高水下不分散混凝土密实程度进而提高水下不分散混凝土抗水渗透性能，降低渗水高度。水下不分散混凝土抗氯离子渗透深度随着龄期的增长而增长，但是增长速率逐渐下降，选择合适的絮凝剂并控制掺量以及降低水灰比，都可以有效减小水下不分散混凝土的孔隙率，提高水下不分散混凝土抗氯离子渗透性能。掺入矿物掺和料尤其是硅灰，可以显著提高水下不分散混凝土抗氯离子渗透性能，矿粉和粉煤灰对早期水下不分散混凝土抗氯离子渗透性能影响有限。

（三）水下不分散混凝土的干缩湿胀性

由于水下不分散混凝土的保水性好且泌水少，与普通混凝土相比，陆地干缩比普通混凝土大，而水中湿胀比普通混凝土小。

第四节　水下不分散混凝土的配合比设计

水下不分散混凝土的配合比，应满足强度、水下抗分散性、耐久性及流动性的要求。

与普通混凝土相比，水下不分散混凝土具有抗分散性及流动性好的特点。由于水下不分散混凝土的质量在很大程度上由混凝土的抗分散性及流动性所决定，所以在进行水下不分散混凝土配合比设计时，应全面考虑到这些要求。

水下不分散混凝土的配合比设计，一般指水泥、水、细骨料、粗骨料、絮凝剂等组成比例的确定。主要考虑以下因素：

（1）水灰比；

（2）单位用水量；

（3）絮凝剂品种和掺量；

（4）外加剂和掺和料的品种和掺量等。

水下不分散混凝土一般不允许在水下进行捣固作业，其流动性不足往往是导致构筑物产生缺陷的原因。所以，在设计水下不分散混凝土配合比时应特别注意上述问题。

为确保水下不分散混凝土的质量，工程中所用混凝土的配合比应通过试验确定。

一、配制强度的确定

在确定配制强度时，水下不分散混凝土的强度目标值应考虑设计强度、水陆强度比及现场浇筑时的水下不分散混凝土质量不均匀等情况。水下不分散混凝土的配制强度，应按 DL/T 5117—2021《水下不分散混凝土试验规程》中的空气中成型试块的强度作为配制强度。

设计水下不分散混凝土配合比时，配制强度可按式（13-1）计算：

$$R_{陆设} = \frac{R_{设}}{t}$$

$$R_{配} = R_{陆设} + 1.645\sigma \tag{13-1}$$

式中，$R_{设}$ 为水下不分散混凝土设计强度标准值（MPa）；$R_{陆设}$ 为水下不分散混凝土空气中成型设计强度标准值（MPa）；t 为水陆强度比系数（可根据试验得出。在无试验资料时，当水下不分散混凝土施工在水中有符合规定的自由落差，t 可取值为 0.70～0.85；当水下不分散混凝土施工采用无水中自由落差的封闭施工方法时，t 可取值为 0.85～0.95；$R_{配}$ 为水下不分散混凝土空气中成型配制强度（MPa）；σ 为强度标准差，σ 的计算和取值应按 DL/T 5330—2015《水工混凝土配合比设计规程》规定执行。

二、水灰比（W/C）的确定

决定水灰比时应考虑的主要因素：水下不分散混凝土的强度和水下不分散混凝土的耐久性。

按水下不分散混凝土强度来决定水灰比时，应根据掺入絮凝剂的水下不分散混凝土试块强度与水灰比的关系来决定。

按水下不分散混凝土耐久性要求来确定水灰比时，水灰比的上限应遵照我国水下不分散混凝土有关标准的规定。

当水下不分散混凝土强度等级小于 C60 时，水灰比宜根据式（13-2）计算：

$$\frac{W}{C} = \frac{A \cdot R_c}{R_{配} + A \cdot B \cdot R_c} \tag{13-2}$$

式中，$R_{配}$ 为水下不分散混凝土空气中成型配制强度（MPa）；R_c 为水泥实测强度（MPa）；W/C 为水灰比值；A，B 为回归系数。

回归系数 A 和 B 应根据工程所使用的水泥、骨料，通过试验由建立的水灰比与水下不分散混凝土强度关系式确定。当不具备上述试验统计资料时，其回归系数可按表 13-2 采用。

表 13-2　回归系数 A、B 选用表

石子品种	A	B
碎石	0.46	0.07
卵石	0.48	0.33

当水下不分散混凝土有抗渗和抗冻要求时，水灰比应同时满足强度、抗渗和抗冻的要求，可参考表 13-3 和表 13-4。

表 13-3　抗渗水下不分散混凝土最大水灰比

抗渗等级	最大水灰比	
	C20～C30 混凝土	C30 以上混凝土
P6	0.60	0.55
P8～P12	0.55	0.50
P12 以上	0.50	0.45

表 13-4　抗冻水下不分散混凝土最大水灰比

抗冻标号（28d）	无引气剂	掺引气剂时
F50	0.55	0.60
F100	—	0.55
F150 及以上	—	0.50

注：有抗冻要求的水下不分散混凝土，建议优先采用引气剂和普通硅酸盐水泥配制的混凝土。

三、流动性

（1）水下不分散混凝土的流动性，在满足施工要求的范围内应尽量小些。表 13-5 给出了水下不分散混凝土几种施工方法坍扩度推荐范围；

（2）水下不分散混凝土的流动性试验，按照 DL/T 5117—2021《水下不分散混凝土试验规程》坍扩度试验进行，用坍扩度值表示。

表 13-5　水下不分散混凝土坍扩度的范围推荐（单位：mm）

施工条件	坍扩度范围
水下滑道施工	300～400
利用水下不分散混凝土导管施工	360～450
利用水下不分散混凝土泵施工	450～550
必须极好流动性时	550 以上

四、单位用水量（W_0）的确定

单位用水量，在满足流动性要求的同时，应尽量减少。可通过调整砂率及加入减水剂等方法尽可能地降低单位用水量。

一般来说，坍扩度为 450mm 左右的水下不分散混凝土的单位用水量为 210～250kg/m³。水下不分散混凝土所用的液体减水剂中的含水量，作为单位用水量的一部分对待。

五、单位水泥用量（C_0）的确定

单位水泥用量是根据单位用水量及水灰比来确定的。最小水泥用量应为 360kg/m³。一般单位水泥用量宜大于 400kg/m³。

若工程需要掺加粉煤灰、矿渣、硅灰等外掺料时，单位水泥用量下限可相应降低。

六、粗骨料最大粒径

粗骨料粒径过大时，水下不分散混凝土在水下浇筑容易离析，一般情况下粗骨料最大粒径宜控制在 40mm 以下，且不得超过构件最小尺寸的 1/4 或钢筋最小水平间距的 3/4。如果需要泵送，粗骨料的最大料径应不超过 25mm。同时，为保证较好的流动性，减少运输及水下浇筑中发生的分层离析现象，粗骨料应采用连续级配。

七、砂率

砂率应在适宜流动性的范围之内，以单位用水量最少来确定，宜在 36%～46% 范围内。

八、骨料量

骨料量可用绝对体积法和重度法求出。重度法计算公式：

$$G+S+W+C=\rho_h$$

$$\frac{S}{G+S}\times100\%=S_p \tag{13-3}$$

式中，G 为每立方米水下不分散混凝土的粗骨料用量（kg/m³）；S 为每立方米水下不分散混凝土的细骨料用量（kg/m³）；W 为每立方米水下不分散混凝土的水用量（kg/m³）；C 为每立方米水下不分散混凝土的水泥用量（kg/m³）；ρ_h 为水下不分散混凝土拌和物的假定堆积密度（kg/m³）；S_p 为砂率（%）。

九、空气含量

水下不分散混凝土的空气含量控制，与普通混凝土相同。有特殊要求的水下不分散

混凝土，应符合相关混凝土标准对空气含量的要求。

十、外加剂掺量

（1）絮凝剂掺量，按水下不分散混凝土施工方法和施工条件等通过试验来确定其掺入量，一般絮凝剂掺量占水下不分散混凝土中水泥和胶结料质量的 1.5%～3.0%；

（2）絮凝剂以外的外加剂，应通过试验确定其掺入量。

十一、试配、调整与确定

（1）按计算的配合比进行试配，应对下列项目进行试验：

——坍扩度值；

——水中抗分散性；

——抗压强度；

——表观密度。

（2）当试配的结果不符合要求时，调整水下不分散混凝土配合比，再次进行试配，直至符合要求为止。

第五节　水下不分散混凝土的施工

一、搅拌

搅拌机最好采用强制式搅拌机。因水下不分散混凝土黏性较大，自落式搅拌机很难搅拌均匀而将影响水下不分散混凝土的性能。

投料顺序是：粗骨料→水泥→NDCA→砂。加完料后先干拌 1min 后，再加入拌和水再湿拌 2～3min 即可出料，减水剂及其他外加剂应先分散或溶解到拌和水中。

二、运输

（一）从预拌混凝土厂至浇灌现场的运输

从预拌混凝土厂至浇灌现场的运输方法，应按工程的条件、工序、混凝土量、经济效益等来选定。

从预拌混凝土厂至浇灌现场的运输，主要有陆地运输和水上运输两种方法。陆地运输包括混凝土搅拌车和车载吊罐或料斗等运输方法。水上运输可将混凝土搅拌车及吊罐、料斗等装在驳船上运往现场。

另外，混凝土搅拌船具备混凝土的搅拌、运输、浇灌等能力，可作为水上作业装备加以采用。

（二）现场运输

浇灌现场内的运输方法，应考虑工程条件、工序、混凝土量、经济效益以及流动性等来选定。

浇灌常用运输方法有混凝土泵、吊罐、混凝土溜槽及手推车等，其使用范围可参考表 13-6。

表 13-6　混凝土的现场运输方法

运输机械	运输距离/m	运输量/m³	适用范围	备注
混凝土泵（每台）	最大 200～300	10～100/h	一般、长距离	最适于混凝土的运输
混凝土吊罐	10～30	0.5～2.0/次	一般、小规模工程	适合所有配比，离析少，如运输量满足要求可以采用
溜槽	5～30	10～50/h	水下直接浇灌	适用流动性混凝土
手推车	10～60	0.05～0.2/次	小规模工程	需要平稳手推车道，由于有黏性，卸车较困难

三、浇筑

目前，NDC 的浇筑大多使用导管施工法、泵送施工法和开底容器法。

使用导管法时，导管必须不透水，并且具有能使水下不分散混凝土圆滑流下的尺寸，在浇筑中应经常充满水下不分散混凝土。水下不分散混凝土导管应由水下不分散混凝土的装料漏斗及水下不分散混凝土流下的导管构成。导管的内径，视水下不分散混凝土的供给量及水下不分散混凝土圆滑流下的状态而定。一般应为粗骨料最大粒径的 8 倍左右。钢筋水下不分散混凝土施工时，导管内径与钢筋的排列有关，一般为 200～250mm。

导管法浇筑水下不分散混凝土应采取防反窜逆流水的措施，一般将导管的下端插入已浇筑的水下不分散混凝土中。如果施工需要将导管下端从水下不分散混凝土中拔出，使水下不分散混凝土在水中自由落下时，应确保导管内始终充满水下不分散混凝土及保证水下不分散混凝土连续供料，且水中自由落差不大于 500mm，并尽快将导管插入水下不分散混凝土。

水下不分散混凝土流动性好，确保质量的流动距离可按 3～6m 考虑。为防止导管内有水而影响质量，可采用如图 13-2 所示的几种方法，以防止开始浇筑时水下不分散混凝土与环境水混合。其中图 13-2（a）为当水下不分散混凝土导管内灌满新拌水下不分散混凝土后，将导管稍往上提；图 13-2（b）为通过滑塞，用新拌水下不分散混凝土将导管内的水压出；图 13-2（c）为关上活门，导管灌满水下不分散混凝土后，打开活门使水下不分散混凝土流下。

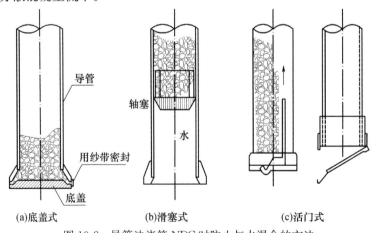

(a)底盖式　　　(b)滑塞式　　　(c)活门式

图 13-2　导管法浇筑 NDC 时防止与水混合的方法

采用泵压法时输送管必须不透水，且在浇筑中经常充满水下不分散混凝土。必须注意当泵送开始时，如输送管内有水，要采用下列方法：（1）在泵送前先输送水下不分散砂浆；（2）在泵管内先投入海绵球；（3）在泵管外装活门，在把输送管投入水中之前，先在水上将管内充满水下不分散混凝土，关上活门再沉放到预定位置。

当水下不分散混凝土输送中断时，为防止水的反窜，应将输送管的出口插入已浇筑的混凝土中。当浇筑面积较大时，可采用挠性软管，由潜水员水下移动浇筑。在移动时，不得扰动已浇筑的水下不分散混凝土。施工中，由于转移工位及越过横梁等需移动水下泵管时，需在输送管的出口端安装特殊的活门或挡板，必要时用麻袋将管口包起来。

当采用开底容器法时，应有装有浇筑水下不分散混凝土时易于开启的底盖。浇筑时，将该容器轻轻放入水中，水下不分散混凝土排出后，再将容器缓缓地提高至距水下不分散混凝土表面一定距离。开底容器时，在不妨碍施工范围内，应尽量采用大容量的。底的形状以水下不分散混凝土能顺畅流出为佳。一般多采用锥形、方形或圆形料罐。此法适合斜面施工的低流动性水下不分散混凝土的浇筑。

水下不分散混凝土的浇筑以静水浇筑为原则，浇筑必须注意尽可能不扰动水下不分散混凝土。当采用一般导管及水下不分散混凝土泵施工，流速不大于 0.5m/s 时，水下不分散混凝土的流失量较少。

水下不分散混凝土自流平的终止时间一般在浇筑后 30min 到 1h。待水下不分散混凝土表面沉实和自流平终止后即要进行用木抹子从上往下压的抹平作业，由于水下不分散混凝土中水泥浆难于被水冲掉，一般不会因抹平而质量下降。

当进行连续浇筑时，必须在水下不分散混凝土还有流动性情况下浇筑后续的水下不分散混凝土。

如在不得已的情况下需留施工缝，应注意以下几点，以防止对构筑物强度造成影响：

（1）施工缝尽可能设在剪切及弯矩小的位置；

（2）如果必须在剪切力大的地方设置施工缝，在第二次浇筑时，施工缝表面应严格清理，对表面浮灰、松动骨料进行清除。

四、养护

水下不分散混凝土养护应考虑到水流及波浪对其表面的冲刷，造成尚未固化的水下不分散混凝土中的水泥砂浆的流失。因此浇筑完后，应在表面设置一层保护装置。这层保护装置可以用模板，也可以用塑料薄膜或苫布。

养护拆模时间应根据水下不分散混凝土达到的强度而定，一般情况下，构筑侧立面及基础拆模强度应大于或等于 5.0MPa，梁板的底面拆模强度应大于或等于 15.0MPa。

第六节　水下不分散混凝土的应用

下面介绍水下不分散混凝土在国内外一些工程中的应用实例。

一、南京空军后勤部水运大队修理所船台滑道水下节点施工

该滑道陆上部分为现浇钢筋混凝土轨道梁，干砌块石护坡。水下部分为桩基和预制

钢筋混凝土井字梁结构。桩梁结构处水下节点 48 个，节点高 1m，下部为 $60cm \times 70cm$，上部为 $50cm \times 50cm$，水深 1～6m。设计要求井字梁安装就位后须在节点孔内浇筑抗压强度在 25.0MPa 以上的水下不分散混凝土，确保桩与井字梁的整体性。由于用常规水下不分散混凝土浇筑无法施工，故施工单位决定采用 NDC。施工时间为 1990-12—1991-01 月，施工气温 -3～5℃，施工区水流速 2～3m/s，水温 1～3℃。使用江南水泥厂 52.5 级硅酸盐水泥及矿渣硅酸盐水泥，水泥用量 550kg/m³，用水量 258.5kg/m³，不分散剂 PN 为 3.2% 的水泥质量。水泥、砂、石、不分散剂 PN 干拌 20s 后加水湿拌 3min。出料至吊斗（溜槽），潜水员将导管就位后通知放料。浇筑后 6d 在节点孔钻取 2 根 $\phi100mm$，高 $h = 240mm$ 的水下不分散混凝土芯样，外观检查显示水下不分散混凝土浇筑质量均匀、无断层、无裂缝、无夹砂、无孔洞等。强度试验结果显示水下试件 28d 抗压强度为 36.5MPa，完全满足设计要求。

二、九江客运码头修补断桩

九江客运码头 5 号、6 号引桥各有 1 根 $55cm \times 55cm$ 的斜桩在 1990 年洪水期被民船碰断。经研究决定，用外加 $\phi1000mm$ 的钢套内浇筑 25.0MPa NDC 方案。所用水泥为庐山牌 52.5 级硅酸盐水泥。水泥用量 500kg/m³，用水量 300kg/m³，不分散剂 PN 用量为水泥质量的 3.2%，施工中没有条件取样。

三、新安江水电厂大桥中墩加固工程

新安江水电大桥建于 1990 年 10 月。竣工验收时经钻孔取样、潜水及水下录像检查发现，大桥中墩混凝土与基岩的接触比较薄弱，墩底部还有一条长约 30cm、宽约 5cm 的冲沟。为提高中墩结构的可靠度与耐久性，决定沿中墩基础周围浇筑一道高 1m、宽 0.8m 的 NDC 加固圈，加固圈外围先筑水下麻包水下不分散混凝土围堰，然后用水下导管法施工。

NNDC-2 是国内首先开发成功的纤维类水下不分散剂配制的 NDC 具有良好的流动性、保持能力和水下浇筑性能。施工过程中 NDC 在水下不分散混凝土拌和物搅拌（每罐搅拌 1.25m³），后经汽车运输（运距 1000m）卸至混凝土卧罐，然后卸至导管储料斗，再卸至导管。整个施工过程基本顺利。

现场测试，出机坍落度为 22.8cm，运到现场后为 22.0cm，坍落度基本没有损失，质量控制良好的 NDC 未出现离析泌水，易于施工。据配合施工的潜水员水下检查反映，水下不分散混凝土浇筑至水下后具有良好的水下自流平能力，且水泥浆散失很少，水下不分散混凝土具有橡胶状韧性，即使稍有扰动也不会分离。

采用江山水泥厂的 52.5 级普通硅酸盐水泥，水泥用量 479kg/m³，用水量 249kg/m³，NNDC-2 粉剂用量为水泥质量的 5.8%，水剂用量为 3.52%。为反映 NDC 现场施工质量，除在拌和楼机口取样外，施工前专门制作 $3.08m \times 1m \times 1m$ 的试验槽，吊放在中墩同样水深位置（水深 5～6m），采用与中墩加固完全相同的施工方法进行浇筑。施工第二天将试验槽吊出水面，养护到期钻孔取样。为测得新老混凝土的黏结强度和钢筋握裹强度，在试验槽内预先布设混凝土被黏体和钢筋。各项现场取样结果见表 13-7。

表 13-7　新安江中墩加固 NDC 现场取样结果

取样类型	抗压强度/MPa		劈裂抗拉强度/MPa	新老混凝土黏结强度/MPa	水下不分散混凝土芯样密度/（t·m^{-3}）	混凝土与钢筋的握裹强度/MPa
	7d	28d				
机口取样	29.0	36.6	—	—	—	—
	28.4	42.0	3.32	—	—	—
水下试验槽取样	22.7	33.9	—	1.6	2.3	3.3

由表 13-7 可见，现场二次机口陆上取样 28d 抗压强度平均值为 39.3MPa，水下试验槽取样 28d 抗压强度为 33.9MPa，水陆比达 0.86。表明水下不分散混凝土具有良好的水下抗分散性。新老黏结强度共取样 9 块，最大为 2.43MPa，最小为 0.9MPa，平均为 1.9MPa，显示了 NDC 与基底具有较好的水下黏结性能。

课程思政：恪守职业道德，守护百姓家园

淡化海砂是建设用砂中的一种。但在使用过程中，有不少经验教训，主要是使用未经过淡化处理的低成本海砂而导致严重的工程质量事故。如韩国的三丰大厦突然垮塌，20 人死亡，615 人受伤。其主要原因是使用了不合格的海砂。我国台湾地区 30 年前基建规模大，岛内缺建筑用河砂，于是出现了滥用海砂。此后 3～10 年，陆续出现大量房屋、公共建筑等的腐蚀破坏现象，被称作"海砂屋事件"。2004 年，杭州日报报道了宁波市华绣巷有 23 户居民先后发现整幢房屋的钢筋生锈、胀裂，这些房子建造时用了未经淡化的海砂。2013 年，央视报道了深圳使用海砂的问题。广州市增城一些楼盘住户发现房子出现质量问题，破案后宣布剿灭李氏兄弟犯罪集团，该团伙强行控制增城多个建筑楼盘小区原材料供应，涉及用质量不达标的海砂冒充河砂，唯利是图，害人终害己。

作为工程技术人员，遵纪守法，恪守职业道德是做人的底线。

思考题：

1. 什么是水下不分散混凝土？
2. 常用的水下不分散剂有哪些？
3. 水下不分散混凝土的主要性能有哪些？
4. 水下不分散混凝土配合比设计时对粗骨料有什么要求？
5. 水下不分散混凝土的浇筑方法有哪些？

参考文献

[1] 朱宏军，程海丽，姜德民．特种混凝土和新型混凝土［M］．北京：化学工业出版社，2004．
[2] 林毓梅，王高元．用 HAWA 拌制的水下不分散混凝土［J］．河海科技进展，1993（1）：65-68．
[3] 宋培建，钟声．ZJ-1 型水下不分散混凝土外加剂的试验研究［J］．施工技术，2001（5）：29-30．
[4] 贺成立，罗伟，贺国伟．水下不分散混凝土施工和水下不分散剂［J］．混凝土，2003（4）：50-52．

［5］蒋正武，孙振平，张冠伦，王亚吉．新型水下混凝土抗分散剂的性能研究［J］．新型建筑材料，2000（10）：13-15.

［6］邹文静．膨润土基水下不分散混凝土的研制及性质研究［D］．烟台：烟台大学，2013.

［7］郭自利，周鼎，裴正南．水下浇筑混凝土用抗分散剂试验研究［J］．混凝土，2017（4）：122-125.

［8］唐军务，张琦彬，刘玉振．掺 HF-Ⅰ早强型絮凝剂的水下不分散混凝土应用研究［J］．中国港湾建设，2015（12）：46-49.

［9］陶国荣，王梦赛，王宝民．水下不分散混凝土研究与开发进展［J］．低温建筑材料，2019（6）：25-30.

［10］中华人民共和国国家市场监督管理总局，中国国家标准化管理委员会．水下不分散混凝土絮凝剂技术要求：GB/T 37990—2019［S］．北京：中国标准出版社，2019.

［11］陈芳．韦兰胶生产工艺初探及流变特性研究［D］．南昌：南昌大学，2007.

［12］中华人民共和国国家能源局．水下不分散混凝土试验规程：DL/T 5117—2021［S］．北京：中国电力出版社，2021.

第十四章

其他混凝土

第一节　透水混凝土

一、透水混凝土的特点和分类

（一）透水混凝土的特点

1. 优点

（1）雨水能够迅速地渗入地表还原成地下水，使地下水资源得到及时补充。

（2）提高地表的透气，透水，保持土壤湿度，改善城市地表生态平衡。

（3）吸收车辆行驶产生的噪声，创造安静舒适的交通环境。雨天能防止路面积水和夜间反光，改善车辆行驶以及行人行走的舒适性与安全性。

（4）透水性路面材料具有较大的孔隙率，能蓄积较多的热量，有利于调节城市地表的温度和湿度，消除热岛现象。

2. 缺点

（1）与密实的混凝土道路材料相比，本身抗压强度和抗折强度比较低。

（2）对基础要求较高，基础能达到蓄水和渗水的要求。

（二）透水混凝土的分类

透水混凝土主要有 3 种类型：水泥透水混凝土、高分子透水混凝土、烧结透水性制品。

水泥透水混凝土是以波特兰水泥为胶凝材料，采用单一粒级的粗骨料，不用或少用细骨料配制的多孔混凝土。该种混凝土成本低，制作简单，耐久性好。其适用用量较大的道路铺筑。但由于含有较多的连通孔隙，提高其强度及耐久性、抗冻性是技术难题。

高分子透水混凝土采用单一粒级的骨料，是以沥青或高分子树脂为胶结材料配制的透水混凝土。这种混凝土强度高，成本也高。由于对温度、湿度变化敏感，耐候性差，易老化，使用较少。

烧结透水性制品是以矿物粒状物和浆体拌和，经压制成型和高温煅烧而成的具有多孔结构的块体材料。该块体材料强度高、耐磨性高、寿命长。但烧结过程需要消耗能量，成本较高，适用于用量较少的高档地面部位。

本节主要介绍水泥透水混凝土（简称透水混凝土）。

二、透水混凝土的材料组成

普通透水混凝土的组成材料包括水泥、骨料和水，必要时还应掺入增强剂和减水剂等外加剂。

(一) 水泥

由于透水混凝土少用或不用细骨料，可将其看作粗骨料颗粒与水泥石胶结而成的多孔堆聚结构。

研究混凝土的结构破坏特征可以发现，水泥石与粗骨料界面的粘结强度往往是混凝土中最薄弱的环节。由于骨料的强度远高于混凝土的强度，因而结构的破坏常常发生在骨料界面间的水泥石层中。从而可以看出水泥的活性、品种、数量是决定混凝土强度的关键因素。所以，透水混凝土要采用强度较高、混合材料掺量较少的硅酸盐水泥或普通硅酸盐水泥，水泥的强度最好在40MPa以上。水泥浆的最佳用量以刚好能够完全包裹骨料的表面、形成一种均匀的水泥浆膜为准，并以采用最少水泥用量为原则，由于过多的水泥用量会造成透水性的丧失，且增加成本。通常水泥用量在 $250\sim400kg/m^3$ 范围内。

(二) 骨料

骨料包括普通骨料（砂、碎石）和特种骨料，它们是透水混凝土的结构骨架。骨料可以采用普通砂、碎石，也可以采用浮石、陶粒等轻骨料，甚至可以用废弃建筑物的碎砖、废弃混凝土等。骨料粒径的大小，应视透水混凝土结构的厚度和强度而定。通常骨料的粒径不宜过大。粒径大于 20mm 的骨料应控制在 5% 以内，最大粒径应不超过 25mm，细骨料含量也不宜太大。试验表明，骨料粒径越小，骨料堆积的孔隙率越大且颗粒间的接触点愈多，配制的透水混凝土强度偏高。

透水混凝土的颗粒级配是决定其强度和透水性的主要因素之一。为了保证透水混凝土的强度及透水功能，粗骨料通常采用粒径较小的单一粒级，如 10~20mm 或 5~10mm。对于碎石型的粗骨料除应满足强度和压碎指标要求外，碎石中针片状颗粒含量应尽量少，且石子的含泥量应不大于 1%。

(三) 外加剂

透水混凝土除了采用砂、石、水泥、水这 4 种基本材料外，通常还掺入一定量的外加剂。例如添加一定量的增强剂，有助于提高水泥浆与骨料间的界面强度。添加一定量的减水剂，有助于改善透水混凝土成型时的和易性并提高强度。为了使路面更美观，通常添加一定量的着色剂。添加一定量的消石灰可增加水泥浆的黏性，提高施工时面层的平整度，另外其碱性对酸性雨有中和作用，能提高透水混凝土的耐久性。冬期施工时可酌情采用硫酸钠、氯化钙等早强剂，以加速透水混凝土的硬化。

(四) 拌和水

采用一般洁净的饮用水即可，单方用水量控制为 $80\sim120kg/m^3$ 范围。

三、透水混凝土的配合比设计

(一) 原材料的选择

1. 水泥

透水混凝土一般采用硅酸盐水泥或普通硅酸盐水泥，也可用矿渣水泥或快硬水泥。

为了提高其强度，可掺混合材料（如硅灰等）。一般选用 32.5 级以上强度等级水泥。

2. 骨料

骨料的级配是控制透水混凝土质量的一个重要指标，若骨料级配不良，则堆积骨架中含有大量的孔隙，透水系数大，强度会偏低；反之，虽然强度较高，但渗透性极差。骨料自身的强度（包括抗压强度、抗折强度、抗拉强度）、颗粒形状（针状、片状含量）、含泥量等都有一系列要求。

3. 外加剂

外加剂包括高效减水剂和增强剂，两者的作用是保持一定稠度或干湿度的前提下，提高颗粒间的黏结强度，进而提高制品的整体力学性能和耐磨性能。

（二）配合比参数的确定

影响透水混凝土技术性能的因素有透水方式、材料密度、原材料性能、配合比、成型方法和养护条件等。而强度和透水性是对立的，在配合比设计时必须综合考虑。

1. 水灰比（W/C）的选择

W/C 既影响透水混凝土的强度，又影响其透水性。对特定的某一骨料有一最佳水灰比。当 W/C 小于这一最佳值时，水泥浆过于干稠，混凝土拌和物和易性太差，水泥浆体不能充分包裹骨料表面，不利于透水混凝土强度提高；反之，W/C 过大，水泥浆可能把透水孔隙部分或全部堵死，既不利于透水，也不利于强度提高。具有代表性的 W/C 为 0.25～0.35。

2. 用水量的选择

透水混凝土没有和易性试验，无须坍落度测试，只要目测判断所有骨料颗粒表面均形成平滑的水泥浆包裹层，而且包裹层有光泽、不流淌即可。对普通骨料来说，一般用水量为 80～120kg/m³，对透水混凝土的实际用水量应根据其透水性及强度由试验确定。

3. 集灰比（G/C）的选择

水泥用量一定时，增大 G/C，骨料颗粒周围包裹的水泥浆厚度减薄，增加了孔隙率，但透水混凝土强度减小；相反 G/C 减小，骨料周围的水泥浆层厚度增大，透水混凝土强度提高，但孔隙率减少，透水性能下降。另外，小粒径骨料具有较大比表面积，为保持水泥浆体的合理厚度，小粒径骨料的 G/C 适当比大粒径的小一些。通常透水砖的 G/C 为 3～6。

4. 骨料用量

1m³ 透水混凝土所用骨料总量取骨料的紧密堆积密度的数值，为 1200～1800kg。其中主要是粗骨料，细骨料量控制在 20% 以内。

5. 水泥用量

根据骨料的单位体积孔隙率，胶凝材料在骨料内的填充率一般为 25%～50%，再根据水泥密度确定水泥用量。

四、透水混凝土的技术性能与技术指标

透水混凝土的技术性能与指标、性能测试方法参考 CJJ/T 135—2009《透水水泥混凝土路面技术规程》和 JC/T 2558—2020《透水混凝土》的要求。

第二节 耐磨损混凝土

对机械磨损、流体冲刷等磨损破坏有较强抵抗作用的混凝土称为耐磨损混凝土。

在混凝土使用中，根据其磨损的原因，磨损可以分成以下几种类型：

（1）研磨型磨损，指反复研磨或摩擦造成的磨损。例如路面、人流较多的通道，一些工厂、车间及仓库、堆场的地面等。这些场所的混凝土表面因经常反复地受到车辆、行人及各种货物、工件对其施加的滑动或滚动摩擦产生的研磨作用，使混凝土由表及里逐层受到磨耗。

（2）剥蚀型磨损，主要指在流动液体的冲刷作用下混凝土表面产生逐层的剥蚀破坏。液体的流速越快，这种磨损作用就越大。如果液体中含有悬浮颗粒，就会增强这种磨损作用。常见的实例有混凝土桥墩、水上建筑的水中支柱、混凝土给排水管道及混凝土堤坝等。

（3）气蚀型磨损，这是一种高速流动的流体在受到扰动时对混凝土产生的冲击性破坏。其破坏机理如下：当一股流速很高的水或其他液体在其流动方向或速度受到某种干扰而改变时，在紧靠变化处下游的混凝土表面局部出现一个低压区，当其压力低于相应环境温度的水蒸气压时，就会形成大量的气泡。气泡随水流进入高压区时，高速水流进入原水蒸气所占的空间，产生很大的冲击力致使气泡急速溃灭，随之产生巨大的瞬时压力。当气泡溃灭发生在混凝土局部边壁时，由于流体中不断溃灭的气泡所产生的瞬时压力的反复作用，混凝土表面产生很多的"坑洞"，即为气蚀性磨损。工程实例主要有水库大坝的溢洪道、江河大坝的冲淤道及排水鼻坎等混凝土工程。

无论是磨损、冲刷剥蚀还是气蚀，都可以归结到磨耗和冲击两种破坏作用。大部分情况下这两种破坏作用是并存的，区别仅仅是以何种作用为主而已。其破坏过程首先是硬化水泥浆体部分被磨损，露出骨料，接着由于冲击力的作用，骨料被磨损。由于骨料与硬化水泥浆体的界面黏结强度小于骨料及浆体的强度，在冲击力的作用下骨料往往被剥离出来，形成空穴。随后硬化浆体又被磨耗，露出新一层的骨料，如此反复进行，混凝土由表及里逐层受到破坏。而且原来存在于混凝土内部的微裂缝在冲击作用下可能会扩展，加之一些砂砾进入孔穴后，在高速水流作用下，在孔穴中对混凝土进行"洗挖"，使混凝土的损坏加剧。

由以上混凝土受磨损破坏的原因和过程可知，要提高混凝土的耐磨性，制得耐磨损能力强的耐磨损混凝土，应该从以下两方面考虑：一是要增加混凝土表面的耐磨损性，无论是硬化水泥浆体还是骨料，都应具有足够的抗磨性；二是要提高硬化水泥浆体与骨料界面的结合强度，即增加浆体与骨料的黏结力。而要实现上述两方面要求的技术途径：一方面是要选用耐磨性好的原材料；另一方面是要提高混凝土的强度。一般情况下强度越高的混凝土硬化水泥浆体与骨料的黏结力也越大，耐冲击磨损的性能也越好。

一、耐磨损混凝土的胶凝材料选择

（一）水泥

应选择水化硬化后硬化浆体耐磨性强的水泥。就硅酸盐系列水泥而言，耐磨性与硅酸盐水泥熟料矿物的组成有关，也与混合材的品种和掺量有关。

硅酸盐水泥熟料各矿物成分的耐磨性见表 14-1。

表 14-1　硅酸盐水泥熟料矿物抗磨强度比较表

矿物成分	水灰比	水泥石抗磨强度 /［h·(10N)$^{-1}$·m^{-2}］	水灰比	灰砂比	砂浆抗磨强度 /［h·(10N)$^{-1}$·m^{-2}］	砂浆 3 个月龄期抗压强度/MPa
C_3S	0.31	3.45	0.48	1:2.5	4.35	45.0
C_2S	0.23	0.80	0.43	1:2.5	不抗磨	15.0
C_3A	0.47	2.94	0.70	1:2.5	0.87	10.3
C_4AF	0.28	3.13	0.45	1:2.5	0.94	6.6

由表 14-1 可知，硅酸盐水泥熟料矿物水化硬化后的抗磨损强度从大到小的顺序应为：$C_3S > C_4AF > C_3A > C_2S$。

因此，应选择 C_3S 含量高的水泥熟料所制成的水泥。研究表明，掺加目前常用的任何混合材料（粉煤灰、水淬矿渣、火山灰质混合材料等）对抗磨性都有程度不同的负影响。因此，水泥品种最好选用不掺或少掺混合材料的水泥，如硅酸盐水泥或普通硅酸盐水泥。如选用普通硅酸盐水泥，其中的混合材料最好用水矿渣，尽量不选用粉煤灰。

水泥的强度等级一般应大于或等于 42.5 级。

（二）环氧树脂

在特殊场合下，使用水泥混凝土已不能满足抗磨损的要求。需采用抗磨损性能更好的胶结材料。其中环氧树脂是比较理想的一种。

二、耐磨损混凝土的骨料选择

（一）骨料的品种选择

骨料本身的耐磨性对耐磨损混凝土的耐磨损性有至关重要的作用，因此应选用质地致密、坚硬、耐磨损性强的材料作为骨料。粗骨料一般选用花岗岩、辉绿岩及致密性强的石灰岩等，而细骨料一般应选用较纯净无风化的石英砂。

通过研究发现，相同强度等级的碎石混凝土的磨损系数稍高于卵石混凝土，这是由于卵石表面光滑不易磨损而碎石表面粗糙，所以碎石容易受到磨损。虽然碎石混凝土的磨损系数偏高，但卵石混凝土中卵石与硬化水泥浆体的界面黏结强度低于碎石混凝土。在磨损过程中，卵石更易被冲击脱离开硬化浆体而形成空穴和凹槽，使混凝土的磨损破坏速度加快。因此，即使碎石混凝土磨损系数稍高一些，与卵石相比，碎石更适宜耐磨损混凝土。试验研究证实，磨损导致碎石混凝土结构最终破坏的时间，仍比卵石混凝土要长。

（二）粗骨料最大粒径 d_{max} 的选择

粗骨料最大粒径的选择对混凝土的抗磨损性也有一定的影响。如上所述，在骨料因摩擦、冲击而被"拔出"，在混凝土表面形成孔穴后，磨耗很快将继续进行下去。进入孔穴中的砂砾，随高速水流而转动，使混凝土受到洗挖，而使混凝土的磨损破坏加剧。

当单位体积混凝土中水泥用量和水灰比确定后，改变 d_{max} 时，混凝土的磨损系数将发生变化。有研究结论，综合考虑磨损系数和骨料拔出来的孔穴数量多少，较适宜的粗骨料 d_{max} 应为 25mm，但也有试验表明，d_{max} 在 15mm 左右是较适宜的。

（三）细骨料的细度模数 M_x 的选择

研究表明，细骨料石英砂宜采用中粗砂，细度模数 M_x 应控制为 2.4～3.5。

三、耐磨损混凝土的掺和料选择

用于耐磨损混凝土的掺和料有两类：一类是用于直接增强耐磨性的掺和料，这部分合料可以替代部分细骨料，常用的有钢屑、钢纤维、金刚砂、钢渣砂等，其中以钢屑、钢纤维、金刚砂的效果最好；另一类是用于增加混凝土的致密性和强度的掺和料，常用的有硅灰及超细矿渣粉等。

四、耐磨损混凝土的外加剂选择

为了降低混凝土的孔隙率，提高混凝土的强度，配制耐磨混凝土时也可掺入一些减水剂及早强剂，但减水剂不宜采用引气型减水剂。如在钢筋混凝土中掺加早强剂，应避免掺用对钢筋有锈蚀作用的早强剂。

第三节　耐热混凝土

一、概述

耐热混凝土是一种能长时间在高热高温状态下使用，且能保持所需的物理力学性能的特种混凝土材料。目前，该混凝土已成功地应用在化工、冶金、建材等工业领域，例如工业烟囱或烟道的内衬，高温锅炉的基础及外壳，甚至一些工业窑炉的耐火内衬，也可以用耐热混凝土材料代替耐火砖作耐火材料。这种代替耐火砖用于工业窑炉内衬的耐热混凝土也称为耐火混凝土或耐火浇筑料。与具有固定形状的经烧结的耐火砖相比，耐火混凝土可以浇筑成任意的形状，因此也称无定形耐火材料。

根据配制混凝土胶结料的不同，耐热混凝土可以分为硅酸盐系列耐热混凝土、铝酸盐耐热混凝土、磷酸盐耐热混凝土、硫酸盐耐热混凝土、氯化物耐热混凝土、溶胶类耐热混凝土及有机物结合耐热混凝土。

耐热混凝土按胶结剂硬化条件可以分为水硬性结合耐热混凝土、气硬性结合耐热混凝土及热硬性结合耐热混凝土。

本节主要介绍目前应用较为广泛的硅酸盐耐热混凝土。

以硅酸盐作胶结料，耐热材料作骨料配制而成的具有耐热性质的混凝土称为硅酸盐耐热混凝土。

二、原材料的选择和技术要求

（一）胶结材料

（1）硅酸盐水泥系列胶结料，可以用矿渣硅酸盐水泥和普通硅酸盐水泥作为耐热混凝土的胶结材料。其中应优先选用矿渣硅酸盐水泥。如选用普通硅酸盐水泥，该水泥所掺的混合材料不得含有石灰石等易在高温下分解和软化或熔点较低的材料。而且配制混凝土时必须掺加含有活性 SiO_2 和 Al_2O_3 成分的磨细合料。如选用矿渣硅酸盐水泥，水泥中的矿渣掺量应大于或等于 50%。

所用水泥的质量应符合国家标准，且强度等级不得低于 42.5 级。

用上述两种水泥配制的混凝土最高使用温度可以到 $700\sim800℃$，其耐热的主要机理是硅酸盐水泥熟料矿物中的 C_3S 和 C_2S 的水化产物 $Ca(OH)_2$ 在高温下脱水，生成的 CaO 与矿渣及掺和料中的活性 SiO_2 和 Al_2O_3 又反应生成具有较强耐热性的无水硅酸钙和无水铝酸钙，使混凝土具有一定的耐热性。

硅酸盐水泥系列耐热混凝土属于水硬性结合耐热混凝土。

（2）碱硅酸盐（水玻璃）胶结料。水玻璃不仅可以作为耐酸混凝土的胶结料，也可以用于配制耐热混凝土。水玻璃耐热混凝土所用的水玻璃一般采用模数 $n=2.6\sim2.8$，相对密度 $\rho_s=1.38\sim1.50$ 的硅酸钠。固化剂采用纯度大于 95%（以质量计）、含水率小于 1%、细度为 0.125mm、方孔筛筛余小于或等于 10% 的氟硅酸钠。

水玻璃为胶结料的耐热混凝土最高使用温度可达 1100℃，属气硬性耐热混凝土。

（二）耐热骨料

耐热骨料的耐热性能是配制耐热混凝土的关键。普通混凝土之所以耐热性能不良，其主要原因是一些水泥的水化产物为 $Ca(OH)_2$，水化铝酸钙在高温下脱水，使水泥石结构破坏而导致混凝土溃裂；另一个原因是常用的一些骨料（如石灰石、石英砂等）在高温下会发生较大的体积变形（如含石英的骨料在 573℃ 时体积可膨胀为原来的 $1.3\sim1.5$ 倍），还有一些骨料（如含碳酸盐的骨料）在高温下会发生分解，这些将直接导致混凝土结构的破坏而使其强度降低或完全失去强度。

因此，耐热混凝土应选用在高温下体积变化较小，又不会发生化学分解，并且在常温和高温下具有较高强度的材料。同时，骨料还应具有较高的熔点，而且热膨胀系数较小。目前，常采用的耐热粗骨料有碎黏土砖、黏土熟料碎高铝耐火砖、矾土熟料；细骨料有镁砂、碎镁质耐火砖、一些 Al_2O_3 含量较高的电厂粉煤灰也可作为细骨料使用。

对于硅酸盐水泥胶结料的耐热混凝土，一般用碎黏土砖、黏土、熟料、碎高铝砖作骨料；而用水玻璃作胶结料时，一般用高铝砖、矾土熟料和碎镁砖及镁砂作骨料。

（三）掺和料

掺和料是在拌制耐热混凝土时掺入的一种具有耐热性能的粉料。其主要作用有两个：一是可增加混凝土的密实性，减少在高温状态下混凝土的变形；二是在用普通硅酸盐水泥配制耐热混凝土时，掺和料中的 Al_2O_3、SiO_2 与水泥水化产物 $Ca(OH)_2$ 的脱水产物 CaO 反应形成耐热性好的无水硅酸钙和无水铝酸钙，同时避免了 $Ca(OH)_2$ 脱水引起的体积变化。由此可知，掺和料应选用熔点高、高温下不变形、含有一定数量 Al_2O_3 的材料。

（四）外加剂

（1）硅酸盐水泥系列耐热混凝土配制时，可掺加减水剂以降低水灰比，减少混凝土的孔隙率及增加强度，减水剂宜采用非引气型。

（2）水玻璃耐火混凝土需采用氟硅酸钠作固化剂。

三、耐热混凝土的施工

（一）硅酸盐系列水泥耐热混凝土的施工

硅酸盐系列水泥耐热混凝土的施工基本类同普通水泥混凝土，但应注意以下几点：

（1）由于耐热混凝土 W/C 低（0.40～0.45），坍落度小（3～5cm），因此必须采用强制搅拌机进行搅拌。

（2）施工温度必须在 5℃ 以上进行，如低于 5℃，应按冬期施工进行，但不得加入含 Na_2SO_4、$NaCl$ 等早强剂。

（3）养护应在温度 15～25℃ 的潮湿环境（RH≥90％）中养护，防止太阳直射、防止脱水过快，使用前养护后期不得少于 14d。

（二）水玻璃耐热混凝土的施工

水玻璃耐热混凝土的施工应特别注意以下 2 点：

（1）水玻璃相对密度应控制为 1.35～1.38，波美度应控制在 40±1。

（2）养护温度宜控制为 10～35℃，在 10～25℃ 养护时间不得低于 14d，21～30℃ 不得低于 9d，30～35℃ 不得低于 5d，如采取加热养护，最高温度不得高于 60℃，带模养护时间为 24h。

第四节　水玻璃耐酸混凝土

一、概述

由于普通水泥混凝土中水泥的水化产物中含有大量的 $Ca(OH)_2$ 和水化铝酸钙，这些水化产物很容易与酸性介质发生反应导致混凝土结构被破坏。即使是抗硫酸盐水泥和硫铝酸盐水泥制成混凝土，也仅仅是因为水化产物中 $Ca(OH)_2$ 和水化铝酸钙数量较少而有一定的耐酸蚀能力，可以用于如海港工程等一些有硫酸盐侵蚀的场所。但对于一些化工工业中如硫酸、盐酸等酸性较强的酸性介质，上述水泥配制的混凝土仍然会很快遭到酸蚀性破坏。因此，有必要研制一种耐酸性更好的混凝土，即耐酸混凝土。本节介绍目前常用的水玻璃耐酸混凝土。

二、水玻璃耐酸混凝土

水玻璃耐酸混凝土是以水玻璃为胶结料、氟硅酸钠作固化剂、一定比例的耐酸骨料及粉料配制成的耐酸材料。

（一）水玻璃耐酸混凝土的分类

（1）按水玻璃品种分，可分为以下 2 种：①以钠水玻璃为胶结料的钠水玻璃耐酸混凝土；②以钾水玻璃为胶结料的钾水玻璃耐酸混凝土。

（2）按骨料品种分，可分为以下 3 种：①以硅质原料（如石英粉、瓷粉）为骨料的耐酸混凝土或耐酸胶泥；②以辉绿岩、铸石粉为骨料的辉绿岩耐酸混凝土或耐酸胶泥；③以安山岩为骨料的安山岩耐酸混凝土或耐酸胶泥。

（3）按性能特点分，可分为以下 2 种：①普通型耐酸混凝土；②密实型耐酸混凝土。

两者的差别是在于后者采用一定的外加剂对水玻璃耐酸混凝进行改性，从而进一步增加其耐酸能力。

（4）按使用的用途分类，可分为以下 3 种：

① 耐酸胶泥，主要用于砌筑表面较平整的耐酸块材及输送酸性介质的管道的接头密封；

② 耐酸砂浆，主要用于砌筑表面较粗糙的耐酸块材和耐酸表面的抹灰；

③ 耐酸混凝土，主要用于浇制耐酸构件和构筑物，浇筑耐酸管道和腔体的内衬，预制耐酸砌块等。

（二）水玻璃耐酸混凝土原材料

1. 胶结料（水玻璃）

（1）水玻璃的分类

水玻璃是碱金属硅酸盐的玻璃状熔合物，俗称"泡花碱"，其化学组成可用 $R_2O \cdot nSiO_2$ 表示。根据碱金属氧化物种类不同，可分为钠水玻璃（$Na_2O \cdot nSiO_2$）和钾水玻璃（$K_2O \cdot nSiO_2$）。由于钾水玻璃价格较高，因此目前使用最多的是钠水玻璃。

钠水玻璃一般由较纯的细石英砂和纯碱（工业碳酸钠）按一定比例配制后，经 $1350\sim1400℃$ 熔融反应而得，即

$$Na_2CO_3 + nSiO_2 \longrightarrow （1350\sim1400℃）Na_2O \cdot nSiO_2 + CO_2 \tag{14-1}$$

$Na_2O \cdot nSiO_2$ 中 n 称为水玻璃的模数，是 SiO_2 和 Na_2O 的物质的量之比。

也可以按照水玻璃存在的状态把水玻璃分为固态水玻璃和液态水玻璃。固态水玻璃可为淡绿色或浅黄色及这两种颜色之间的各种色泽，液态水玻璃为固态水玻璃的水溶液，一般呈白色或微黄色。

（2）水玻璃的技术性能指标

① 模数

水玻璃的模数 n 是水玻璃的重要技术性能指标，它的大小直接决定水玻璃的物理化学性能，也直接影响所配制的耐酸混凝土的性能。一般来说，n 增加，水玻璃的凝结速度加快，黏结性能和耐酸性增加，但在水中的溶解性能降低；反之，则黏结性能和耐酸性降低而在水中的溶解性增加。

用于配制耐酸混凝土（包括耐酸胶泥和耐酸砂浆）的水玻璃的模数 n 一般应为 $2.4\sim3.0$，最好为 $2.6\sim2.8$，如超出上述范围，应进行适当调整。n 太高，可以掺入氢氧化钠（NaOH）进行调整。

② 比密度

水玻璃的比密度（也称相对密度）ρ_s 是表征水玻璃溶液浓度的一个技术参数。其大小取决于水溶液中溶解的固体水玻璃的含量及水玻璃的模数。

水玻璃的比密度可通过波美度计测定，测定的结果用波美度（°Be'）来表示。用于配制耐酸混凝土或胶泥的水玻璃的比密度一般应为 $1.36\sim1.50$。如低于此范围，可进行加热使水玻璃中的水分蒸发而使 ρ_s 提高。如 ρ_s 高于 1.50 可向水玻璃中加热水（50 ± 5）℃来进行调节，调节过程中应不断用波美度计进行检测。

2. 固化剂

水玻璃本身是一种气硬性胶凝材料，但在空气中凝结硬化较慢，往往不能满足工程施工的需要。为了加速水玻璃的凝结硬化速度，一般在配制时应加入固化剂。固化剂可以用氟硅酸钠（Na_2SiF_6）或氟硅酸钾（K_2SiF_6）。由于氟硅酸钾价格较氟硅酸钠高，因此最常用的固化剂为氟硅酸钠。

氟硅酸钠加速凝结硬化作用的机理如下所示。

水玻璃在空气中与空气中的 CO_2 可发生如下化学反应：

$$Na_2O \cdot nSiO_2 + CO_2 + mH_2O \rightarrow Na_2CO_3 + nSiO_2 \cdot mH_2O \tag{14-2}$$

$$nSiO_2 \cdot mH_2O \rightarrow nSiO_2 + mH_2O \tag{14-3}$$

水分部分蒸发后，反应产物成为固态的二氧化硅（SiO_2）、碳酸钠（Na_2CO_3）和硅凝胶（$SiO_2 \cdot mH_2O$），从而使体系发生凝结硬化。

由于空气中 CO_2 的浓度较低，因此上述反应较慢，也即凝结硬化也较慢。

加入固化剂氟硅酸钠后，氟硅酸钠与水玻璃发生如下反应：

$$2[Na_2O \cdot nSiO_2] + Na_2SiF_6 + mH_2O \rightarrow NaF + (2n+1)SiO_2 \cdot mH_2O \tag{14-4}$$

$$(2n+1)SiO_2 \cdot mH_2O \rightarrow (2n+1)SiO_2 + mH_2O \tag{14-5}$$

上述反应比水玻璃与空气中的 CO_2 反应快得多，可以更快地析出硅凝胶，促使了水玻璃的凝结硬化。

氟硅酸钠的外观为白色或浅黄色状物，pH 值在 3 左右。

3. 耐酸骨料

用水玻璃配制耐酸混凝土所用的骨料必须具有较高的耐酸性能，常用的骨料有耐酸性能好的岩石或人造岩石经破碎而成。

目前用得较多有石英岩、花岗岩、辉绿岩、玄武岩及安山岩等天然石和铸石，废耐火砖、碎瓷片及一些含 SiO_2 较高的卵石也可以作为耐酸骨料，但必须经过耐酸度检验。

粗细骨料的主要技术指标及颗粒级配分别见表 14-2 和表 14-3。

表 14-2　耐酸骨料的主要技术指标

指标名称	细骨料指标	粗骨料指标
耐酸度/%	≥94	≥94
空隙率/%	≤40	≤45
含泥量	不允许有	不允许有
湿度/%	<2	≤1
吸水率/%	—	≤2
浸酸后安定性	—	无裂缝、掉角
外观检查	—	无风化和非耐酸夹层

表 14-3　耐酸骨料的颗粒级配

指标名称	细骨料					粗骨料		
筛子尺寸/mm	0.15	0.3	1.2	2.5	5	5	10	20
筛余量/%	95~100	70~95	20~55	10~35	0~10	90~100	30~60	0~5

注：1. 细骨料用于铺砌时，其粒径应不大于 1.25mm；用于涂抹时，其粒径应不大于 2.5mm。
　　2. 粗骨料最大粒径应不超过结构断面最小尺寸的 1/4，钢筋净距的 3/4，用于楼地面层时，不应超过 25mm，且小于面层厚度的 3/4。

4. 耐酸粉料

耐酸混凝土除粗细骨料外，为增加混凝土的密实度，还需要配以一定量的耐酸粉料。耐酸粉料的原料与耐酸粗细骨料相同，通过粉磨达到要求的细度。

5. 改性剂

为了进一步提高水玻璃混凝土密实度，从而改善其强度和抗渗性，可以在配制时掺加一部分改性剂。常用的改性剂有呋喃类有机单体（如糠醇、糠醛丙酮等）、水溶性低聚物（如多羟醚化三聚胺、水溶性氨聚醛低聚物、水溶性聚酰胺等）、水溶性树脂（如水溶性环氧树脂、呋喃树脂等）及烷芳基磺酸盐（如水质素磺酸钙、亚甲基二苯磺酸等）。

（三）水玻璃耐酸混凝土的性能

1. 力学性能

（1）抗压强度。水玻璃耐酸混凝土的抗压强度一般应大于 20MPa。只要正确地配比和施工，这个强度是不难达到的，如加改性剂进行改性，抗压强度一般可大于 25MPa。

水玻璃耐酸混凝土早期强度较高，一般 1d 强度即可达 28d 强度的 $40\%\sim50\%$，3d 强度可达 28d 强度的 $75\%\sim80\%$，但 28d 后强度基本上不再增长。

（2）抗折强度。水玻璃耐酸混凝土的抗折强度一般为抗压强度的 $1/8\sim1/10$。

（3）抗冲击性。水玻璃耐酸混凝土有较强的耐冲击性，尤其是耐酸胶泥和耐酸砂浆。

影响水玻璃耐酸混凝土力学性能的主要因素除了配合比设计和施工质量外，还与水玻璃的品质和模数及耐酸骨料的品质、品种及表面性能等有关。另外，养护温度也在一定程度上影响其力学性能。

2. 耐久性

（1）耐酸性

耐酸性是水玻璃耐酸混凝土的最主要性能。只要配比适当和保证施工质量，水玻璃耐酸混凝土有很强的耐酸能力。值得注意的是，水玻璃耐酸混凝土耐浓酸能力比其耐稀酸能力强，不论是盐酸、硫酸还是硝酸。有试验表明，同时将同一品质的水玻璃混凝土试样分别浸泡在 10% 的浓硫酸和 3% 的稀硫酸中，一年后，前者的强度基本上没有变化，而后者的强度降低了 15%。其原因主要是酸的浓度越小，其渗透能力相对越强，渗入混凝土结构内部与未反应的水玻璃及 NaF 作用生成了一些可溶性盐，从而使混凝土结构发生变化，致使其强度降低。而浓度较高的酸不仅对混凝土的渗透能力较低，而且可以在水玻璃耐酸混凝土表面与未反应的水玻璃反应形成硅凝胶，使混凝土表面更为密实，从而阻止了酸溶液向混凝土内部的渗透。根据这一现象，为提高水玻璃耐酸混凝土的耐酸性和强度，可以用浓酸对水玻璃混凝土进行"酸化处理"，即在养护 $14\sim20d$ 后的水玻璃混凝土表面涂抹一定浓度的浓酸，使混凝土表面未反应的水玻璃变成硅凝胶，使混凝土表面更密实，从而降低混凝土在稀酸中的溶蚀性破坏。

（2）抗盐蚀性及抗碱性

由于未水化的水玻璃能与某些呈酸性反应的盐类发生化学反应，因此，水玻璃耐酸混凝土对不同的盐的抗蚀性是不一样的。特别是某些溶液与水玻璃反应后，在混凝土内部中产生一些膨胀性产物，将会导致混凝土结构的破坏。因此，水玻璃耐酸混凝土在与盐溶液接触的环境中使用时，一定要经过试验，并最好应用经过改性的致密水玻璃耐酸混凝土。水玻璃耐酸混凝土的耐碱性较差，不适用在碱性介质中使用。

（3）耐水性和抗渗性

水玻璃耐酸混凝土的耐水性甚至不如其耐酸性。长期浸泡在水中的水玻璃耐酸混凝土强度会明显降低。其主要原因是未参与反应的水玻璃及反应生成的一些可溶性氟化钠（NaF）溶出而导致水玻璃耐酸混凝土结构受到破坏。由此可知，不经过特殊处理的水玻璃耐酸混凝土抗渗性是不理想的。

提高抗水性和抗渗性的措施，除用改性剂进行改性外，也可以用浓酸对水玻璃耐酸混凝土表面进行酸化处理。

（4）耐热性

水玻璃耐酸混凝土的耐热性与配制混凝土所用骨料、粉料的耐热性有直接的关系。一般说，骨料、粉料的耐热性好，相应的耐酸混凝土的耐热性也好。因此，温度较高环境所用的水玻璃耐酸混凝土应选用如碎耐火砖及耐火砖粉作为水玻璃耐酸混凝土的骨料或粉料。

3. 干缩变形性

水玻璃耐酸混凝土在养护和使用过程中存在干缩变形现象，而且密实度较高干缩变形也较大。干缩变形可能会引起水玻璃耐酸混凝土出现不同尺度的裂缝。另外，密实度较高的水玻璃耐酸混凝土化学稳定性也较差，特别当相对密度大于 $1.5g/cm^3$ 时，不论水玻璃的模数高低，都会出现较严重的溶蚀现象。因此，配制的水玻璃耐酸混凝土在满足抗渗性和强度要求的前提下，不应片面追求高密实性。

4. 水玻璃耐酸混凝土的施工

（1）搅拌

水玻璃耐酸混凝土的搅拌机械应选用强制式搅拌机。

投料顺序如下：

粗骨料→细骨料→粉料→固化剂（氟硅酸钠）→（干拌 1～2min）→加水玻璃溶液（拌 2～3min）→出料。

（2）浇筑和捣实

① 模板支撑必须牢固，表面平整，拼缝严密，防止水玻璃流失。

② 模板上应涂抹非碱性脱模剂（如一些矿物油），如有钢筋或铁质预埋件，应事先涂刷环氧树脂，并待初步固化后再浇筑。

③ 因为水玻璃耐酸混凝土不耐碱，因此在碱性基层上浇筑水玻璃耐酸混凝土时，应设置沥青涂层或聚氨酯涂层作为隔离层。在隔离层固化后，再在隔离层上涂刷两道水玻璃胶泥（水玻璃∶氧硅酸钠∶耐酸粉料＝1∶0.15∶1），并待胶泥固化（需 6～12h）后再浇筑耐酸混凝土。

④ 当浇筑大面积耐酸混凝土工程时，应分格浇筑。分格缝内应填嵌沥青胶泥或聚氯乙烯胶泥，以避免温度变形引起的破坏。当浇筑厚度超过 20cm 时，应分层浇筑并分层捣实。

⑤ 捣实主要采用振动棒板式振动器，振动频率应不小于 5000 次/min。

（3）养护和拆模

水玻璃耐酸混凝土的养护温度应不低于 5℃，最好为 15～30℃，养护环境宜在相对湿度低于 50％的较干燥环境中进行。拆模时间与养护温度有关，温度越高，拆模时间越短。一般情况下 5～10℃时应不低于 7d，10～20℃应不少于 5d，20～30℃不少于 3d，30℃以上 1d 即可拆模。

拆模后如发现有蜂窝、麻面、裂缝等缺陷，应将此处适当凿去一部分，然后涂上稀胶泥薄层，稍干后用水玻璃耐酸胶泥或砂浆进行修补。

（4）酸化处理

如前所述，为提高水玻璃耐酸混凝土的耐蚀性、耐水性和抗渗性，往往要对水玻璃耐酸混凝土表面进行酸化处理。酸化处理的有关注意事项如下：

① 处理时间。应选择适宜的处理时间。处理过早，反而会使水玻璃耐酸混凝土表面受到损坏；而处理过迟，水玻璃耐酸混凝土表面发生碳化，酸液不易渗入，影响酸化效果。根据经验，酸化处理时间应选择在脱模后 2～3d 内进行。

② 酸品种和浓度的选择。硫酸、硝酸、盐酸都可以作为酸处理用酸，浓度控制范围：硫酸为 40％～60％浓度的溶液；硝酸为 40％～45％浓度的溶液；盐酸为 15％～25％浓度的溶液，也可用 1：（2～3）的盐酸酒精混合溶液。

③ 涂刷。涂刷至少 3 遍，每遍之间应间隔 8～10h；涂刷应均匀，不能漏涂。

第五节 耐油混凝土

一、概述

耐油混凝土是一种能阻抗油类物质（包括植物油和矿物油）渗透且不易与这些油类起化学作用的混凝土。

普通水泥混凝土长期与油类物质接触时，会遭到油类物质的侵蚀而使混凝土结构破坏。具体表现为混凝土强度降低，甚至由表及里出现疏松、剥落等现象，最后完全溃散而失去强度。

导致这种侵蚀作用的原因主要有以下几方面：

（1）油逐渐沿混凝土的毛细孔和各种微裂缝渗透到混凝土的内部后再渗透到硬化水泥浆体与粗细骨料的界面，使硬化水泥浆体与骨料之间的界面黏结遭到破坏而使界面黏结力下降，最终导致结构疏松；

（2）油类物质中含有大量有机酸（如油酸、硬脂酸、脂肪族酸等），这些有机酸与水泥的水化产物 Ca（OH）$_2$ 发生化学作用，生成相应的有机酸盐，形成的有机酸盐使水泥石的结构产生破坏，导致混凝土结构疏松、溃散；

（3）如混凝土中的水泥尚未完全水化时就有油类物质渗入其中，油就有可能包裹住尚未水化的水泥颗粒，使水无法与水泥接触而不能发生水化，从而导致混凝土达不到应有的强度。

纵观上述油类物质对混凝土侵蚀的原因，要提高混凝土的耐油性能，应从以下几方面采取措施：

（1）尽量提高混凝土的抗渗能力，减少油对混凝土的渗透作用；

（2）尽量减少混凝土中能与油类物质中有机酸发生反应的成分；

（3）在混凝土中的水泥尚未达到足够的水化程度时，应尽量避免与油类物质接触。

目前，对于配制耐油混凝土的具体技术途径：一方面要选择适宜的原料，这些原料应尽量不含或少含可能与油类物质中的有机酸反应的成分；另一方面是在配制混凝土时掺加适宜的密实剂或采取其他有效措施，使混凝土的结构尽量致密，从而提高对油类物质的抗渗透能力。

二、耐油混凝土的原料选择

（一）水泥

应选用强度等级≥42.5级的硅酸盐水泥或普通硅酸盐水泥，最好选用早强型水泥。要求水泥中游离氧化钙（f-CaO）含量少，储存期不超过3个月。

（二）骨料

1. 粗骨料

粗骨料宜采用粒径5～40mm、具有连续级配的碎石，要求质地致密坚硬、吸水率小于或等于1％。较好的种类有花岗岩、玄武岩、辉绿岩及致密性石灰岩（如大理石）。质地疏松的石灰岩、砂岩及风化程度较高的其他岩石都不能使用。石子之间的空隙率应小于45％。

2. 细骨料

细骨料宜选用杂质含量（特别是含泥量及有机物含量）小于或等于2％的石英砂。细度模数 M_x 应为2.5～3.5。粗、细骨料混合后，其空隙率应小于35％。

3. 密实剂

掺加密实剂的目的是使混凝土结构更加密实，从而提高混凝土的抗油渗能力，目前常用的密实剂有以下两种：

（1）氢氧化铁密实剂

氢氧化铁密实剂是一种以 $Fe(OH)_3$ 为主要成分的胶凝状物质，掺入混凝土拌和物中，在混凝土硬化后，$Fe(OH)_3$ 凝胶可堵塞在混凝土毛细孔和微裂缝中，降低混凝土的孔隙率，使混凝土致密度增加。

（2）复合密实剂

$KAl(SO_4)_2$ 复合密实剂是以 $FeCl_3$ 和明矾为主要成分，同时含有少量木糖浆的密实剂。

3种成分在混凝土中的作用如下：

① $FeCl_3$ 可与水泥水化的产物 $Ca(OH)_2$ 发生化学反应形成 $Fe(OH)_3$：

$$FeCl_3 + Ca(OH)_2 \longrightarrow Fe(OH)_3 + CaCl_2 \tag{14-6}$$

$Fe(OH)_3$ 凝胶对混凝土结构的密实作用同氢氧化铁密实剂。

② 明矾 $[KAl(SO_4)_2]$ 在混凝土拌和时可水解成 $Al(OH)_3$。$Al(OH)_3$ 作为一种凝胶，也可与 $Fe(OH)_3$ 一样起到堵塞混凝土孔隙的作用。另外，其中的 SO_4^{2-} 还可以与水泥水化产物 $Ca(OH)_2$ 及水化铝酸钙形成水化硫铝酸钙 $[C_4A\overline{S}H_{31-32}]$ 晶体，使混凝土的收缩降低，减少混凝土因收缩产生的微裂缝。

木糖浆的作用是促进 $Fe(OH)_3$ 凝胶及 $Al(OH)_3$ 凝胶的分散，使它们在混凝土中能够更均匀地分布。

4. 减水剂

在必要时可掺加适量减水剂，以降低温凝土的 W/C，从而进一步降低混凝土的孔隙率。

三、耐油混凝土的施工

耐油混凝土及砂浆在施工时应注意如下几方面的问题：

（1）密实剂的掺加量对耐油混凝土及砂浆的耐油性能有关键的影响，因此，密实剂的计量应尽量准确。掺加密实剂时，应测定胶状 $Fe(OH)_3$ 的固体含量，然后以水泥用量 $1.5\%\sim2.0\%$ 的固体含量掺入混凝土的拌和水中。掺用复合密实剂时，切忌把木糖浆直接加入三氯化铁中，但明矾和三氯化铁可以混配。

（2）与普通混凝土相比，W/C 应更加严格控制。总用水量应扣除粗细骨料及外加剂（密实剂和减水剂）带入的水分。

（3）搅拌不宜采用人工搅拌而应采用机械搅拌，并最好采用强制式机械搅拌，搅拌时间应不少于 150s（一般为 150～180s）。

（4）振捣时应注意使振捣点分布均匀，严防漏振。务必使混凝土均匀密实，振捣结束后应注意将表面收光。

（5）应严格养护，养护温度不得低于 5℃，相对湿度 RH≥90%。耐油混凝土凝结硬化后应立即在表面覆盖草帘、薄膜或喷洒养护剂，以保证在早期的养护湿度。24h 至 14d 内可浇水养护，养护 21d 后才能与油类物质接触。

（6）对于地下工程，施工前应做好排水，保证耐油混凝土或砂浆在养护期间不受地下水侵蚀。

第六节 装饰混凝土

一、概述

凡利用色彩造型等艺术加工而制成的具有装饰作用的混凝土，都称为装饰混凝土。

长期以来，混凝土主要作为建筑工程结构材料来应用。因其本身颜色灰暗表面粗糙，不宜作为建筑物的装饰。为使建筑物美观，一般要在其表面进行装修饰面，如涂刷装饰涂料，铺贴装饰板材等。这些饰面不仅耗费大量工时和材料，使工程成本增加很多，而且随着使用期的延长，往往会有褪色、剥落、掉砖等现象，严重影响了建筑物的外观。早在 20 世纪 20 年代，国内外就有学者进行将混凝土直接制成装饰材料的尝试。例如，现浇混凝土清水墙面，把混凝土砌块表面预制成仿天然蘑菇的做法等。20 世纪 40 年代，有学者开始研制彩色混凝土，使混凝土一改以往灰暗的颜色。进入 20 世纪 70 年代后，随着经济和科技的发展，各种装饰混凝土不断地被研制出来并很快得到推广应用，而且逐渐从应用于中低档的建筑发展到应用于高档建筑，如一些星级酒店宾馆及一些高档的写字楼，公共建筑及别墅建筑等。从目前发展的趋势，在建筑装饰特别是在建筑物外墙装饰中，装饰混凝土的应用比例已越来越大。随着装饰混凝土质量和性能的不断改进和品种的不断增加，装饰混凝土的应用必将会越来越广泛。

二、装饰混凝土的分类

根据施工方法不同，装饰混凝土目前可分为以下 3 类。

（一）着色装饰混凝土

着色装饰混凝土主要指白色混凝土和彩色混凝土。白色混凝土是以白色水泥为胶凝材料，白色或浅色矿石为骨料，或掺入一定数量的白色颜料配制而成的基色为白色的装饰混凝土。而彩色混凝土是以彩色水泥为胶凝材料，以彩色骨料和白色或浅色骨料按一定比例配制而成的各种色彩的装饰混凝土。白色混凝土和彩色混凝土的成型工艺基本相同。着色混凝土按着色方式又可分为整体着色混凝土和表面着色混凝土。

（二）清水装饰混凝土

清水装饰混凝土是经过成型、模制等塑性处理后，使混凝土外表面产生具有设计要求的线型、图案、凹凸层次，并保持混凝土原有外观质地的一种装饰混凝土。其基层与装饰层使用相同材料，采用一次成型的加工方法，具有装饰工效高、饰面牢固、造价低等优点。

（三）露骨料装饰混凝土

露骨料装饰混凝土即外表面暴露骨料的混凝土。其基本做法是将混凝土表面除去少量水泥浆，使粗细骨料适当外露，以天然骨料的色泽、粒形、排列、质感等达到外饰面的美感要求。其施工工艺有两种：一种工艺是在浇筑的混凝土尚未完全硬化前通过水洗、酸洗或缓凝等方法使混凝土骨料外露，达到一定的装饰效果；另一种工艺是在浇筑的混凝土硬化后用水磨、喷砂、抛丸、凿剁、火焰喷射或劈裂等手段使混凝土骨料外露，以满足表面装饰需要。

三、装饰混凝土的施工及制作工艺

（一）着色混凝土施工及制作工艺

着色混凝土自身和表面着色是装饰混凝土色彩的主要来源。着色混凝土是使粗骨料、细骨料、水泥和颜料均匀地混合成一体，但粗、细骨料并不被着色，而是在一定条件下保持其固有的颜色。着色混凝土的彩色效果主要是由着色材料（颜料）直接制作法和水泥浆的固有颜色混合的结果。着色混凝土的着色方法主要有以下几种：

（1）用白色水泥和彩色水泥；

（2）采用彩色化学外加剂着色法；

（3）无机颜料着色法；

（4）染色剂染色法；

（5）干撒着色硬化剂；

（6）浸渍着色法。

（二）清水装饰混凝土施工及制作工艺

清水装饰混凝土是依靠混凝土自身的质感和花纹获得装饰效果的。其制作工艺有反打和正打两种。反打是指采用凹凸的线型底模或模底铺加专用的衬模来浇筑混凝土，利用模具或衬模线型、花饰的不同，形成凹凸、纹理、浮雕花饰或粗糙面等立体装饰效果，多用于预制混凝土墙板或砌块，也有现场立模现浇成型的；正打是指浇筑混凝土后制作饰面，即在浇筑混凝土后铺筑一层砂浆，再用手工或专用机具做出线型、花饰、质感，如扫刷、抹刮、滚压、用麻袋布、塑料网或刻花橡胶、塑料等做出花饰的混凝土，主要用于装配式大型墙板。在确定其成型工艺时，除考虑一般节点连接、结构、热工等构造要求及强度、表观密度、配筋等质量要求外，还应充分考虑有关装饰质量方面的要求，如外型规格、表面质量、颜色匀实及形成设计规定的线型、质感等。

（三）露骨料装饰混凝土制作工艺

露骨料装饰混凝土制作工艺分为混凝土硬化前露骨料工艺和硬化后露骨料工艺。混凝土硬化前露骨料工艺包括水洗法、酸洗法、缓凝法、砂垫法等。混凝土硬化后露骨料工艺包括水磨法、喷砂法、抛丸法、凿剁法、火焰喷射法和劈裂法等。

四、影响装饰混凝土质量的主要因素及解决措施

对于装饰混凝土的质量，除了普通混凝土的强度及耐久性等问题外，还有一个重要问题是装饰效果。凡对普通混凝土强度及耐久性有影响的因素都对装饰混凝土有同样影响，解决的措施也一样。

影响装饰混凝土装饰效果的因素除原料质量、配合比、制作工艺外，在使用中还有如下影响因素。

（1）风化作用。装饰混凝土在使用中，由于大气中有害物质对混凝土表面的侵蚀而使混凝土表面产生的褪色剥落等现象称为风化作用。

大气中对混凝土表面产生侵蚀的有害物质主要有 SO_2 和 H_2S。在有水情况下，SO_2 和 H_2S 会被氧化形成 H_2SO_4，H_2SO_4 与混凝土中水泥的水化产物 $Ca(OH)_2$ 发生反应生成二水石膏，生成的二水石膏或直接在水泥石孔隙中结晶发生膨胀，或再与水泥石中的水化铝酸钙作用，生成三硫型水泥硫铝酸钙。这种三硫型水化硫铝酸钙体积膨胀率大，其破坏性更大。

另外，空气中的二氧化碳在潮湿环境下会溶解成碳酸，与水泥石中的碳酸钙相遇生成重碳酸钙，为可逆反应。生成的重碳酸钙易溶于水，当水中含有较多的碳酸，并超过平衡浓度，则反应式向右进行。因此，水泥石中的氢氧化钙晶体转变为易溶的碳酸氢钙而溶失。氢氧化钙浓度降低还会导致水泥石中其他水化物的分解，使腐蚀进一步加剧。

空气中的二氧化碳和含硫物质还可能导致雨水呈酸性并腐蚀表层的水泥浆。如长期作用，使经常有雨水流淌的部位的细骨料逐渐显露出来。如果所用细骨料为普通砂，那么此处本色清水混凝土的颜色会因污染及砂露明而变成灰黄色，使整个立面颜色不匀。这对清水装饰混凝土的影响更为明显。由于混凝土的强度相对较高，这个过程一般约需10年，或更长时间。用喷砂或轻度酸洗去掉其表层水泥浆膜，或者采取更彻底的露骨料做法，则能减轻或完全避免这种现象。

（2）不均匀污染作用。影响装饰效果的另一个因素是清水混凝土墙面容易产生不均匀污染现象。如清水装饰混凝土中析出的氢氧化钙与空气中含硫杂质化合生成硫酸钙（即石膏），能黏附更多的尘污。墙面上有水流动时，石膏会连同它所黏附的尘土一起被水流带走，并在下部受雨较少的墙面处被吸干，重新滞留形成明显的不均匀污染，这是清水混凝土墙面被污染的主要因素。至于窗台、腰线下部被污染的规律，则与一般饰面材料相同。

表面涂刷吸水性低、耐污染性能好的涂料，有助于减轻清水装饰混凝土墙面的不均匀污染。露骨料装饰混凝土表面析出的氢氧化钙少，墙面吸水率也偏低，雨水冲洗作用较大，不均匀污染的程度相对也较轻。

（3）泛霜作用。普通混凝土和装饰混凝土表面常会泛起一些"白霜"，即所谓泛霜现象。这种白霜是混凝土中的某些盐类、碱类被水溶解，并随水蒸发迁移至其表面。水分蒸发后，可溶物饱和而析出的是氢氧化钙、硫酸钠、碳酸钙和碳酸钠等白色晶体。白霜不均匀就形成花斑、条纹，且长久不落，严重影响着色混凝土和装饰混凝土表面着色效果和美观，严重的白霜还会破坏其表层，缩短使用寿命。

白霜的产生，受到气候条件的微妙影响。一般低温、阴凉、较高湿度环境及适度的风速均易造成白霜。冬季的背阴面最为常见，而高温夏季及冬季的日照面较少发生。

采用如下方法，可有效地防止白霜的产生：

① 骨料的粒度级配要调整合适；

② 在满足和易性的范围内尽可能减少用水量，施工时尽量使水泥砂浆或装饰混凝土密实；

③ 掺用能够与白霜成分发生化学反应的物质（如有火山灰性的混合材料、碳酸、丙烯酸钙），或者能够形成防水层的物质（如石蜡乳液）等外加剂；

④ 使用表面处理剂（聚烃硅氧系憎水剂、丙烯系树脂等）；

⑤ 少许白霜就会明显污染深色彩色水泥的颜色，故最好避免使用深色的彩色水泥；

⑥ 蒸汽养护。

白水泥日久有颜色变黄的倾向，会褪色，某些骨料在大气作用下会失去原有色泽，特别是经人工破碎、凿毛或经喷砂、酸蚀处理的石碴易于失去其光泽；再加上表面粗糙、凹凸不平，难免会挂灰积尘，这些也是影响装饰混凝土装饰效果的因素。

总之，影响装饰混凝土质量的因素，主要是装饰混凝土自身质量（如水灰比、成型条件、颜料品质、细度、混凝土密实度、养护条件等）。凡能降低毛细孔孔隙率的措施，不仅有助于装饰混凝土强度的提高，而且可以改善装饰混凝土的装饰效果。

第七节　自应力混凝土

自应力混凝土是由自应力水泥或膨胀剂按一定比例加入砂、石子、水和适宜的外加剂而制成。由于混凝土产生的一定的体积膨胀对钢筋产生了拉应力，而钢筋的弹性回缩又对混凝土产生了压应力。因此，这种不借助外力作用，而是靠自身膨胀来张拉钢筋达到预应力目的的混凝土称为自应力混凝土，也称为化学预应力混凝土，与预应力混凝土的区别在于产生预应力的能源不同。

一、自应力混凝土的配制

目前，我国配制自应力混凝土主要采用自应力水泥，一般有硅酸盐自应力水泥、铝酸盐自应力水泥和硫铝酸盐自应力水泥。所配制的自应力混凝土应满足下列要求。

（1）具有最佳的膨胀值范围。所配制的自应力混凝土应有一个合适的膨胀值，膨胀值太小，钢筋所受到的拉应力就小，对混凝土产生的压应力也就较低，起不到预加应力的作用；反之，膨胀值过大，就会破坏混凝土内部的结构，甚至使混凝土开裂破坏。但由于生产中难于严格控制，因此，应有一个便于控制的较大的膨胀值范围。

（2）具有最低限度的强度值和合适的膨胀速度。自应力混凝土必须要有足够的强度才能将膨胀能传递给钢筋，从而使混凝土自身获得自应力。在最佳膨胀值范围内，强度越高越好，但强度与膨胀值的发展速度要相适应，膨胀太快，则强度下降，甚至破坏，反之强度发展过快，则膨胀值变小。由于允许膨胀值波动范围较大，强度也就不能规定高限，只能以低限来控制。

（3）具有一定的自应力值。自应力混凝土除了强度和膨胀值外，还必须有最合理的限制方式，才能产生自应力。自应力值越高，混凝土的抗裂性能越好。

二、自应力值及其影响因素

自应力混凝土应力的产生应具备两个条件：一是具有膨胀能；二是对混凝土采取最合理的限制方式，即应选用最佳配筋率和配筋方式，其中包括钢筋截面形状、尺寸、位置和锚固方式等。但并不是混凝土中所有的膨胀都能产生自应力，自由膨胀值越大所产生的自应力值也不一定高。只有当混凝土具有一定的强度和变形能力时，膨胀才能张拉钢筋，从而产生自应力。但如果膨胀产生的应力大于混凝土的极限抗拉强度，则混凝土的结构会被破坏。

影响自应力的因素很多，主要有膨胀组分的品种、掺量、水灰比、养护条件等。

三、自应力混凝土的性能

由于自应力混凝土是在一定的限制条件下发生的膨胀，所以它与普通混凝土相比，在性能上有很大区别。

（1）膨胀裂缝和畸变。自应力混凝土是否产生膨胀裂缝与限制的条件有关，在单向或双向限制时，限制作用的方向上水泥浆和骨料间不会产生裂缝，但在未受限制的方向上，所产生的膨胀可能会破坏水泥石的结构，产生膨胀裂缝。而在三向限制时，水泥石与骨料间不会出现膨胀裂缝。

另外，在自由膨胀值与限制膨胀值差别较大时，限制程度的差别引起各部分变形程度的不同，导致混凝土的自应力分布不均匀，这种情况称作畸变。

（2）自应力损失和恢复。自应力混凝土只有在充足的水养护条件下才会产生膨胀并保持自应力。如果在干燥条件下也会像普通混凝土一样产生收缩，从而引起自应力的损失。但干缩的自应力混凝土在重新吸水后会恢复损失的自应力。

（3）自愈性。自应力混凝土较小的裂缝可自行愈合，但过大的裂缝和后期产生的裂缝不能愈合。

（4）耐久性。在适当限制条件下的膨胀使自应力混凝土的密实性显著提高，孔隙率减小，因此自应力混凝土在抗渗性、抗冻性、抗气密性等耐久性方面比普通混凝土都好。

（5）与钢筋的黏结力。用单向限制的自应力混凝土试验表明，自然预养时，自应力混凝土与钢筋的黏结力随着强度的发展而增加，但浸水养护后，膨胀逐渐破坏了黏结。因此，对自应力混凝土结构，不能单靠黏结力来拉伸钢筋而产生自应力，而应采取一定的锚固措施。

课程思政：空谈误国，实干兴邦

"来而不可失者，时也；蹈而不可失者，机也。"中国特色社会主义进入新时代，中华民族现代化征程迎来千载难逢的发展机遇。邓小平同志曾指出，世界上的事情都是干出来的。不干，半点马克思主义也没有。习近平总书记也多次强调，面向未来，全面建成小康社会要靠实干，基本实现现代化要靠实干，全面建成社会主义现代化强国要靠实干。一切难题只有在实干中才能破解，一切办法只有在实干中才能见效，一切机遇只有在实干中才能抓住用好。

进入新时代，国家建设也进入新的发展阶段，各行各业都迎来了各自的发展机遇。作为建材行业的生力军，青年学子必须准备付出更为艰巨、更为艰苦的努力。混凝土的种类越来越多，施工工艺越来越灵活，面对各类新问题、新挑战，我们必须大力弘扬脚踏实地、真抓实干的良好作风，出实招、鼓实劲、办实事，不图虚名、不务虚功，抓住机遇，破解难题，开拓创新。

思考题：

1. 透水混凝土配合比设计时的关键参数有哪些？
2. 耐磨损混凝土对水泥有什么要求？
3. 耐热混凝土中掺入掺和料的目的是什么？对掺和料有什么具体要求？
4. 水玻璃耐酸混凝土的耐酸机理是什么？
5. 普通混凝土为什么会被油类物质侵蚀？

参考文献

[1] 朱宏军，程海丽，姜德民. 特种混凝土和新型混凝土［M］. 北京：化学工业出版社，2004.

[2] 中华人民共和国住房和城乡建设部. 透水水泥混凝土路面技术规程：CJJ/T 135—2009［S］. 北京：中国建筑工业出版社，2010.

[3] 中华人民共和国工业和信息化部. 透水混凝土：JC/T 2558—2020［S］. 北京：中国建材工业出版社，2020.

[4] 中华人民共和国国家经济贸易委员会. 混凝土地面用水泥基耐磨材料：JC/T 906—2002［S］. 北京：中国建材工业出版社，2002.

[5] 中华人民共和国工业和信息化部. 耐热混凝土应用技术规程：YB/T 4252—2011［S］. 北京：冶金工业出版社，2011.

[6] 中华人民共和国国家发展和改革委员会. 装饰混凝土砌块：JC/T 641—2008［S］. 北京：中国建材工业出版社，2008.

[7] 中华人民共和国国家质量监督检验检疫总局，中国国家标准化管理委员会. 装饰混凝土砖：GB/T 24493—2009［S］. 北京：中国标准出版社，2010.